高 等 学 校 教 材

生物质能工程

刘荣厚 主编

化学工业出版社
· 北京 ·

内 容 提 要

本教材根据编者长期的教学经验和研究成果，结合世界上生物质能的研究发展前沿，系统地阐述了生物质能转换技术的原理、工艺、设备及其应用。本教材注重理论与实践相结合，主要包括生物质能转换技术定义及类型、生物质的直接燃烧技术、沼气发酵工艺及户用沼气技术、大中型沼气工程、燃料乙醇技术、生物质热裂解机理及工艺、生物质快速热裂解液化技术、生物质气化技术、生物质压缩成型技术、生物质制氢技术、生物柴油技术、生物质超临界水处理制氢技术、能源生态模式与生物质能项目技术经济评价等内容，以期能对我国生物质能源的教学、科研与开发产生有益的影响。

本教材可作为新能源和可再生能源领域相关专业本科生和研究生的教材，并可供从事相关专业的高等院校师生、科研和工程技术人员参考。

图书在版编目（CIP）数据

生物质能工程/刘荣厚主著．—北京：化学工业出版社，2009.9（2025.2重印）

高等学校教材

ISBN 978-7-122-06289-5

Ⅰ．生…　Ⅱ．刘…　Ⅲ．生物能源-高等学校-教材　Ⅳ．TK6

中国版本图书馆CIP数据核字（2009）第118439号

责任编辑：陈　蕾　侯玉周　　文字编辑：向　东

责任校对：宋　玮　　装帧设计：杨　北

出版发行：化学工业出版社（北京市东城区青年湖南街13号　邮政编码100011）

印　　装：北京盛通数码印刷有限公司

720mm×1000mm　1/16　印张21¾　字数447千字　2025年2月北京第1版第8次印刷

购书咨询：010-64518888　　售后服务：010-64518899

网　　址：http://www.cip.com.cn

凡购买本书，如有缺损质量问题，本社销售中心负责调换。

定　　价：69.00元

《生物质能工程》编写人员

主　　编： 刘荣厚（上海交通大学）

参编人员：（按姓名笔画排序）

王效华（南京农业大学）

朱锡峰（中国科学技术大学）

李文哲（东北农业大学）

张全国（河南农业大学）

陈冠益（天津大学）

林　聪（中国农业大学）

郑文君（南开大学）

易维明（山东理工大学）

盛奎川（浙江大学）

梅晓岩（上海交通大学）

董良杰（吉林农业大学）

前　言

随着世界人口增长及生产的发展，人类对能源的需求越来越大，而常规能源资源储量有限且不可再生，因此，如何合理开发可再生能源已经成为人类进入21世纪以后面临的新课题。在众多的可再生能源中，具有广泛使用价值的是生物质能。绿色植物利用叶绿素通过光合作用把空气中的CO_2和H_2O转化为葡萄糖并将太阳光的光能储存在其中，然后葡萄糖再进一步聚合成淀粉、纤维素、半纤维素和木质素等多糖并构成生物体。而生物质能则是指直接或间接地通过绿色植物的光合作用，把太阳能转化为化学能后固定和储藏在生物体内的能量。作为研究对象的生物质，通常是指农业和林业废弃物，如秸秆、稻壳、锯屑、甘蔗渣、花生壳、动物粪便及城市垃圾等。生物质由C、H、O、N、S、P等元素组成，被誉为即时利用的绿色煤炭。生物质能是唯一既具有矿物燃料属性，又具有可储存、运输、再生、转换的特点，并较少受自然条件限制的能源。因此生物质能转换技术和产品具有极大的潜在市场，成为世界，特别是我国发展多元化的清洁能源战略的重要组成部分。

本教材根据编者长期的教学经验和研究成果，结合世界上生物质能的研究发展前沿，系统地阐述了生物质能转换技术的原理、工艺、设备及其应用。本教材注重理论与实践相结合，主要包括生物质能转换技术定义及类型、生物质的直接燃烧技术、沼气发酵工艺及户用沼气技术、大中型沼气工程、燃料乙醇技术、生物质热裂解机理及工艺、生物质快速热裂解液化技术、生物质气化技术、生物质压缩成型技术、生物质制氢技术、生物柴油技术、生物质超临界水处理制氢技术、能源生态模式与生物质能项目技术经济评价等内容，以期能对我国生物质能源的教学、科研与开发产生有益的影响。本教材可作为新能源和可再生能源领域相关专业本科生和研究生的教材，并可供从事以上相关专业的高等院校师生、科研和工程技术人员参考。

本教材由刘荣厚主编，王效华、朱锡峰、李文哲、张全国、陈冠益、林聪、郑文君、易维明、盛奎川、梅晓岩、董良杰参与编写。其中，刘荣厚编写第一章、第六章；王效华编写第十三章；朱锡峰编写第八章；李文哲编写第三章；张全国编写第十章；陈冠益编写第十一章；林聪编写第四章；郑文君编写第十二章；易维明编写第七章；盛奎川编写第九章；梅晓岩编写第五章；董良杰编写第二章；最后由刘荣厚教授统稿。很多研究生对本教材的编写给予了热情帮助，在此表示诚挚的谢意。化学工业出版社对本书的编写给予了热情指导，在此表示感谢。

本书在编写过程中，参考了大量国内外有关资料，在此表示深深的谢意。由于书中内容涉及面广，编者水平有限，书中难免存在不足之处，欢迎读者批评指正。

编　者

2009年6月4日

目　录

第一章 绪 论

第一节 生物质能的概念与资源

一、生物质能的概念

生物质（biomass）是自然界中有生命的、可以生长的各种有机物质，包括动植物和微生物。生物质能是由太阳能转化而来的以化学能形式储藏在生物质中的能量。在2005年2月28日第十届全国人民代表大会常务委员会第十四次会议上通过，自2006年1月1日起施行的《中华人民共和国可再生能源法》将生物质能的含义解释为：生物质能，是指利用自然界的植物、粪便以及城乡有机废物转化成的能源。与传统的矿物燃料相比，生物质资源具有明显的特点，即可再生性和无污染性。自20世纪70年代以来，人们逐渐认识到矿产资源储量有限且无再生可能这一能源问题的严峻性，而生物质作为地球上最丰富的可再生资源逐渐被世界各国重视起来。时至今日，以寻找石油替代物为主要目的生物质资源转化为能源和化工原料的研究在世界上的许多国家掀起高潮，并取得了一系列重大进展。随着资源和环境问题的突出以及生物质资源利用技术的日趋成熟，生物质资源作为能源和化工原料的作用越来越重要，最终必将成为社会长期持续发展的基本支柱之一。

生物质的基本来源是绿色植物通过光合作用把水和二氧化碳转化成碳水化合物而形成。因此，绿色植物利用太阳能进行光合作用是维持地球上千百万种生物生存下去的基础。可以通过各种生物质能转换技术把生物质能加以利用。

二、光合作用与生物质能

光合作用是绿色植物吸收日光能还原二氧化碳并释放氧气的过程，在这个过程中把光能转变为化学能积蓄在有机物中，其总反应为

$$CO_2 + H_2O \xrightarrow{光} (CH_2O) + O_2$$

由于光合作用所利用的是自然界取之不尽、用之不竭的太阳能，和大气中的CO_2与地球上十分丰富的水作原料，故而绿色植物在地球上得到了优势的发展，成为规模最大的一类植物。后来，发现某些光合细菌也能进行光合作用。

地球上的植物通过光合作用每年约吸收7×10^{11} t二氧化碳，合成5×10^{11} t有机物，光合作用是地球上制造有机物的重要途径。从能量利用方面看，光合作用又

是一个巨型能量转换过程，它是地球上唯一大规模地将太阳能转变成可储存的化学能的生物学过程。虽然通过光合作用固定的太阳能只约占到达地球表面太阳能的千分之一，但其每年合成有机物的能量还是非常巨大的，约为世界每年消耗能量的10倍。

为什么光合作用能把太阳能转变为化学能储存起来呢？这是因为化合物的能量，实际上可以看作是由形成化合物的原子之间的化学键所储藏着的。从上述光合作用总反应式可以看出，反应前和反应后的碳原子、氢原子和氧原子的数目都没有变化，只是这三种元素作了重新排列，即原子的结合不同了。不同的原子之间的化学键所储藏着的能量亦不同，经测定，氢原子和氧原子之间化学键（H—O）的能量每摩尔为460kJ；氧原子和氧原子之间化学键（O—O）的能量每摩尔为485kJ；而氧原子与碳原子之间化学键（O—C）的能量每摩尔为795kJ，碳原子与氢原子之间化学键（C—H）的能量每摩尔为385kJ。这样就可算出光合反应前二氧化碳和水的总键能是2510kJ，而光合反应后氧气和碳水化合物的总键能是2050kJ，即

$$(\mathrm{O}\overset{795}{=\!=}\mathrm{C}\overset{795}{=\!=}\mathrm{O})+(\mathrm{H}\overset{460}{-}\mathrm{O}\overset{460}{-}\mathrm{H})\rightleftharpoons(\mathrm{O}\overset{485}{=\!=}\mathrm{O})+(\mathrm{H}\overset{385}{-}\mathrm{C}(\overset{385}{-}\mathrm{H})\overset{795}{=\!=}\mathrm{O})+460\mathrm{kJ/mol}$$

因此，反应后的氧气和碳水化合物里的键能，比反应前二氧化碳和水里的键能要小。键能小，就是所处的化学势位高，容易向键能大、化学势位低的方向转化。这种转化趋势就是化学能。光合作用在这里所得到的化学能是每摩尔460kJ。我们利用有机物时，例如将有机物燃烧时，只要把1mol的碳水化合物和1mol的氧气结合起来，变成为更稳定的1mol的二氧化碳和1mol的水，同时就可以获得460kJ的能量。

绿色植物的光合作用过程实际上只由植物的叶和茎在进行。叶绿素细胞上有许多叶绿体，叶绿体上分布着许多叶绿素分子。它吸收光能后就相互传递并引发一系列化学反应，即发生光化分解；生成氧气和氢；发生光合磷酸化反应，生成腺三磷；发生二氧化碳同化反应，生成碳水化合物。植物的种类繁多，光合作用的方式亦各有差异，光合作用的效率也高低不同；按植物光合作用中碳同化过程来区分，可把植物分成为三碳（C_3）植物和四碳（C_4）植物。

大多数植物同化二氧化碳的途径都一样，即二氧化碳进入叶子以后，先与腺三磷生成一种叫磷酸甘油酸的中间化合物，然后再经几次反应生成碳水化合物。由于磷酸甘油酸是一种具有三个碳原子的化合物，所以凡属于这一类型的，都叫做三碳（C_3）植物。

有一些起源于热带地区的植物，它们的碳同化过程，在开头还要先生成一个比较稳定的叫做草酰乙酸的中间化合物。这个中间化合物，经过一些变化后，再放出二氧化碳，然后再像三碳植物一样，通过磷酸甘油酸而发生一系列同化反应，生成碳水化合物。在整个过程中，由于先生成的中间化合物是有4个碳原子的草酰乙酸，所以这一类植物就叫做四碳（C_4）植物。高粱、玉米、甘蔗等都是四碳植物。

四碳植物由于比三碳植物多了一个二氧化碳吸收和放出的过程，所以四碳植物比三碳植物具有更高的二氧化碳吸收能力，从而使得光合作用效果更好。四碳植物是高光效植物，其产量一般要比三碳植物高。除太阳光外，植物的产量还受温度、二氧化碳、氧气、水分及营养条件等多因素的影响。由于气候差异，世界上有的地区的作物光能利用率比一般作物高得多，可达4%以上。这里的光能利用率是指作物光合产物中储存的能量占照射到地面能量的百分率。

三、生物质的种类和资源

（一）生物质的种类

通常提供作为能源的生物质资源种类很多，主要是农作物、油料作物和农业有机剩余物、林木、森林工业残余物。此外，动物的排泄物，江河湖泊的沉积物，农副产品加工后的有机废物和废水，城市生活有机废水及垃圾等都是重要的生物质能资源。水生生物质资源比陆生的更为广泛。生物质资源既包括陆生植物，也包括水生植物。这是因为地球上有广大的水域，而且不存在陆生资源那样与住宅、粮食等争地的问题。水域费用一般比陆地费用较低。水生生物质资源品种繁多，资源量大，领域广阔。

依据来源的不同，将适合于能源利用的生物质分为：农业生物质资源、林业生物质资源、畜禽粪便、生活污水和工业有机废水、城市固体有机废弃物。

1. 农业生物质资源

农业生物质资源是指农作物（包括能源植物）；农业生产过程中的废弃物，如农作物收获时残留在农田内的农作物秸秆（玉米秸秆、高粱秸秆、麦秸、稻草、豆秸和棉秆等）；农业加工业的废弃物，如农业生产过程中剩余的稻壳等。能源植物泛指用以提供能源的植物，通常包括草本能源作物、油料作物、制取碳氢化合物的植物和水生植物等。

2. 林业生物质资源

林业生物质资源是指森林生长和林业生产过程提供的生物质资源，包括薪炭林、在森林抚育和间伐作业中的零散木材、残留的树枝、树叶和木屑等；木材采运和加工过程中的枝丫、木屑、梢头、板皮和截头等；林业副产品的废弃物，如果壳和果核等。

3. 畜禽粪便

畜禽粪便是畜禽排泄物的总称，它是其他形态生物质（主要是粮食、作物秸秆和牧草等）的转化形式，包括畜禽排出的粪便、尿及其与垫草的混合物。我国主要的畜禽包括猪、牛和鸡等，其资源与畜牧业生产有关。根据这些畜禽的品种、体重、粪便排泄量等因素，可估算出畜禽粪便的资源实物量。

4. 生活污水和工业有机废水

生活污水主要由农村和城镇居民生活、商业和服务业的各种排水组成，如冷却水、洗浴排水、洗衣排水、厨房排水、粪便污水等。工业有机废水主要是酒精、酿酒、制糖、食品、制药、造纸及屠宰等行业生产过程中排出的废水等，其中，都富含有机物。

5. 城市固体有机废弃物

城市固体有机废弃物主要是由城镇居民生活垃圾，商业、服务业垃圾等固体有机废弃物组成。其组成成分比较复杂，受当地居民平均生活水平、能源消费结构、城镇建设、自然条件、传统习惯以及季节变化等因素影响。

（二）生物质资源

生物质资源是可再生的，且产量很大，中国土地面积辽阔，生物质潜在的资源量非常巨大，但目前的利用率很低。生物质是由植物的光合作用固定于地球上的太阳能，本质上是太阳能的储存形式，只要太阳辐射能存在，绿色植物的光合作用就不会停止，生物质就会将太阳能不断地储存起来，周而复始的循环使生物质资源取之不竭。可是，生物质能远远没有得到有效利用。据统计，每年经光合作用产生的生物质约1700亿吨，其能量约相当于世界主要燃料消耗的10倍；而作为能源的利用量还不到其总量的1%。中国生物质能资源相当丰富，中国的生物质资源年产量是美国与加拿大总量的84%，是欧洲总量的121%，是非洲的131%。

王久臣等（1997）研究表明，我国生物质资源可作为能源利用约7亿吨标准煤。2005年我国主要农作物产量达5亿吨，秸秆产量约6亿吨。目前秸秆的用途主要是用于饲料、肥料和工业原料以及农村居民的燃料等，剩余部分可以作为规模化能源利用的原料，约为1.5亿～2亿吨。农产品在加工过程中产生的剩余物主要包括稻壳、玉米芯、花生壳、甘蔗渣等，农产品加工剩余物的年产量约1.3亿吨。适合我国种植的能源作物主要有甜高粱、木薯、甘薯、油菜等草本能源作物和小桐子、麻风树、黄连木等木本能源作物。由于我国人口众多，人均耕地占有面积少，发展能源作物必须避免与粮争地和与人争粮的问题，种植能源作物必须利用边际土地资源。据测算，我国有各种荒地约2.88亿公顷。其中，宜农荒地1亿公顷；荒草地0.49亿公顷；盐碱地0.1亿公顷；沼泽地0.04亿公顷；宜林荒地1.25亿公顷，在上述荒地中约2亿公顷可用于能源作物的种植；林业资源每年可用于能源用途约3亿吨；2005年畜禽粪便资源的实物量为1.38亿吨；全国年产有机废水25.2亿吨，废渣0.7亿吨；城市生活垃圾年产生量约1.5亿吨。工业废水和畜禽养殖场废弃物经过沼气化处理后，理论上可以生产沼气约800亿立方米。

（三）生物质资源的特点

生物质由C，H，O，N，S，P等元素组成，被喻为即时利用的绿色煤炭。它的优点如下。

① 生物质资源分布十分广泛，远比石油丰富，可以不断再生。生物质能是地球上最普通的一种可再生能源，它遍布于世界陆地和水域的千万种植物之中，犹如一个巨大的太阳能化工厂，不断地把太阳能转化为化学能，并以有机物的形式储存

于植物内部，从而构成一种储量极其丰富的可再生能源——生物质能源。据统计，全世界每年农村生物质的产量为300亿吨。

② 城市内燃机车辆使用从生物质资源提取或生产出的乙醇、液态氢时，有利于保护环境。在工业化国家，对生物质能的观念也有了明显变化。过去被看作“穷人的燃料”。现在则看作是对环境、对社会有利的能源，并扩大了对生物质能的开发和利用。生物质含硫和含氮量均较低，灰分份额也很小，燃烧后 SO_2、NO_x 和灰尘排放量比化石燃料要小得多。同时，由于生物质中的碳来自于大气，所以在生物质的利用过程中，对大气环境的二氧化碳净排放量为零，不会像化石燃料一样引起和加剧温室效应。

③ 开发生物质能源，可以促进经济发展，提高就业机会，具有经济与社会的双重效益。生物质能的开发与利用，可以为农村和边远山区、林区就近提供廉价能源，以促进经济的发展和生活的改善。开发生物质能还具有向农村提供就业的潜力。农业的发展必然会造成劳动力的过剩。因此，保证就业就是繁荣农村的一个重要条件，巴西利用生物质的酒精工业提供了20万个工作岗位。

④ 在贫瘠的或被侵蚀的土地上种植能源作物或植被可以改善土壤，改善生态环境，提高土地的利用程度。

生物质资源的诸多特点决定了它在维持人类社会持续发展中具有不可替代的重要作用，但是作为燃料和化工原料资源，生物质资源也有不足之处，尽管产量巨大，但是分布十分分散；产量受季节和气候等条件影响很大，多半种类为季节性生长；一般的生物质的比容较大，能量密度低，不利于运输；有些含水易腐，储藏困难等。

第二节　生物质能转换技术定义及类型

一、生物质能转换技术定义

通常把生物质能通过一定的方法和手段转变成燃料物质的技术称为生物质能转换技术。

二、生物质能转换技术类型

生物质能转换技术总的可分为直接燃烧技术、生物转换技术、热化学转换技术和其他转换技术4种主要类型，生物质能转换技术类型如图1-1所示。

1. 直接燃烧技术

生物质直接燃烧技术是最普通的生物质能转换技术，所谓直接燃烧就是燃料中的可燃成分和氧化剂（一般为空气中的氧气）发生氧化反应的化学反应过程，在反应过程中强烈析出热量，并使燃烧产物的温度升高。直接燃烧的过程可以简单地表

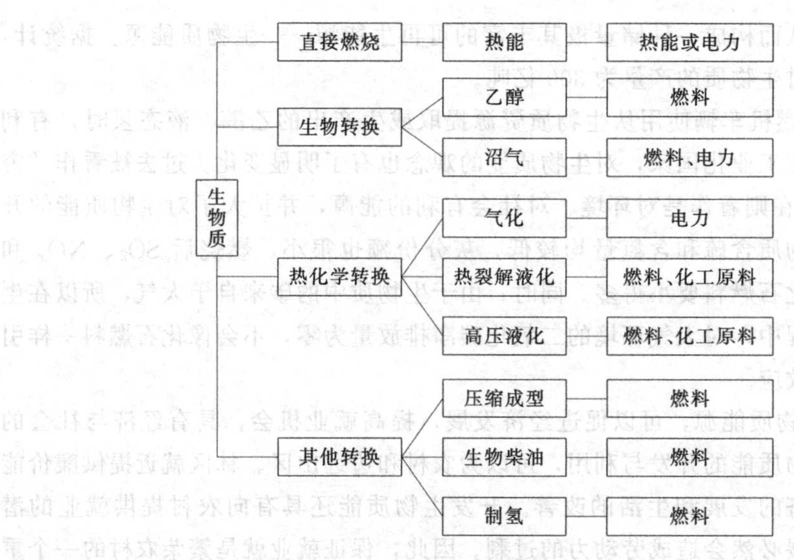

图 1-1　生物质能转换技术主要类型

示为

$$有机物质+O_2 \xrightarrow{直接燃烧} CO_2+H_2O+热量$$

可见，此过程实际上是光合作用的逆过程。在燃烧过程中，燃料将储存的化学能转变为热能释放出来。除碳的氧化外，在此过程中还有硫、磷等微量元素的氧化。

直接燃烧的主要目的是取得热量，而燃烧过程产生热量的多少，除因有机物质种类不同而不同外，还与氧气（空气）的供给量有关，即是否使有机物质达到完全氧化。

可以进行直接燃烧的设备形式很多，有普通的炉灶，亦有各种锅炉，还有复杂的内燃机（如燃用植物油）等。

2. 生物转换技术

生物转换技术是用微生物发酵方法将生物质能转变成燃料物质的技术，其通式为

$$有机物质 \xrightarrow[厌氧微生物发酵]{微生物发酵} \begin{matrix}液体燃料\\气体燃料\end{matrix}+CO_2$$

通常产生的液体燃料为乙醇，气体燃料为沼气。

产生酒精的有机物原料有两类，糖类原料如甘蔗、甜菜、甜高粱等作物的汁液以及制糖工业的废糖蜜等，可直接发酵成含乙醇的发酵醪液，再经蒸馏便得高浓度的酒精；淀粉类原料如玉米、甘薯、马铃薯、木薯等，则须先经过蒸煮、糖化，然后再发酵、蒸馏产生酒精。酒精可作为燃料及作为汽油添加剂生产车用乙醇汽油，亦可制成饮料。

沼气是生物质在严格厌氧条件下经发酵微生物的作用而形成的气体燃料。可用

于产生沼气的生物质非常广泛，包括各种秸秆、水生植物、人畜粪便、各种有机废水、污泥等。沼气可直接使用，或将 CO_2 除去，得到纯度较高的甲烷产品。

3. 热化学转换技术

生物质热化学转换技术是指在加热条件下，用热化学手段将生物质能转换成燃料物质的技术。常用的方法有气化法、热裂解法和高压液化法。

气化是指将固体或液体燃料转化为气体燃料的热化学过程。生物质气化就是利用空气中的氧气或含氧物质作气化剂，将固体燃料中的碳氧化生成可燃气体的过程。

生物质热裂解是指生物质在完全没有氧或缺氧条件下热降解，最终生成生物油、木炭和可燃气体的过程。三种产物的比例取决于热裂解工艺和反应条件。一般地说，低温慢速热裂解（小于500℃），产物以木炭为主；高温闪速热裂解（700～1100℃），产物以可燃气体为主；中温快速热裂解（500～650℃），产物以生物油为主。如果反应条件合适，可获得原生物质80％～85％的能量，生物油产率可达70％（质量分数）以上。

生物质加压液化是在较高压力下的热化学转化过程，温度一般低于快速热裂解，该法始于20世纪60年代，当时美国的Appell等人将木片、木屑放入 Na_2CO_3 溶液中，用CO加压至28MPa，使原料在350℃下反应，结果得到40％～50％的液体产物，这就是著名的PERC法。近年来，人们不断尝试采用 H_2 加压，使用溶剂（如四氢萘、醇、酮等）及催化剂（如Co-Mo、Ni-Mo系加氢催化剂）等手段，使液体产率大幅度提高，甚至可以达80％以上，液体产物的高位热值可达25～30MJ/kg，明显高于快速热裂解液化。

4. 其他转换技术

生物质压缩成型（biomass briquetting）是指将各类生物质废弃物，如锯末、稻壳、秸秆等，在一定压力作用下（加热或不加热），使原来松散、细碎、无定形的生物质原料压缩成密度较大的棒状、粒状、块状等各种成型燃料。

生物柴油是指以油料作物、野生油料植物和工程微藻等水生植物油脂，以及动物油脂、餐饮油等为原料油通过酯交换工艺制成的脂肪酸甲酯或脂肪酸乙酯燃料，这种燃料可供内燃机使用。

生物质制氢，包括微生物转换技术，热化学转换技术制氢；其中，微生物转换技术制氢包括光解微生物产氢和厌氧发酵菌有机物产氢。

第二章　生物质的直接燃烧技术

第一节　生物质的特性

生物质燃料的品位是由生物质的物理性质和热化学性质决定的。这些性质对生物质燃料加工转换技术和产品性能影响极大。无论是直接燃烧或是加工转换为固体、气体或液体燃料，都必须了解生物质燃料的基本性质。

一、生物质的成分与化学特性

生物质是多种复杂的高分子有机化合物组成的复合体，其化学组成主要有纤维素（cellulose）、半纤维素（hemi-cellulose）、木质素（lignin）和提取物（extractives）等，这些高分子物质在不同的生物质、同一生物质的不同部位分布也不同，甚至有很大差异。生物质的化学组成可大致分为主要成分（major components）和少量成分（minor components）两种。主要成分是由纤维素、半纤维素和木质素构成，存在于细胞壁中。少量成分则是指可以用水、水蒸气或有机溶剂提取出来的物质，也称“提取物”。这类物质在生物质中的含量较少，大部分存在于细胞腔和胞间层中，所以也称非细胞壁提取物。提取物的组分和含量随生物质的种类和提取条件而改变。属于提取物的物质很多，其中重要的有天然树脂、单宁、香精油、色素、木脂素及少量生物碱、果胶、淀粉、蛋白质等。生物质中除了绝大多数为有机物质外，尚有极少量无机的矿物元素成分，如钙（Ca）、钾（K）、镁（Mg）、铁（Fe）等，它们经生物质热化学转换后，通常以氧化物的形态存在于灰分中。生物质的主要成分，即细胞壁物质，属于高分子化合物，这些高分子化合物相互穿插交织构成复杂的高聚合物体系。要把这些物质彼此分离又不受到破坏那是非常困难的。因此，目前用任何一种方法分离出来的各种组分，实际上只能代表某一组分的主要部分。

1. 生物质的元素分析成分

生物质燃料中除含有少量的无机物和一定量的水分外，大部分是可以燃烧的有机质，称为可燃质。生物质燃料可燃质的基本组成是碳、氢、氧、氮、硫、磷、钾等元素。

(1) 碳（C）　碳是燃料中的主要元素，其含量的多少决定燃料发热值的大小。在烘干的柴草中，碳的含量一般在40%左右。碳燃烧后变成二氧化碳或一氧化碳，并放出大量的热。1kg 纯碳完全燃烧约放出 33913kJ 的热量，不过，纯碳是不易燃烧的，所以含碳量越高的燃料，它的燃点就越高，点火就越困难。燃烧中，碳的存在形式有两种：一种是化合碳，即碳与氢、氮等元素组成不稳定的碳氢化合物，燃烧是以挥发物析出燃烧；另一种是固定碳，挥发物析出后在更高温度下才能燃烧，这部分碳往往不易燃烧。在柴草中，固定碳的含量比煤炭要少（柴草12%～20%，煤炭80%～90%），而挥发物的含量要多，因此，容易点燃，也容易烧尽。

(2) 氢（H） 氢是仅次于碳的主要可燃物质，柴草中含量约6%，常以碳氢化合物的形式存在，燃烧时以挥发气体析出。1kg氢燃料可放出142256kJ的热量。但氢的燃烧产物是水蒸气，水蒸气的气化潜热（约22600kJ/kg）要带走一部分热量，故实际上氢燃烧放出的热量比上述数值要低（约119700kJ）。氢容易着火燃烧，所以柴草中含的氢越多，越容易燃烧。

(3) 氧（O）和氮（N） 燃料中的有机质含有氮和氧。氮不能燃烧产生热量，氧可以增强燃烧反应，但它本身不放出热量。它们的存在只会降低燃料的发热量。在一般情况下，N不会发生氧化反应，而是以自由状态排入大气；但是，在一定条件下（如高温状态），部分N可与O生成NO_x，污染大气环境。柴草中氮的含量一般为0.5%～1.5%，氧的含量为20%～25%。

(4) 硫（S） 硫也是可燃物质。每千克硫燃烧的热量为9210kJ。其燃烧产物是二氧化硫和三氧化硫，它们在高温下与烟气中的水蒸气发生化学反应，生成亚硫酸和硫酸。这些物质对金属有强烈的腐蚀作用，污染大气，危害人体，也影响动植物的生长。所以，硫是一种有害的物质。但它在柴草中含量不大，一般为0.1%～0.2%。

(5) 磷（P）和钾（K） 磷和钾是生物质燃料中特有的成分，都是可燃物质。柴草中磷的含量不多，一般为0.2%～0.3%；而钾的含量较大，一般在11%～20%。磷燃烧后变成五氧化二磷（P_2O_5），钾燃烧后变成氧化钾（K_2O），它们就是草木灰中的磷肥和钾肥。

(6) 灰分 灰分是燃料中不可燃的矿物质，其成分如二氧化硅（SiO_2）、氧化铝（Al_2O_3）、氧化钙（CaO）、氧化铁（Fe_2O_3）等。灰分对燃料发热量有较大的影响，灰分多，发出的热量就少，燃烧的温度就低。如稻草的灰分高达13.86%，发热量为13980kJ/kg，豆秸含灰分仅3.13%，发热量为16156kJ/kg。另外，灰分过大，还会沉积烟道，污染大气。

2. 生物质组成成分的表示方法

燃料的组成成分常用各种组成成分的质量分数来表示。在燃料分析计算时，由于取样的含水基准不同，各成分的重量比也就不同，因而表示方法有应用基、分析基、干燥基和工业分析法之分。

(1) 应用基 应用基是按实际进入炉灶的燃料取样分析计算所得到组成成分的质量分数，表示时在该成分符号右上角加“y”，如C^y，H^y等。由于燃料中的自由水的变化幅度很大，故各种组成成分的百分数值变化也很大，所以，这种表示方法仅在具体做测试计算时使用，不便作为手册、资料上的数据查用。

(2) 分析基 分析基是以风干燃料为基准，分析化验计算后所得的各元素组成成分的百分数值，这是一般资料上给出的数据。由于燃料中自然水经风干而失去，剩下的水分基本稳定，组成成分也比较稳定，所以，数据比较稳定，分析基以成分右上角加“f”表示，如C^f、H^f 等。

例如，用分析基表示燃料组成为

$$C^f+H^f+S^f+K^f+O^f+N^f+A^f+W^f=100\%$$

式中 C^f、H^f、S^f、K^f、O^f、N^f、A^f、W^f——燃料中的碳、氢、硫、钾、氧、氮、灰分、水分的分析基含量，%。

(3) 干燥基　干燥基是以完全干燥的燃料为基准，进行测定计算的，它是在元素右上角加“g”来表示，如C^g、H^g 等。

(4) 工业分析法　工业分析法也称为近似分析法，它不是测定各元素的含量，而是测定燃料的水分（W）、灰分（A）、挥发分（V）、固定碳（C）的含量，以表示燃料的主要燃烧特性指标。其中挥发分是指燃料在点火或在炉膛被加热时，随着温度的升高而分解释放出的大量可燃气体，包括一氧化碳、氢气和各种简单的碳氢化合物，如甲烷（CH_4）、乙炔（C_2H_2）等，也有少量不可燃的二氧化碳、氮等其他气体。固定碳是指挥发分逸出后所剩余的可燃碳，即燃料中除去水分、挥发分和灰分后所剩下的部分。我国主要生物质的工业分析、元素分析和分析基低位热值如表 2-1 所示。

3. 生物质的热值

热值又称发热量，它是表示燃料品质的一种重要指标，指单位质量（气体燃料为单位体积）的燃料完全燃烧后，在冷却至原有温度时所释放的热量，其国际单位为 kJ/kg。生物质的热值一般在 18～21MJ/kg之间。

(1) 高位热值　柴草等生物质热量的测定，是将一定重量的生物质试样，放在一个密闭的容器（通称氧弹）中，在有过剩氧气（2.2×10^6～3.5×10^6 Pa）存在的条件下使其完全燃烧，用水吸收放出的热量，然后由水温的升高计算出该生物质的发热量。用这种方法测定的发热量为高位热值（Q_{GW}），它是生物质燃料完全燃烧释放出的全部热量，包括燃烧时的显热和所含水分的汽化潜热。

(2) 低位热值　把在大气状况下完全燃烧单位重量的生物质所得到的热量称为低位热值（Q_{DW}）。它等于从高位热值中减去水蒸气的汽化潜热后的热量，也就是燃料实际所放出的热量。

由于高位热值和低位热值测定条件不同，反应的生成物不同，以及反应终了时的温度不同，因而二者在数值上是有差异的。由于低位热值接近于生物质在大气压下完全燃烧时所放出的热量，所以在计算热效率时都用低位热值。高位热值和低位热值之间的换算关系为

$$Q_{DW}=Q_{GW}-25(9H+W) \tag{2-1}$$

式中 Q_{DW}——燃料的低位热值，kJ/kg；

Q_{GW}——燃料的高位热值，kJ/kg；

H、W——氢、氧的元素组成，%。

表 2-1　我国主要生物质的工业分析、元素分析和分析基低位热值

燃料种类	工业分析成分/%				元素组成/%						低位热值
	水分	灰分	挥发分	固定碳	H	C	S	N	P	K_2O	Q_{DW}/(kJ/kg)
杂草	5.43	9.40	68.27	16.40	5.24	41.00	0.22	1.59	1.68	13.60	16203
豆秸	5.10	3.13	74.65	17.12	5.81	44.79	0.11	5.85	2.86	16.33	16157
稻草	4.97	13.86	65.11	16.06	5.06	38.32	0.11	0.63	0.15	11.28	13980
玉米秸	4.87	5.93	71.45	17.75	5.45	42.17	0.12	0.74	2.60	13.80	15550
麦秸	4.39	8.90	67.36	19.35	5.31	41.28	0.18	0.65	0.33	20.40	15374
马粪	6.34	21.85	58.99	12.82	5.35	37.25	0.17	1.40	1.02	3.14	14022
牛粪	6.46	32.40	48.72	12.52	5.46	32.07	0.22	1.41	1.71	3.84	11627
杂树叶	11.82	10.12	61.73	16.83	4.68	41.14	0.14	0.74	0.52	3.84	14851
针叶林					6.20	50.50					18700
阔叶木					6.20	49.60					18400
烟煤	8.85	21.37	38.48	31.30	3.81	57.42	0.46	0.93	—	—	24300
无烟煤	8.00	19.02	7.85	65.13	2.64	65.65	0.51	0.99	—	—	24430

（3）热值的计算　在燃料所含各种元素的成分测定之后，可根据门捷列夫公式计算其低位热值 Q_{DW}^{y}。

$$Q_{DW}^{y}=4.19[81C^{y}+246H^{y}-26(O^{y}-S^{y})]-6W^{y} \tag{2-2}$$

式中　Q_{DW}^{y}——燃料低位发热量，kJ；

C^{y}、H^{y}、O^{y}、S^{y}、W^{y}——燃料中碳、氢、氧、硫和水分的应用基含量，%。

由上式可以看出，生物质燃料的热值除了与它们的种类有关外，与其含水率的关系较大，含水率越高，燃烧时摄取的热量也越多，净得热量就越少，即热值也就越低，潮湿的柴草不但损失热量，同时还导致柴草的不完全燃烧，产生大量黑烟，潮湿的柴草存放时间久了，还会发热、发酵和腐朽，亦使热值降低。生物质低位热值与含水率的关系见表 2-2。

表 2-2　生物质低位热值与含水率的关系　　单位：kJ/kg

含水率	5%	7%	9%	11%	12%	14%	16%	18%
玉米秆	15422	15041	14661	14280	14092	13711	13330	12949
高粱秆	15744	15359	14970	14583	14393	14008	13623	13238
棉花秆	15945	15552	15167	14773	14579	14192	13803	13414
豆秸	15723	15338	14949	14568	14372	13991	13606	13221
麦草	15438	15053	14681	14301	14154	13732	13355	12975
稻草	14183	13832	13481	13129	12954	12602	12251	11899
谷草	14795	14426	14062	13694	13514	13146	12782	12456
杨树皮	13995	13606	13259	12912	12736	12389	12042	11694
松木	18372	17932	17489	17050	16828	16385	15937	15498
桦木	16945	16535	16125	15715	15506	15096	14686	14276

二、生物质的物理特性

生物质的物理特性也是十分重要的。生物质的分布、自然形状、尺寸、密度、

含水率及灰熔点等特性影响生物质的收集、运输、存储、预处理和相应的燃烧技术。

1. 密度

所谓密度是指生物质燃料单位体积的质量，单位为 g/cm^3 或 t/m^3。由于生物质为多空隙的非均相固体，所以其密度会因种类、含水率等的不同而异。将生物质细胞腔内和细胞孔隙中的自由水全部除去后，以其外观体积与质量所测得的密度称为真密度。它不受生物质种类的影响，但由于测定方法的不同，其值亦有所不同。木材的真密度在 $1.45 \sim 1.54t/m^3$，一般采用 $1.50t/m^3$；农作物秸秆的真密度在 $1.1 \sim 1.3t/m^3$。堆积密度是指包括固体燃料颗粒空间在内的密度，一般在自然堆积的情况下进行测量，它反映了单位容积中物料的质量。根据生物质的堆积密度可将生物质分为两类，一类为硬木、软木、玉米芯及棉秆等木质燃料，它们的堆积密度在 $200 \sim 350kg/m^3$，另一类为玉米秸秆、稻草和麦秸等农作物秸秆，它们的堆积密度低于木质燃料。较低的堆积密度不利于农作物秸秆的收集和运输，而且需要占用大量的堆放场地。

2. 含水率

所谓含水率是指生物质燃料中水分重量与生物质重量之比值，常用百分数表示。生物质燃料所含的水分，一部分存在于细胞腔内和细胞之间，称为自由水；另一部分为细胞壁的物理化学结合水，称为生物质结合水。结合水在生物质燃料中含量一般比较稳定，约占5%；自由水含量可以在5%～60%之间变化，依干燥状态而定。除去自由水后，木材细胞壁的结合水达到饱和状态时的含水率称作纤维饱和点，一般在25%～35%。当自由水达到饱和时的含水率称作生物质的最大含水率。

按含水率的不同，生物质分为生材、气干材和烘干材三种，生材是指新采伐的木材和新收获的农作物秸秆等，它保留了生物质活体的水分。气干材是指在自然状态下，风干的生物质。烘干材是指在100～150℃条件下干燥，达到恒重的生物质，亦称绝干材。

含水率分湿基含水率（也称相对含水率）和干基含水率（也称绝对含水率），其计算公式分别为

$$湿基含水率=\frac{W_1-W_2}{W_1}\times 100\% \tag{2-3}$$

$$干基含水率=\frac{W_1-W_2}{W_2}\times 100\% \tag{2-4}$$

式中　W_1——烘干前的重量，g；

W_2——烘干后的重量，g。

3. 灰熔点

在高温情况下，灰分将变成熔融状态，形成含有多种组分的灰（具有气体、液体或固体形态），在冷表面或炉墙内形成沉积物，即积灰或结渣。灰分开始熔化的温度称为灰熔点。

生物质的灰熔点用角锥法测定。将灰粉末制成的角锥在保持半还原性气氛的电

炉中加热，角锥尖端开始变圆或弯曲时的温度称为变形温度，角锥尖端弯曲到和底盘接触或呈球形时的温度称为软化温度，角锥变形至近似半球形，即高约等于底长的一半时的温度称为半球温度，角锥熔融到底盘上开始熔溢或平铺在底盘上显著熔融时的温度称为流动温度。

生物质中的 Ca 和 Mg 元素通常可以提高灰熔点，K 元素可以降低灰熔点，Si 元素在燃烧过程中与 K 元素形成低熔点的化合物。农作物秸秆中 Ca 元素含量较低，K 元素含量较高，导致灰分的软化温度较低。例如，麦秸的变形温度为 860～900℃，对设备运行的经济性和安全性有着一定的影响。

第二节　秸秆与薪柴

秸秆是农业的剩余物。一般作物在收获了主要产品之后，都留有相应的秸秆，像粮食作物的麦秸、玉米秸、高粱秸、稻草等和经济作物的棉花秆、豆秸等，因此可以认为秸秆是作物生产的副产物。秸秆是我国广大农区农民的主要燃料之一。薪柴一般指木质燃料，是树木提供作燃料的生物质，主要有树木的枝杈，在林区、山区和木材加工地区，部分树干以及木材加工的边角余料，亦作为薪柴燃用。薪柴是现今人们生活和生产活动中极重要的能源，全世界约有 15 亿人口从木材当中获得他们所需能源的 90%。另外还有 10 亿人口用能的 50%以上来自于木材。我国农村中薪柴仍然是占第一位的重要能源。

一、秸秆与薪柴的性质

1. 秸秆

秸秆是作物通过光合作用生成的生物质，其元素组成主要为碳、氢、氧、氮、硫、磷等。其中碳为 40%～46%，氢为 5%～6%，氧为 43%～50%，氮为 0.6%～1.1%，硫为 0.1%～0.2%，磷为 1.5%～2.5%。含碳量高的发热量也大，豆秸、棉花秸的发热量高于稻草的发热量。一般分析计算时，可认为秸秆的发热量为 14232kJ/kg，低于油、煤的发热量很多，也低于木柴的发热量。生物质的发热量除与它的种类（主要是所含成分）有关外，与其含水量的关系较大。含水量越高，燃烧时水分蒸发带走的热量也越多，获得热量就越少，即发热量也就越低。

在我国，秸秆不仅是农村的主要燃料，而且也是肥料来源、饲料来源，有许多还是轻工业原料和农家的建筑材料。因此，秸秆并不只应考虑作为燃料，而且如能减少直接燃用秸秆，对饲料、肥料和轻工业原料诸方面都是十分有利的。农业上的剩余物除秸秆外，还有谷壳、玉米芯等，其数量也很多，这部分资源也应该充分利用。

2. 薪柴

薪柴是树木通过光合作用生长成的生物质，主要也是由碳、氢、氧、氮、硫、磷等元素组成。一般认为，木材中的主要元素含量为碳 49.5%，氢 6.5%，氧 43%，氮 1%。含灰量：主干木为 0.3%，枝杈木为 0.3%，树皮为 3%～4%，树叶为7%，树根为0.2%。对砍伐后经过充足时间干燥的木材，其含水量一般为15%～20%。

木质燃料的发热量，随树种不同和树的不同部位而略有差异。木材的几种成分中，其发热量也各不相同：纤维素 4117kJ/kg，木素 26656kJ/kg，树脂 38074 kJ/kg。针叶材中，木素和树脂含量较高，所以针叶材发热量较高。

二、秸秆与薪柴的资源量计算

1. 秸秆的资源量计算

每年收获的秸秆量，因当年农作物的品种、作物的种植结构、当地的水热条件等而异。我国农作物的秸秆量是按谷物的年产量、谷草比和收集系数来进行计算的。

$$谷草比=\frac{谷物的产量}{农作物秸秆产量} \tag{2-5}$$

为了全国统一计算，对几种主要作物给出了谷草比的参考值：玉米1∶2，高粱1∶2，大豆1∶1.5，油料1∶2，棉花1∶4。用作能源用途的秸秆只是秸秆总量的一部分。不同地区可根据当地的实际情况确定秸秆的收集系数和作为能源用的秸秆量的比重，从而确定当地秸秆的资源量。

2. 薪柴的资源量计算

薪柴资源量包括薪柴林、防护林、用材林、灌木林、疏林和四旁（村庄、道路、田地、河渠附近）散生树木等通过采伐抚育间伐、更新改造和修枝打杈等所取得的薪柴量。表2-3为我国各地各林种单位面积可以提供的薪柴量指标。计算时，薪柴理论储量＝面积×每公顷产柴量；薪柴实物量＝理论储量×可取薪柴面积比例（亦称可取薪柴面积系数）。增加薪柴资源的措施是多方面的。我国的山区、牧区和丘陵地区是发展薪柴资源的重点地区，西北、华北、东北的干旱地区内宜林的荒地、荒滩面积很大，可大力营造薪柴林。增加薪柴资源也要注意加强对现有林木的经营管理，增加现有林木的生产能力。还要重视对森林伐区剩余物和林产、农产加上剩余物的充分利用。这些废弃物的有效利用对缓解能源短缺，改善农村生态环境具有重要意义。

表2-3 我国各地各林种可提供的薪柴量

地区 / 林种	南方山区		平原丘陵区		北方山区	
	可取薪柴面积比例	每公顷产柴量/kg	可取薪柴面积比例	每公顷产柴量/kg	可取薪柴面积比例	每公顷产柴量/kg
薪柴林	1.0	7500	1.0	7500	1.0	3750
用材林	0.5	750	0.7	750	0.2	600
防护林	0.2	375	0.5	375	0.2	375
疏林	0.5	750	0.7	750	0.3	750
灌木林	0.5	1200	0.7	1200	0.3	1200
四旁树木	1.0	2/株	1.0	2/株	1.0	2/株

第三节　生物质的燃烧机理与方式

一、燃烧的基本类型

燃烧是指燃料中所含 C、H 等可燃元素与氧发生激烈的氧化反应，同时释放热量的过程。固体燃料的燃烧按燃烧特征，通常分为以下几类。

1. 表面燃烧

指燃烧反应在燃料表面进行，通常发生在几乎不含挥发分的燃料中，如木炭表面的燃烧。

2. 分解燃烧

当燃料的热解温度较低时，热解产生的挥发分析出后，与氧进行气相燃烧反应。当温度较低、挥发分未能点火燃烧时，将会冒出大量浓烟，浪费大量的能源。生物质的燃烧过程属于分解燃烧。

3. 蒸发燃烧

主要发生在熔点较低的固体燃料。燃料在燃烧前首先熔融为液态，然后再进行蒸发和燃烧（相当于液体燃料）。

二、生物质的燃烧过程

1. 预热与干燥

柴草送入灶膛后，当本身温度升高到 100℃左右时，所含的水分首先被蒸发出来，湿柴变为干柴。水分蒸发时需要吸收燃烧过程中释放的热量，会降低燃烧室的温度，减缓燃烧进程。蒸发时间的长短和吸收热量的多少，由柴草的干湿程度而定。含水量高的燃料，蒸发阶段的时间长，损失的热量多。

2. 挥发分析出燃烧及木炭形成

随着温度的继续增高，柴草开始转入析出挥发分阶段。生物质燃料一般含挥发分较高，所以热分解温度都比较低，如木柴的分解温度约为 180℃，这时，柴草中的挥发分以气体形式大量放出，并迅速与灶膛的氧气混合。当温度升高到 240℃以上时，这些可燃气体被点燃，并在燃料表面燃烧，发出明亮的火焰。此时燃烧产生的热量就会迫使燃料内部的挥发物不断析出燃烧，直至耗尽。这一过程需氧较多（燃料挥发分中的大部分也都参与），延续的时间较长。

在气体挥发物燃烧时，柴草中的固定碳被包着，不易与氧气接触，因此在柴草燃烧初期，木炭是不会燃烧的。

3. 木炭燃烧

当挥发物燃烧快终了时，木炭便开始燃烧。这时，由于挥发物基本燃尽，进入灶膛的氧气可以直接扩散到木炭表面并与之反应，使木炭燃烧。

4. 燃尽

木炭在燃烧过程中，不断产生灰分，这些灰分包裹着剩余的木炭，使木炭的燃烧速度减慢，灶膛的温度降低，这时，适当抖动、加强通风，使灰分脱落，余炭才能充分燃尽，柴草燃烧后最终剩下的是灰烬（渣）。

应该指出的是，以上各个阶段虽然是依次串联进行的，但也有一部分是重叠进行的，各个阶段所经历的时间与燃料种类、成分和燃烧方式等因素有关。

三、燃烧要素

从上述燃烧过程可知，要使燃料充分地燃烧，必须具备三个条件：一定的温度，合适空气量及与燃料良好的混合，足够的反应时间和空间，即燃烧“三要素”。

1. 一定的温度

温度是良好燃烧的首要条件。温度的高低对生物质的干燥、挥发分析出和点火燃烧有着直接影响。温度高，干燥和挥发分析出顺利，达到着火燃烧的时间也较短，点火容易。要使燃料着火燃烧，必须使温度达到其着火点。燃料中所含的各种元素都有不同的着火点，如纯碳的燃点为800℃，一氧化碳的燃点为580～600℃。燃点不同，所需要的着火温度也不同，燃料不同，其燃点也不同，木柴的燃点为300℃，秸秆为200℃，烟煤为400℃，燃烧时析出的焦炭和甲烷气体的燃烧点分别为700℃和850℃。

另外，在燃烧过程中则必须保持燃料放出的热量不小于燃烧时所散失的热量，燃烧才能持续进行，否则就会熄火。炉灶或燃烧室内温度愈高，燃烧反应将愈激烈。

2. 合适空气量及与燃料良好的混合

由于燃料所含的元素组成成分不同，燃料所需要的空气量也不同。碳、氢、硫、磷等可燃物质，完全燃烧时所需要的氧气量各异。计算燃烧中所需要的理论空气量，可按照化学反应方程式求得。

燃料在灶膛或燃烧器中实际燃烧时，由于灶膛或燃料器的结构以及燃料与氧气混合不均等多种原因，实际供给的空气量要比理论空气量大一些，超出的部分叫做过量空气。实际供给空气量（V）与理论空气量（V_c）之比称为过量空气数（α），即

$$\alpha = V/V_c \tag{2-6}$$

式中　α——过量空气数；

V——单位质量燃料燃烧时实际供给的空气量（标准状态下），m^3/kg 燃料；

V_c——单位质量燃料完全燃烧时理论需要的空气量（标准状态下），m^3/kg 燃料。

过量空气的多少必须适当。进入灶膛或燃烧器的空气太少，燃烧过程中氧气不足，燃烧不完全，就会浪费燃料；进入灶膛或燃烧器的空气过多，冷空气降低了燃烧温度，同时高速烟气还带走过多的热量，亦不利于燃烧。一般，农村户用节柴灶

过量空气系数 α 可选用 1.4～1.8。在合适空气量情况下，影响燃烧的主要因素取决于空气与燃料良好的混合，一般由空气流速所决定。气流扩散大时，空气与燃料混合得好，燃烧的速度快。

不同燃料，不同燃烧装置的过量空气系数完全不同。过量空气系数一般用烟气分析器分析烟气中的氧、二氧化碳和一氧化碳含量，加以计算求得。

3. 时间

燃料燃烧需要一定的时间，一是化学反应时间，二是空气和燃料或燃气的混合时间。前者时间很短，不起主导作用；后者是氧气扩散的时间，若无保证就会产生不完全燃烧，造成浪费。燃烧反应一般都发生在一定的时间和空间中。如果燃烧空间较小，燃料的滞留时间则较短，燃料还没有充分燃烧时，就有可能进入低温区，从而使气体和固体不完全燃烧热损失增加。因此，为了保证充分的燃烧时间，就要有足够的燃烧空间。此外，还有燃烧空间是否充分利用的问题。如果燃烧空间有死角，即使空间再大，燃烧时间仍有可能不够，需要适当地设置挡墙或炉拱，改变气流方向，使之更好地充满燃烧空间，延长停留时间，并加强气流扰动。

燃烧三要素相互影响，掌握好了，可相互促进，燃烧旺盛；掌握不好，就会使燃烧不完全，浪费燃料。

四、影响燃烧速度的因素

燃烧过程是一个复杂的物理化学过程，燃烧速度由化学反应和气流扩散所决定。影响化学反应的因素为温度、浓度和压力等。影响气流扩散的因素为空气与燃料的相对速度、气流扩散速度及传热速度等。在以上因素中，起主导作用的是温度和气流扩散速度。

1. 温度对燃烧速度的影响

温度是通过对化学反应速度的影响而起作用的。温度越高，反应速度越快，试验表明，温度每增加 100℃化学反应速度可增加 1～2 倍，两者之间的关系符合以下规律

$$K=K_0 e^{-\frac{E}{RT}} \tag{2-7}$$

式中 K——表征化学反应速度的常量；

K_0——与反应物有关的系数；

E——化学反应活化能，kJ/(kmol · K)；

R——通用气体常数，8.314kJ/(kmol · K)；

T——热力学温度，K。

2. 气流扩散速度对燃烧速度的影响

气流扩散速度由氧气浓度所决定，遵循如下关系式

$$M=C_k(c_{gl}-c_{jt}) \tag{2-8}$$

式中 M——表征气流扩散速度的量；

C_k——扩散速度常数，主要取决于气流速度，与温度基本无关；

c_{gl}，c_{jt}——气流和木炭表面的氧气浓度。

根据温度和气流扩散速度对燃烧影响程度的不同，可将燃烧划分为三种不同的区域。

（1）动力燃烧区　当燃烧温度较低时，化学反应速度缓慢，气流扩散速度不起关键作用，燃烧速度主要由温度所决定。在这一区域中，提高温度是强化燃烧唯一的方式。

（2）扩散燃烧区　当燃烧温度较高时，化学反应迅速，扩散到燃烧表面的 O_2 的浓度接近于零，气流的扩散远远低于燃烧反应的需求。因此，燃烧速度取决于扩散速度。通过增加气流扩散速度，可达到强化燃烧的目的。

（3）过渡燃烧区　动力燃烧区与扩散燃烧区之间的区域，燃烧速度既与温度有关，又与气流扩散速度有关。提高温度和增加气流扩散速度都可以强化燃烧。

第三章　沼气发酵工艺及户用沼气技术

第一节　沼气技术发展现状

在自然界中，沼气的生成是一种古老的生物现象。由于人们最先注意到在湖泊或沼泽中常常有气泡从水底的污泥中冒出，这些气体收集起来可以点燃，便称这种气体为“沼气”。后来分析研究表明，沼气是多种微生物在厌氧条件下对有机物质(如秸秆、杂草、人畜粪便、垃圾、污泥等)进行分解代谢的产物，其主要成分是甲烷和二氧化碳，还有硫化氢等少量的其他气体。沼气产生的过程也称为厌氧发酵。

虽然人们发现沼气产生的现象历史悠久，但把沼气收集起来作为能源加以利用，或根据沼气形成的原理来处理各种有机废物，还是近百年的事。早在1866年，勃加姆波（Bechamp）首先指出甲烷的形成是一种微生物学的过程。1896年在英国埃克塞特市，用马粪发酵制取沼气点燃街灯是人类首次开发应用经济型生物能源。1900年在印度建造了用人粪做原料的沼气池。1914年美国大约有75个城市和许多机构都建造了沼气池。1927年德国开始用沼气发电，并用冷却发电机组的热水来加热沼气池。1936年英国首先在泰晤士河畔的废水工厂中应用厌氧消化技术，并将回收的沼气作为补充能源。以后经过许多科学家的研究，逐步建立起厌氧发酵制取沼气的工艺，1950年沼气池由开始时的简单化粪池发展到高速消化器。1955年出现了使微生物回流的厌氧接触工艺，使厌氧消化的效率大大提高。1969年出现了厌氧滤器，1979年研制成功厌氧污泥床。这些新工艺使可溶性原料在沼气池内的发酵时间大大缩短，从原来几十天缩短到一天，甚至几个小时，这样就使沼气发酵用于处理污水等工程成为可能，也为沼气生产创造了更好的办法。但是，直到20世纪70年代，随着世界性能源危机和环境污染问题的产生，利用厌氧消化器分解各种有机物来获得能源并使废弃物资源化的沼气发酵系统才真正引起人们的关注。

沼气在我国的应用已经有一个多世纪的历史。100多年来，沼气技术在我国的发展大体上可分为4个时期，即20世纪30年代、50年代、70年代以及80年代以后的时期。早期称沼气为瓦斯，沼气池为瓦斯库。在19世纪80年代，广东潮梅一带民间就开始了制取瓦斯的试验，到19世纪末出现了简陋的瓦斯库，并初步懂得了制取瓦斯的方法。由于当时瓦斯库过于简陋，产气较少，没能得到推广应用。我国真正意义上开展沼气研究和推广是在20世纪30年代。当时的代表性人物主要有台湾新竹县的罗国瑞，汉口的田立方。罗国瑞研制出了我国第一个较完备且具有实用价值的瓦斯库，并于1929年在广东汕头市开办了我国第一个推广沼气的机构——汕头市国瑞瓦斯汽灯公司；于1933年开始了沼气技术人员的培训工作，并编写了培训教材《中华国瑞天然瓦斯库实习讲义》。田立方在1930年左右设计了带搅拌装置的圆柱形水压式和分离式两种天然瓦斯库，并于1933年开办了“汉口天然瓦斯总行”，在总行内设立了一个研究机构“汉口天然瓦斯灯技术研究所”和一个人员培训机构“汉口天然瓦斯传习所”。田立方于1937年编写了《天然瓦斯（沼气）灯制造法全书》。

我国沼气发展的第二时期是20世纪50年代。这次全国大办沼气的策源地在武昌，其发起人是30年代在“汉口天然瓦斯传习所”接受过培训的原中南材料学研究所工程师姜子钢。武昌办沼气的经验经新闻媒体报道后在全国震动很大，全国各地纷纷派人到武昌学习。为了适应当时这种形势发展的需要，农业部于1958年上半年委托中国农业科学院和北京农业大学举办了全国沼气技术培训班。从而在全国掀起了推广沼气的高潮，当时全国大多数省（市）、县都办上了沼气。但由于操之过急，忽视建池质量以及缺乏沼气池管理经验等原因，当时所建的数十万沼气池大多都废弃了。

我国沼气发展的第三时期是20世纪70年代。70年代末期为了解决农村生活燃料问题，全国累计修建户用沼气池700万个。但当时修建的沼气池平均使用寿命只有3～5年，到70年代后期即有大量的沼气池报废。可以说20世纪50年代、70年代这两次沼气推广运动都以失败而告终。特别是70年代推广的失败，为其后沼气在农村的推广和利用造成了严重的负面影响。这也提醒人们在今后的沼气技术推广应用中一定要严格控制建池质量和实行科学管理，只有这样才能保证沼气技术的健康发展，真正造福于民。

在上述三次规模化的沼气推广中，人们对沼气技术的认识还大都停留在利用其解决燃料短缺的层面上，建沼气池的出发点主要是为了获取燃料用于点灯做饭。人们对沼气技术更深层次的认识和更广范围的应用主要是从20世纪80年代开始的。

20世纪80年代以后，我国开展了大量有关沼气发酵的理论和应用技术的研究，并取得了可喜的研究成果，沼气技术开始稳步发展。其主要特点：一是有了可靠的技术保障。农业部组织成立了专门的研究机构——农业部沼气科学研究所，1980年又组织成立了中国沼气协会。经过广大科技工作者的努力，在沼气发酵微生物学原理和沼气发酵工艺方面都取得了重要进展。二是沼气池池形和沼气发酵原料有了大的发展和变化。首先在池形方面，在传统的圆筒形沼气池的基础上，涌现出了许多高效实用的池形，如曲流布料沼气池、强回流沼气池、分离浮罩沼气池、预制板沼气池等。沼气发酵原料也由秸秆转变为畜禽粪便，从而解决了利用秸秆作为原料存在的出料难、易结壳等难题。三是发展沼气技术的目的有了重大转变，沼气技术的目标已从“能源回收”转移到“环境保护和生态文明建设”，沼气的利用不仅仅局限于点灯做饭，已经发展到乡村集中供气和沼气发电，并且开展了沼渣沼液的综合利用，形成了以沼气为纽带的生态家园富民工程，引导农民改变传统的生活和生产方式，提高了农民生活质量。特别是90年代以来，沼气的研究与废弃物资源化处理、沼气发酵产物综合利用和生态环境保护的关联更加密切，形成了以南方“猪-沼-果”、北方“四位一体”和西北“五配套”（在猪-沼-果的基础上增加太阳能暖圈和暖棚）为代表的农村沼气发展模式。截至2006年，全国农村户用沼气池总量已超过2000万户，到2010年将达到5000万户，适宜地区沼气普及率达35%，受益人口超过2亿，这些沼气池池容在5～12m^3，池容产气率在0.1～0.4$m^3/(m^3 \cdot d)$。可见沼气技术在我国经济建设中正在发挥着重要作用，并受到了国家和地方政府的高度重视，社会各界人士、广大农民把农村沼气建设项目称为建立资源节约型社会的能源工程，实现农业可持续发展的生态工程，增加农民收入的富民工程，改善农村生产生活条件的清洁工程，为农民办实事办好事的民心工程。

第二节　沼气发酵的原理

沼气是一种混合气体，其组成不仅取决于发酵原料的种类及其相对含量，而且随发酵条件及发酵阶段的不同而变化。当沼气池处于正常稳定发酵阶段时，沼气的体积组成大致为：甲烷（CH_4）50%～70%，二氧化碳（CO_2）30%～40%，此外还有少量的一氧化碳、氢、硫化氢、氧和氮等气体。各组成气体的理化性质如表3-1所示。

表3-1　沼气中各种成分的理化特性

特　性	CH_4	CO_2	H_2S	H_2	标准沼气（60%CH_4,40%CO_2）
体积分数/%	54～80	20～45	0.01～0.07	0.0～10	100
热值/(MJ/L)	37.65			12.13	22.59
爆炸范围(与空气混合的体积分数)/%	5～15		4～46	6～71	8.8～24.4
密度(标准状态)/(g/L)	0.72	198	154	0.99	1.22
相对密度(与空气相比)	0.55	1.5	1.2	0.07	0.93
临界温度/℃	−82.5	+31.1	+100.4	−2399	−25.7～−48.42
临界压力/10^5Pa	46.4	73.9	90	13	59.35～53.93
气味	无	无	臭鸡蛋味	无	微臭

一、甲烷的性质

甲烷为无色、无味、无臭、比空气轻的可燃性气体。对空气的相对密度是0.55，扩散速度较空气快3倍，临界温度为−82.5℃，因此，液化比较困难。需在−82.5℃、46.4×10^5Pa（45.8atm）下才能液化。着火点是537.2℃。甲烷对水的溶解度极小，在20℃、一个大气压时（1.01325×10^5Pa），100体积的水只能溶解3体积的甲烷，也就是说它的溶解度是3%。由于甲烷对水的溶解度较小，故在应用中可以用水封的办法来储存沼气。

甲烷的化学性质比较稳定。一般条件下，不易与其他物质反应，但当外界条件适合时也能发生反应。甲烷是一种简单的碳氢化合物，它的分子由4个氢原子和1个碳原子组成；分子式是CH_4，相对分子质量16.043，密度（标准状况）0.717g/L。

甲烷在空气中燃烧时，生成二氧化碳和水，并释放出大量的热量，火焰呈浅蓝色，化学反应式为

$$CH_4+2O_2 \longrightarrow CO_2+2H_2O+35.91MJ$$

甲烷燃烧时，火焰的最高温度约2000℃，而纯甲烷的热值为39580kJ/m³，接近1kg石油的热值。而一般沼气中甲烷含量为50%～70%，所以沼气的热值为17928～25100kJ/m³。甲烷的爆炸下限是5.4%，上限是13.9%。含60%甲烷的沼气的爆炸下限是9%，上限是23%。了解甲烷和沼气的爆炸极限，对安全使用沼气极为重要。

二、沼气发酵原理

沼气发酵的过程，实质上是微生物的物质代谢和能量转换过程，在分解代谢过程中沼气微生物获得能量和物质，以满足自身生长繁殖，同时大部分物质转化为甲烷（CH_4）和二氧化碳（CO_2）。这样各种各样的有机物质不断地被分解代谢，就构成了自然界物质和能量循环的重要环节。科学测定分析表明：有机物约有90%被转化为沼气，10%被沼气微生物用于自身的消耗。

20世纪初，V.L.Omdansky（1906）提出了甲烷形成的一个阶段理论，即由纤维素等复杂有机物经甲烷细菌分解而直接产生CH_4和CO_2；从20世纪30年代起，巴克尔（H.A.Barker）等人按其中的生物化学过程而把甲烷形成分成产酸和产甲烷两个阶段，如图3-1所示；至1979年，布赖恩特（M.P.Bryant）根据大量科学事实，提出把甲烷的形成过程分成三个阶段，如图3-2所示。

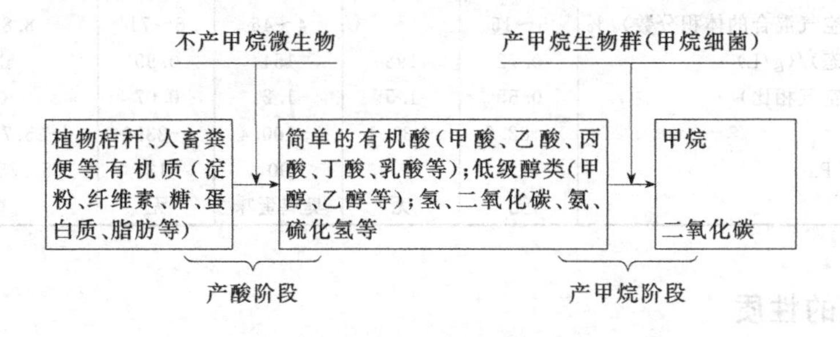

图3-1 两阶段厌氧发酵理论示意图

1. 两阶段厌氧发酵理论

第一阶段，复杂的有机物，如糖类、脂类和蛋白质等，在产酸菌（厌氧和兼性厌氧菌）的作用下被分解为低分子的中间产物，主要是一些低分子有机酸，如乙酸、

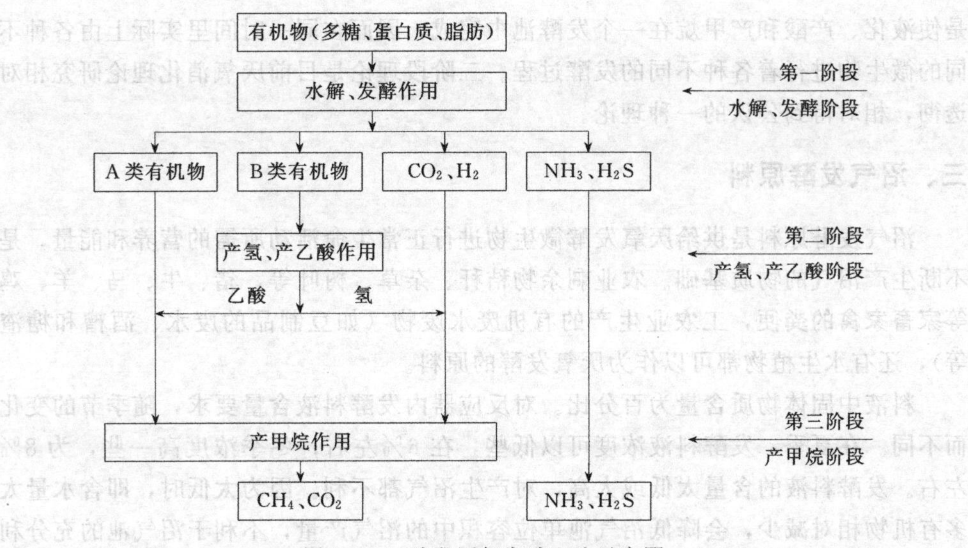

图 3-2　三阶段厌氧发酵理论示意图

丙酸、丁酸等，醇类，并有 H_2、CO_2、NH_4^+ 和 H_2S 等产生。因为该阶段中，有大量的脂肪酸产生，使发酵液的 pH 降低，所以，此阶段被称为产酸阶段或称为酸性发酵阶段。

第二阶段，产甲烷菌（专性厌氧菌）将第一阶段产生的中间产物继续分解成 CH_4 和 CO_2 等。由于有机酸在第二阶段不断被转化为 CH_4 和 CO_2，同时系统中有 NH_4^+ 存在，使发酵液的 pH 不断升高。所以此阶段被称为产甲烷阶段或称为碱性发酵阶段。

2. 三阶段厌氧发酵理论

第一阶段，水解和发酵。在这一阶段中复杂有机物在微生物（发酵菌）作用下进行水解和发酵。多糖先水解为单糖，再通过酵解途径进一步发酵成乙醇和脂肪酸等。蛋白质则先水解为氨基酸，再经脱氨基作用产生脂肪酸和氨。脂类转化为脂肪酸和甘油，再转化为脂肪酸和醇类。

第二阶段，产氢、产乙酸（即酸化阶段）。在产氢、产乙酸菌的作用下，把除甲酸、乙酸、甲胺、甲醇以外的第一阶段产生的中间产物，如脂肪酸（丙酸、丁酸）和醇类（乙醇）等水溶性小分子转化为乙酸、H_2 和 CO_2。

第三阶段，产甲烷阶段。甲烷菌把甲酸、乙酸、甲胺、甲醇和（H_2+CO_2）等基质通过不同的路径转化为甲烷，其中最主要的基质为乙酸和（H_2+CO_2）。厌氧消化过程约有 70％甲烷来自乙酸的分解，少量来源于 H_2 和 CO_2 的合成。

从发酵原料的物性变化来看，水解的结果使悬浮的固态有机物溶解，称之为“液化”。发酵菌和产氢产乙酸菌依次将水解产物转化为有机酸，使溶液显酸性，称之为“酸化”。甲烷菌将乙酸等转化为甲烷和二氧化碳等气体，称之为“产甲烷”。

在实际的沼气发酵过程中，上述三个阶段是相互衔接和相互制约的，它们之间保持着动态平衡，从而使基质不断分解，沼气不断形成。目前绝大多数沼气发酵都是使液化、产酸和产甲烷在一个发酵池中完成，因而在同一时间里实际上由各种不同的微生物进行着各种不同的发酵过程。三阶段理论是目前厌氧消化理论研究相对透彻，相对得到公认的一种理论。

三、沼气发酵原料

沼气发酵原料是供给厌氧发酵微生物进行正常生命活动所需的营养和能量，是不断生产沼气的物质基础。农业剩余物秸秆、杂草、树叶等，猪、牛、马、羊、鸡等家畜家禽的粪便，工农业生产的有机废水废物（如豆制品的废水、酒糟和糖渣等），还有水生植物都可以作为厌氧发酵的原料。

料液中固体物质含量为百分比。对反应器内发酵料液含量要求，随季节的变化而不同。在夏季，发酵料液浓度可以低些，在6%左右；冬季浓度高一些，为8%左右。发酵料液的含量太低或太高，对产生沼气都不利。因为太低时，即含水量太多有机物相对减少，会降低沼气池单位容积中的沼气产量，不利于沼气池的充分利用；太高时，即含水量太少，不利于沼气细菌的活动，发酵料液不易分解，使沼气发酵受到阻碍，产气慢而少。因此，一定要根据发酵料液含水量的不同，在进料时加入相应数量的水，使发酵料液的浓度适宜，以充分合理地利用发酵料液和获得比较稳定的产气率。

充足而稳定的原料供应是厌氧发酵工艺的基础，不少沼气工程因原料来源的变化被迫停止运转或报废。原料的类型直接影响厌氧发酵工艺的设计。

第三节　沼气发酵的工艺条件

为了达到较高的沼气生产率、污水净化效率或废弃物处理率，沼气发酵过程就要最大限度地培养和积累沼气发酵微生物，而沼气发酵微生物都要求适宜的生活条件，它们对温度、酸碱度、氧化还原势及其他各种环境因素都有一定的要求。沼气发酵工艺条件就是在工艺上满足微生物的这些生活条件，使它们在合适的环境中生活，以达到发酵旺盛、产气量高。沼气池发酵产气的好坏与发酵条件的控制密切相关。在发酵条件比较稳定的情况下，产气旺盛，否则产气不好。实践证明，往往由于某一条件没有控制好而引起整个运转失败。比如原料干物质浓度过高时，产酸量加大，酸大量积累而抑制产气。因此，控制好沼气发酵的工艺条件是维持正常发酵产气的关键。

一、严格的厌氧环境

沼气发酵微生物包括产酸菌和产甲烷菌两大类，它们都是厌氧性细菌，尤其是产生甲烷的甲烷菌是严格厌氧菌，对氧特别敏感。它们不能在有氧的环境中生存，哪怕微量的氧存在，生命活动也会受到抑制，甚至死亡。因此，建造一个不漏水、不漏气的密闭沼气池（罐）是人工制取沼气的关键和先决条件。

沼气发酵需要在厌氧环境下进行，也就是说不能有氧气，在沼气池刚修好投料时，料液和气相中都有氧气；另外，每天投入的新料中也有氧气。这些氧气用不着人工去除，沼气池内的发酵细菌能自动将这些氧气消耗完以保证甲烷菌的正常工作。厌氧程度一般用氧化还原电位或称氧化还原势来表示，单位是 mV，它可用带专门电极的 pH 计测定。一种物质的氧化程度愈高则电势趋于正，而物质还原程度愈高则电势趋于负，厌氧条件下氧化还原电位是负值，沼气正常发酵时，氧化还原电位一般均低于－300mV。沼气微生物通常能自动调节到这一范围。

二、温度

沼气发酵微生物只有在一定的温度条件下才能生长繁殖，进行正常的代谢活动，因此发酵温度是影响沼气发酵的重要因素。在一定温度范围内，发酵原料的分解消化速度随温度的升高而提高，也就是产气量随温度升高而提高，但产气量并不是始终与温度的增高成正相关，而是在 30～60℃范围内出现两个产气高峰。如图 3-3 所示，一个高峰在 35℃左右，另一个高峰在 54℃左右。出现这两个高峰的原因是在这两个高峰温度下，有 2 种不同的微生物菌群参与作用的结果。因此一般认为 50～60℃为高温沼气发酵；30～40℃为中温沼气发酵。我国农村中的沼气池都在自然温度下进行发酵，发酵温度随气温和季节而变化，故称之为自然温度发酵。

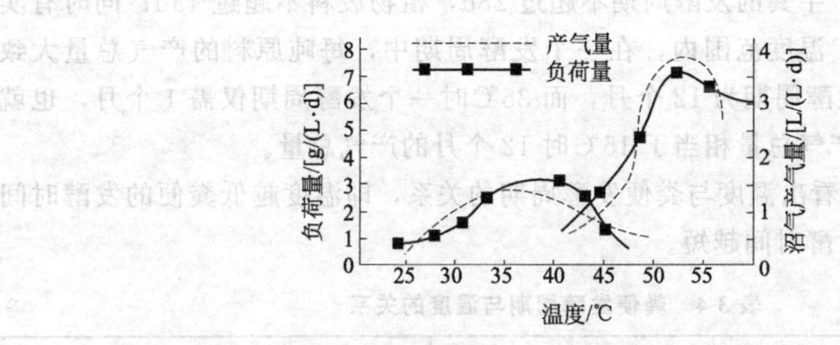

图 3-3　发酵温度、负荷与沼气产量的关系

沼气发酵可在较为广泛的温度范围内进行，4～65℃都能产气。随着温度的升高，产气速度加快，但不是线性关系。自然温度发酵时，发酵温度常常低于 30℃，这种条件下发酵产气速率与温度的关系如表 3-2 所列。

表 3-2　温度对沼气产气速度的影响

沼气发酵温度/℃	10	15	20	25	30
沼气发酵时间/d	90	60	45	30	27
有机物产气率/(mL/g)	450	530	610	710	760

我国南方农村水压式沼气池池内温度一般在 8～30℃，因此，全年产气量会有一定的变化。温度的突然变化会对产气发生很大影响。大中型沼气发酵工程，尤其是恒温工程，温度是必需的监控指标。温度变化超过 3℃，产气就会发生明显的变

化。我国农村沼气池在不同温度下的产气量见表3-3。

表3-3 我国农村沼气池在不同温度下的产气量

原 料	温度/℃	产气率/[$m^3/(m^3 \cdot d)$]	原 料	温度/℃	产气率/[$m^3/(m^3 \cdot d)$]
稻草+猪粪+青草	29～31	0.55	稻草+猪粪+青草	12～15	0.07
稻草+猪粪+青草	24～26	0.21	稻草+猪粪+青草	8以下	微
稻草+猪粪+青草	16～20	0.10			

此外，气温、地温和池温也有着密切关系，直接影响池温（发酵液温度）的不是气温而是地温，而地温又随着气温而变化。离地表面越近温度变化越大，越接近气温；越深变化越小，与气温差异越大。夏天离地面越近温度越高，冬天离地面越近温度越低。在100cm以下的地温变化缓慢，几乎不受气温日变化的影响。而在190cm处的地温与发酵温度基本一致，差异不大。这一结果说明，从维持比较稳定的发酵温度考虑，在气温较低的地区，农村沼气池应适当建深一点。

温度与产气的关系是外在表现，而其内部实质是发酵原料的消化速度。温度越高，原料分解速度越快。平均温度为23.9℃时，牛粪需50d才能全部消化，植物废料70d才全部消化，牛粪与植物废料的混合原料需50～60d。若人工控制发酵温度为32.2～37.8℃，牛粪的发酵周期不超过28d，植物废料不超过45d；同时有实验证明，在15～35℃温度范围内，在一个发酵周期中，每吨原料的产气总量大致相等。15℃时一个发酵周期为12个月，而35℃时一个发酵周期仅需1个月，也就是35℃时1个月的产气总量相当于15℃时12个月的产气总量。

从表3-4也可以看出温度与粪便发酵周期的关系，即温度越低粪便的发酵时间越长，温度越高，发酵时间越短。

表3-4 粪便发酵周期与温度的关系

发酵温度/℃	8	10	15	20	27	32
发酵期/d	120	90	60	45	30	20

沼气发酵温度的突然上升或下降，对产气量都有明显的影响。一般认为，温度突然上升或下降5℃，产气量显著降低，若变化过大则产气停止。但温度恢复后，基本不因前期温度下降而阻碍气体的产生，且能迅速恢复原状。倘若沼气池的装料接近饱和，也就是接近最大负荷时，温度下降对甲烷菌活力的影响要大于对产酸菌的影响，导致产酸和产甲烷之间的严重不平衡，使正常发酵失调。同样，一个35℃下正常发酵的沼气池，若将温度突然大幅度上升至50℃，则产气迅速恶化。

为了防止沼气发酵温度的突然上升或下降，农村沼气池必须采取适当的保温措施。如将沼气池建于背风向阳处，发酵间建于冻土层以下；进出料口不要修得过大，避免发酵间的水大量溢到进、出料口，受到外界冷空气的影响使水温降低；进料口、出料口和水压间都要加盖，冬季还要在沼气池表面覆盖柴草、塑料膜或塑料大棚等保温，“三结合”沼气池要在畜圈上搭保温棚，以防粪便冻结；利用太阳能加温保温是一种非常经济有效的办法；采用覆盖法进行保温或增温，其覆盖面积都应大于沼气池的建筑面积，从沼气池壁向外延伸的长度应稍大于当地冻土层深度。采取保温措施，可以保证比较稳定的发酵温度。

三、pH 值

沼气发酵正常进行时，通常是中性至微碱性环境，最适 pH 值为 6.8～7.4，pH 值低于 6.4 或高于 7.6 都对产气有抑制作用。pH 值在 5.5 以下，产甲烷菌的活动则完全受到抑制。发酵料液的 pH 值取决于挥发酸、碱度和 CO_2 的含量以及与温度等各种因素有关，其中影响最大的是挥发酸浓度。试验证明，正常的挥发酸浓度以乙酸计应在 2000mg/kg 以下。

在沼气发酵过程中 pH 值也有其规律性的变化。在发酵初期大量产酸，pH 值下降，以后由于氨化作用所产生的氨可以中和一部分有机酸，同时使 pH 值上升，其化学变化过程如下：

发酵初期　　COHNS(有机物) $\longrightarrow CO_2 + H_2O + NH_3 + CH_4 + \cdots$

氨化作用期　　$CO_2 + H_2O + NH_3 \longrightarrow NH_4HCO_3$

我国农村沼气池的发酵 pH 值也有这样一个相似的变化过程，变化的速度与发酵温度等因素有关。发酵速度越快，变化过程的时间越短；发酵越慢，变化过程的时间越长。测定表明，在发酵温度 22～26℃时，6d 即可达到沼气发酵的恒定 pH 值，而不再有大的变化。在发酵温度为 18～20℃时，经过 14～18d 才能达到恒定的 pH 值。由于农村沼气发酵的温度较低，发酵速度较慢，pH 值的变化不像高温沼气发酵那样明显。一般情况下，pH 值的变化幅度不会超出适宜范围。

在沼气工程启动和运行过程中，影响 pH 值变化的因素主要有 3 点：①发酵原料中含有大量有机酸，如果在短时间内大量向发酵装置内投入这类原料，就会引起发酵装置内 pH 值的下降，但如果向正常运行的发酵装置内按发酵装置可承受的负荷投入原料，有机酸会很快被分解掉，因而不会引起发酵装置的酸化，所以不必对进料的 pH 值进行调整；②发酵装置启动时投料浓度过高，接种物中的产甲烷菌数量又不足，或在发酵装置运行阶段突然升高负荷，使产酸与产甲烷的速度失调而引起挥发酸的积累，导致 pH 值下降；③进料中混入大量强酸或强碱，会直接影响发酵液的 pH 值。

在正常情况下沼气发酵的 pH 值有一个自然平衡过程，一般不需要进行调节。只有在配料管理不当的情况下才会出现挥发酸大量积累，pH 值下降。调节提高 pH 值的办法有几种：①经常少量出料并投入同量的新料，以稀释发酵液中的挥发酸，提高 pH 值；②农村中采用加草木灰和适量氨水调节 pH 值；③用石灰水、Na_2CO_3 溶液或 NH_4HCO_3 溶液调节 pH 值。卡斯塞尔和索耶（Cassell，Sawyer，1959）在研究中发现用加石灰的办法把 pH 值调到 6.8～7.2，可以使一个进料 20d 不产气的高速消化器开始产气。中国科学院成都生物研究所采用加石灰的办法将

pH 值调到 7～8，使一个发酵液 pH＝5.0 的 300m³ 沼气池得到启动，并维持正常产气。

特别指出的是加石灰的时候最好是加石灰澄清液，同时也要保证石灰与发酵液完全混合，否则在强碱区域内微生物活性受到破坏。加石灰的量也要严格控制，如果加量过大就会造成过碱，超过微生物的适宜 pH 值范围，降低沼气池的生物活性，使产气量降低，甚至停止。加入石灰后，与沼气池中的 CO_2 结合生成碳酸钙，如果碳酸钙浓度过大将形成碳酸钙沉淀。CO_2 是 H 的受体，接受 H 形成甲烷。CO_2 减少过量，就会降低甲烷的产量。

凯尔斯奇（Kirsch）等认为加石灰调节 pH 值不是一个最好的办法，在很多情况下起不到好作用。

四、接种物

有机物质厌氧分解产生甲烷的过程，是由多种沼气微生物来完成的。因此，在沼气发酵中，加入足够所需要的微生物作为接种物（亦称菌种）是极为重要的。有没有接种物决定了沼气发酵的成败，而接种物中的有效成分与活性直接关系发酵过程的好坏。接种物中的有效成分是活的沼气微生物群体，不同来源的接种物其活性是不同的。因此，在选择接种物时，不但要有占投料量 20%～30%的接种物，而且更应选择活性强的接种物。若沼气池修好投料时微生物数量和种类都不够，应人工加入微生物。工业废水中，沼气微生物没有或很少，使用这类原料的沼气池启动时，如果没有接种物或接种物过少，投料后很长时间才能启动或根本就不能正常运转。针对这一情况，目前已有专供大中型沼气工程启动的高质量接种物出售。一般粪便中含有一定量的沼气微生物，启动时如果不另添加接种物，若温度较高（料温大于 20℃），经过一段时间可以达到正常发酵，不过浪费了时间。农村沼气池启动时，若接种物足够多，投料后第 2 天就可正常用气。沼气池彻底换料时，应保留少部分底脚沉渣作为接种物，可使停滞期大大缩短，很快开始正常发酵产气。

1. 接种物的作用

在沼气发酵池启动运行时，加入足够的所需微生物特别是产甲烷微生物作为接种物是极为重要的。原料以堆沤而又添加活性污泥作接种物，产甲烷速度很大，第 6 天所产沼气中的甲烷含量可达 50%以上。发酵 33d 甲烷含量达到 72%左右。这说明沼气发酵必须有大量菌种，而且接种量的大小与发酵产气有直接的关系。

2. 接种物的富集培养

为了获得足够的、质量好的接种物，必须对接种物进行富集培养。富集培养的主要办法是选择活性较强的污泥，使其逐渐适应发酵的基质和发酵温度，然后逐步扩大，最后加入沼气池作为接种物。

3. 接种物的来源

城市下水污泥、湖泊、池塘底部的污泥、粪坑底部沉渣都含有大量沼气微生物，特别是屠宰场污泥、食品加工厂污泥，由于有机物含量多，适于沼气微生物的生长，因此是良好的接种物。大型沼气池投料时由于需要量大，通常可用污水处理厂厌氧消化池里的活性污泥作接种物。在农村，来源较广、使用最方便的接种物是沼气池本身的污泥。

4. 接种量

对农村沼气发酵来说采用下水道污泥作为接种物时，接种量一般为发酵料液的10%～15%，当采用老沼池发酵液作为接种物时，接种数量应占总发酵料液的30%以上，若以底层污泥作接种物时，接种数量应占总发酵料液的10%以上。接种物数量对产气的影响见表3-5。

表3-5 接种物数量对产气的影响

原　料	接种量/%	产气量/mL	甲烷含量/%	每克人粪产气量/mL
人粪50g	10	1435	48.2	28.7
人粪50g	20	4805	56.4	96.1
人粪50g	50	10093	66.3	201.86
人粪50g	150	16030	68.7	320.6

使用较多的秸秆作为发酵原料时，需加大接种物数量，其接种量一般应大于秸秆量。

五、发酵原料

在沼气发酵过程中，原料既是产生沼气的基质，又是沼气发酵微生物赖以生存的养料来源。

1. 发酵原料的种类

人畜禽粪、作物秸秆、杂草菜叶、有机污水等都可以作为沼气发酵原料。各种发酵原料的产气量和产气速率有所不同（见表3-6）。在35℃条件下常用原料每千克干物质的产气量为0.3～0.5m^3，在20℃条件下每千克干物质的产气量为表3-6的60%。

表3-6 不同原料的产气量和产气速率

原料名称	原料产气速率/%					产气量/(m^3/kg)
	10d	20d	30d	40d	60d	
猪粪	74.2	86.3	97.6	98.0	100	0.42
人粪	40.7	81.5	94.1	98.2	100	0.43
马粪	63.7	80.2	89.1	94.5	100	0.34
牛粪	34.4	74.6	86.2	92.7	100	0.30
玉米秸	75.9	90.7	96.3	98.1	100	0.50
麦草	48.2	71.8	85.9	91.8	100	0.45
稻草	46.2	69.2	84.6	91.0	100	0.40
青草	75.0	93.5	97.8	98.9	100	0.44

注：1. 试验条件为发酵温度35℃；2. 产气量以发酵时间为60d计算。

有机物中一部分比较容易消化，容易分解产气，而另一些则较难分解产气，因此，各种有机物的产气速率相差很大，产气快慢很不一致。

沼气发酵常用的原料主要是秸秆和粪便。

秸秆类的特点是：①随农事活动批量获得，能长时间存放不影响产气，可随时满足沼气池进料需要，可一次性大量入池；②每立方米沼气池只能容纳风干秸秆50kg左右，一旦入池后，从沼气池内取出较为困难，通常采用批量入池、批量取出的方法；③入池前要进行切短、堆沤等处理；④和粪便一起发酵时效果好；⑤需要较长时间才能分解达到预期的沼气产量。

粪便类的特点是：①不管是否使用每天都要产生，存放后产气量大大减少，因此适合每天进入沼气池；②分解速度相对较快；③入池和发酵后取出都很方便；④单独使用产气效果也很好。

2. 沼气发酵原料的配比

我国农村沼气发酵的一个明显特点就是采用混合原料（一般为农作物秸秆和人畜粪便）入池发酵。因此，根据农村沼气原料的来源、数量和种类，采用科学、适用的配料方法是很重要的。作物秸秆含纤维素多，消化速度慢，产气速度慢，但持续产气时间长（如玉米秸秆产气持续时间可达90d以上）；人的粪便等原料，消化速度快，产气速度快，但持续时间短（只有30d）。因此，应做到合理搭配进料。

同时要注意含碳素原料和含氮素原料的合理搭配，即要有合适的碳氮比。含碳量高的原料，发酵慢，含氮量高的原料，发酵快，因此应合理搭配。一般鲜粪和作物秸秆的重量比应控制在2∶1左右，碳氮比保持在25∶1为宜。

碳氮比较高的发酵原料如农作物秸秆，需要同含氮量较高的原料，如人畜粪便配合以降低原料的碳氮比，取得较佳的产气效果，特别是在第一次投料时可以加快启动速度。在使用作物秸秆为主要发酵原料时，如果人畜粪便的数量不够，可添加适量的碳酸氢铵等氮肥，以补充氮素。表3-7是农村常用沼气发酵原料的碳氮比。

表3-7 农村常用沼气发酵原料的C/N值

原料种类	碳素/%	氮素/%	C/N	原料种类	碳素/%	氮素/%	C/N
干麦秸	46	0.53	87∶1	野草	11	0.54	26∶1
干稻草	42	0.63	67∶1	鲜羊粪	16	0.55	29∶1
玉米秸	40	0.75	53∶1	鲜牛粪	7.3	0.29	25∶1
树叶	41	1.00	41∶1	鲜猪粪	7.8	0.60	13∶1
大豆秧	41	1.30	32∶1	鲜人粪	2.5	0.65	2.9∶1
花生秧	11	0.59	19∶1	鲜马粪	10	0.24	24∶1

同时，在沼气发酵中保持适宜的发酵料液浓度，对于提高产气量，维持产气高峰是十分重要的。发酵料液浓度是指原料的总固体（或干物质）重量占发酵料液重量的百分比。

国内外研究资料表明，能够进行沼气发酵的发酵料液浓度范围是很宽的，以1%～30%，甚至更高的浓度都可以生产沼气。在我国农村，根据原料的来源和数量，沼气发酵通常采用7%～10%的发酵料液浓度是较适宜的。在这个范围内，夏季由于气温高，原料分解快，发酵料液浓度可适当低一些，一般以7%左右为好；在冬季，由于原料分解较慢，应适当提高发酵料液浓度，通常以10%为佳。同时，对于不同地区来讲，所采用的适宜料液浓度也有差异，一般来说，北方地区适当高些，南方地区可以低些。总之，确定一个地区适宜的发酵料液浓度，要在保证正常沼气发酵的前提下，根据当地不同季节的气温、原料的数量和种类来决定，合理地搭配原料，才能达到均衡产气的目的。从经济的观点分析，适宜的发酵料液浓度不但能获得较高的产气量，而且能有较高的原料利用率。

配制发酵料液的浓度，要根据发酵原料的含水量（见表3-8）和不同季节所要求的浓度确定。当沼气池容积一定时，如果发酵原料加水量过多，发酵料液过稀，滞留期短，原料未经充分发酵就被排出，这不但影响产气，还浪费了发酵原料；如果加水量太少，发酵料液过浓，使有机酸聚积过多，发酵受阻，产气率会降低。

表3-8　常用发酵原料的含水量

发酵原料	含水量/%	发酵原料	含水量/%
干麦秸	18.0	鲜马粪	78.0
干稻草	17.0	鲜猪粪	82.0
玉米秸	20.0	鲜人粪	80.0
野(杂)草	76.0	鲜鸡粪	70.0
鲜牛粪	83.0	鲜人尿	99.6

3. 原料堆沤

秸秆类原料进行预先堆沤后用于沼气发酵，有很多好处：①在堆沤过程中，原料中带进去的发酵细菌大量生长繁殖，起到富集菌种的作用；②堆沤腐熟的物料进入沼气池后可减缓酸化作用，有利于酸化和甲烷化的平衡；③秸秆原料经堆沤后，纤维素变松散，扩大了纤维素分解菌与纤维素的接触面，大大加速纤维素的分解速度，加速沼气发酵的过程；④堆沤腐烂的纤维素原料含水量较大，入池后很快沉底，不易浮面结壳；⑤原料堆沤后体积缩小，便于装池。

六、搅拌

搅拌对正常的沼气发酵也是重要的。我国农村的沼气发酵原料以秸秆、杂草和树叶等为主，更需要进行搅拌才能达到较好的发酵效果。从实验室的模型沼气池可以看出，在不搅拌的情况下沼气池内明显地分为4层：发酵原料的最底层为污泥层；上表层为一层很厚的浮壳，称为浮渣层；中间为上清液层；清液层下部为原料，中间的清液层和表面浮渣层产气很少。有效的产气部位为原料沉积层，随时可以看到气泡从这个部位冒出。从沼气池内原料的实际分层情况来看也是如此。

搅拌的目的是使发酵原料均匀分布，增加微生物与原料的接触面，加快发酵速度。发酵液面经常处于活动状态，经常搅拌回流沼气池内的发酵原料，不仅可以破除池内浮壳，而且能使原料与沼气细菌充分接触，促进沼气细菌的新陈代谢，使其迅速生长繁殖，加快发酵速度，提高产气量。

沼气工程常用的搅拌方法有机械搅拌、沼气回流搅拌（气体搅拌）和发酵液回流搅拌（液体搅拌）3 种，如图 3-4 所示。

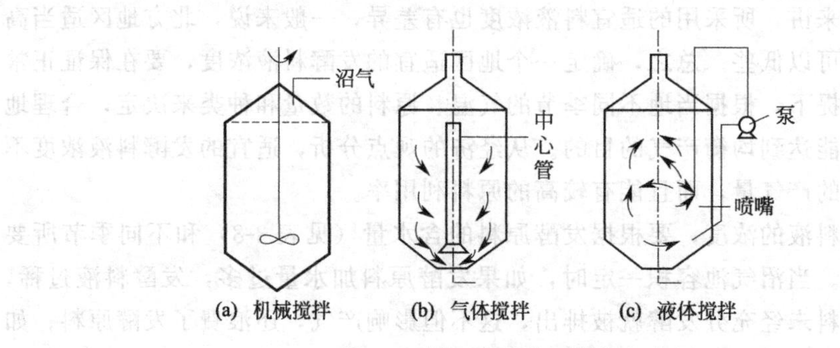

图 3-4　沼气发酵装置搅拌方法

1. 机械搅拌

在沼气池内安装机械搅拌装置，每 1～2d 搅拌 1 次，每次 5～10min，搅拌有利于沼气的释放。

2. 气体搅拌

将沼气池内的沼气抽出来，通过输送管道（中心管）从沼气池下部送进去，使池内产生较强的气体回流，达到搅拌的目的，见图 3-4(b)。

3. 液体搅拌

用抽渣器从沼气池的出料间将发酵液抽出，再通过进料管注入沼气池内，产生较强的料液回流以达到搅拌和菌种回流的目的。

农村沼气工程常采用发酵液回流搅拌方式，其搅拌方法有三种：一是通过手动回流搅拌装置，进行强制回流搅拌；二是通过在出料池设置小型污泥泵，依靠电力将发酵料液回流进发酵间，进行强制搅拌；三是采用生物能气动搅拌和旋动搅拌装置，利用产气和用气的动力，自动搅拌池内发酵原料。

七、沼气池的有机负荷

有机负荷是废水处理中每单位体积（m^3）废水或发酵罐的单位容积每天可以除去废水中的有机物质的数量，常用 kg(TS)/(m^3·d) 或 kg(VS)/(m^3·d) 及 kg(COD)/(m^3·d) 来表示[1]。各种类型的沼气发酵有一定的有机物负荷能力。如负荷太低，由于营养物质不足，会使细菌处于饥饿状态而使发酵效率下降；但如负荷太高，使其中的微生物处于超负荷状态，这时往往出现酸化速度大于甲烷化速度，造成有机酸的积累，使产气机制受到抑制，发酵不能继续进行。因此，处理时首先不能超负荷。

沼气发酵的处理能力，中温发酵为 2～3kg(COD)/(m^3·d)，高温发酵为 5kg

[1] TS：总固体，又称干物质浓度。VS：挥发性固体。

(COD)/(m^3·d)。自然发酵则大大低于上两种发酵的处理能力，其处理能力还随自然温度的变化而异。在处理中如能提高污泥的浓度，在发酵罐内滞留大量微生物，则可以显著地提高处理能力。

与有机负荷量密切相关的因素是投料率和滞留期。投料率是指每天向发酵罐单位容积投入的原料量，kg(TS)/(m^3·d)，同时排出等量的旧料，滞留期则是指原料在发酵罐内的相对停留时间，以天计或以小时计。

八、压力

沼气发酵与池内气体压力有密切的关系，沼气池内压力过高或处于变压状态对产气有一定的影响，使产气速度减慢。大型沼气发酵罐的底部常由于搅拌不到，水压使沼气和硫化物处于过饱和状态，从而使挥发酸积蓄，抑制了反应的进行。在小型沼气池中也观察到同样的现象。我国小型沼气池多为水压式沼气池，其储气部分和发酵部分连在一起，没有固定的分界，发酵料液多，则储气部分减小，反之，则储气部分增大，沼气池常处于变动压力下工作，对产气有一定的影响。如果加以搅拌，则压力的影响就会减小。据试验，储气的压力保持在 10cmH_2O（1cmH_2O=98Pa）的比对照 70cmH_2O 的总产气量高15%。因此，对于大型沼气池，应设置储气装置，小型沼气池亦可采用上置式或分置式浮罩储气，以保持比较稳定的气压。

九、添加剂和抑制剂

能促进有机物质分解并提高产气量的各种物质统称为添加剂。添加剂的种类很多，包括一些酶类、无机盐类、有机物和其他无机物等。例如，分别在发酵液中添加少量的硫酸锌、磷矿粉、炼钢渣、碳酸钙、炉灰等均可不同程度地提高产气量和甲烷含量以及有机物的分解率，其中以添加磷矿粉的效果最佳。添加过磷酸钙，能促进纤维素的分解。添加少量钾、钠、钙、镁、锌、磷等元素能促进产气，提高产气率。在发酵液中添加纤维素酶，能促进纤维素分解，提高产气量。添加少量活性炭粉末可提高产气量达2～4倍。以牛粪为原料的沼气发酵中添加尿素，能得到较高的产气速度、较大产气量和分解率；添加 $CaCO_3$ 可促进沼气的产生和提高沼气中的甲烷含量等。

与上述情况相反，有许多化学物质能抑制发酵微生物的生命活动，这些物质就称为抑制剂。抑制剂种类也很多。上面已讲过沼气池有机酸浓度过高，或氨态氮浓度过高，都对沼气发酵菌有抑制和杀伤作用。还常常由于添加了一些有害物质而使沼气发酵受到抑制，这些物质有酸类、醇类、苯、硫酸盐、氰化物、去垢剂等。此外，各种农药，特别是剧毒农药，都有极强的杀菌作用，即使微量也可能使正常的沼气发酵完全破坏。其他很多盐类，特别是很多金属离子，如钠、钾、钙、镁等，在低浓度时有刺激作用，而在高浓度时则产生抑制作用。当钠＞8000mg/L，钾＞12000mg/L，钙＞8000mg/L和镁＞3000mg/L时，对发酵过程将产生强烈的抑制作用。

第四节 沼气发酵的工艺类型

沼气发酵工艺是指从发酵原料到生产沼气的整个过程所采用的技术和方法，包括原料的收集和预处理，接种物的选择和富集、沼气发酵装置的发酵启动和日常操作管理及其他相应的技术措施。由于沼气发酵是由多种微生物共同完成的，各种有机物质的降解及发酵过程的生物化学反应极为复杂，因而沼气发酵工艺也比其他发酵工艺复杂，发酵工艺类型较多。

对沼气发酵工艺，从不同角度有不同的分类方法。一般从发酵温度、进料方式、发酵阶段、发酵级差、发酵浓度、料液流动方式等角度进行分类。

一、以发酵温度划分

沼气发酵的温度范围一般在10～60℃，温度对沼气发酵的影响很大，温度升高沼气发酵的产气率也随之提高，通常以沼气发酵温度划分为高温发酵、中温发酵和常温发酵3种。

1. 高温发酵

高温发酵工艺指发酵料液温度维持在50～60℃范围内，实际控制温度多在(53±2)℃。该工艺的特点是微生物生长活跃，有机物分解速度快，产气率高，滞留时间短。采用高温发酵可以有效地杀灭粪便中各种致病菌和寄生虫卵，具有较好的卫生效果，从除害灭病和发酵剩余物肥料利用的角度看选用高温发酵是较为实用的。

维持发酵温度的办法有很多种，最常见的是烧锅炉加温。锅炉加温沼气池有两种方法：一种是蒸汽加温，将蒸汽通入安装于池内的盘旋管中加温发酵料液，由于管内温度很高，管外很容易结壳，影响热的扩散，也可以将蒸汽直接通入沼气池中，但会对局部微生物菌群造成伤害；另一种方式是用70℃的热水在盘管内循环，效果比较好。但是不论采用哪种加温方式，都应该注意要尽量减少运行中的热量散失，特别是在冬季要提高新鲜原料进料的温度，因此原料的预热和沼气池的保温都是非常重要的。

沼气发酵的产气量随温度的升高而升高，但要维持消化器的高温运行，能量消耗较大。在我国绝大部分地区，要保持沼气发酵工艺常年稳定运行，必须采用加热和保温措施，这些必要的措施会影响到工程投资和运行的能耗增加。用粪便发酵产生的沼气烧锅炉来加温沼气发酵料液，维持高温发酵，也能取得较好的效果。如欲将水温提高10℃则每升水要消耗6000～8000mgCOD所产的沼气，即每吨水升高10℃需消耗掉3～4m^3的沼气。利用各种余热和废热进行加温是一种变废为宝的好办法。例如利用工厂里的余热加温及利用发酵原料本身所带的热量来维持发酵温度，是一种极为便宜的办法，如处理经高温工艺流程排放的酒精废水、柠檬酸废水和轻工食品废水等。这种方法经济方便，不需要加温装置，不消耗其他能源。

高温发酵对原料的消化速度很快，一般都采取连续进料和连续出料。高温沼气发酵必须进行搅拌，对于蒸汽管道加温的沼气池，搅拌可使管道附近的高温区迅速消失，使池内发酵温度均匀一致。

2. 中温发酵

高温发酵消耗的热能太多，发酵残余物的肥效较低，氨态氮损失较大，这使中温发酵工艺得到了比较普遍的应用。中温发酵工艺指发酵料液温度维持在30～40℃范围内，实际控制温度多在（35±2)℃范围内。与高温发酵相比，这种工艺消化速度稍慢一些，产气率要低一些，但维持中温发酵的能耗较少，沼气发酵能总体维持在一个较高的水平，产气速度比较快，料液基本不结壳，可保证常年稳定运行。这种工艺因料液温度稳定，产气量也比较均衡。

有研究者汇总了35℃以下发酵温度时相对产气量的变化情况（见表3-9)，从表中可以看出，如发酵温度从35℃变为25℃仍能获得89%的产气率，即使降至15℃仍有63%的沼气产生。因此，在进行中温发酵时，不仅要考虑产能的多少，同时要考虑为保持中温所消耗的加热能量有多少，选择最佳的投入产出比，即最大的净产能发酵温度。近年来出现了低于35℃的“中温”发酵工艺，净产能也取得了很好的效果。

表3-9　不同发酵温度的产气量

发酵温度/℃	35	25	20	15
产气量/[mL/(L·d)] (括号内为相对产气量)	775(1) 560(1) 510(1) 400(1) —(1)	700(0.9) 540(0.96) 480(0.94) 340(0.85) —(0.8)	620(0.8) 500(0.89) 455(0.89) 260(0.65) —	525(0.68) 450(0.8) 395(0.78) 200(0.5) —(0.4)
相对平均值	(1)	(0.89)	(0.8)	(0.63)

3. 常温发酵

常温发酵也称为“自然温度”发酵，是指在自然温度下进行的沼气发酵，发酵温度受气温影响而变化。我国农村户用沼气池基本采用这种工艺。这种埋地的常温发酵的沼气池结构简单、成本低廉、施工容易，便于推广。其特点是发酵料液的温度随气温、地温的变化而变化，其好处是不需要对发酵料液温度进行控制，节省保温和加热投资，沼气池本身不消耗热量；缺点是在同样投料条件下，一年四季产气率相差较大。南方农村沼气池建在地下，一般料液温度最高时为25℃，最低温度仅为10℃，冬季产气效率虽然较低，但在原料足的情况下还可以维持用气量。但北方地区建的地下沼气池冬季料液温度仅达到5℃，无论是产酸菌和产甲烷菌都受到了严重抑制，产气率不足0.01$m^3/(m^3 \cdot d)$，当发酵温度在15℃以上时，产甲烷菌的代谢活动才活跃起来，产气量明显升高，产气率可达0.1～0.2$m^3/(m^3 \cdot d)$。因此北方的沼气池为了确保安全越冬维持正常产气，一般需建在太阳能暖圈或日光温室下，这样可确保沼气池安全越冬；低于10℃以后，产气效果很差。

二、以进料方式划分

沼气发酵微生物的新陈代谢是一个连续过程，根据该过程中的进料方式的不同，可分为连续发酵、半连续发酵和批量发酵 3 种工艺。

1. 连续发酵

连续发酵是指沼气池加满料正常产气后，每天分几次或连续不断地加入预先设计的原料，同时也排走相同体积的发酵料液，使发酵过程连续进行下去。

大中型沼气工程通常采用这种工艺。发酵装置不发生意外情况或不检修时均不进行大出料。采用这种发酵工艺，沼气池内料液的数量和质量基本保持稳定状态，因此产气量也很均衡。这种发酵工艺的最大优点就是“稳定”，它可以维持比较稳定的发酵条件，可以保持比较稳定的原料消化利用速度，可以维持比较持续稳定的发酵产气。这种工艺流程是先进的，但发酵装置结构和发酵系统比较复杂，因而仅适用于大型的沼气发酵工程系统，如大型畜牧场粪污、城市污水和工厂废水净化处理。该工艺要求有充足的物料保证，否则就不能充分有效地发挥发酵装置的负荷能力，也不可能使发酵微生物逐渐完善和长期保存下来。因为连续发酵，不致因大换料等原因而造成沼气池利用率上的降低，从而使原料消化能力和产气能力大大提高。

处理大、中型集约化畜禽养殖场粪污和工业有机废水的大、中型沼气工程一般都采用连续发酵工艺，其工艺流程如图 3-5 所示。

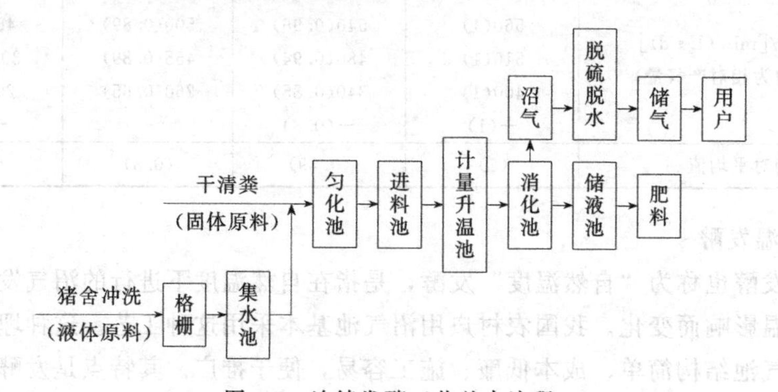

图 3-5　连续发酵工艺基本流程

连续发酵工艺流程需控制的基本参数为进料浓度、水力滞留期、发酵温度。启动阶段完成之后，发酵效果主要靠调节这 3 个基本参数来进行控制，如原料产气率、体积产气率、有机物去除率等，都是由这 3 个参数所决定的。

在连续发酵工艺中，当每天处理的总固体量相同时，料液浓度和水力滞留期不同，要求发酵装置的有效容积也不同，并且变化幅度较大。由于进料浓度和水力滞留期都可以在较大范围内变化，这就给人们选择最佳方案造成了极大的困难。目前尚未找到一个普遍接受的、能在实际设计上广泛应用的选择最佳参数的方法，许多沼气工程是依据定点条件试验或单因子试验结果，甚至是经验来进行设计的，它们离“最佳化”还有相当的距离。

连续自然温度发酵工艺一般不考虑最高池温，但要考虑最低池温。也就是说沼气池内的温度变化到最低点时，在选定的进料浓度和水力滞留期条件下，发酵不至于全部失效。根据我国大多数地方地下沼气池全年的温度变化数据以及一些试验数据，可供选择的水力滞留期大都为40～60d，进料总固体含量为6%左右。由于发酵原料总固体浓度一般不随温度而增减，夏季选择这种参数的沼气池在某种程度上是处于“饥饿”状态，冬季则处于“胀肚子”状态。尽管如此，从当前情况看，采用这种连续自然温度发酵工艺在我国仍有广泛的发展前景。

在设计连续恒温发酵工艺时，对参数的选择必须十分谨慎。实际生产中如果原料自身温度高，或者附近有余热可利用来加温和保温，则应尽量按高温或中温设计。因为任何一个参数的变化不仅将引起投资成本的变化，而且还引起沼气工程自身耗能的变化，给工程的效益带来较大的影响。

2. 半连续发酵

在沼气池启动时一次性加入较多原料（一般占整个发酵周期投料总量的1/4～1/2），正常产气后，定期、不定量地添加新料。在发酵过程中，往往根据其他因素（如农田用肥需要）不定量地出料。到一定阶段后，将大部分料液取走另作他用。这种发酵方法，沼气池内料液的多少有变化。池容产气率、原料产气率只能计算平均值，水力滞留期则无法计算。我国农村沼气池常采用这一方法。其中的“三结合”沼气池，就是将猪圈、厕所里的粪便随时流入沼气池，在粪便不足的情况下，可定期加入铡碎并堆沤后的作物秸秆等纤维素原料，起到补充碳源的作用。

半连续发酵工艺流程如图3-6所示。这种发酵工艺采用的主要原料是粪便和秸秆，应控制的主要参数是启动含量、接种物比例及发酵周期。启动含量一般小于6%，这对顺利启动有利。接种物一般占料液总量的10%以上，秸秆较多时应加大接种物数量。发酵周期根据气温情况和农业用肥情况而定。

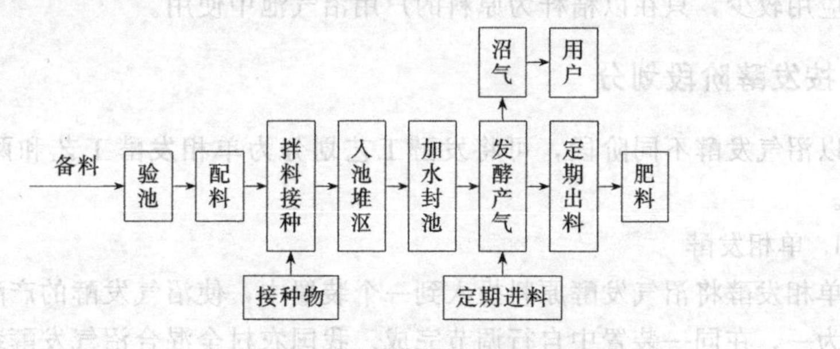

图3-6　常温单级半连续发酵工艺基本流程

采用这种工艺要经常不断地补充新鲜原料，因为发酵一段时间之后，启动加入的原料已大部分分解，此时不补料，产气必然很快下降。为解决这一问题，在建池时应把猪圈、厕所与沼气池连通起来，以便粪尿能自动地流入池中。采用这种工艺，出料所需劳力比较多，有条件的地方尽量采用出料机具。

3. 批量发酵

批量（batch）发酵是一种简单的沼气发酵类型，即将发酵原料和接种物一次性装满沼气池，中途不再添加新料，产气结束后一次性出料。发酵工艺流程如图3-7所示。产气特点是初期少，以后逐渐增加，然后产气保持基本稳定，再后产气又逐步减少，直到出料。一个发酵周期结束后，再成批地换上新料，开始第二个发酵周期，如此循环往复。

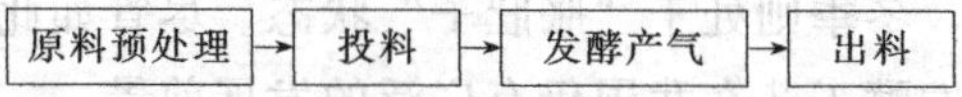

原料预处理 → 投料 → 发酵产气 → 出料

图 3-7　批量发酵工艺基本流程

科学研究测定发酵原料产气率时常采用这一方法。固体含量高的原料，如作物秸秆、有机垃圾等，由于日常进出料不方便，进行沼气发酵也采用这一方法。这类发酵方式的有机负荷率、池容产气率都只能计算平均值。这种工艺的优点是投料启动成功后，不再需要进行管理，简单省事；其缺点是产气分布不均衡，高峰期产气量高，其后产气量低。

这种工艺应控制的主要参数为启动浓度、发酵周期及接种物的比例。原料的滞留期等于发酵周期，启动含量按总固体计算一般应高于20%。这是为了保证沼气池能处理较多的总固体，为提高池容产气率打下物质基础，同时也便于保温和发酵残渣的再利用。发酵周期长短、换料时机要根据原料来源、温度情况、用肥季节而定。一般夏秋季的发酵周期为100d左右。

采用这种工艺的主要问题，一是启动比较困难；二是进出料不方便。造成启动困难的主要原因是进料浓度较高，启动时容易出现产酸过多，发生有机酸积累，使发酵不能正常进行。为避免这种问题的出现，应准备质量较好、数量较多的接种物，调节好碳氮比，并对秸秆原料进行预处理。进出料不方便是因为一次性投入秸秆较多，而沼气池的活动盖口较小，只能在试验研究中采用。有鉴于此，在实际工程中应用较少，只在以秸秆为原料的户用沼气池中使用。

三、按发酵阶段划分

以沼气发酵不同阶段，可将发酵工艺划分为单相发酵工艺和两相（步）发酵工艺。

1. 单相发酵

单相发酵将沼气发酵原料投入到一个装置中，使沼气发酵的产酸和产甲烷阶段合二为一，在同一装置中自行调节完成。我国农村全混合沼气发酵装置和现在建设的大中型沼气工程大多数采用这一工艺。

2. 两相发酵

两相发酵也称两步发酵，或两步厌氧消化，是1971年才开始研究的沼气发酵新工艺。该工艺是根据沼气发酵的三阶段理论，把原料的水解和产酸阶段同产甲烷阶段分别安排在两个不同的消化器中进行，水解酸化罐和产气罐的容积主要根据它们各自的水力停留时间来确定和匹配，水解、产酸池通常采用不密封的全混合式或塞流式发酵装置，产甲烷池则采用高效厌氧消化装置，如污泥床、厌氧滤器等。

由于水解酸化细菌繁殖较快，所以酸化发酵器体积较小，通常靠强烈的产酸作用将发酵液的 pH 值降低到 5.5 以下，这样在该发酵器内就足以抑制产甲烷菌的活动。产甲烷菌繁殖速度慢，常成为厌氧消化器的限速因素，因而产甲烷消化器体积较大，其进料是经酸化和分离后的有机酸溶液，悬浮固体含量很低。两阶段厌氧消化适用于处理固体物含量高并且产酸较多的废物。

从沼气微生物的生长和代谢规律以及对环境条件的要求等方面看，产酸细菌和产甲烷细菌有着很大差别。因而为它们创造各自需要的最佳繁殖条件和生活环境，促使其优势生长、迅速繁殖，将消化器分开来是非常适宜的。这既有利于环境条件的控制和调整，也有利于人工驯化、培养优异的菌种，总体上便于进行优化设计。也就是说，两步发酵较单相发酵工艺过程的产气量、效率、反应速度、稳定性和可控性等都要优越，而且生成沼气中的甲烷含量也比较高。从经济效益看，这种工艺流程加快了挥发性固体的分解速度，缩短了发酵周期，从而也就降低了生成甲烷的成本和运转费用。

两步发酵工艺流程如图 3-8 所示。按发酵方式可将沼气两步发酵工艺划分成全两步发酵法和半两步发酵法。

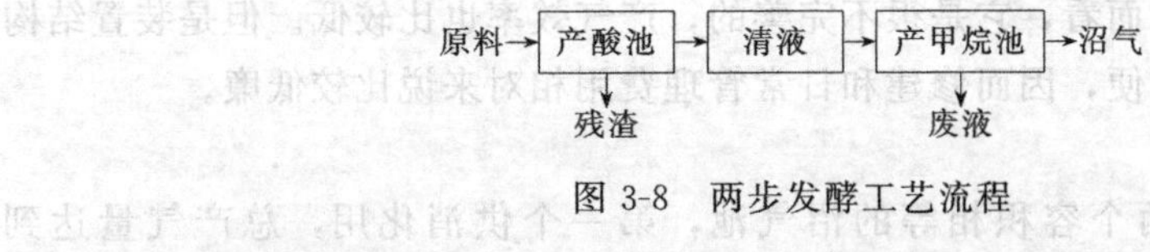

图 3-8　两步发酵工艺流程

全两步发酵法按原料的形态、特性可划分成浆液和固态两种类型。浆液型和固态上流式型的原料可以先经预处理或者不预处理，然后进入产酸池。产酸池的特点在于：①控制固体物和有机物的高浓度和高负荷；②采用连续或间歇式进料（浆液原料）和批量投料（固态原料）；③浆液原料用完全混合式发酵，固态原料用干发酵。

产酸池形成的富含挥发酸的“酸液”进入产甲烷池。产甲烷池常采用升流式厌氧污泥床反应器（UASB）、厌氧过滤器、部分充填的升流式厌氧污泥床或者厌氧接触式反应器等高效反应器，能间歇或连续进料，固体物负荷率比产酸池低，可溶性有机物负荷率高。

半两步发酵法是利用两步发酵工艺原理，将厌氧消化速度悬殊的原料综合处理，达到较高效率的简易工艺。它将秸秆类原料进行池外沤制，产生的酸液进入沼气池产气，残渣继续加水浸沤。这种工艺秸秆类原料不进入沼气池，减少了很多麻烦。

首都师范大学对固体废弃物的两步发酵研究是先将秸秆等固体物置于喷淋固体床内进行酸化，淋洗出的酸液进入甲烷化发酵器产生沼气。利用甲烷化 UASB 的出水再循环喷淋固体床，固体床经一段产酸发酵后即自动转入干发酵而产生沼气。

固体床产气率为 1.5L/(L·d)，甲烷化 UASB（升流式厌氧污泥床）产气率为 3.12L/(L·d)。该喷淋固体床两步发酵工艺解决了固体原料干发酵易酸化及常规发酵进出料难的问题，适用于处理多种固体有机废物和垃圾等。其最终产物为沼气和固体有机肥料，并且没有多余的污水产生。该工艺流程见图 3-9。

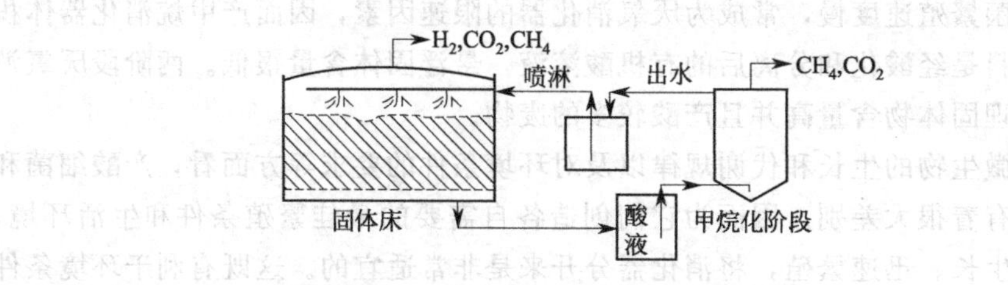

图 3-9 喷淋固体床两步沼气发酵工艺流程

四、按发酵级差划分

1. 单级沼气发酵

单级发酵是我们最常见的沼气发酵类型。简单地说，就是产酸阶段和产甲烷阶段在同一个沼气发酵装置（单相发酵）中进行，而不将发酵物再排入第二个沼气发酵装置中继续发酵。从充分提取生物质能量、杀灭虫卵和病菌的效果以及合理解决用气、用肥的矛盾等方面看，它是很不完善的，产气效率也比较低。但是装置结构比较简单，管理比较方便，因而修建和日常管理费用相对来说比较低廉。

2. 两级沼气发酵

两级发酵就是有两个容积相等的沼气池，第一个供消化用，总产气量达到 80%时，用虹吸管将消化液输送到第二个沼气池内，使残余的有机物彻底分解。第一个沼气池主要是产气，安装有加热和搅拌系统，第二个沼气池主要是对有机物彻底处理，不需要加温和搅拌。这既有利于物料的充分利用和彻底处理废物中的 BOD，也在一定程度上能够缓解用气和用肥的矛盾。如果能进一步深入研究双池结构的形式，降低其造价，提高两级发酵的运转效率和经济效益，对加速我国农村沼气建设的步伐是有现实意义的。从延长沼气池中发酵原料的滞留时间和滞留路程，提高产气率，促使有机物质的彻底分解角度出发，采用两级发酵是有效的。对于大型的两级发酵装置，若采用大量纤维素物料发酵，为防止表面结壳，第二级发酵装置中仍需设置搅拌。

3. 多级沼气发酵

多级沼气发酵一般不被采用，仅在污水处理上有这样的例子。其工艺流程和两级发酵相似，只是发酵物经过三级、四级甚至更多级的发酵后，更彻底地去除了 BOD。

把多个发酵装置串联起来进行多级发酵，可以保证原料在装置中的有效停留时间，但是总的容积与单级发酵装置相同时，多级装置占地面积较大，装置成本较高。另外，由于第一级池较单级池水力滞留期短，其新料所占比例较大，承受冲击负荷的能力较差。如果第一级发酵装置失效，有可能引起整个装置的发酵失效。

五、按发酵含量划分

1. 液体发酵

液体发酵就是发酵料液的干物质含量控制在10%以下的发酵方式，在发酵启动时，加入大量的水或新鲜粪肥调节料液浓度。由于发酵料液浓度较低，出料时大量残留的沼渣、沼液如用作肥料，运输、储存或施用都不方便，如经处理后实现达标排放，水处理运行所需的高昂费用是难以承受的。目前液体发酵所面临的问题是发酵后大量沼渣和沼液的利用和消纳问题，如果不解决好发酵料液的后续处理问题，很可能会带来对环境的二次污染，因此，提高发酵料液的浓度，减少粪污水的排放量已成为沼气发酵工艺中亟待研究的问题。

2. 干发酵

干发酵又称固体发酵，其原料的干物质含量在20%左右，水分含量占80%。生产中如果干物质含量超过30%则产气量会明显下降。干发酵用水量少，其方法与我国农村沤制堆肥基本相同。此方法可一举两得，既沤了肥，又生产了沼气。

由于干发酵时水分太少，同时底物浓度又很高，在发酵开始阶段有机酸大量积累，又得不到稀释，因而常导致pH值的严重下降，使发酵原料酸化，导致沼气发酵失败。为了防止酸化现象的产生，常用的方法有：①加大接种物用量，使酸化与甲烷化速度能尽快达到平衡，一般接种物用量为原料量的1/3～1/2；②将原料进行堆沤，使易于分解产酸的有机物在好氧条件下分解掉一大部分，同时降低了C/N值；③原料中加入1%～2%的石灰水，以中和所产生的有机酸，堆沤会造成原料的浪费，所以在生产上应首先采用加大接种量的办法。

山东能源研究所的研究表明：采用成批投料干发酵进行120d后，纤维素可分解53.5%，平均每千克干物质产气量为0.22m^3，在平均温度为26.7℃的条件下，产气率平均为0.298$m^3/(m^3 \cdot d)$；进出固体原料比较方便的消化器、具有红泥塑料膜顶盖的半塑式沼气池以及上下大开口的铁制发酵桶都比较适用于干发酵工艺。

对农作物秸秆的干发酵，多个研究单位都完成了富有成果的研究工作。根据他们的研究报告，干发酵的单位容积产气率高，一般达到0.25～0.5$m^3/(m^3 \cdot d)$；原料产气率也高，达到0.495m^3/kg(TS)、0.56m^3/kg(VS)。孙国朝、刘克臻等开发的工艺启动迅速，在24～48h内即产生可燃气体，提供沼气使用期可长达3～5个月，中途无需频繁地进料管理，残渣易于清除、运输和施肥，建池材料广泛，易于取得。这种工艺已与处理粪便的湿发酵稳压工艺相结合，在四川成都、河南封丘的一些村庄推广，受到群众的欢迎。

但干发酵工艺因发酵原料的流动性差，进出料困难而在大中型沼气工程中的应用受到了一定的限制，目前，不同原料的干发酵工艺研究正在进行。

六、以料液流动方式划分

1. 无搅拌的发酵工艺

当沼气池未设置搅拌装置时，无论发酵原料为非匀质的（草粪混合物）或匀质的（粪），只要其固形物含量较高，在发酵过程中料液会自动出现分层现象（见图3-10）。这种发酵工艺，因沼气微生物不能与浮渣层原料充分接触，上层原料难以发酵，下层沉淀又占有越来越多的有效容积，因此原料产气率和池容产气率均较低，并且必须采用大换料的方法排除浮渣和沉淀。

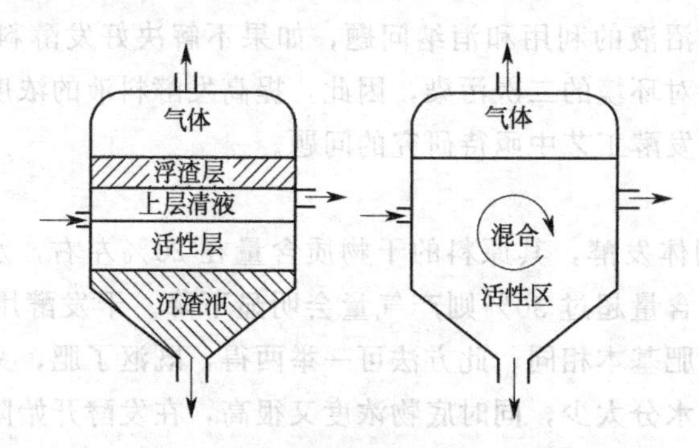

图 3-10 沼气池的静止与混合状态

2. 全混合式发酵

由于采用了混合措施或装置，池内料液处于完全均匀或基本均匀状态，因此微生物能和原料充分接触，整个投料容积都是有效的。它具有消化速度快、容积负荷率和容积产气率高的优点。处理禽畜粪便和城市污泥的大型沼气池属于这种类型。

3. 塞流式发酵

塞流式发酵亦称推流式发酵，是一种长方形的非完全混合式消化器，高浓度悬浮固体原料从一端进入，从另一端流出（见图3-11）。

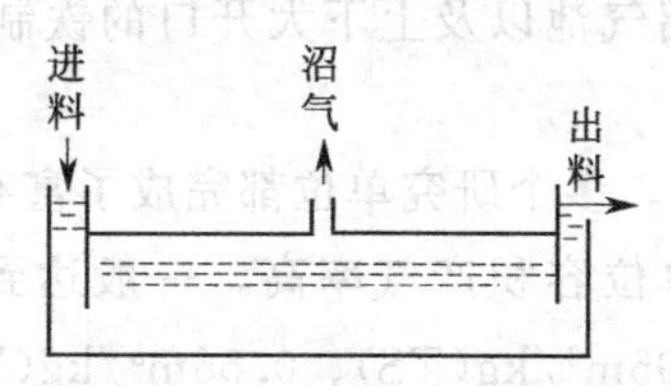

图 3-11 塞流式消化器示意图

由于消化器内沼气的产生，呈现垂直的搅拌作用，而横向搅拌作用甚微，原料在消化器的流动呈活塞式推移状态。在进料端呈现较强的水解酸化作用，甲烷的产生随着向出料方向的流动而增强。由于进料段缺乏接种物，所以要进行固体回流。为了减少对微生物的冲出，在消化器内应设置挡板，有利于运行的稳定。

塞流式消化器在我国已有多种应用，最早用于酒精废醪的厌氧消化，并推广至全国各地；后来用于牛粪厌氧消化效果较好（见表3-10）。因牛粪质轻、浓度高，长草多，本身含有较多产甲烷菌，不易酸化，所以，用塞流式消化器处理牛粪较为适宜。该消化器要求进料粗放，不用去长草，不用泵或管道输送，使用绞龙或斗车直接将牛粪投入池内。采用TS为12%时使原料无法沉淀和分层。用该型沼气池处理酒精废醪应设置挡板进行折流，因其浓度低易生成沉淀，造成死区。生产实践表明，塞流式池不适用于鸡粪的发酵处理，因鸡粪沉渣多，易生成沉淀而大量形成死区，严重影响消化器效率。

表3-10 牛粪沼气发酵池型比较

池型及体积	温度/℃	负荷 /[kg(VS)/(m³·d)]	进料/TS%	HRT/d	产气量 /[L/kg(VS)]	CH_4/%
塞流式	25	3.5	12.9	30	364	57
38.4m³	35	7	12.9	15	337	55
常规池	25	3.6	12.9	30	310	58
35.4m³	35	7.6	12.9	15	281	55

塞流式沼气池的优点是：①不需搅拌装置，结构简单，能耗低；②适用于高悬浮性固体（suspendedsolid）废物的处理，尤其适用于牛粪的消化，用于农场有十分好的经济效益；③运转方便、故障少、稳定性高。

其缺点是：①固体物可能沉淀于底部，影响反应器的有效体积，使水力滞留期（hydraulic retention time，HRT）和污泥停留时间（sludge retention time，SRT）降低；②需要固体和微生物的回流作为接种物；③因消化器面积/体积比值较大，难以保持一致的温度，效率较低；④易产生厚的结壳。

上述各种沼气发酵工艺，各适用于一定原料和一定发酵条件及管理水平。目前固体物含量低的废水多采用UASB，固体物含量较高的酒精废醪、丙酮或丁醇废醪及畜禽粪便污水等应采用升流式固体反应器（USR）和厌氧接触工艺，高固体原料可结合生产固体有机肥料采用两步发酵及干发酵工艺。同时，还要考虑沼气发酵操作人员技术素质和投资、运行费用的多少，来最后确定所要选择的发酵工艺类型。

第五节 水压式沼气池的构造及工作原理

水压式沼气池是我国农村普遍采用的一种人工制取沼气的厌氧发酵密闭装置，推广数量占农村沼气池总量的85%以上。

一、水压式沼气池的构造

水压式沼气池一般由进料管、出料间（水压间）、发酵间、储气间、活动盖、导气管等部分组成。其结构示意图见图 3-12。

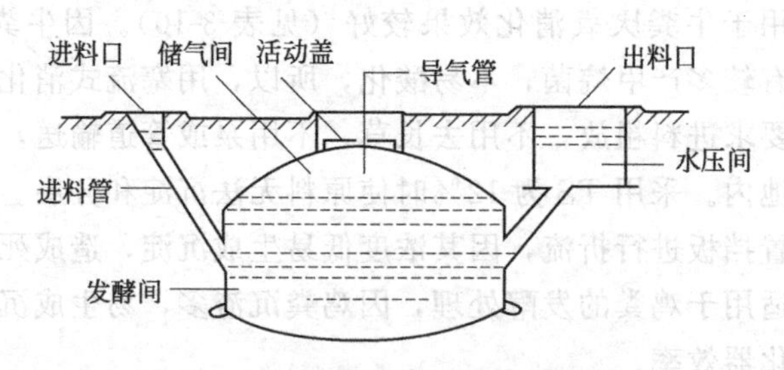

图 3-12　水压式沼气池构造简图

1. 进料口及进料管

进料口设在畜禽舍地面，由设在地下的进料管与沼气池相连通。进料管是把厕所、畜禽舍所收集的人、畜禽粪便及冲洗污水，通过进料管注入沼气池发酵间。进料管一般采取直管斜插方式插入发酵间，以方便施工，并保证进料顺畅、搅拌方便。其下端开口位置的下沿在池底到池盖的 1/2 左右处。太高了，会减少发酵间上部储气的容积；太低了，投入的沼气发酵原料不易进入发酵间的中心部位。进料口的设定位置，应该和出料口及池拱盖中心的位置在一条直线上，如果条件受限或者建两个进料口时，其每个进料口、池拱盖、出料间的中心点连线，必须大于 120°，其目的是保持进料流畅，便于搅拌，防止排出未发酵的料液，造成料液短路。进料口的大小，根据沼气池的大小而定，不宜过大。

2. 发酵间

发酵间是沼气池的主体，是储存发酵料液的空间。按一定配料比的发酵原料堆放在发酵间进行发酵。发酵间的容积根据发酵原料情况及其产气率和用户需求而定。一般 4 口之家，建一个 8～10m^3 的沼气池就够用了。

3. 储气间

水压式沼气池的储气间与发酵间处于同一池体之中，发酵间内发酵料液以上的空间就是储气间。由于储气间是刚性的，形状大小不会改变，所以也可称为储气箱。当池内产生的沼气积集在储气间内时，气压随之升高，储气间内产生的压力会将发酵间内的发酵液压到出料间，用气时储气间内压力下降，被压到出料间的发酵液又回到发酵间内。由此可见，用排水集气原理储存沼气是水压式沼气池的特点。

4. 水压间（出料口）

水压间，也称出料间，是根据储存沼气和维持沼气气压和出料的需要而设置的，其大小及高度由沼气气压及储气量决定。一般一个 8m^3 的沼气池，出料间以 1.5m^3 为宜。

5. 活动盖

活动盖设置在池盖的顶部，呈瓶塞状，上大下小。活动盖是一个装配式的部件，可以按需要打开或关闭。活动盖的功能是：①在进行沼气池的维修和清除沉渣时，打开活动盖，排除池内有害气体，通风、采光，以便操作安全；②在沼气池大换料时，活动盖口可作吞吐口用；③当采用土模法施工时，可作为挖取芯土的出入口；④当遇到某种情况（如导气管堵塞、气压表失灵）造成池内气体压力过大时，活动盖即被冲开，从而降低池内气体压力，保护池体；⑤当池内发酵液表面结壳较厚，影响产气时，可以打开活动盖，破碎浮渣层，搅动料液。

6. 导气管

导气管是安装在活动盖上的管件，用于连接输气管道输出沼气。安装导气管时，一定要严紧，严防漏气、跑气。

在水压式沼气池中，当沼气逐渐增多时，气压随之增高，水压间液面和池内液面形成了压力差，将发酵间内的料液压到水压间，直至内外压力平衡。当用户使用沼气时，池内压力减少，池外水压间内的液体便压回池内，以维持新的平衡。这样，不断地产气和用气，使池内外的液面不断地上升、下降，始终处于内外压力平衡状态。

水压式沼气池一般采用混凝土建于地下，结构合理，受力性能好，施工方便，省工省料，造价较低，比较适用于广大农村。同时，土壤对池体起一定保温作用，利于冬季保温。但水压式沼气池气压不稳定，对产气不利，也给燃烧器的设计带来困难，对防渗漏的要求较高。

为了充分发挥池容负载能力，提高池容产气率，在水压式沼气池发酵间池底嵌入了布料板，由布料板进行布料，形成多路曲流，增加新料扩散面，扩大池墙出口，并在内部设置塞流固菌板，延长发酵原料滞留期，使之充分发酵。池拱中部多功能活动盖下部设中心破壳输气吊笼，在输气的同时利用内部气压、气流产生搅拌作用，缓解上部料液结壳，形成了曲流布料圆形水压式沼气池。

二、水压式沼气池的工作原理

水压式沼气池产气前，池内液面与进料间、水压间液面平齐。沼气池中的虚线表示下部固、液混合料液的发酵间，液面以上的空间为储气间。在沼气池正常产气与向外供气过程中，这个液面的上下位置经常是变动的，即发酵间的容积与储气间的容积比是相对变化的，但二者之和永远是沼气池的容积。当池内发酵产生沼气逐步增多时，储气间内的压力相应增高，这个不断增高的气压将发酵间内的料液压到水压间，此时水压间液面和池内液面形成压力差。当用户用气时沼气通过输气管输出，由于池内储气间沼气压力下降，水压间内的发酵料液便依靠重力的作用流回发酵间内。沼气的产生、储存和使用就这样周而复始地进行。发酵间、水压间和进料管，三者相当于一个“液体连通器”。这种利用料液来回流动，引起水压反复变化来储存和排放沼气的池型，就称为水压式沼气池。两个液面的高度差值，即为储气间内以水柱高度表示的压力值。其供气原理如下所述。

① 产气前，发酵原料未产气，储气间内的气体没有压力，此时的发酵间液面、水压间液面和进料管液面处于同一水平面位置。

② 产气不供气。料液发酵产气，储存在储气间内，随着气量的增多，压力升高，气体挤压发酵间的液面，迫使水压间（和进料管）液面上升，发酵间液面下降，气体的压力大小决定了液面的高差值。

③ 产气同时供气。用气时打开导气管的阀门，沼气通过导气管供给燃具，随着储气间内气体的减少，压力降低，水压间和进料管的液面下降，发酵间的液面上升。依靠水压间水位的自动升降，使发酵间液面与水压间、进料管液面，维持在一个相对稳定的高度差上。

④ 产气太少或不产气。当发酵液料产气太少或不产气时，水压间（和进料管）的液面回落，同时发酵间的液面上升，直到三个液面达到同一个高度的水平面为止。

第四章 大中型沼气工程

第一节 大中型沼气工程的定义及发展现状

一、大中型沼气工程定义

养殖场大中型沼气工程建设是解决规模化、集约化畜禽养殖业环境污染又一技术手段，目前大中型沼气工程常采用的模式有能源环保模式和能源生态模式，随着沼气工程技术研究的深入和工艺流程较广泛地推广应用，近年来已逐步总结出一套比较完善的工艺流程，内容包括：粪污的前处理系统、厌氧消化系统、好氧水处理系统、沼气净化系统、沼气输配系统、沼气利用系统、有机肥料生产系统和沼肥综合利用系统。

能源环保模式是指畜禽废水在经厌氧消化处理后，必须再经过适当的好氧处理，如曝气、物化处理等，使其达到国家规定的相关环保排放标准。该模式主要应用于周边既无一定规模的农田，又无闲暇空地可供建造鱼塘和水生植物塘的畜禽场。

能源生态模式是指畜禽废水在经厌氧消化处理后，排灌到农田、鱼塘或水生植物塘，经过多层次的资源化利用，既为无公害农产品生产提供充足的肥源，又实现了粪污的“零排放”。该模式主要适用于周边有适当规模的农田、鱼塘或水生植物塘的畜禽场。

二、大中型沼气工程的分类

沼气工程按照厌氧消化单体装置容积、总体装置容积、日产沼气量和配套系统的配置 4 个指标进行工程规模分类。大中型沼气工程的分类如表 4-1 所示。

表 4-1 大中型沼气工程的分类

工程规模	单体容积/m^3	总体容积/m^3	沼气产量/(m^3/d)	配套系统的配置
大型	≥300	≥1000	≥300	完整的原料预处理系统；沼渣、沼液综合利用系统；沼气储存、输配和利用系统
中型	300>V≥50	1000>V≥100	≥50	原料预处理系统；沼渣、沼液综合利用系统；沼气储存、输配和利用系统
小型	50>V≥20	100>V≥50	≥20	原料计量、进出料系统；沼渣、沼液综合利用系统；沼气储存、输配和利用系统

注：沼气产量是指在发酵温度大于 25℃总体装置的沼气产量。

三、大中型沼气工程的发展现状

我国大中型畜禽场沼气工程的发展始于20世纪70年代末期，整个发展过程与我国养殖业的发展规模和集约化程度密切相关，也与整个社会对环境保护的关注程度有关。70年代末期到80年代中期，在这一阶段所发展的畜禽场沼气工程主要是为了得到沼气能源，以缓解当时农村地区能源供应的严重不足。由于当时的大中型养殖场还不普遍，早期的工程所用发酵原料除了粪便外，一部分工程还用作物秸秆作原料，采用常温发酵，池容产气率只有0.2$m^3/(m^3 \cdot d)$左右，发酵液不再处理，直接作为肥料。从80年代中期到90年代初期，这一时期针对大中型沼气工程存在的问题，开展了发酵工艺、建池技术、配套设备等多方面的研究，引进了一些国外的先进技术，加强了培训和管理，使沼气工程的技术水平大大前进了一步。从90年代初开始，大中型沼气工程的建设重视强调工程的环境效益并通过开展综合利用来增加工程的经济效益，把沼气工程作为一个有多种作用的系统工程进行设计和管理，通过高质量的设计、建造和优质配套设备来实现沼气工程的综合效益。研究开发了多种新型高效发酵工艺，使厌氧消化器的处理能力提高2～10倍、产气率提高1～3倍、COD去除率提高10～20个百分点。这些装置的出现与成功应用，不仅标志着我国沼气工程技术水平的提高，同时也为畜禽场沼气工程进一步推广应用和商业化奠定了坚实的基础。

目前，沼气技术的目标已从“能源回收”转移到“环境保护”，沼气的利用不仅仅局限于点灯做饭，已经发展到乡村集中供气和沼气发电，并且开展了沼渣、沼液的综合利用，形成了以沼气为纽带的农村可再生能源技术的推广和综合利用，有效地促进了农村科技进步，引导农民改变传统的生活和生产方式，提高了农民生活质量，实现传统农业向现代农业的转变。

目前沼气的发展已经开始注重集中供气系统的建设，利用增压和减压调节装置，通过输送管道将沼气配送到农户，形成了供气管网，并向农民供应沼气，农户平均每天使用沼气为0.8～1.0m^3，解决生活燃料问题，彻底改变了以往农村能源结构和使用方式，改善了生活习惯和条件。

我国自产单燃料沼气发电机技术越来越成熟，使沼气发电已经成为沼气利用中的很重要的一部分。

第二节　大中型沼气工程厌氧消化器

在我国，沼气发酵经过100多年的发展历程，形成了各种各样的沼气池。按储气方式，可分为水压式、浮罩式和气袋式三大类；按几何形状，可分为圆筒形、球形、椭球形、拱形、长方形、坛形等多种类型；按发酵机制，可分为常规型、污泥滞留型和附着膜型三大类；按埋设位置，可分为地下式、半埋式和地上式三大类；按建池材料，可分为砖结构、混凝土结构、钢筋混凝土结构、玻璃钢、塑料和钢丝网水泥等；按发酵温度，可分为常温发酵、中温发酵和高温发酵。按阶段划分可为两阶段发酵，一级发酵和两级或多级发酵等。这些划分方式都是根据沼气发酵装置的结构或运行的某一方面的特点，但缺乏本质的区分。一个厌氧消化器，无论是哪一种类型工艺，在具备适宜运行的运行条件基础上，决定其功能特性的构成因素主要是水力滞留期（HRT）、固体滞留期（SRT）和微生物滞留期（MRT），并应据此对消化器进行分类。

一、分类依据

1. 水力滞留期（HRT）

厌氧消化器的 HRT 是指一个消化器内的发酵液按体积计算被全部置换所需要的时间，通常以天（d）或小时（h）为单位，可按下式计算：

$$\mathrm{HRT(d)}=\frac{\text{消化器有效容积}(\mathrm{m^3})}{\text{每天进料量}(\mathrm{m^3})} \tag{4-1}$$

从上式可以看出，对一个消化器来说 HRT 与每天进料量互为函数，即：

$$\text{每天进料量}(\mathrm{m^3})=\frac{\text{消化器有效容积}(\mathrm{m^3})}{\mathrm{HRT(m^3)}} \tag{4-2}$$

例如：一个消化器有效容积为 300m³，每天进料量为 30m³，则 HRT 为 10d。同样如果知道了 HRT，也可求出每天的投料量。无论是半连续投料运行，或是连续投料运行的消化器都可以根据 HRT 来确定投料量。在生产上习惯使用投配率一词，即每天进料体积占消化器有效容积的百分数，按下式计算：

$$\text{投配率}(\%)=\frac{\text{每天进料体积}(\mathrm{m^3})}{\text{消化器有效容积}(\mathrm{m^3})}\times 100\% \tag{4-3}$$

按式(4-3) 计算前面举例消化器的投配率则为 10%，而 HRT 则为投配率的倒数 10d。当消化器在一定容积负荷条件下运行时，其 HRT 与发酵原料有机物含量成正比，有机物含量越高，所需 HRT 则越长，这有利于提高有机物的分解率。降低发酵原料的有机物浓度或增加消化器的负荷都可适当缩短 HRT，但过短的 HRT 会使大量沼气发酵细菌从消化器里冲走，除非采取一定措施增加固体和微生物滞留期，否则有机物的分解率和沼气产量就会大幅度降低。消化器的运行将难以稳定。图 4-1 所示为牛粪高温沼气发酵时 HRT 与甲烷产率的关系曲线，从图 4-1 中可以看出，当 HRT 小于 1.6d 时，甲烷产率几乎为零。因为这一时间小于活性污泥中产甲烷菌的增代时间，也就是说产甲烷菌还没有来得及繁殖一代，已被料液冲走，这是因为产甲烷菌比产酸菌繁殖速度慢，产甲烷菌更容易从消化器里冲出。这个时间称为极限滞留期。在稍大于极限滞留期的情况下，由于产甲烷菌得到增殖，并有足够的原料可以利用，因而甲烷产率急剧上升，当达到产气最高峰时，其相应滞留期为 2.9d，即为最佳滞留期。这时的原料利用速度最高，虽可获得最高的容积产气率，但原料转化率逐渐上升（见表 4-2），在生产过程中可根据发酵目的的不同，选择合适的 HRT，如以生产沼气为主则可适当靠近最佳滞留期，如以环境保护为主，则应适当延长 HRT。

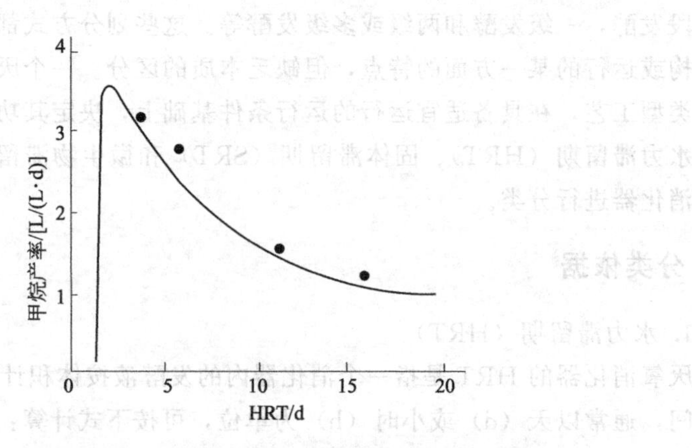

图 4-1　牛粪高温沼气发酵时 HRT 与甲烷产率的关系曲线

表 4-2　牛粪不同滞留期的产气率与原料利用率（高温发酵）

滞留期/d	产气率/(m^3/m^3·d)	原料利用率/%
4	6.29	39.8
6	4.96	46.1
12	2.89	52.8

确定了 HRT 后，对一个每天污水产量一定的工程来说，就可以得出消化器的体积。例如一个 5000 头的猪场，每头猪每天产生污水量为 12L（采用干清粪），则每天共产生污水 $60m^3$，如果 HRT 定为 10 天，则消化器的有效容积为 $600m^3$，为防止发酵液产生的泡沫堵塞导气管，所以常留 10%体积作为缓冲。因此，消化器有效容积只占消化器总体积的 90%。这样即可按下式求出消化器体积：

$$\text{消化器体积}=\frac{\text{每天的污水量}(m^3)\times \text{HRT}(d)}{\text{消化器有效容积}(\%)} \tag{4-4}$$

则上面举例猪场的消化器体积为：

$$\text{该猪场消化器体积}=\frac{60\times 10}{90\%}=666.7\ (m^3)$$

常规消化器的设计是根据 HRT，然而在大型沼气工程的设计上常根据消化器的容积负荷而定。一般可溶性有机物容易分解，固体有机物分解较慢，所以固体滞留期（SRT）就显得更为重要。

2. 固体滞留期（SRT）

SRT 是指悬浮固体物质从消化器里被置换的时间。在一个混合均匀的完全混合式消化器里，SRT 与 HRT 相等。而在一个非完全混合式消化器里，如果能测定出消化器内和出水里的悬浮固体的浓度和密度，则其 SRT 可通过下列公式算出：

$$\text{SRT}=\frac{[(\text{TSSr})(\text{RV}\times D_r)]}{[(\text{TSSe})(\text{EV}\times D_e)]} \tag{4-5}$$

式中　TSSr——消化器内总悬浮固体的平均质量分数；

TSSe——消化器出水的总悬浮固体的平均质量分数；

RV——反应器体积；

EV——每天出水的体积；

D_r——消化器内固体物的密度；

D_e——出水里的固体物的密度。

从公式可以看出，SRT 在非完全混合消化器里与 HRT 无直接关系，在消化器内污泥密度与出水里的污泥密度基本相等的情况下，消化器体积与出水体积不变时，SRT 与消化器内总悬浮固体的平均质量分数成正比，而与出水里的总悬浮固体的平均质量分数成反比。按这个公式计算。一个 HRT 为 5d 的实验用鸡粪消化器，其 SRT 长达 25d。试验表明，固体有机物的分解率与 SRT 成正相关（见图 4-2）。因此，延长 SRT 是提高固体有机物消化率的有效措施。

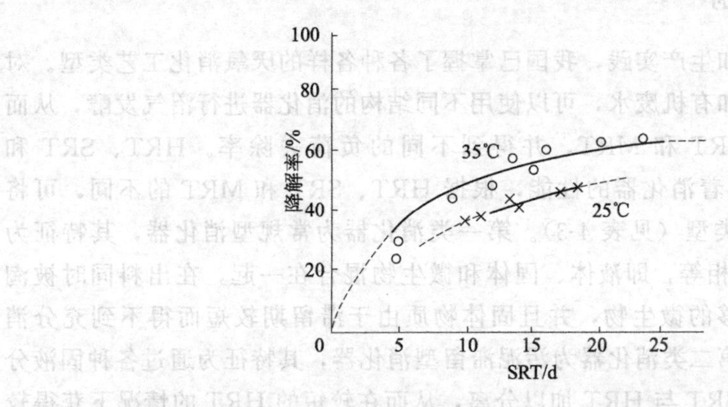

图 4-2　生污泥中挥发性悬浮固体（VSS）的降解率与 SRT 的关系曲线

当消化器在长的 SRT 运行时，一部分衰老的微生物细胞被分解，为新生长的微生物提供了营养物质，这样就可以减少微生物对原料的营养要求。由于蛋白类物质的分解率提高因而发酵液中铵态氮含量也随 SRT 的延长而逐渐上升。一方面因 SRT 的延长固体有机物分解得更为彻底；另一方面因衰亡微生物的分解使细菌得到更多的营养物质，因而较长的 SRT 使污泥的甲烷化活性提高，污泥的沉降性能得到改善。所以，高悬浮固体有机物的厌氧消化应设法得到比 HRT 长得多的 SRT 是至关重要的。在消化器里，沼气发酵微生物常附着于固体物表面而生长，SRT 的延长也增加了微生物的滞留期，因此，除附着膜式消化器外，SRT 与 MRT 是难以分开的，所以 SRT 的延长也同时增加微生物的量，减少了微生物的冲出。这也是在长的 SRT 条件下固体有机物具有较高分解率的原因之一。

3. 微生物滞留期（MRT）

微生物滞留期指从微生物细胞的生成到被置换出消化器的时间。在一定条件下，微生物繁殖一代的时间基本稳定，如果 MRT 小于微生物增代时间，微生物将会从消化器里被冲洗干净，厌氧消化将被终止。如果微生物的增代时间与 MRT 相等，微生物的繁殖与被冲出处于平衡状态，则消化器的消化能力难以增长，消化器则难以启动。如果 MRT 大于微生物增代时间，则消化器内微生物的数量会不断增长。根据 Monod 方程，消化器的反应速度与微生物的量成正比。可见在一定条件下，消化器的效率与 MRT 成正相关。如果 MRT 无限延长，则老细胞会不断死亡而被分解掉。这样也可使微生物的繁殖和死亡处于平衡状态，就不会有多余的微生物排出。因此，延长 MRT 不仅可以提高消化器的处理有机物的效率，并且可以降低微生物对外加营养物的需求，还可减少污泥的排放，减轻二次污染物的产生。

当处理低浓度有机污水时，在 HRT 很短的情况下运行，这就必须设法延长 MRT 来维持厌氧消化过程的产酸与产甲烷的平衡。只有延长了 MRT 才能阻止对生长缓慢的产甲烷菌的冲击。增加产甲烷菌在消化器内的积累，防止微生物生长不平衡现象的产生。

二、厌氧消化器类别

经过多年的研究和生产实践，我国已掌握了各种各样的厌氧消化工艺类型。对于同一种的发酵原料和有机废水，可以使用不同结构的消化器进行沼气发酵，从而实现不同的 HRT、SRT 和 MRT，并得到不同的负荷去除率。HRT、SRT 和 MRT 的长短直接影响着消化器的性能，根据 HRT、SRT 和 MRT 的不同，可将厌氧消化器分为三种类型（见表 4-3）。第一类消化器为常规型消化器，其特征为 MRT、SRT 和 HRT 相等，即液体、固体和微生物混合在一起，在出料同时被淘汰，消化器内没有足够的微生物，并且固体物质由于滞留期较短而得不到充分消化，因而效率较低。第二类消化器为污泥滞留型消化器，其特征为通过各种固液分离方式，将 MRT 和 SRT 与 HRT 加以分离，从而在较短的 HRT 的情况下获得较长 MRT 和 SRT。即在发酵液排出时，微生物和固体物质所构成的污泥得到保留，因而称为污泥滞留型。第三类消化器为附着膜型消化器，其特征为在消化器内安放有惰性介质供微生物附着，使微生物呈膜状固着于支持物表面，在进料中，液体和固体穿流而过的情况下固着滞留微生物于反应器内，从而使消化器有较高的效率。

表 4-3　厌氧消化器分类

类型	滞留期特征	消化器举例
常规型	MRT＝SRT＝HRT	常规消化器 塞流式 全混合式
污泥滞留型	(MRT 和 SRT)＞HRT	厌氧接触工艺 升流式固体反应器 升流式厌氧污泥床 折流式
附着膜型	MRT＞(STR 和 HRT)	厌氧滤器 流化床和膨胀床

(一) 常规型消化器

常规型消化器是一种结构简单、应用广泛的发酵装置。这类消化器的 HRT、SRT 和 MRT 完全相等，消化器内由于没有足够的微生物，并且固体物质得不到充分的消化，因而效率较低。此类消化器包括我们通常所说的常规消化器、全混合式和塞流式消化器等。

1. 常规消化器

该消化器无搅拌装置，原料在消化器内呈自然沉淀状态，一般分为 4 层，从上到下依次为浮渣层、上清液层、活性层和沉渣层，其中厌氧消化活动旺盛场所只限于活性层内，因而效率较低。消化器结构见图 4-3。

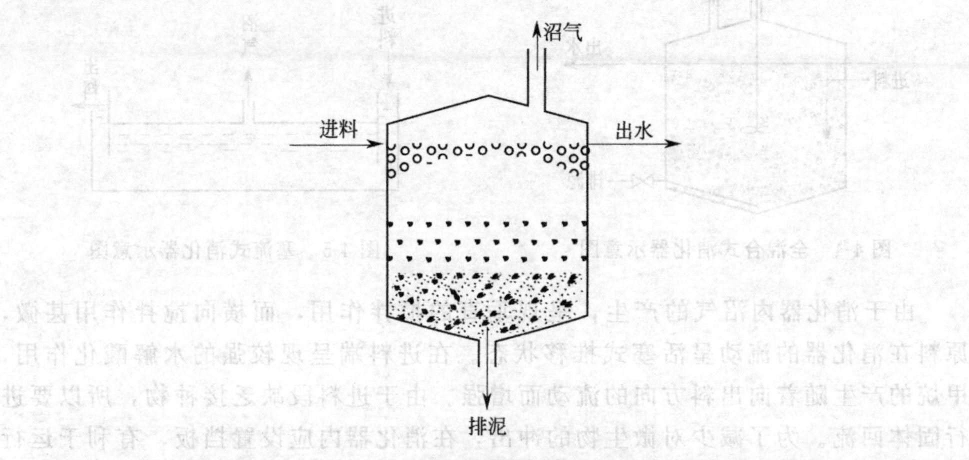

图 4-3　常规型消化器示意图

2. 全混合式消化器

全混合式消化器是在常规消化器内安装了搅拌装置。使发酵原料和微生物处于完全混合状态，与常规消化器相比使活性区遍布整个消化器，其效率比传统常规消化器有明显提高，故名高速消化器（见图 4-4）。该消化器常采用恒温连续投料或半连续投料运行，适用于高浓度及含有大量悬浮固体原料的处理，例如污水处理厂好氧活性污泥的厌氧消化多采用该工艺。在该消化器内，新进入的原料由于搅拌作用很快与消化器内的全部发酵液混合，使发酵底物浓度始终保持相对较低状态。而其排出的料液又与发酵液的底物浓度相等，并且在出料时微生物也一起被排出，所以，出料浓度一般较高。该消化器是典型的 HRT、SRT 和 MRT 完全相等的消化器，为了使生长缓慢的产甲烷菌的增殖和冲出速度保持平衡，要求 HRT 较长，一般要 10～15d 或更长的时间。中温发酵时负荷为 3～4kgCOD/(m^3·d)，高温发酵为 5～6kgCOD/(m^3·d)。

全混合式消化器的优点：可以进高悬浮固体含量的原料；消化器内物料均匀分布，避免了分层状态，增加了底物和微生物接触的机会；消化器内温度分布均匀；进入消化器的抑制物质，能够迅速分散，保持较低浓度水平；避免了浮渣、结壳、堵塞、气体逸出不畅和短流现象；易于建立数学模型。

缺点：由于该消化器无法做到使SRT和MRT在大于HRT的情况下运行，所以需要消化器体积较大；要有足够的搅拌，因此能量消耗较高；生产用大型消化器难以做到完全混合；底物流出该系统时未完全消化，微生物随出料而流失。

3. 塞流式消化器

塞流式发酵亦称推流式发酵，是一种长方形的非完全混合式消化器，高浓度悬浮固体原料从一端进入，从另一端流出（见图4-5）。

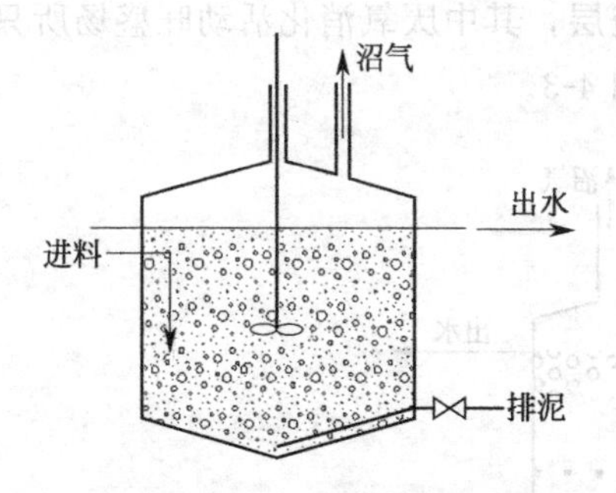

图4-4 全混合式消化器示意图

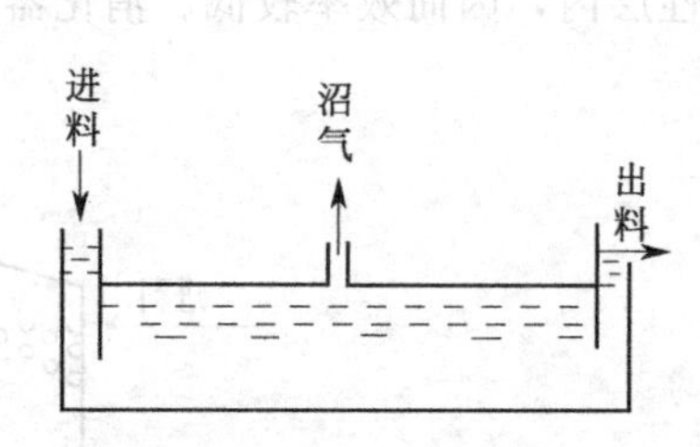

图4-5 塞流式消化器示意图

由于消化器内沼气的产生，呈现垂直的搅拌作用，而横向搅拌作用甚微，原料在消化器的流动呈活塞式推移状态。在进料端呈现较强的水解酸化作用，甲烷的产生随着向出料方向的流动而增强。由于进料段缺乏接种物，所以要进行固体回流。为了减少对微生物的冲出，在消化器内应设置挡板，有利于运行的稳定。

塞流式消化器最早用于酒精废醪的厌氧消化，河南省南阳酒精厂于20世纪60年代初期即修建了隧道式塞流消化器，用来高温处理酒精废醪。发酵池温为55℃左右，投配率为12.5%，滞留期8d，产气率为2.25～2.75$m^3/(m^3 \cdot d)$，负荷为4～5kgCOD($m^3 \cdot d$)，每立方米酒醪可产沼气23～25m^3（见表4-4）。

表4-4 酒精废醪厌氧消化结果

原料	pH	SS		COD		BOD	
		mg/L	去除/%	mg/L	去除/%	mg/L	去除/%
进料	4.3	17000		45500		28000	
出料	7.6	1900	88.8	7000	84.6	2300	91.8

塞流式消化器在牛粪厌氧消化上较广泛应用，因牛粪质轻、浓度高，长草多，本身含有较多产甲烷菌，不易酸化，所以，用塞流式消化器处理牛粪较为适宜。该消化器进料粗放，不用去除长草，不用泵或管道输送，使用搅龙或斗车直接将牛粪投入池内。生产实验表明：塞流式池不适用于鸡粪的发酵处理，因鸡粪沉渣多，易生成沉淀而大量形成死区，严重影响消化器效率。

塞流式消化器的优点：不需搅拌装置，结构简单，能耗低；适用于高SS废物的处理，尤其适用于牛粪的消化；运转方便，故障少，稳定性高。

缺点：固体物可能沉淀于底部，影响消化器的有效体积，使 HRT 和 SRT 降低；需要固体和微生物的回流作为接种物；因该消化器面积/体积比值较大，难以保持一致的温度，效率较低；易产生结壳。

(二) 污泥滞留型消化器

消化器的特征为通过采用各种固液分离方式使污泥滞留于消化器内，提高消化器的效率，缩小消化器的体积。包括厌氧接触工艺、升流式厌氧污泥床、升流式固体反应器和内循环反应器等。

1. 厌氧接触工艺

该工艺是在全混合消化器之外加一个沉淀池，从消化器排出的混合液首先在沉淀池中进行固液分离，上清液由沉淀池上部排出，沉淀污泥重新回流至消化器内(见图 4-6)，这样既减少了出水中的固体物含量，又提高了消化器内的污泥浓度，从而在一定程度上提高了设备的有机负荷率和处理效率。

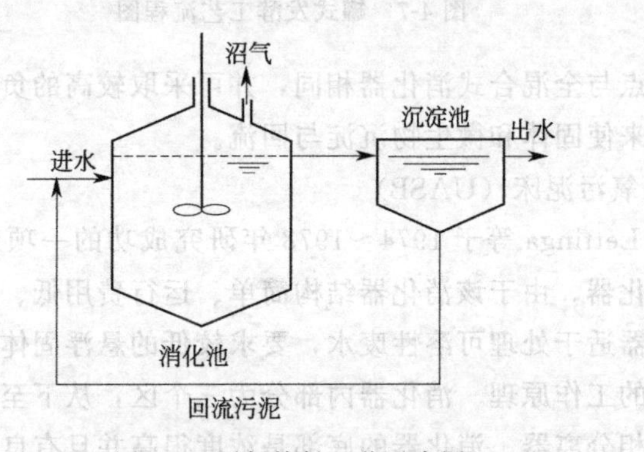

图 4-6 厌氧接触工艺示意图

实践表明，该工艺允许污泥中含有较高的悬浮固体，耐冲击负荷，具有较大缓冲能力，操作过程比较简单，工艺运行比较稳定。轻工部环保所在南阳酒精厂和烟台酿酒厂等单位先后采用该工艺处理酒精废醪，其工艺流程如图 4-7 所示，称为罐式厌氧发酵工艺。罐式消化器的污泥含量对运行效果有较明显的影响，随着污泥含量增加，COD 负荷率增加，但 COD 去除率有所下降，出水水质恶化，其运行效果见表 4-5。

表 4-5 厌氧接触工艺污泥含量对运行效果的影响

类别		污泥含量		
		10%	20%	30%
进料	进料量/[mg/(L·d)]	200	250	330
	COD 负荷/[mg/(L·d)]	6.6	83	11.0
	COD/(mg/L)	33139	33139	33139
出料	COD/(mg/L)	5130	4656	5277

注：污泥含量为经 2500r/min 离心 10min 的污泥体积比。

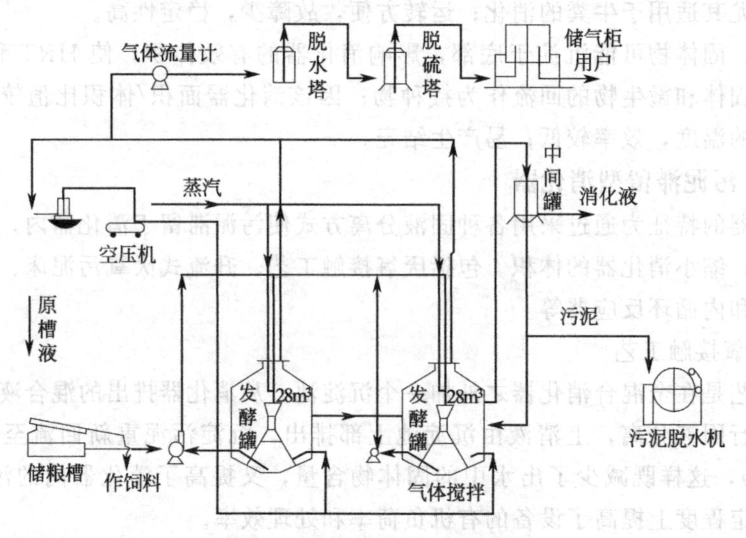

图 4-7 罐式发酵工艺流程图

该工艺的优点与全混合式消化器相同，并可采取较高的负荷率运行。其缺点是需要额外的设备来使固体和微生物沉淀与回流。

2. 升流式厌氧污泥床（UASB）

UASB 是由 Lettinga 等于 1974～1978 年研究成功的一项新工艺，是目前世界上发展最快的消化器，由于该消化器结构简单、运行费用低、处理效率高而得到广泛应用。该消化器适于处理可溶性废水，要求较低的悬浮固体含量。

（1）UASB 的工作原理　消化器内部分为三个区，从下至上为污泥床、悬浮层和气、液、固三相分离器。消化器的底部是浓度很高并且有良好沉淀性能和凝聚性的絮状或颗粒状污泥形成的污泥床，污水从底部，经布水管进入污泥床，向上穿流并与污泥床内的污泥混合，污泥中的微生物分解污水中的有机物，将其转化为沼气。沼气以微小气泡形式不断放出，并在上升过程中不断合并成大气泡。在上升的气泡和水流的搅动下，消化器上部的污泥处于悬浮状态，形成一个浓度较低的污泥悬浮层。在消化器上设有气、液、固三相分离器（见图 4-8）。在消化器内生成的沼气气泡受反射板的阻挡，进入三相分离器下面的气室内，再由管道经水封而排出。固、液混合液经分离器的窄缝进入沉淀区，在沉淀区内由于污泥不再受到上升气流的冲击，在重力作用下而沉淀。沉淀至斜壁上的污泥沿着斜壁滑回污泥层内，使消化器内积累起大量的污泥。分离出污泥后的液体从沉淀区上表面进入溢流槽而流出。

（2）UASB 的启动与运行　UASB 启动的最大困难是获得大量性能良好的厌氧活性污泥。最好的办法是从现有的厌氧处理设备中取出大量污泥投入消化器进行启动，如有处理相同废水的污泥效果更好。如果没有相同废水的污泥，也可以选取沉降性能较好的鸡粪厌氧消化污泥、城市污水厌氧消化污泥或猪粪厌氧消化污泥等作

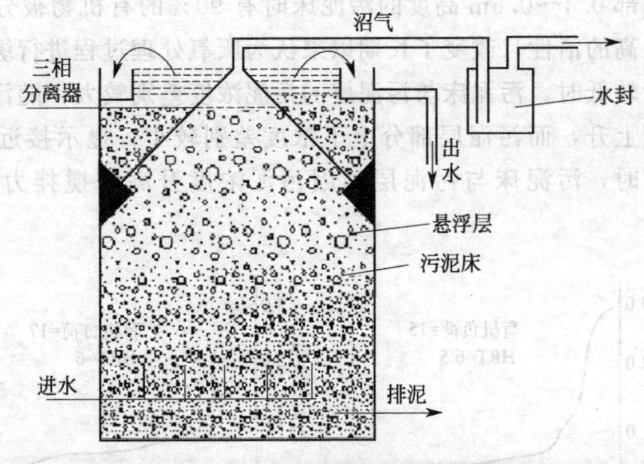

图 4-8 UASB 消化器结构示意图

为接种物。如果附近没有厌氧消化器可以取污泥，也可以在工程附近原排放污水的沟内寻找污泥作为接种物，但要筛除粗大固体物，并且沉淀出泥土砂石后方可进入消化器。总之，对作为接种物的污泥有两点要求：一是能够适应将要处理的有机物，特别是在处理有毒物质时这一点更重要；二是污泥需具有良好的沉降性能。例如，用消化过的鸡粪作为接种物就比用猪粪好，因鸡粪沉降性能好，并且比较细碎有利于颗粒污泥的形成。

启动过程运转应注意以下几点：最初污泥负荷应低于 0.1～0.2kgCOD/(kgVSS・d)；污水中的各种挥发酸未能有效分解之前不应提高反应器负荷；环境条件应有利于沼气发酵细菌的繁殖。如能注意以上三点，在启动运行 6～12 周内，在温度约 30℃的条件下，污泥负荷可达 0.5kgCOD/(kgVSS・d)，对所处理的废水大多数都有满意的处理效果。

UASB 所以能有如此良好的性能，依赖于沉降性能良好的高活性污泥床的形成。因而要求进水中不能含有较多的悬浮固体。如果进料中悬浮固体含量高，会造成固体残渣在污泥床中的积累，使污泥的活性和沉降性能大幅度降低，污泥上浮随出水冲出，污泥床被破坏。北京环保所的试验表明，当进料中的悬浮固体为 2～4g/L 时，消化器可稳定运行；而当进料中悬浮固体为 6.3～8.3g/L 时，在同样负荷条件下，经一段时间运行后产气量显著下降，发酵液 pH 降低，部分活性污泥被置换出，使工艺运行遭到破坏。

(3) 污泥的分布与流失 UASB 内由于产气的结果，一些部位形成一股上升气流，带动混合液（污泥和水）向上运动。与此同时，为填充上升气泡的空位，这股上升气流周围的混合液则向下流动，这就形成较强的搅拌作用。在产气量较少的情况下，呈膨胀状态的污泥床与呈混合状态的污泥层有明显界面，而在产气量较多时，这个界面则不明显。污泥床与污泥层中的污泥浓度与消化器的污泥总量及负荷有关。图 4-9 是处理制糖废水时，反应器内污泥分布与负荷的关系。就试验结果看，污水通过底部0.4～0.6m高度的污泥床时有90%的有机物被分解。由此可见厌氧污泥具有极高的活性，改变了长期以来认为厌氧处理过程进行缓慢的概念。实验得知，在负荷较低时，污泥床与污泥层的污泥浓度差别较大，随污泥床部分厚度的增加有机负荷上升，而污泥层部分上下浓度差别较小，显示接近完全混合型流态。当负荷较高时，污泥床与污泥层则因污泥浓度升高与搅拌力的增强而混为一体。

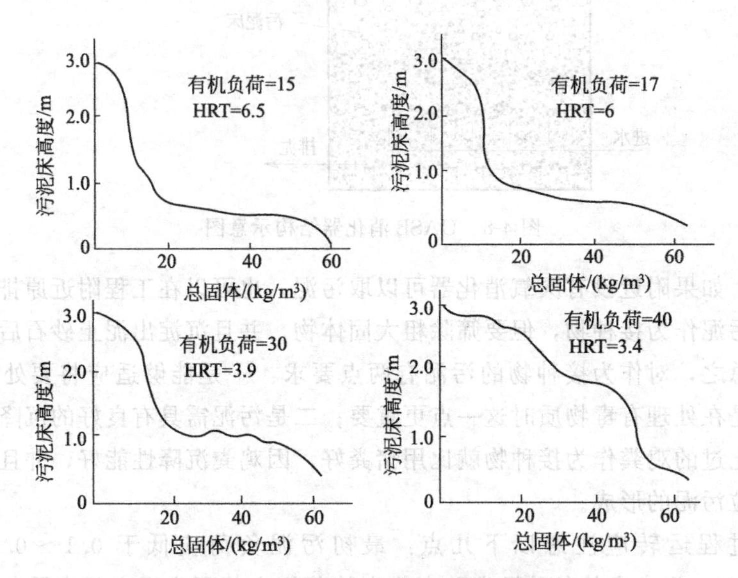

图 4-9　污泥分布与有机负荷的关系

有机负荷—kgCOD/(m³·d)；HRT—水力停留时间，h

在UASB内虽设有三相分离器，但出水中仍带有一定数量污泥，特别是在工艺控制不当时，常会造成大量跑泥。在正常运行时，少量活性污泥会因进水中的悬浮固体或气泡的夹带而随水冲出。污泥过满，也会使出水中污泥增多，这时应及时排放剩余污泥。在冲击负荷的条件下，可能导致污泥过度膨胀，也可能大量流失污泥。

为了减少出水中所夹带的污泥，可在UASB反应器后设置一个沉淀池，将所沉淀的污泥送回反应器内。沉淀池的HRT可采用2h，每天回流污泥一次至污泥床与污泥层交界处。设置沉淀池的好处是：污泥回流可加速污泥的积累。缩短投产期；去除悬浮物，可改善出水水质；当偶因工艺控制不当造成大量污泥时，可回收污泥；污泥回流入消化器内做进一步分解，可减少剩余污泥排放量。

(4) 颗粒污泥　升流式厌氧污泥床的成功运行，使得消化器内形成了一种主要由厌氧消化细菌和胞外多聚物构成的微生物颗粒，人们称它为颗粒污泥。颗粒污泥的形成是厌氧消化过程的一个新的发现，它实际上是沼气发酵微生物的天然固定化颗粒。在每个成熟的污泥颗粒内生活着厌氧消化生态系统所必需的各种微生物类群，胞外多聚物填充于细菌之间并包围于颗粒表面，使每个污泥颗粒成为一个独立的渗透性实体。各种营养物质经胞外酶水解后，通过渗透作用进入颗粒内供厌氧消化细菌生长繁殖，细菌之间按其食物链关系将其代谢产物互相传递，并将其终产物通过渗透作用从颗粒中排出。这样，颗粒中的每个细菌都成了这个生态系统的一员，它们与外界环境的接触都通过这个系统进行。因而对每个细菌来说，生活条件都相对稳定，使颗粒污泥对环境条件的变化具有更大的适应性。

颗粒污泥的形状大小不一，直径在0.2～5mm之间。但成熟的颗粒污泥直径多在2～3mm之间，形状多为近球形。颗粒过大往往因营养物质难以向深层扩散，核心内的微生物因缺乏营养而死亡，形成空泡状（图4-10）。研究表明，当以葡萄糖为底物时，按照细菌生理功能的不同，颗粒污泥可分为三层。外层表面产酸菌占优势；内部多为产氢产乙酸菌、甲烷八叠球菌、甲烷螺菌等占优势；核心部分几乎是唯一的乙酸裂解菌，即甲烷丝菌所构成。这种营养区的分层现象是由于底物和细菌代谢产物的扩散所形成。在处理豆制品废水的消化器中，颗粒污泥中各生理类群细菌的数量列于表4-6。

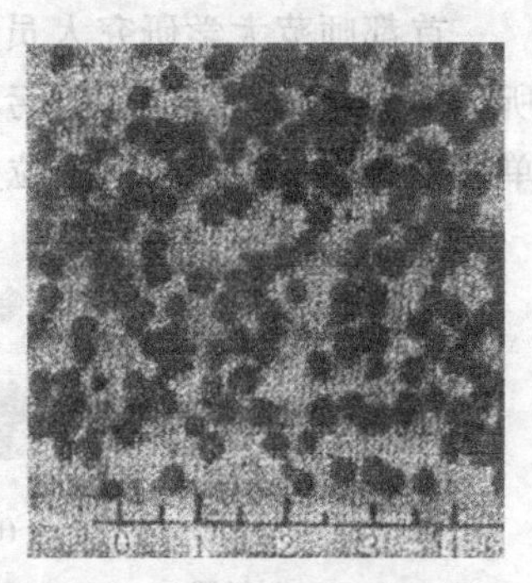

图4-10 成熟颗粒污泥的形状及大小

表4-6 颗粒污泥中的细菌数量

细菌生理类群	数量/(个/mL)	细菌生理类群	数量/(个/mL)
发酵性细菌	0.5×10^9	食乙酸产甲烷菌	4.5×10^8
丙酸分解菌	7.5×10^8	食氢产甲烷菌	9.5×10^7
丁酸分解菌	9.5×10^7		

颗粒污泥具有良好的沉降性能和较高的产甲烷活性，因而使UASB内可以积累大量高活性污泥。清华大学研究人员在对啤酒废水厌氧消化的研究过程中，发现由于颗粒污泥的形成，消化器内可以积累高达平均60kgVS/m^3的污泥。颗粒污泥的相对密度在1.04～1.08之间，沉降速度80%以上可达15～50mm/s；52%在20～30mm/s的范围内。

实验表明，利用厌氧消化过的鸡粪、猪粪、牛粪、酒精废醪等为接种物都可以形成颗粒污泥。从所处理的水质来看，低至300mgCOD/L生活污水，高到40000mgCOD/L酒醪滤液，都可以生长颗粒污泥。多数研究者认为，甲烷丝菌的生长及其缠绕网络作用是颗粒污泥形成的内因，而活性污泥的营养水平及水流和气流共同形成筛分强度是颗粒污泥形成的主要外部条件。影响污泥颗粒化程度最主要的运行控制条件是污泥的COD负荷，当污泥负荷达0.3kgCOD/(kgVSS·d)时，便有颗粒生成，当污泥负荷为0.6kgCOD/(kgVSS·d)以上时，污泥颗粒化进行将十分迅速。这些数据是在中温条件下取得的，随着污泥活性的提高而不断提高消化器的负荷，以保证细菌生长的营养物质，但又不能超负荷运行，以维持发酵液的低乙酸浓度，这样才有利于甲烷丝菌的生长。随着负荷的增长，水、气混合流所形成的筛分强度也逐渐加大，造成污泥亚单位的旋转和碰撞，使亚单位之间互相黏附和缠绕，逐渐聚集成颗粒污泥。在运行过程中，随着负荷的不断提高，水、气流筛分强度增大，一些沉降性差的污泥碎片被淘洗出消化器，更加利于颗粒污泥的形成。在消化器内保持 25～100mg/L 的钙离子的浓度，可提高污泥颗粒化的速度。无论在常温、中温或高温条件下都可形成颗粒污泥。

首都师范大学研究人员深入观察了颗粒污泥形成的过程，将其分为如图 4-11 所示的 5 个时期，即絮凝污泥丝状菌增长期（a）；颗粒污泥亚单位生成期（b）；亚单位聚集期（c）；初生颗粒生长期（d）；颗粒污泥生长和成熟期（e）。

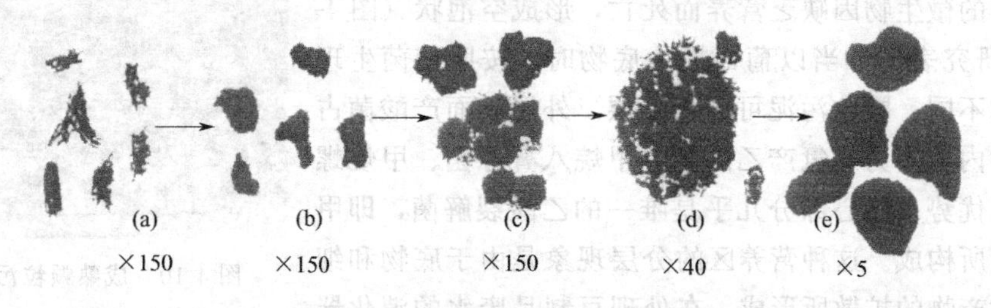

图 4-11　颗粒污泥的形成过程示意图

（5）UASB 的优缺点　该工艺将污泥的沉降与回流置于一个装置内，降低了造价。该工艺的优点为：除三相分离器外，消化器结构简单，没有搅拌装置及供微生物附着的填料；长的 SRT 和 MRT 使其达到了很高的负荷率；颗粒污泥的形成，使微生物天然固定化，改善了微生物的环境条件，增加了工艺的稳定性；出水的悬浮固体含量低。

缺点：需要安装三相分离器；进水中只能含有低浓度的悬浮固体；需要有效的布水器使进料能均布于消化器的底部；当冲击负荷或进料中悬浮固体含量升高，以及遇到过量有毒物质时，会引起污泥流失。

3. 膨胀颗粒污泥床（EGSB）

膨胀颗粒污泥床实际上是改进的 UASB，该工艺采用高达 20～30m 的反应器再配以出水回流以获得高的上升流速，使厌氧颗粒污泥在反应器内呈膨胀状态。

EGSB 的上升流速高达 6～12m/h，而 UASB 的上升流速通常只有 1～2m/h，高的上升流速使颗粒污泥在反应器内处于悬浮状态，从而保证了进水与颗粒污泥的充分接触，使容积负荷可高达 20～30kgCOD/(m^3·d)。在常温下处理生活污水时，水力滞留期 HRT 达 1.5～2h，COD 去除率可高达 90%。EGSB 工艺在低温条件下处理低浓度污水时，可以得到比其他工艺更好的效果。研究表明，在温度为 8℃的条件下，进水 COD 浓度为 550～1100mg/L，反应器上升流速为 10m/h 时，其有机负荷达 1.5～6.7gCOD/(L·d)，COD 去除率达 97%。

由于 EGSB 采用高的升流速度运行，运行条件和控制技术要求较高，不适合用于处理固体物含量高的废水，因悬浮固体通过颗粒污泥床时，会随出水而很快被冲出，难以得到降解。

4. 内循环厌氧反应器（IC）

内循环（internal circulation）厌氧反应器是目前世界上效能最高的厌氧反应器。该反应器是集UASB反应器和流化床反应器的优点于一身，利用反应器所产沼气的提升力实现发酵料液内循环的一种新型反应器。

（1）IC反应器的结构和原理　IC反应器的基本构造如图4-12所示，如同把两个UASB反应器叠加在一起，反应器高度可达16～25m，高径比可达4～8。在其内部增设了沼气提升管和回流管，上部增加了气液分离器。该反应器启动时，投加了大量颗粒污泥。运行过程中，用第一反应室所产沼气经集气罩收集并沿提升管上升作为动力，把第一反应室的发酵液和污泥提升至反应器顶部的气液分离器，分离出的沼气从导管排走，泥水混合液沿回流管返回第一反应室内，从而实现了下部料液的内循环。如处理低浓度废水时循环流量可达进水流量的2～3倍，处理高浓度废水时循环流量可达进水流量的10～20倍。结果使第一厌氧反应室不仅有很高的生物量、很长的污泥滞留期，并且有很大的升流速度，使该反应室的污泥和料液基本处于完全混合状态，从而大大提高第一反应室的去除能力。经第一反应室处理的废水，自动进入第二厌氧反应室。废水中的剩余有机物可被第二反应室内的颗粒污泥进一步降解，使废水得到更好的净化。经过两级处理的废水在混合液沉淀区进行固液分离，清液由出水管排出，沉淀的颗粒污泥可自动返回第二反应室，这样废水完成了全部处理过程。

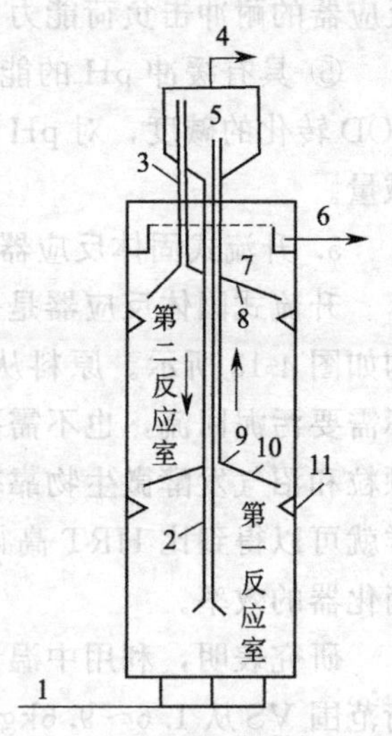

图4-12　IC反应器构造原理示意图

1—进水管；2—回流管；3—集气管；4—沼气导管；5—气液分离器；6—出水管；7—沉淀区；8—第二反应室集气罩；9—沼气提升管；10—第一反应室集气罩；11—气封

（2）IC反应器的优点

① 具有很高的容积负荷率。IC反应器由于存在着内循环，传质效果好，生物量大，污泥龄长。其进水有机负荷率远比普通的UASB反应器高，一般可高出3倍左右。处理高浓度有机废水，如马铃薯加工废水，当COD为10000～15000mg/L时，进水容积负荷率可达30～40kgCOD/(m^3·d)。处理低浓度有机废水，如啤酒废水，当COD为2000～3000mg/L时，进水容积负荷率可达20～25mgCOD/(m^3·d)，HRT仅为2～3h，COD去除率可达80%。

② 节省基建投资和占地面积。由于IC反应器比普通UASB反应器有高出3倍左右的容积负荷率，则IC反应器的体积为普通UASB反应器的1/4～1/3左右，所以可降低反应器的投资。由于IC反应器不仅体积小，而且有很大的高径比，所以占地面积特别省，非常适用于土地面积紧张的单位。

③ 沼气提升实现内循环，不必外加动力。厌氧流化床载体的流化是通过出水回流由水泵加压实现，因此必须消耗一部分动力，而IC反应器是以自身产生的沼

气作为提升的动力实现强制循环，从而可节省能耗。

④ 抗冲击负荷能力强。由于IC反应器实现了内循环，处理低浓度废水（如啤酒废水）时，循环流量可达进水流量的2～3倍。处理高浓度废水（如马铃薯加工废水）时，循环流量可达进水流量的10～20倍。因为循环流量与进水在第一反应室充分混合，使原废水中有害物质得到充分稀释，大大降低有害程度，从而提高了反应器的耐冲击负荷能力。

⑤ 具有缓冲pH的能力。内循环流量相当于第一级厌氧出水的回流，可利用COD转化的碱度，对pH起缓冲作用，使反应器的pH保持稳定。可减少进水的投碱量。

5. 升流式固体反应器（USR）

升流式固体反应器是一种结构简单，适用于高悬浮固体原料的消化器。它的结构如图4-13所示。原料从底部进入消化器内，消化器内不需要安置三相分离器，不需要污泥回流，也不需要全混合式消化器那样的搅拌装置。未消化的生物质固体颗粒和沼气发酵微生物靠被动沉降滞留于消化器内，上清液从消化器上部排出，这样就可以得到比HRT高得多的SRT和MRT，从而提高了固体有机物的分解率和消化器的效率。

研究表明，利用中温USR，在TS平均为12%（海藻）的沼气发酵时，其负荷范围VS从1.6～9.6kg/(m^3·d)。其甲烷产量为0.34～0.38m^3/kgVS，并且甲烷产率为0.6～3.2m^3/(m^3·d)，这个效果明显比全混合式要好得多，其效率接近UASB的功能，但UASB必须严格使用可溶性原料。

6. 折流式反应器

折流式反应器的结构如图4-14所示。

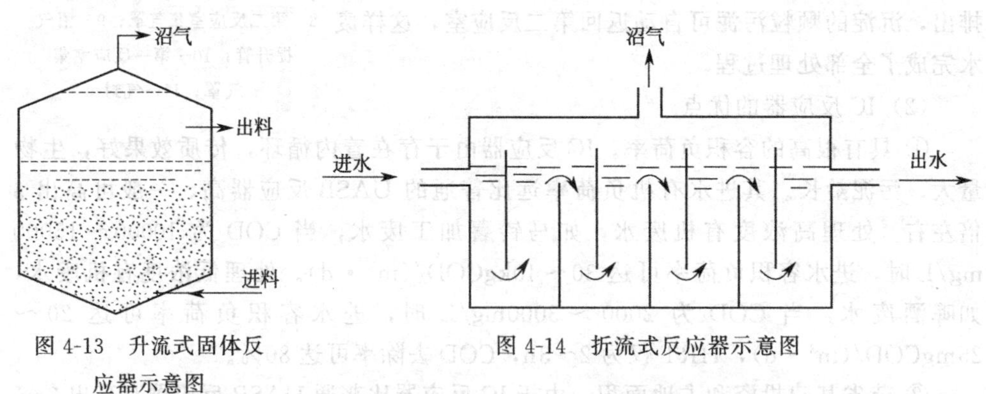

图4-13　升流式固体反应器示意图

图4-14　折流式反应器示意图

在这种消化器里，由于挡板的阻隔使污水上下折流穿过污泥层，每一个单元都相当于一个反应器。澳大利亚必胜公司曾采用同心圆折流方式在我国处理酒精废醪及丙丁废醪。该种反应器的设计者认为每一个单元相当于一个反应器，而反应器的总效率等于各反应器之和。但在我国近年来的实用过程中，除用于低浓度的生活污水等处理外，其效果一直欠佳。究其原因，一是折流式将一个消化器分成若干小室，进料负荷全部集中于第一个小室中，这就造成第一个小室的严重超负荷运行，引起发酵液酸化，使产甲烷菌的活动受到抑制，导致发酵失败。二是在折流式反应器内，料液呈现塞流式流动，酸化了的第一室料液会逐渐把后面各室中的污泥推出并使之酸化。有人为了克服酸化现象采用回流污泥方式将产甲烷菌送入第一室内，因第一室在不断进料，所以，回流量小时起不到防止酸化的作用，回流量大时则出现完全混合，这时才能防止酸化。但那样就不如用完全混合式更为方便。

由以上分析看出，折流式反应器从理论到实践还需要进一步研究。

以上几种污泥滞留型消化器中，活性污泥以悬浮状存在，人们采用了各种方法使污泥滞留于消化器内，从而取得了较长的SRT和MRT，因而效率明显比常规型消化器要高，但是在受到冲击负荷或有毒物质时，常会因挥发酸含量上升而引起污泥流失。所以，要定时对发酵情况实行监测，以指导消化器的正常运行。

用什么方法来延长MRT呢？在全混合式消化器里，MRT与HRT、SRT相等，因此无法使MRT单独增加，所以全混合型消化器只适用于高浓度有机废水的处理，靠延长HRT来使MRT延长，因而全混合型消化器必须有长的HRT，负荷难以提高。要想使消化器有比HRT更长的MRT，就必须使HRT与MRT分离，在污水经过消化器的条件下，使微生物滞留于消化器内，这就产生了UASB和厌氧滤器等使HRT与MRT分离的消化器类型，前者靠污泥的沉降而使微生物滞留，后者靠微生物附着于支持物的表面形成生物膜而滞留，这样就可使MRT大大延长，从而提高了消化器的效率，因而使消化器的负荷大幅度提高，并使厌氧消化器只适用于处理高浓度有机污水而发展到今天也可以用来处理低浓度污水。由此可见增加MRT在理论和实践上的重要性。

（三）附着膜型消化器

这类消化器的特征是，使微生物附着于安放在消化器内的惰性介质上，使消化器在允许原料中的液体和固体穿流而过的情况下，固定微生物于消化器内。应用或研究较多的附着膜反应器有厌氧滤器（AF）、流化床（FBR）和膨胀床（EBR）。

1. 厌氧滤器（AF）

厌氧滤器是内部安置有焦炭、煤渣、塑料制品、合成纤维等惰性介质（又称填料），沼气发酵细菌，尤其是产甲烷菌呈膜状附着于惰性介质上，并在介质之间的空隙互相黏附成颗粒状或絮状存留下来，当污水自下而上或自上而下通过生物膜时，有机物被细菌利用而生成沼气（见图4-15）。

生物膜由种类繁多的细菌组成，随着污水的流动，固着的微生物群体也有所变化。在进料部位多为酸化菌，而沿着流动方向的延长，产甲烷菌则更多一些。生物膜中有大量甲烷丝菌，并且网络着一定数量的甲烷八叠球菌，这两类细菌都是食乙酸产甲烷菌，在消化器内它们是甲烷生成的主要菌类（图4-16）。生物膜的过多积累和在填料空隙中污泥的沉积，以及高SS原料的进入都会导致滤器的堵塞，在使用煤渣做填料时堵塞现象尤为严重，使用纤维填料后这种情况有所改善。附着生长的生物膜不易流失，从细菌生成到从膜上脱离可在消化器内滞留150～600d。这样可在消化器内积累大量微生物，从而可利用厌氧滤器处理COD浓度很低的污水。

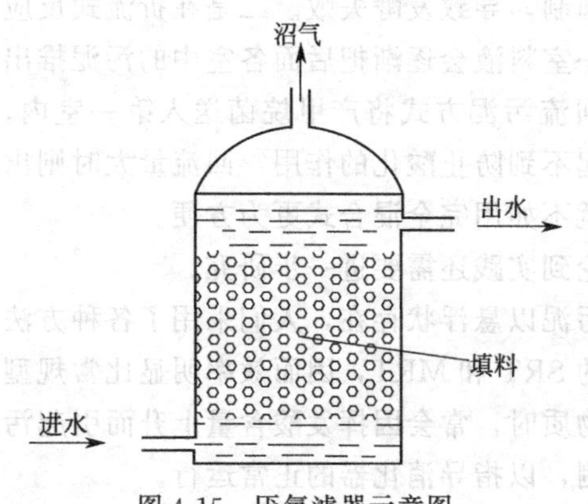

图 4-15 厌氧滤器示意图

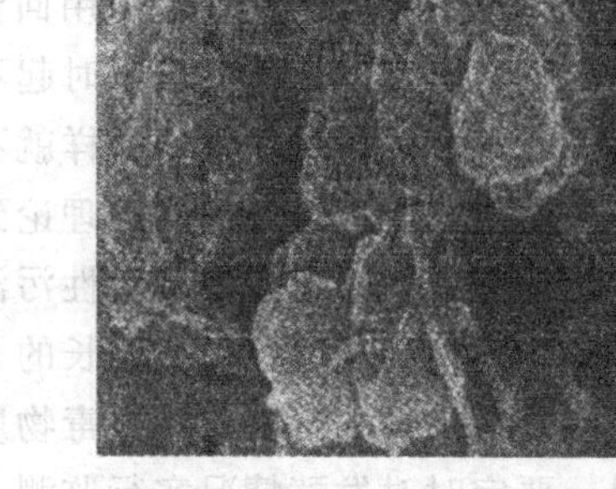
图 4-16 生物膜中甲烷丝菌和甲烷八叠球菌

在AF内，填料的主要功能是为厌氧微生物提供附着生长的表面积，一般来说，载体的比表面积越大，滤器可承受的有机负荷越高。除此之外，填料还要有相当的空隙率，空隙率高，则在同样的负荷条件下HRT越长，有机物去除率越高。另外，高空隙率对防止滤器堵塞和产生短流均有好处。表4-7给出了几种填料的特性，经过多年的研究，现在多采用纤维填料，因其性能和造价均较其他原料优越。

表 4-7 各种填料的特性

填料种类	重量/(kg/m³)	比表面积/(m²/m³)	空隙率/%	价格/(元/m³)
碎石			46	
陶土制品		141	69	
贝壳		161	80	
硬塑蜂窝材料	42	210	98	600
软纤维填料	3～4	2472	>99	200
弹性纤维填料	3～4	265～350	>97	300

在纤维填料中，近年来研制成功的弹性纤维填料的性能比软纤维填料要好，因软纤维填料运行时间稍长后往往纤维之间造成粘连并结球，因而缩小了表面积和空隙体积。经实验测定表明，弹性纤维填料实用比表面积大，不易结球与堵塞滤器，生物膜生成较快，也易脱膜，使生物膜更新迅速快，有机负荷较高。同济大学利用弹性纤维填料的试验表明，在处理豆制品废水时，挂膜驯化阶段仅用21d即告完成，以后负荷迅速提升，其运转数据如表4-8所示。从表中可以看出，该厌氧滤器在负荷10kgCOD/(m^3·d)时，仍有90%的COD去除率。在试验过程中由于进料泵调节失准，使负荷突然加大，COD去除率下降为74.6%。但降低负荷经过1d运行后，消化器功能即恢复正常，说明该体系受到冲击负荷破坏后恢复较迅速。而污泥滞留型消化器如因冲击负荷污泥大量流失后则恢复较慢，这是附着膜型消化器的一大优点。

表 4-8 利用弹性纤维填料进行豆制品废水厌氧消化试验数据

负荷/[kgCOD/(m^3·d)]	HRT/d	进水 COD/(mg/L)	出水 COD/(mg/L)	COD 去除率/%
5.5	2.96	13840	1061	92.3
10.4	1.39	14450	1462	89.9
15.1	0.83	13210	2425	81.6
19.5	0.70	13640	3469	74.6

AF 有如下优点：不需要搅拌操作；由于具有较高的负荷率，使消化器体积缩小；微生物呈膜状固定和附着在惰性介质上，MRT 长，污泥浓度高，运行稳定，运行技术要求较低；更能够承受负荷变化；长期停运后可更快地重新启动。

缺点：填料的费用较高，安装施工较复杂，填料寿命一般为 1～5 年，要定时更换；易产生堵塞和短路；只能处理低 SS 含量的废水，对高 SS 废水效果不佳并易造成堵塞。

2. 流化床和膨胀床（FBR 和 EBR）

流化床和膨胀床内部填有像砂粒一样大小的（0.2～0.5mm）惰性（如细砂）或活性（如活性炭）颗粒供微生物附着，如焦炭粉、硅藻土、粉煤灰或合成材料等，当有机污水自下而上穿流过细小的颗粒层时，污水及所产气体的气流速度足以使介质颗粒呈膨胀或流动状态。每一个介质颗粒表面都被生物膜所覆盖，其比表面积可达 $300m^2/m^3$，能支持更多的微生物附着，创造了比 HRT 更长的 MRT，因而使消化器具有更高的效率。

这两种反应器可以在相当短的 HRT 的情况下，允许进料中的液体和少量固体物穿流而过，适用于容易消化的低固体物含量有机污水的处理。优点是可为微生物附着提供更大的表面积，一些颗粒状固体物可以穿过支持介质。缺点是为了使介质颗粒膨胀或流态化需要 0.5～10 倍的料液再循环，这就提高了运行过程的能耗。

这个系统的优点是：有更大的比表面积供微生物附着；可以达到更高的负荷；因为有高浓度的微生物使运行更稳定；能承受负荷的变化；在长时间停运后可更快地启动；可以利用固体物含量低的原料；消化器内混合状态较好。

系统缺点：为使颗粒膨胀或流态化需要高的能耗和维持费；支持介质可能被冲出，损坏泵或其他设备；在出水中回收介质颗粒势必要花费更多的钱；不能接受高固体含量的原料；需要长的启动期；可能需要脱气装置从水中有效地分开介质颗粒和悬浮固体。

第三节 厌氧消化工艺参数

在设计沼气池时，必须根据当地水文地质、气象、建筑材料、所采用的有关设计规范、沼气发酵工艺参数等有关资料作为设计依据。这里着重介绍厌氧消化工艺参数。

1. 气压

沼气池的产气量和沼气池内气压紧密相关，随着气压的增加，其产气量相应减少。据测定，甲烷菌在40m静水压力下可正常成长和活动，但对压力的变化极为敏感。因此，沼气发酵工艺要求沼气池内气压应相对稳定，并且宜小不宜大。同时，沼气气压过小或过大，对充分燃烧均不利，所以沼气灯、炉具也要求沼气气压相对稳定，且宜小不宜大。大型沼气池设计气压可采用2～3.5kPa。

2. 产气率

产气率是指每立方米发酵料液24h的产气量，以 $m^3/(m^3 \cdot d)$ 表示。影响沼气池产气率的因素很多，如温度、发酵原料的浓度、接种物、搅拌、池型、发酵技术、技术管理水平等。由于条件不同，产气率也不同。

大中型中温发酵工艺的沼气池，在每天进出料为6%～8%的情况下，其设计产气率为 $1.0m^3/(m^3 \cdot d)$，高温发酵工艺的沼气池，其设计产气率为 $2.5m^3/(m^3 \cdot d)$。

3. 储气量

大中型沼气工程采用分离储气或发酵储气一体化，各类储气装置的储气容积大小与用气情况有关。目前沼气池设计储气量大多考虑能储存12h所产的气，即昼夜产气量的50%，也可根据实际用气量适当配置储气容积。

4. 沼气池容积

沼气池容积的确定，是沼气池设计中的一个重要问题。沼气池设计过小，不能充分利用原料和满足用户的要求；设计过大，若没有足够的发酵原料，势必浓度降低，导致产气率降低，造成人力物力的浪费。因此，沼气池的容积应根据发酵原料(数量和种类)、滞留时间、用户用气要求等因素合理确定。

关于沼气池容积有3种提法：第一种是指发酵间内可装发酵料液的容积（不包括储气部分）称为沼气池的有效容积；第二种是指发酵间净容积（包括储气部分)，也称主池容积；第三种是指整个沼气池的容积，包括发酵间净容积和储气装置容积，也称为沼气池的总容积。一般所指沼气池容积，除计算产气量采用有效容积外均指发酵间净容积。

大中型沼气池容积一般指单体超过 $300m^3$，并可采用成组并联建池。

5. 投配率

投配率指的是最大限度投入的料液所占发酵间容积的百分率。根据不同的储气方式，确定不同的料液投配量。对于大中型沼气池，无论采用何种储气方式，因厌氧消化间和储气间各自分别有独立的空间，只需在发酵间内留适当的空隙，以便收集沼气，经导气管通过输气管送入气袋或浮罩内即可，因此，设计最大料液投料量可按发酵间净容积的90%～95%考虑。

第四节 沼气工程的设计

一、大中型沼气工程设计内容与要求

1. 明确工程最终目标

为规模化畜禽场、屠宰场等设计沼气工程，首先要明确工程最终达到的目标。最终目标基本上有3种类型：一是以生产沼气和利用沼气为目标；二是以达到环境保护要求，排水符合国家规定的标准为目标；三是前两个目标的结合，对沼气、沼渣和沼液进行综合利用，实现生态环境建设。确定工程最终目标，由此选定沼气工程技术路线。

2. 工程设计注意事项

沼气工程建设涉及国家或集体的投资，一项工程的寿命至少定为15～20年，所以原料供应要相对稳定，尤其是以畜禽场粪污为原料的大中型沼气工程。出售肉猪容易受到市场价格的起落而转向经营，更要注重粪便原料的相对稳定。

必须重视沼气、沼渣和沼液的综合利用。以环保达标排放为目标的大中型沼气工程，是以环保效益和社会效益为主，除合理选择其合理的工艺路线外，不仅要考虑对污水的减量化处理，还要关注运行费用的低投入，畜禽场的沼气工程只有对沼气、沼渣和沼液进行综合利用，才能增大工程的经济效益，保证工程长期持久的运行。

在工程设计中，单一追求高指标，忽略了工程总体技术的可靠性、操作简便、运行费用低这三个方面，可能会使工程半路夭折，终止运行，因此工程设计必须把追求高指标与实用性二者相结合。

3. 工程设计内容

(1) 工程设计依据和内容　包括：工程建设的批复文件、国家对资源综合利用方面的优惠政策、国家对工程建设项目的相关规定，场地和原料来源等具体情况，都是工程设计具体依据。

共性的设计内容应该包括：工程选址和总体布置设计、工艺流程设计、前处理工艺段设备选型与构筑物设计、厌氧消化器结构形式的设计、后处理工艺段设备选型与构筑物设计、储气柜（罐）设计、沼气输气管网设计及安全防火等。

(2) 总体布局设计　总体布局需要在满足工艺设计要求的同时，与周围的环境相协调，选用设备装置及构筑物平面布局与管路走向合理，并要符合防火、防雷等相关条款规定。若以粪便为原料来源，在条件允许的前提下，还要考虑养殖场生产规模扩展的可能性。

(3) 工艺流程设计　设计工艺流程是工程项目设计的核心。要结合建设单位的资金投入情况、管理人员的技术水平、所处理物料的水质水量情况，还要采用切实可行的先进技术，最终实现工程的处理目标。

(4) 厌氧消化器的选型与设计　大中型沼气工程工艺流程分为三个阶段：预处理阶段、中间阶段和后处理阶段。料液进入消化器之前为原料的预处理阶段，主要是除去原料中的杂物和沙粒，并调节料液的浓度。如果采用中温或高温发酵，还需要对料液进行升温处理。原料经过预处理使之满足发酵条件的要求，料液进入消化器进行厌氧发酵，消化掉有机物生产沼气为中间阶段。从消化器排出的消化液根据工程最终实现的目标，或经过沉淀、分离和相关的水处理工艺实现达标排放；或对沼渣、沼液进行综合利用和灌溉施肥，此为后处理阶段。由于原料不同，工程最终目标不同，所选择的消化器类型也不相同，每个阶段所需要的构筑物和选用的通用设备也各有不同。

大中型沼气工程所设计的相关构筑物必须满足发酵工艺要求，才能最终达到总体设计目标。根据发酵原液水质水量和有机负荷浓度，结合工程最终目标，参照厌氧消化器的适应类型和相关的设计规范，确定构筑物和相关设备。

二、沼气发酵消化器设计

1. 消化器的设计要求

消化器是大中型沼气工程的核心装置，由于沼气发酵的原料不同，发酵处理的最终目标不同，工程设计采用的发酵工艺也有所不同。因此进行沼气工程设计时，必须根据所处理原料的特性，按照沼气发酵工艺参数要求，选定工艺类型和运行温度（常温、中温或高温），最后确定消化器的总体容积和结构形式。对消化器设计的总体要求应该注意以下几点：

① 应最大限度地满足沼气微生物的生活条件，要求消化器内能保留大量的微生物；

② 应具有最小表面积，有利于保温，使其散热损失量最少；

③ 使用很少的搅拌动力，让新进的料液与消化器内的污泥混合均匀；

④ 易于破除浮渣，方便去除器底沉积污泥；

⑤ 要实现标准化、系列化生产；

⑥ 能适应多种原料发酵，且滞留期短；

⑦ 设有超正压和超负压的安全措施。

2. 消化器设计主要考虑内容

① 厌氧消化器的工艺应根据原料数量、性质、温度条件、污染控制、能源回收、原料预处理以及沼液利用等因素进行技术经济比较后确定。

② 厌氧消化器的设计流量应按原料平均日流量最大来计算。厌氧消化器的个数不低于 2 为宜，这样有利于检修维护，并根据不同工艺按串联、并联或者按既可串联又可并联设计，以保证沼气工程的运行更加可靠、灵活和合理。对于容积小的消化器，考虑到造价的关系，也可只设计 1 个。

③ 除升流式厌氧污泥床（UASB）外，厌氧装置均应密封，并能承受沼气的工作压力，还应有防止池内产生负压的措施。对易受液体、气体腐蚀的部分应采取

有效的防腐措施。

④ 为了保持厌氧消化器内的厌氧环境，保证产甲烷细菌的正常生长繁殖，并维持一定的工作压力，厌氧消化器应采用不透水、不透气的材料来密封。厌氧消化装置在大量排泥或排气量大于产气量的情况下，装置内可能造成负压，致使消化器内厌氧环境破坏或空气渗入，影响正常运行甚至形成爆炸的潜在危险。故应有防止产生负压的措施，可采取在装置顶部设置安全水封、进出料同时进行、缓慢排泥以及排泥时与储气柜连通等措施。

⑤ 升流式厌氧污泥床（UASB）装置采用三相分离器密封，所以，装置顶部不必密封。

⑥ 厌氧消化器最严重的腐蚀出现在反应器上部，此处沼气中的硫化氢被氧化成硫或硫酸盐，使局部 pH 值下降，无论水泥或钢材在此都易受腐蚀。在液面下，水泥中的 CaO 会因为溶解的 CO_2 溶解而产生腐蚀。因此，厌氧消化装置应采取有效的防腐措施，使用耐腐蚀材料，例如不锈钢、塑料或采用防腐涂层等。

⑦ 厌氧消化装置溢流出口必须水封，不得放在室内。因为厌氧消化出水中还溶有部分沼气以及污泥上附着的沼气，溢流管放在室内可能使残存的沼气释放出来，容易发生事故。溢流管的管径不应小于 100mm，料液流速不小于 0.6m/s。水封高度不应大于消化池，设计压力不小于沼气罐内压力。水封的作用在于防止沼气随出水逸出，同时也防止空气进入厌氧消化装置。

⑧ 应在消化池的上、中、下三个部位各设一个取样孔，每个取样孔设置一个阀门。沼气的取样可在输气管路的任何部位。

⑨ 应在消化池液面设排渣管、底部设排泥管。排渣管和排泥管的管径不应小于 150mm。排渣管和排泥管进口应设计成喇叭口。

3. 消化器的设计

消化器容积大小与沼气发酵原料的物料特性、消化液浓度和水力滞留期有关。

消化器容积 V_1 与每日处理原料量、消化液含量、消化液密度和水力滞留期有关，公式如下：

$$V_1=\frac{Gf\times \mathrm{HRT}}{qy} \tag{4-6}$$

式中 V_1——消化器中消化液容积，m^3；

G——消化器每日进原料量，kg/d；

f——原料干物质含量，%；

HRT——消化器水力滞留期，d；

q——消化液含量，TS%；

y——消化料液密度，kg/m^3。

消化器总容积＝消化器中消化液容积（V_1）＋消化器的储气容积（V_2），一般取 $V_2=(8\%\sim10\%)V_1$，即：

$$V=V_1+V_2=\frac{Gf\times \text{HRT}}{qf}(1+10\%) \tag{4-7}$$

消化器总容积经计算确定后，按所选用的消化器类型来相应地确定消化器的内径和高度。要充分考虑如何提高消化器的容积利用率和协调各参数间的关系。

4. 消化器的保温设计

大中型沼气工程多采用中、高温消化运行的，消化器内料液的温度为35℃或54℃。而消化器周围环境温度是随着四季更替或昼夜温度变化而变化，为确保消化器能在恒温条件下运行，必须以当地最寒冷时刻的气温条件，确定保温层的厚度，对消化器进行保温设计。

按传热学原理确定消化器保温层厚度也是个较为复杂的计算问题。如果忽略次要因素，只考虑消化器壁与周围环境的热传导一个因素即可把复杂的计算简化了，建立热量平衡式。在一昼夜里由于进料供给消化器的热量（不考虑排料带走的热量时）等于这一天消化器通过外表面散失给周围环境的热量，即

$$Q=24\lambda F\frac{T_2-T_1}{\delta} \tag{4-8}$$

$$Q=CG(T_2-T_3) \tag{4-9}$$

式中　Q——每天进料热量或消化器散失的热量，kJ；

C——料液比热容，kJ/(kg・℃)；

G——日进料液量，kg；

T_3——进料料液温度，℃；

T_2——消化液温度，℃；

T_1——最低环境温度，℃；

λ——保温材料的热导率，kJ/(m・h・℃)；

F——消化器导热面积，m^2；

δ——保温层厚度，m。

把已知的参数代入上式中，就可以求出δ值。保温层外表还要安装保护层，以防自然风化破损和防水。

在消化器外围护结构保温的同时，还应考虑消化器进料时的温度预热和控制。

第五节　沼气工程的施工

沼气池是一个要求严格密闭的装置，需要满足设计的质量要求，保证结构坚实、不漏水、不漏气、经久耐用。因此施工过程显得尤为重要，对于每一个环节和结构部位都要严格控制质量。目前使用较多的沼气池（罐）施工工艺主要有现浇混凝土结构、钢结构焊接、搪瓷钢板拼接和螺旋双折边咬口结构等。

沼气池（罐）的施工是一项十分综合、复杂和细致的工作。它涉及不同的技术工程和技术装备，又受着地区的自然和社会经济条件的影响和制约。无论采用何种

施工工艺，沼气池（罐）施工过程基本需要遵循以下几个步骤：①查看地形，确定沼气池（罐）修建的位置；②拟定施工方案，绘制施工图纸；③准备建池材料；④放线；⑤挖土方；⑥支模（外模和内模）；⑦混凝土浇捣，或罐体组装、焊接等；⑧养护；⑨拆模；⑩回填土；⑪密封层施工；⑫输配气管件、灯、灶具安装；⑬试压，验收。

一、施工准备

沼气池施工建造前，做好施工准备，对于沼气池的顺利修建起着重要的作用。沼气池施工前，需要做好以下几点。

① 要对建池施工人员进行施工方法、操作要求、质量要求以及安全生产等各项工作交底，以便做到心中有数，落实各项施工前的准备工作。

② 施工前需要熟悉施工图纸，掌握各部位结构形式及尺寸，根据当地条件和技术力量进行施工组织安排，有序安排施工顺序。

③ 各种建池所需的建筑材料需根据具体条件选择，按施工顺序一次备齐或分期备料，并按分类和就近存放原则，妥善保管。

④ 施工时间和进度，一般宜选择地下水位较低的季节施工。对于严寒、冻层较深的地区，则应在冻前施工，以确保施工进度和施工质量。

⑤ 基坑开挖前，应先清理、平整施工现场，以便于准确地进行施工放线，同时做好排水措施，以免施工时地表水流入基坑，影响工程的质量。

⑥ 准备施工机具、制作专用工具和控制施工质量的检验设备。

二、施工质量控制与安全要求

为了保证建池质量，使沼气池能够顺利产气与安全运行，沼气池的建造过程需进行严格的质量控制，狠抓施工质量，以确保人身安全，建造完成后要经过专业技术人员细致的施工检查和试压验收，达到施工质量合格、不漏水、不漏气的标准，并将输气管道、压力表、开关、灯、炉具等按规格装配齐全后，才可以投料封盖使用。具体的施工质量检验以及沼气池需要达到的安全要求主要集中在土方工程、混凝土工程、模板工程、密封层工程、密封涂料工程、气密性检验等几个方面。

1. 土方工程

① 沼气池的建造必须满足地基承载力的要求，其池坑地基的土质允许承载力特征值 $f_{ak} \geqslant 120\text{kPa}$。

② 回填土必须分层夯实，其干容重值要求达到 1.8g/cm^3，偏差值不大于 0.03g/cm^3。

2. 混凝土工程

(1) 现浇混凝土施工　现浇混凝土沼气池是指沼气池在建造过程中，按照沼气池施工图放线并挖去全池土方，采用砖模、木模、钢模作为模板，先浇筑池底和下圈梁混凝土，然后浇筑池墙和池拱混凝土。从下到上，在现场用混凝土浇成的沼气池或其他类材料沼气罐的基础。现浇混凝土沼气池具有以下特点：①整体性能好，材料强度可得到充分发挥；②施工简单、质量稳定、使用寿命长，但存在模具一次性投资大，建池容积受制于模具，大小不能灵活变化，异地施工模具转运费用高等问题；③沼气池密实性较好。

但其缺点也是明显的。首先其对配制混凝土的材料要求较高，砂、石等粗细骨料均要求冲洗干净，搅拌均匀。同时要消耗大量模板，故其造价较高。但在大中型沼气工程施工中，均存在不同的混凝土现浇工程量。

(2) 混凝土的强度要求控制

① 池墙、圈梁、池盖等各部位混凝土强度的平均值不得低于C20。

② 混凝土应振捣密实，不允许有蜂窝、麻面和裂纹。

3. 模板工程

① 木模、钢模和支撑件应有足够的强度、刚度和稳定性，并拆装方便。

② 模板的缝隙以不漏浆为原则。

三、施工验收

大中型沼气工程主要是指厌氧发酵装置、附属装置、储气柜、阀门、仪表及管路等。如该工程所产沼气用于集中供气，则还包括沼气管道工程、储配站及入户网等。由于该项工程许多部分为隐蔽工程，因此在全部施工过程中，应对各单项工程的质量进行检查和验收。

为了保证沼气池质量和使用后正常产气，必须对完工的沼气池进行严格的质量检查，检查、验收合格后，方可投入使用。如果发现漏水、漏气，应立即查明部位和原因，采取相应的补修措施。

查漏验收检验方法有水试压法和气试压法两种。

(1) 水试压法　向沼气池内注水至溢流高度，稳定后观察12h，当水位无明显变化时，表明发酵池及进料管系统不漏水之后方可进行水压试验。关闭池体通向气空间的所有阀门，在池顶气空间接好测压仪表或U形压力计，对气空间做好全面的密封处理，此后继续向沼气池内注水；当压力达到最大设计压力时停止加水，记录好压力值，稳压观察24h。当压力下降在3%以内时，可确认沼气池抗渗性能符合要求。

(2) 气试压法　第一步加水试漏与水试压法相同。确定沼气池各部位不漏水之后，装上气压表，向池内充气，当气压表水柱差升至设计工作气压时停止充气，并关好开关。稳压观察24h，若气压表水柱差下降在3%以内时，可确认为沼气池符合抗渗性能要求。

检查当中如果碰有漏水、漏气者，须查明部位、原因。经修补使强度达到要求后，再经复验合格，方可投料使用。但使用前，必须将多余的水抽去。未经复验合格者，不得勉强使用。

最后，需要仔细做好回填土工程和施工现场的收尾清理工作。根据总体布局，在条件许可的情况下，力争使环境达到美化和净化的高标准要求。

第六节　沼气的净化和储存

沼气作为一种能源在使用前必须经过净化，使沼气的质量达到标准要求。沼气的净化一般包括沼气的脱水、脱硫及二氧化碳。但是通常很少将沼气中的酸性气体进行脱除。

沼气从厌氧发酵装置产出时，携带大量的水分，特别是在中温或高温发酵时，沼气具有较高的湿度。一般来说 $1m^3$ 干沼气中饱和含湿量，在30℃时为35g，而到50℃时则为111g。当沼气在管路中流动时，由于温度、压力的变化露点降低，水蒸气冷凝增加了沼气在管路中流动的阻力，而且由于水蒸气的存在，还降低了沼气的热值。而水与沼气中的硫化氢共同作用，更加速了金属管道、阀门和流量计的腐蚀或堵塞。另外，沼气中硫化氢燃烧后生成二氧化硫，它与燃烧产物中的水蒸气结合成亚硫酸，使燃烧设备的低温部位金属表面产生腐蚀，还会造成对大气环境的污染，影响人体健康。因此，需要对沼气中的冷凝水及硫化氢进行脱除。

一、沼气脱水

根据沼气用途不同，可用两种方法将沼气中的水分去除。

1. 脱水方法

① 为了满足氧化铁脱硫剂对湿度的要求，首先应进行脱水处理，通常采用重力法脱水，即常用沼气气水分离器的方法，将沼气中的部分水蒸气脱除。

② 在输送沼气管路的最低点设置集水器，将管路中的冷凝水排除。

2. 脱水装置

为了使沼气的气液两相达到工艺指标的分离要求，常在脱硫塔内安装水平及竖直滤网，当沼气以一定的压力从脱水装置上部以切线方式进入后，沼气在离心力作用下进行旋转，然后依次经过水平滤网及竖直滤网，促使沼气中的水蒸气与沼气分离，然后器内的水滴沿内壁向下流动，积存于装置底部并定期排除。沼气脱水装置见图4-17，管路上常用的冷凝水分离器，如图4-18所示。这种冷凝水分离器按排水方式，可分为自动排水［图4-18(a)］和人工手动排水［图4-18(b)］两种。

二、沼气脱硫

1. 沼气脱硫的特点

沼气脱硫有化学法和生物法，其中化学法又分湿法和干法两类脱硫方法。

(1) 干法脱硫　在脱硫塔内装填多层吸收材料，将 H_2S 吸收并脱去。有多种吸收材料，如氧化铁、活性炭等。目前较适合沼气脱硫的方法是干式法中的常温氧化铁法。它是将氧化铁屑（或粉）和木屑混合制成脱硫剂，以湿态（含水40%左右）填充于脱硫装置内。沼气流过脱硫剂的速度宜控制在0.6m/min以下，接触时间大于2min，达到脱硫目的。

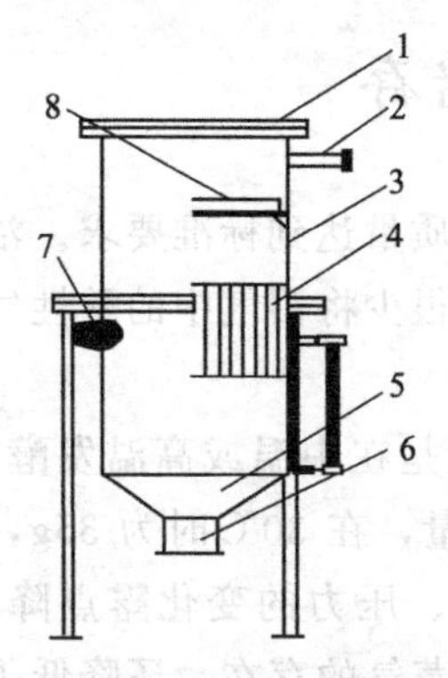

图 4-17　沼气脱水装置

1—堵板；2—出气管；3—筒体；4—竖置滤网；5—封头；6—排气管；7—进气管；8—平置滤网

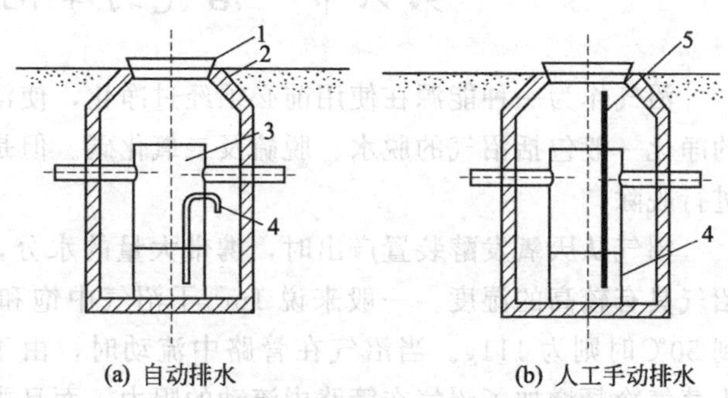

图 4-18　冷凝水分离器

1—井盖；2—集水井；3—凝水器；4—自动排水管；5—排水管

(2) 湿法脱硫　一般用液体吸收剂在脱硫塔内吸收沼气中的 H_2S。吸收液一般从塔顶向下喷淋，沼气自塔底上升，其中 H_2S 进入吸收液内。常用的吸收液有 2%～3%的碳酸钠溶液，有的沼气工程也采用稀氢氧化钠溶液，用过的废液一般应考虑再生或回用。湿法脱硫的优点是脱硫效率较高，一般在 90%以上；适当延长接触时间，还可实现接近完全脱硫，但运行管理较复杂，占地面积较干法大。

(3) 生物脱硫　利用无色硫细菌，如氧化硫硫杆菌、氧化亚铁硫杆菌等，在微氧条件下将 H_2S 氧化成单质硫。这种脱硫方法已在德国沼气脱硫中广泛使用，在国内某些工程中已有采用，与物化法相比，生物脱硫具有许多优点：不需要催化剂、不需处理化学污泥，产生很少生物污泥、耗能低、可回收单质硫、去除效率高，无臭味。这种脱硫的技术关键是如何根据 H_2S 的浓度来控制反应中供给的溶解氧浓度。

2. 干式脱硫原理

干式脱硫即氧化铁脱硫，在常温下沼气通过脱硫剂床层，沼气中的 H_2S 与活性氧化铁接触，生成三硫化二铁，然后含有硫化物的脱硫剂与空气中的氧接触，当有水存在时，铁的硫化物又转化为氧化铁和单体硫。这种脱硫再生过程可循环进行多次，直至氧化铁脱硫剂表面的大部分孔隙被硫或其他杂质覆盖而失去活性为止。脱硫反应为

$$Fe_2O_3 \cdot H_2O + 3H_2S \longrightarrow Fe_2S_3 \cdot H_2O + 3H_2O + 63kJ$$

工作一定时间后，脱硫剂的活性会逐渐下降，脱硫效果逐渐变差。一般用常规氧化铁脱硫剂时，当脱硫装置出口沼气中硫化氢含量超过 20mg/m³，未达到 30%时；脱硫剂可进行再生；当脱硫剂硫容超过 30%时，就要更新脱硫剂。

脱硫剂再生原理是使硫化铁与氧气接触（向脱硫装置内通氧气或把需再生的脱硫剂放在大气中），经反应生成单体硫和氧化铁。再生的氧化铁可继续使用。脱硫

剂再生反应式如下：

$$Fe_2S_3 \cdot H_2O + 1.5O_2 \longrightarrow Fe_2O_3 \cdot H_2O + 3S + 609kJ$$

再生后的氧化铁可继续脱除沼气中的 H_2S。上述两式均为放热反应，但是，再生反应比脱硫反应要缓慢。为了使硫化铁充分再生为氧化铁，工程上往往将上述两个过程分开进行。

由反应式可知，$1m^3$ 的 H_2S 完全反应需要消耗 $0.5m^3$ O_2，根据试验，脱硫剂吸收 O_2 的效率为 50%～70%，若按 60%的吸收率计算，脱除 $1m^3$ 的 H_2S 需要 $0.83m^3$ 的 O_2（约 $4m^3$ 的空气）。

再生反应可进行多次，直到脱硫剂微孔大部分为硫所堵塞而失活为止。

干法脱硫的优点是占地面积小，维护管理简单，但脱硫效率一般较低。目前国内已引进德国干法脱硫整套装置，其空气用于脱硫再生的投加量，可由自动控制系统自动定量投入。

3. 氧化铁脱硫剂种类及技术性能

在干法脱硫中氧化铁脱硫被广泛采用，它在常温下能够脱除沼气中的 H_2S。

（1）氧化铁脱硫剂的种类　氧化铁脱硫剂分为天然铁矿、人工氧化铁、转炉炼钢赤泥及硫铁矿灰等。其中转炉炼钢赤泥中含有 45%～70%的氧化铁，主要是 γ-$Fe_2O_3 \cdot H_2O$ 及 γ-Fe_2O_3。硫铁矿灰是硫酸厂的副产品，硫铁矿灰中的活性氧化铁除含 α-$Fe_2O_3 \cdot H_2O$ 外，还含 γ-$Fe_2O_3 \cdot H_2O$，一般在 12%左右。

沼气中因含 CO_2 较高，如果 H_2S 为 $2～3g/m^3$ 时，难以保证净化后的沼气中 H_2S 低于 $20mg/m^3$。因此，对炼钢赤泥或硫铁矿灰需经过活化处理，以提高其一次硫容及累积硫容。将活化处理后的转炉炼钢赤泥或硫铁矿灰作为原料，配以一定比例的助催化剂、碱、黏结剂及烧失剂，可制成环形、球形或条形等成型脱硫剂，成型脱硫剂的优点是活性高，床层阻力小（使用初期一般为 50～70Pa/m），操作简单，容易再生，脱硫装置小，处理气量大，适用于空速高的塔式脱硫装置。

（2）氧化铁脱硫剂的技术性能　评价氧化铁脱硫剂的性能优劣，不单纯以 Fe_2O_3 的含量多少为依据，而是根据其中氧化铁的晶型判断其活性。脱硫剂中易与 H_2S 起反应的只有 α-$Fe_2O_3 \cdot H_2O$ 及 γ-$Fe_2O_3 \cdot H_2O$ 两种形态，反应生成三硫化二铁容易再氧化为活化形式的氧化铁。根据上述分析得知脱硫剂的一次硫容（一次硫容是指一定重量的脱硫剂，首次脱除沼气中的硫化氢直至沼气出口硫化氢含量刚刚超过标准规定的浓度 $20mg/m^3$ 时，所脱除的硫重量与脱硫剂重量的比值）和饱和硫容（是指一定重量的脱硫剂，对无水沼气进行脱硫时，以适当的沼气流速，经过奈士比特管内的脱硫剂使之饱和，且每 2h 称重一次直至恒重，或重量增加甚微时的硫容），均与氧化铁的晶型多少有关。目前，虽然我国生产脱硫剂的厂家不少，但还处于较低水平，尤其对于含 CO_2 及 H_2S 较高的沼气来说，性能不够理想，不仅费工、费时，而且处理沼气所需费用也较高。因此，选用一种适合沼气脱硫且效果好的脱硫剂是非常重要的。根据用户使用情况的调查，目前，按一次硫容高低，比较好的有 TL 型、TG 型及 PM 型成型脱硫剂。其一次硫容在13%～19%之间。

此外，成型脱硫剂还应具有以下性能。

① 一定的孔隙率。因为活性氧化铁与硫化氢的反应是通过脱硫剂本身的孔隙及大小不同的孔径进行吸附的过程。一般来说，脱硫剂本身孔隙率越大，比表面积也越大，而堆密度反而越低，越有利于脱除 H_2S。

② 一定的强度，避免在装卸和运输过程中，造成粉碎。

③ 较好的耐潮湿性，即遇水不粉化、不结成块状。因为在脱硫过程中原本松散的脱硫剂床层，即便是有少量脱硫剂粉化或遇水结块，不但增加了沼气通过床层的阻力损失，而且也易使脱硫短路，而影响脱硫效果。

4. 脱硫装置的种类

脱硫塔一般是由塔体、封头、进出气管、检查孔、排污孔、支架及内部木格栅(箅子）等组成。根据处理沼气量的不同，在塔内可分为单层床或双层床。一般床层高度为 1m 左右时，取单层床；若高度大于 1.5m，则取双层床。

沼气在塔内流动的方向可分为两种。一种是沼气自下而上流动，为了防止冷凝水沉积在塔顶部而使脱硫剂受湿，通常可在顶部脱硫剂上铺一定厚度的碎硅酸铝纤维棉或其他多孔性填料，将冷凝水阻隔；另一种是气流自上而下流动，塔内产生的冷凝水都聚积在塔底部，可通过排污阀定期排除。

从减少沼气的压力损失，便于更换脱硫剂的角度考虑，可将脱硫塔设计成以下三种形式（图 4-19)。

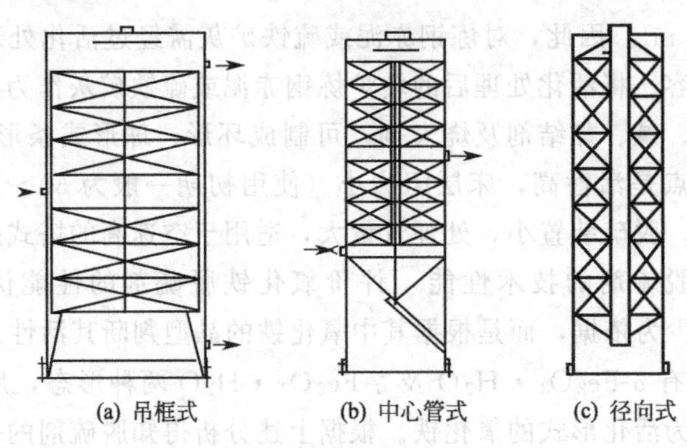

图 4-19　脱硫塔形式

(1) 两分式吊框脱硫塔　沼气可从塔体中部进入，两头排出或是相反，其目的是增大流通面、减小线速度来降低阻力。吊框可实现在塔外更换脱硫剂，这种形式适合于小气量、小直径的场合。各吊框之间的密封是设计塔结构的关键，否则将发生串气，降低脱硫剂的利用率和脱硫效率。

(2) 中心管式脱硫塔　沼气从塔的下部进入，从中部引出。当更换脱硫剂时，打开底部放料阀。一层一层卸下。中心管既是导气管又是卸料管，该塔具有减小气速、降低阻力的功能。

（3）分层式径向型脱硫塔　可装粉状脱硫剂，沼气从塔底进入内筒，沿径向穿过脱硫剂床层，然后顺着外筒与塔壁的环隙，从下部引出。其特点是流通截面大、压降低，气体是变速通过床层。更换脱硫剂时，可用专门的抽真空卸料装置，也可抽动内筒从塔底将脱硫剂卸下。径向结构一般适合于直径大于3m的场合。内筒、外筒的布孔及防止分层短路，是该脱硫塔设计的关键。

三、沼气储存

由于大中型厌氧消化装置本身工作状态的波动及进料量和浓度的变化，厌氧消化装置产生的沼气量也一直处于变化状态。并且沼气的产生基本上是连续的，而沼气的使用通常是间歇的。因此，要保证各用气点正常供气，应在系统中设置沼气储存设备，将发酵罐内产生的沼气由浮罩储气柜或专用气袋储存起来。

大中型沼气工程一般采用低压湿式储气柜、干式储气柜、橡胶储气袋储存沼气。浮罩式储气柜由水封池和气罩两部分组成，当沼气压力大于气罩重量时，气罩便沿水池内壁的导向轨道上升，直至平衡为止；当用气时，罩内气压下降，气罩随之下沉，浮罩材料多由钢材制成，性能要求较高，浮罩储气量大，气压稳定，能满足电子打火沼气灶、沼气热水器等用气的压力要求。干式储气柜又分为高压干式储气和低压干式储气。高压干式储气可以减少储气柜的体积，储气压力可根据工程需要选定。低压干式储气多采用柔性材料，配以稳压输送装置，保证用气压力稳定。

沼气用于民用时，储气柜容积按产气量的50%～60%计算；民用、发电或烧锅炉各一半时，按产气量的40%计算；工业用时根据用气曲线确定。

四、输气系统的设计

沼气的输配系统是从沼气站至用户前所有沼气输配管路与设备的总称，对于大中型沼气工程来说，主要有中低压力管道，居民小区调压器、管路附件等。输气管道中的投资占沼气的输配系统中总投资的60%，因此，管道的设计和管材的选择对安全供气和降低沼气工程造价是非常重要的。

第七节　沼气的输配

一、输气管道的设计

输气管道在沼气工程建设中占有相当重要的地位，它在输配系统总投资中约占60%。因此输气管材选择与设计的合理性对安全供气和降低工程造价有很大的意义。

（一）常用管材

1. 钢管

钢管是燃气输配工程中使用的主要管材，它具有强度大、严密性好、焊接技术成熟等优点，但它耐腐蚀性差，需进行防腐处理。钢管按制造方法分为无缝钢管及焊接钢管。在沼气输配中，常用直缝卷焊钢管，其中用得最多的是水煤气输送钢管。钢管按表面处理不同分为镀锌（白铁管）和不镀锌（黑钢管）；按壁厚不同分为普通钢管、加厚钢管及薄壁钢管三种。

小口径无缝钢管以镀锌管为主，通常用于室内，若用于室外埋地敷设时，也必须进行防腐处理。大于 ϕ150mm 的无缝钢管为不镀锌的黑钢管。沼气管道输送压力不高，采用一般无缝管或由碳素钢制造的水煤气输送钢管即可。

2. 塑料管

沼气输送过程中采用的塑料管主要为聚乙烯管，我国南方地区普遍采用聚丙烯管。聚乙烯管主要有以下几个优点：①密度小、质量轻，塑料管的密度是钢管的1/4，可以套装、便于运输、安装方便，施工费用与传统管相比，可降低 30%～50%；②耐腐蚀，塑料管道不需做任何防腐处理，管道维护方便；③使用寿命长，铸铁管的使用寿命为 30 年，而塑料管的使用寿命可达 50 年；④具有优良的挠曲性，抗震性能强，在紧急事故时可夹扁抢修，施工遇有障碍时可灵活调整；⑤管材内壁光滑，抗磨性能好，沿程阻力小，避免了燃气中杂质的沉积，提高了管道的输送能力。

聚乙烯管虽然有许多优点，但采用时还应注意以下几点。①塑料管在氧或紫外线的作用下易老化。在热加工时会产生热老化、热分解。因此，塑料管不应架空铺设。②塑料管对温度变化极为敏感，温度升高时塑料弹性增加，刚性下降，制品尺寸发生偏差，而温度过低时材料变硬、变脆，而且易开裂。③塑料管比金属管机械强度低，一般只用于低压输气管网。高密度聚乙烯管的最高使用压力为 400kPa。④聚乙烯管、聚丙烯管是非极性材料，易带静电；埋地管线查找困难，用在地上做标记的方法又不方便。⑤如果燃气中冷凝液较多，由于塑料管刚度差，如管基下沉，易造成管线变形和局部堵塞。⑥聚丙烯管比聚乙烯管表面硬度高，耐磨性能较差，热稳定性差。它的脆化点在－10～72℃，比聚乙烯（－70℃）高。因此，聚丙烯管的脆性较大。又因为聚丙烯极易燃烧，故不宜用于寒冷地区，也不宜安装在室内。

表 4-9 列出了几种塑料管在常温下的主要力学性能。

表 4-9　塑料管在常温下的力学性能

性　能	硬聚氯乙烯	聚乙烯	聚丙烯
密度/(g/cm³)	1.4～1.45	0.95	0.9～0.91
抗拉强度/MPa	50～56	10	29.4～38.2
抗弯强度/MPa	85	20～60	41～55
抗压强度/MPa	65	50	38～55
断裂延伸率/%	40～80	200	200～700
拉伸弹性模量/MPa	0.23～0.27	0.013	0.14
冲击(缺口)强度/(J/cm²)	0.9～43	低密度不变	2.6～11.7
热膨胀系数/℃$^{-1}$	7×10^{-5}	18×10^{-5}	10×10^{-5}
软化点/℃	75～80	60	120
焊接温度/℃	170～180	120～130	240～280
燃烧性	自行灭火	缓燃	极易燃烧

（二）管道的连接

1. 钢管的连接

通常，钢管连接形式有：焊接、法兰和螺纹连接。

埋地沼气管道不仅承受管内沼气压力，同时还要承受地下土层及地上行驶车辆的荷载，因此，接口的焊接应按受压容器要求施工，工程中以手工焊为主，并采用各种检测手段鉴定焊接接口的可靠性。有关钢管焊接前的选配、管子组装、管道焊接工艺、焊缝的质量要求等应遵循相应规范。

大中型沼气工程中的设备与管道、室外沼气管道与阀门、凝水器之间的连接，常以法兰连接为主。为了保证法兰连接的气密性，应使用平焊钢法兰，密封面垂直于管道中心线，密封面间加石棉或橡胶垫片，然后用螺栓紧固。室内管道多采用三通、弯头、变径接头及活接头等螺纹连接管件进行安装。为了防止漏气，用管螺纹连接时，接头处必须缠绕适量的填料，通常采用聚四氟乙烯胶带。

2. 塑料管的连接

塑料管的连接，按接口性质可分为固接式和可卸式两大类。前者一般用于永久性的管路，如焊接、熔接和粘接等；后者常用于临时性或经常需要拆装的管路，如法兰、丝扣和各种机械接口。

（1）聚氯乙烯管的连接　由于聚氯乙烯焊接所能达到的焊缝强度只有母材的60%左右，故不宜在地下管中使用。用胶黏剂连接操作简单容易，不需要专用设备，接口强度高于母材，只要承口和插口的公差配合得当，接口气密性容易保证。

聚氯乙烯同种或异种材料的粘接，都是通过大分子在接触面间相互扩散，分子相互纠缠而形成粘接层。为了使高分子能互相扩散，胶黏剂所用的溶剂与塑料的互溶性对粘接有密切的关系，溶解度参数的差值越小溶解性越好，根据这些原理可制成不同用途的聚氯乙烯粘接剂。

使用过氯乙烯胶黏剂也很有效，其主要溶剂为三氯乙烷、二氯甲烷等。它与聚氯乙烯有很好的互溶性，但与金属等粘接力不大。

聚氯乙烯管路黏合之前，应先将其表面打毛，以使其增大粘接面积，并对胶黏剂产生铆固作用，从而增加塑料粘接表面的粘接力。打毛后用丙酮擦除油污，胶接后的接头最好存放一段时间，使粘接剂中的溶剂渗入到塑料内部。为得到最高黏合强度，还要注意上胶时胶黏剂是否全部润湿被粘物的两个表面，黏合面中不应有空气泡，以免形成应力集中并降低接头强度。此外，被粘接处在粘接后适当加压也能提高粘接强度。

（2）聚丙烯管的连接　聚丙烯受热易老化，熔点范围窄，冷却时结晶收缩较大，易产生内应力，结晶熔化时，熔体黏度很小。因此焊接条件比聚氯乙烯更苛刻。目前采用较多的是手工热风对焊接，一般热风温度控制在240～280℃。

聚丙烯的粘接目前最有效的方法是将塑料表面进行处理，改变表面极性，然后用聚氨酯或环氧胶黏剂进行黏合。另一种办法是采用与聚丙烯接近的材料作溶胶，在加热情况下使其熔化。焊接聚丙烯的常用热溶胶有 EVA（乙烯-醋酸乙烯共聚物）和 EE（乙烯-丙烯酸乙酯共聚物）两种体系。每一种体系中又有很多型号，性能也不一样，应根据需要来选用。

(3) 聚乙烯管的连接　聚乙烯管采用热熔连接，不同树脂的聚乙烯管有其一定的热熔温度。常用的热熔连接有以下 3 种。

① 热熔对接　两根对接管的端面在加工前应检查是否与管子线垂直，对接时将其两端面与热板接触至熔化温度，然后将两个管口压紧，在预定的时间内用机械施加一定压力，并使接口冷却。现有成套专用设备进行热熔对接，施工方便、质量稳定。

② 承插热熔连接　将插口外表面和承口内表面同时加热至材料的熔化温度，与熔口形成明显 1mm 熔融圈时，将熔化管端插入承口，固定直至接口冷却。管径大于 50mm 的接头连接，使用机械加压，以保证接口质量。

③ 侧壁热熔连接　将管道外表面和马鞍形管件的对应表面同时加热至熔化温度，将两熔口接触连接，在预定时间内加压冷却，然后通过马鞍形管件内的钻头在连接管材处打孔，形成分支连接。

聚乙烯与金属有良好的融合性，聚乙烯管与金属管也能采用热熔连接。

(三) 输气管材的选择

首先应该满足必要的技术要求：①能承受沼气工作压力；②管壁要均匀一致；③管材内壁光滑，耐腐蚀、耐老化；④管材与管材、管材与管件连接方便。

另外，在选择输气管时，还要综合考虑经济因素。在经济条件较好的地区，可选择硬塑料（PVC）管材。选择时应考虑下列因素：管材、管件价格；安装是否方便、美观；使用年限；维修更换是否方便。

(四) 管路的设计

沼气管路的设计任务是根据计算流量及规定的压力降来计算管径，进而确定管路的金属或塑料管的数量和投资。

1. 管路的计算流量

沼气计算流量的大小，直接关系到小区沼气管网的经济性和供气的可靠性。一般应按用户所有沼气用具的额定耗气量和同时工作系数确定。计算公式如下：

$$Q=K\sum nq \tag{4-10}$$

式中 Q——沼气计算流量，m^3/h；

K——沼气用具同时工作系数；

$\sum nq$——全部用具的额定耗气量，m^3/h；

n——同一类型的用具数；

q——某种用具的额定耗气量，m^3/h。

同时工作系数 K 反映沼气用具同时使用的程度，它与用户的生活规律、沼气用具的类型和数量、用具的热流量、沼气的热值、燃烧器的热效率以及地区的气候条件等因素有关。一般来说，用户越多，用具的同时工作系数越小。表 4-10 中所列的同时工作系数是每一用户装有一台双眼灶的情况，从表中数据可看出，居民小区用户越多，灶具的同时工作系数越低。

表 4-10 居民生活用燃气双眼灶同时工作系数 K

相同燃具数 n	同时工作系数 K	相同燃具数 n	同时工作系数 K	相同燃具数 n	同时工作系数 K
1	1.00	15	0.56	90	0.36
2	1.00	20	0.54	100	0.35
3	1.00	25	0.48	200	0.345
4	1.00	30	0.45	300	0.34
5	0.85	40	0.43	400	0.31
6	0.75	50	0.40	500	0.30
7	0.68	60	0.39	700	0.29
8	0.64	70	0.38	1000	0.28
9	0.60	80	0.37	2000	0.26
10	0.58				

2. 管径的计算

在进行计算管径时，为了简化计算，通常采用经验公式：

$$Q=0.316K\sqrt{d^5\Delta p/SLK_1} \tag{4-11}$$

式中 Q——沼气计算流量，m^3/h；

d——管道内径，cm；

Δp——压力降，Pa；

S——空气为 $1kg/m^3$ 时的沼气密度，kg/m^3；

L——管道计算长度，m；

K——依管径而异，不同管径的 K 值列于表 4-11；

K_1——管段局部阻力，$K_1=1.1$。

表 4-11 不同管径的 K 值

d/mm	15	19	25	32	38	50	75	100	125	>150
K	0.46	0.47	0.48	0.49	0.50	0.52	0.57	0.62	0.67	0.707

二、室内管道的安装

1. 用户沼气管道布置

用户沼气管包括引入管和室内管。引入管是指从室外管网引入专供一幢楼房或一个用户而敷设的管道。

用户引入管的类型，各地根据各自具体情况，做法不完全相同，按管材种类可分为镀锌管道和无缝钢管。镀锌钢管的引入见图 4-20 及图 4-21，无缝钢管见图 4-22。

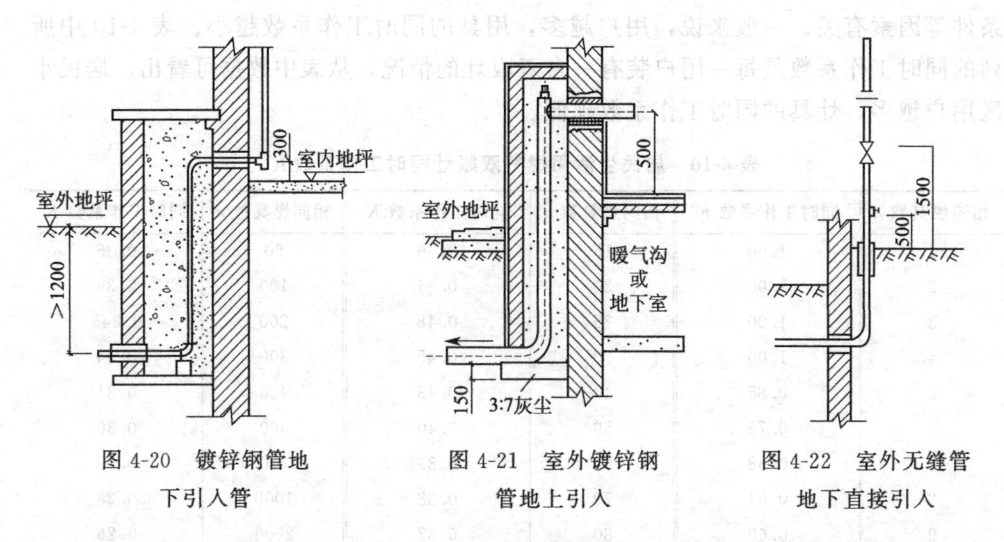

图 4-20　镀锌钢管地下引入管　　图 4-21　室外镀锌钢管地上引入　　图 4-22　室外无缝管地下直接引入

钢管按引入方式可分为地下引入和地上引入。在采暖地区输送湿燃气的引入管一般由地下引入室内，当采取防冻措施时，也可由地上引入。在非采暖地区输送干燃气时，且管径不大于 75mm 的，则可由地上直接引入室内。

按室外明管的长短来分，有长立管（图 4-23）和短立管（图 4-24）。

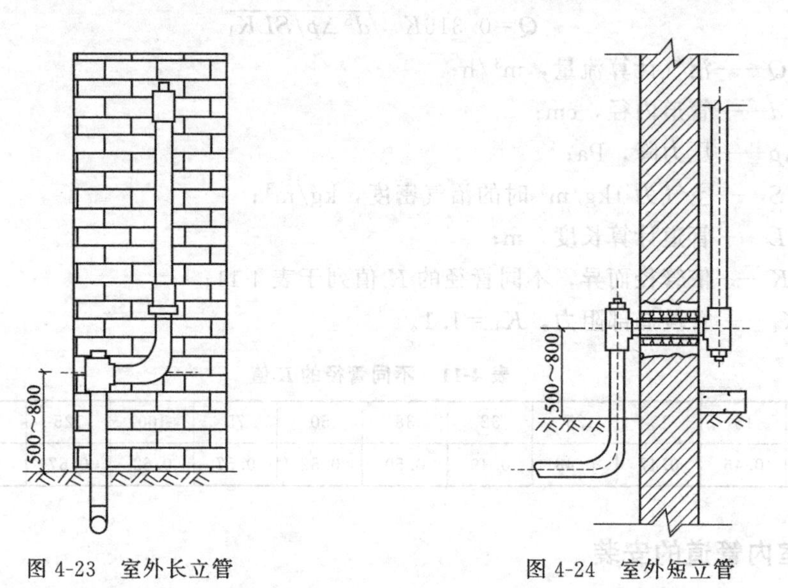

图 4-23　室外长立管　　图 4-24　室外短立管

用户引入管与庭院燃气管的连接方法与使用的管材不同。当庭院燃气及引入管为钢管时，一般应为焊接或丝接；当庭院燃气管道为铸铁管，引入管为镀锌管或铸铁管时，应为丝扣连接或承插连接。

对用户引入管的一般规定如下。

① 用户引入管不得敷设在卧室、卫生间或有易燃易爆品的仓库、配电间、变电室、烟道、垃圾道和水池等地方。

② 引入管的最小公称直径应不小于 20mm。

③ 北方地区阀门一般设置在厨房或楼梯间，对重要用户尚应在室外另设置阀门。阀门应选用气密性好的旋塞。

④ 用户引入管穿过建筑物基础、隔墙或暖气沟时，应设置在套管内，套管内的管段不应有接头，套管与引入管之间用沥青油麻填塞，并用热沥青封口。一般情况下，套管公称直径应比引入管的公称直径大两号。

⑤ 室外地上引入管顶端应设置丝堵，地下引入管在室内地面上应设置清扫口，便于通堵。

⑥ 输送湿燃气引入管的埋深应在当地冰冻线以下，当保证不了这一埋深时，应采取保温措施。

⑦ 在采暖地区，输送湿燃气或杂质较多的燃气，对室外地上引入管部分，为防止冬季冻堵，应砌筑保温台，内部做保温处理。

⑧ 引入管应有不小于 2‰的坡度，并应坡向庭院管道。

⑨ 当引入管的管材为镀锌钢管埋设或无缝钢管埋设时，必须采取防腐措施。

⑩ 当引入管的管材为铸铁管承插连接时，应优先考虑使用青铅油麻填料。

⑪ 引入管铸铁管的承插连接、镀锌管的丝扣连接、无缝钢管的焊接及煨弯均应符合管道连接的有关质量标准。

⑫ 用户引入管无论使用何种管材、管件，使用前均应认真检查质量，并应彻底清除管内填塞物。

引入管接入室内后，立管从楼下直通上面各层，每层分出水平支管，经沼气计量表再接至沼气灶，从沼气流量计向两侧的水平支管，均应有不小于 2‰的坡度坡向立管。

公称直径大于 25mm 的横向支管不能贴墙敷设时，应设置在特制角铁支架上，支架间距参照表 4-12 的规定。

表 4-12　不同管径采用的支架间距

管径/mm		15	20	25	32	40	50	75	100
间距/m	横向	2.5	2.5	3.0	3.5	4.0	4.5	5.5	6.5
	竖向	按横向间距适当放大							

2. 室内管道的正确安装

① 室内沼气管道一律采用明管安装，不得埋在室内地下或露在地面上。

② 室内水平管可沿墙壁架设，在厨房内的高度不低于 1.7m，其坡度不小于 0.005，并由压力表处分别坡向立管和灶具。

③ 立管末端可用三通及凝水器来排除积水。

④ 为防止横向管道产生过大挠度，应使用钩钉管托等固定管件，钩钉间距为 0.5～0.8m，立管为 1m。

⑤ 沼气管道与烟囱的距离应保持 50cm 以上，与照明电线的平行距离 10cm，

距明装动力线30cm；而与照明电线的交叉距离为3cm，与明装动力线的交叉距离为10cm。

⑥ 开关用旋塞应装在压力表的前面，用气时可用开关调节压力大小。

⑦ 沼气吊灯距屋顶距离不应小于1m，同时不要靠近蚊帐，以免着火。

⑧ 确定灶具位置时，要注意周围的材料能够耐热，附近无易燃物品，灶具应放在通风良好的地点，但又应该避风，以免火焰被风吹灭，否则应加防风装置。

⑨ 灶具的位置应尽量使户内管道走向合理，距离最短，且便于操作。

三、室外沼气管道的布置

沼气输配管网系统确定后，需要具体布置沼气管线。沼气管线应能安全可靠地供给各类用户、保证压力正常，在布线时首先应满足使用上的要求，同时要尽量缩短线路，以节省材料和投资。

乡镇沼气管线的布置应根据全面规划，远近结合，以近期为主、分期建设的原则。在布置沼气管线时，应考虑沼气管道的压力状况，街道下各种管道的性质及其布置情况，街道交通量及路面结构情况，街道地形变化及障碍物情况、土壤性质及冰冻线深度，以及与管道相连接的用户情况。布置沼气管线时具体注意如下事项。

① 沼气干管的位置应靠近大型用户，为保证沼气供应的可靠性，主要干线连成环状。

② 沼气管道一般情况下为地下直埋敷设，在不影响交通情况下也可架空敷设。

③ 沼气埋地管道敷设时，应尽量避开主要交通干道，避免与铁路、河流交叉。如必须穿越河流时，可敷设在已建道路桥梁上或敷设在管桥上。

④ 管线应少占良田好地，尽量靠近公路敷设，并避开未来的建筑物。

⑤ 当沼气管道不得不穿越铁路或主要管路干道时，应敷设在套管或地沟内。

⑥ 当沼气管道必须穿过污水管、上下水管时，沼气管必须置于套管内。

⑦ 沼气管道不得敷设在建筑物下面，不准在高压电线走廊，动力和照明电缆沟道和易燃、易爆材料及腐蚀性液体堆放场所处敷设。

⑧ 地下沼气管道的地基宜为原土层，凡可能引起管道不均匀沉降的地段，对其地基应进行处理。

⑨ 沼气埋地管道与建筑物基础或相邻管道之间的最小水平净距见表4-13。

⑩ 沼气埋地管与其他地下构筑物相交时，其垂直净距离见表4-14。

表4-13 沼气管与其他管道的水平净距离 单位：m

建筑物基础	热力管、给水管、排水管	电力电缆	通信电缆		铁路钢轨	电杆基础		通信照明电缆	树林中心
			直埋	在导管内		≤35kV	≥35kV		
0.7	1.0	1.0	1.0	1.0	5.0	1.0	5.0	1.0	1.2

注：当采用塑料管时，距热力管为2m。

表 4-14　沼气管与其他管道的垂直净距离　　单位：m

给水、排水管	热力沟底或顶	电缆		铁路轨底
		直埋	在导管内	
0.15	0.15	0.5	0.15	1.2

注：当采用塑料管时应置于钢套管内，垂直距离为 0.5m。

⑪ 沼气管道应埋设在冻土层以下，且当埋在车行道下，其管顶覆土厚度不得小于 0.8m；埋在非车行道下不得小于 0.6m。

⑫ 沼气管道坡度小于 0.003。在管道的最低处设置凝水器。一般每隔 200～300m 设置一个。沼气支管坡向干管，小口径管坡向大口径管。

⑬ 架空敷设的钢管穿越主要干道时，其高度不应低于 4.6m。当用支架架空时，管底至人行道路路面的垂直净距，一般不小于 2.2m。有条件地区也可沿建筑物外墙或立柱敷设。

⑭ 埋地钢管应根据土壤腐蚀的性质，采取相应的防腐措施。

第八节　大中型沼气工程实例

大中型规模化畜禽养殖场建设以沼气为纽带的能源环境工程。它是以畜禽粪便污水资源化，并进行综合利用为内容，实行固液分离，以厌氧发酵为主要环节，并与好氧处理相结合，将能源（沼气）生产、高效有机肥料生产和养殖业污染物处理有机结合在一起的一种工程模式。其结构形式见图 4-25，生态系统的能流与物流动态平衡转化系统见图 4-26。

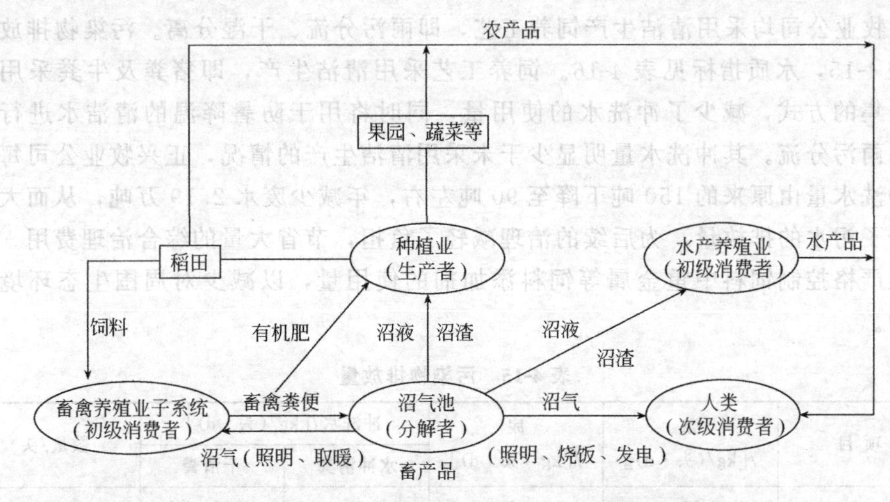

图 4-25　以沼气为纽带的物质资源多级利用模式结构图

多数养殖场在建设沼气工程中，已从单纯追求其能源效益转向了资源的综合利用，把沼气工程的综合利用与环境保护，生态农业生产，多业结合，形成了农业循

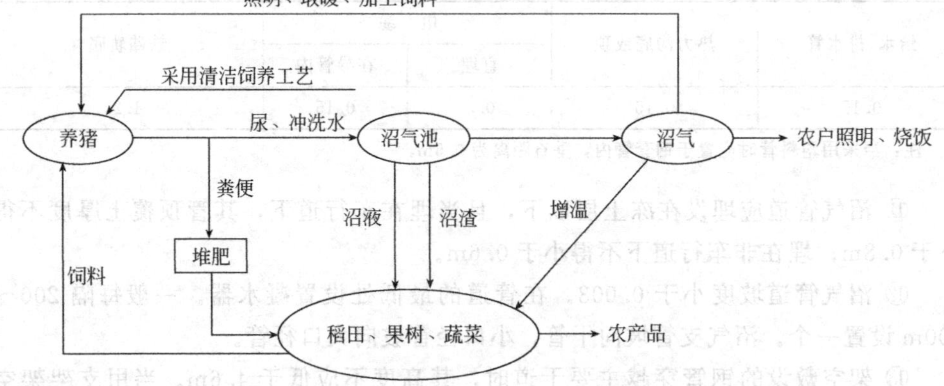

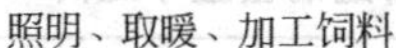

图 4-26　生态系统的能流与物流动态平衡转化系统

环经济发展的生态模式，下面仅以杭州正兴牧业有限公司沼气工程为例介绍中国特色的沼气工程的应用情况。

1. 地理位置

杭州正兴牧业公司位于全国生态示范市——临安市西南部的板桥乡，三面环山，有着良好的自然环境和生态环境。正兴牧业公司是一家以畜牧业为主的生产企业，生产过程中产生大量有机废弃物，而公司又处于国家级森林公园青山水库水源保护区上游，地理位置十分敏感。

2. 饲养规模

杭州正兴牧业公司目前饲养奶牛 1000 头，生猪存栏 5000 头。

3. 污染物排放量及水质

牧业公司均采用清洁生产饲养工艺，即雨污分流、干湿分离。污染物排放量见表 4-15，水质指标见表 4-16。饲养工艺采用清洁生产，即猪粪及牛粪采用人工收集的方式，减少了冲洗水的使用量，同时将用于防暑降温的清洁水进行回用，雨污分流。其冲洗水量明显少于未采用清洁生产的情况，正兴牧业公司每天的冲洗水量由原来的 150 吨下降至 90 吨左右，年减少废水 2.19 万吨，从而大大减少了污水的排放量，为后续的治理减轻了负担，节省大量的综合治理费用。同时还严格控制饲料中重金属等饲料添加剂的使用量，以减少对周围生态环境的影响。

表 4-15　污染物排放量

项 目	粪/[kg/(头·d)]	尿/[kg/(头·d)]	冲洗水/[kg/(头·d)]		数量/头
			水冲清粪	干清粪	
奶牛	20	25	80	50	1000
猪	2	3.5	15	8	5000
合计/(t/d)	30	42.5	155	90	

表 4-16 废水水质

水质指标	pH	COD_{cr}/(mg/L)	BOD_5/(mg/L)	SS/(mg/L)
	6.8	5650	2795	3090

正兴沼气工程设计处理水量为150t/d，厌氧发酵罐单体容积150 m^3，共计2座，总容积为600m^3，日产沼气160m^3，采用湿式储气方式。沼气工程配套设备有：气水分离器1台、脱硫塔2台、沼气凝水器4台、阻火器1台、沼气流量计2台、锅炉1台，还配有自控、电气、消防等设施。

4. 废水处理工艺流程

废水处理工艺采用"废水厌氧消化生产沼气"和"厌氧发酵出水综合利用"的处理方法，以达到开发能源、治理污染、净化环境、综合利用的绿色生态环境治理工程的目的。具体流程图、沼气工程厌氧发酵罐、沼气工程全景分别见图4-27～图4-29。

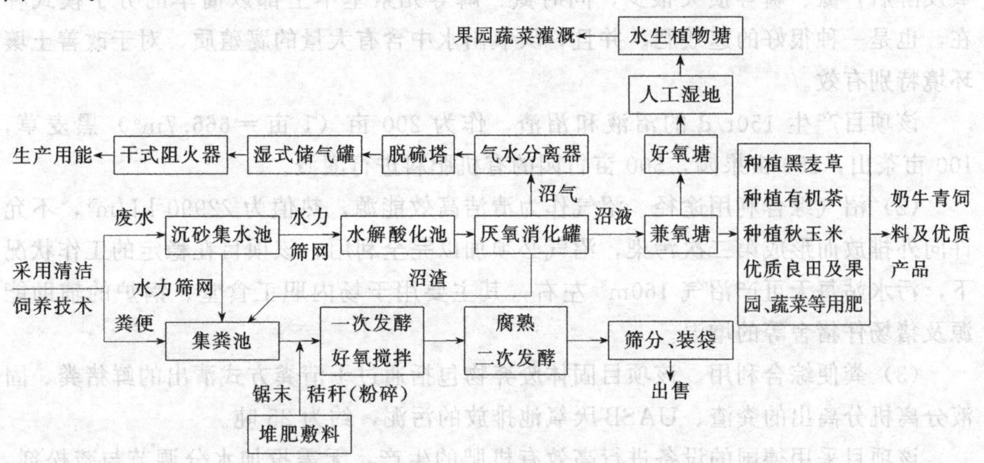

图 4-27 正兴牧业厌氧发酵综合利用系统工艺流程图

图 4-28 临安正兴牧业沼气工程厌氧发酵罐

图 4-29 临安正兴牧业沼气工程全景

厌氧消化罐采用的是UASB发酵工艺，后续处理采用的是稳定塘、厌氧塘、人工湿地等组合工艺，厌氧发酵罐设计指标见表4-17。

表 4-17　厌氧发酵罐设计指标

项目内容	指标	项目内容	指标
处理水量/(t/d)	150	COD_{cr}去除率/%	90
进水温度/℃	常温	BOD_5 去除率/%	90
装置容积/m^3	600	装置产气率/[m^3/(m^3·d)]	0.267
水力滞留时间/h	96	沼气日产量/m^3	160

5. 综合利用工程

(1) 沼液、沼渣综合利用途径　畜牧场的废水经过厌氧发酵后，可杀灭大量的病菌，特别对于大肠杆菌有很强的灭菌能力，厌氧出水作为有机肥使用，作物的病虫害发病率大大下降，可减少农药的使用量。随着农药使用量的减少，不仅可减少农业的生产成本，同时对于环境也能起到一个很好的保护作用。畜牧废水在经过厌氧发酵后，氮、磷等损失很少，同时氮、磷等元素基本上都以简单的分子模式存在，也是一种很好的速效肥。并且，厌氧出水中含有大量的腐殖质，对于改善土壤环境特别有效。

该项目产生 150t/d 的沼液和沼渣，作为 200 亩（1 亩＝666.7m^2）黑麦草，100 亩茶山，150 亩果园，500 亩竹园的有机肥料进行灌溉。

(2) 沼气综合利用途径　沼气作为清洁高效能源，热值为 22990 kJ/m^3，不允许向外排放而形成第二次污染，沼气必须加以完全利用，该项目在稳定的工作状况下，污水站每天可产沼气 160m^3 左右，其主要用于场内职工食堂、锅炉的辅助能源及猪场仔猪舍等的增温。

(3) 粪便综合利用　该项目固体废弃物包括通过干清粪方式清出的鲜猪粪、固液分离机分离出的粪渣、UASB 厌氧池排放的污泥，约为 25 吨。

该项目采用德国的设备进行高效有机肥的生产，无需投加水分调节与疏松剂，而直接进行堆肥发酵。每年可生产高效有机肥 2500 吨左右。

6. 效益分析

(1) 环境效益分析　经该工艺处理后，取得了较好的环境效益，其污染物削减量具体见表 4-18。

表 4-18　环境效益分析

污染物	指标	污染物	指标
COD 削减量/(t/a)	278	NH_3-N 削减量/(t/a)	52.6
BOD 削减量/(t/a)	140	凯氏氮削减量/(t/a)	61
SS 削减量/(t/a)	153	总磷削减量/(t/a)	2.97

(2) 社会效益分析　生态牧业工程有着很好的社会效益，随着生态牧业工程的实施，不仅改善了畜牧场周围的环境，同时也给附近的种植农户带来了良好的经济效益。正兴牧业生产沼气供职工食堂炊事和烧锅炉，沼液和沼渣用作种植 200 亩黑

麦草，100 亩茶山，150 亩果园，500 亩竹园的有机肥料。临安正兴牧业公司是一个以畜牧业为主的龙头企业，生态牧业工程的实施，可以起到一个龙头企业的示范作用，带动一批畜禽专业户的发展，从而使畜牧业成为引导农民致富，振兴和发展农村经济的一大产业支柱。

(3) 经济效益分析　从工程投资及收益的情况可以看出，废水治理工程如纯粹从沼气收益与从优质青饲料收益进行计算或比较，工程的投资收益很差，但如加上有机肥料的收益，废水治理工程的经济效益还是可观的。在经济收入中，废水治理工程的收益——收入与支出相抵为－21.6893 万元，不但没有经济收入，每年还需要支出费用，但有机肥料的收益——收入与支出相抵为 65.7354 万元，整个生态工程总收益为 44.046 万元，整个工程回收年限为 6.58 年，按 7 年可收回整个生态工程的投资。其中 247800 元为青饲料的收入，不纳入工程总收益中，按可比价格计算，生态牧业工程的实施可为附近农民直接增加经济收入为 123900 元，即每亩可增收 855 元，从此可以看出，随着生态工程的实施，不仅可以给公司带来经济效益，还可给附近农民增收带来希望。

第五章 燃料乙醇技术

第一节 燃料乙醇技术的发展概况

一、燃料乙醇的定义和性质

1. 燃料乙醇的定义

乙醇（ethanol）又称酒精，是由C、H、O三种元素组成的有机化合物。中华人民共和国国家标准《变性燃料乙醇》（GB 18350—2001）和《车用乙醇汽油》（GB 18351—2001）规定，燃料乙醇（fuel ethanol）是未加变性剂的、可作为燃料用的无水乙醇。变性燃料乙醇（denatured fuel ethanol）是加入变性剂后不适于饮用的燃料乙醇。变性剂（denaturant）是添加到燃料乙醇中使其不能饮用，而适于作为车用点燃式内燃机燃料的无铅汽油（应符合GB 17930—1999《车用无铅汽油》的要求）。变性剂在燃料乙醇中的体积分数为1.96%～4.79%。车用乙醇汽油是变性燃料乙醇和汽油以一定比例混配形成的一种汽车燃料。标准规定10%乙醇汽油含水量不能超过0.15%；在20℃时密度为0.7893～0.7918g/cm^3；加入燃料乙醇的变性剂，不得加入含氧化合物。表5-1为我国变性燃料乙醇国家标准（GB 18350—2001）。

表5-1 我国变性燃料乙醇国家标准

项 目	指 标	项 目	指 标
外观	清澈透明，无肉眼可见悬浮物和沉淀物	水分(体积分数)/%	≤0.8
		无机氯(以 Cl^- 计)/(mg/L)	≤32
乙醇(体积分数)/%	≥92.1	酸度(以乙酸计)/(mg/L)	≤55
甲醇(体积分数)/%	≤0.5	铜/(mg/L)	≤0.08
实际胶质/(mg/100mL)	≤5.0	pH值	6.5～9.0

注：引自GB 18350—2001《变性燃料乙醇》国家标准。

巴西国家标准规定，燃料乙醇的pH值为6～8，基本呈中性，腐蚀性很小。20%乙醇汽油含水量不能超过1%。美国规定10%乙醇汽油水含量不能超过0.4%。

2. 乙醇的燃料性质

乙醇分子由烃基（$—C_2H_5$）和官能团羟基（—OH）两部分构成，分子式为C_2H_5OH，相对分子质量为46.07，常温常压下，是无色透明的液体，具有特殊的芳香味和刺激性，吸湿性很强，易挥发、易燃烧，可与水以任何比例混合并产生热量。表 5-2 是乙醇的主要物理性质。

表 5-2　乙醇的主要物理性质

项　目	数值	项　目	数值
冰点/K(℃)	159(−114.1)	混合气热值/(kJ/m³)	3.66
常压下沸点/K(℃)	315.42(78.32)	爆炸极限(空气中)/%	
临界温度/K(℃)	541.2(243.1)	下限	4.3
临界压力/kPa	6383.48	上限	19.0
临界体积/(L/mol)	0.167	自燃点/K(℃)	1066(793)
临界压缩因子	0.248	闪点/K(℃)	
密度 d_4^{20}/(g/ml)	0.7893	开杯法	294.2(21.1)
折射率 n_L^{20}	1.36143	闭皿法	287.1(14.0)
表面张力(25℃)/(mN/m)	231	热导率(20℃)/[W/(m·K)]	0.170
黏度(20℃)/(mPa/s)	17	磁化率(20℃)	7.34×10^{-7}
水中溶解度(20℃)	可互溶	饱和蒸气压力(38℃)/kPa	17.33
熔化热/(J/g)	104.6	十六烷值	8
汽化热(在沸点下)/(J/g)	839.31	辛烷值(RON)	111
燃烧热(25℃)/(J/g)	29676.69	理论空燃比(质量)	8.98
比热容(20℃)/[J/(g·K)]	2.72		

注：引自姜成林，徐丽华．微生物资源开发利用．北京：中国轻工业出版社，2001；何学良，詹永厚，李疏松．内燃机燃料．北京：中国石化出版社，1999。

乙醇蒸气与空气混合可以形成爆炸性气体，爆炸极限为 4.3%～19.0%（体积分数）。所以，乙醇可作为内燃机燃料，既可作为汽油机的代用燃料，也可作为柴油机的代用燃料，目前主要作为汽油机的代用燃料，可以部分或全部替代汽油用于汽车发动机。燃料乙醇的使用有两种方法，其一是以乙醇为汽油的"含氧添加剂"（oxygenate additive）。这是美国使用燃料乙醇的基本方法，这种无铅汽油约含 10%（体积分数）的无水乙醇。另一种使用方法是用无水乙醇部分或完全代替汽油作为内燃机燃料，这是 20 世纪 70 年代起巴西采用的方法，当乙醇与无铅汽油的混配比在 25%以内时，不必对汽油发动机作大的改装，基本可以保持原有动力性。混配比超过 25%时，需要调整汽油发动机的压缩比、改装燃料供给系统、调整点火时间等改装，以保证发动机的功率和性能。由于乙醇的辛烷值（RON）较高，可以替代四乙基铅作汽油的防爆剂，从而大大减少汽油燃烧时对环境的污染。更重要的是，用生物质原料生产的乙醇是太阳能的一种表现形式，在自然系统中，可形成无污染的闭路循环，可再生、燃烧后的产物对环境没有危害，是一种新型绿色环保型燃料，因此越来越受到重视。

二、燃料乙醇技术发展现状

1. 美国燃料乙醇技术发展现状

美国是世界上开发利用燃料乙醇较早的国家之一，燃料乙醇生产有近百年的历史，1908年，美国人Henry Ford设计并制造了世界上第一台使用燃料乙醇的汽车。1930年，美国内布拉斯加州首次使用燃料乙醇与汽油混合燃料，1978年含10%（体积分数）燃料乙醇的混合汽油（E10）在该州大规模使用。1979年，美国国会为了减少对进口石油的依赖，从寻找替代能源入手，制定并实施了燃料乙醇计划，开始大规模推广使用E10。日益严峻的世界石油短缺和环境问题是美国燃料乙醇发展的两个主要推动力，而美国政府实行的税收优惠政策实质性地促进了燃料乙醇产业的发展。自2001年以来，美国对燃料乙醇和生物柴油生产一直实行税收补贴政策，该政策规定，每生产1加仑（3.785dm^3）乙醇，可获得51美分的补贴，对小企业生产的生物燃料产品每加仑再额外增加10美分补贴。2005年美国政府再次将混合生物燃料的税收优惠政策延长到2008年。

2. 巴西燃料乙醇技术发展现状

巴西是世界上唯一不供应纯汽油的国家。从国家能源安全、经济发展、保护农民利益和保护环境的需要出发，自1975年开始大力发展燃料乙醇，1977年将20%乙醇与汽油混配燃料推向市场，1979年推出灵活燃料汽车（flexible fuel vehicle，FFV）和纯乙醇燃料。20世纪80年代，巴西又将乙醇与汽油混配比提高到22%。20世纪70年代的后5年内，巴西乙醇产量由每年45万吨猛增至268万吨，年均增长率为42.9%。2005年乙醇产量达到1700万吨，石油替代率已经接近40%。该国种植的甘蔗有65%用于乙醇生产，计划到2009年将甘蔗的产量再提高40%，在现有324个以甘蔗为原料的乙醇生产厂的前提下，再建80个新厂，到2025年乙醇产量将达到7200万吨，远景为3.2亿吨。国内已经形成完整的燃料乙醇供应系统，乙醇和汽油都通过管道输送，与铁路、公路相连接，供应31979个加油站进行零售。

3. 欧洲及亚洲国家燃料乙醇技术发展现状

近些年来，欧洲各国基于对能源安全、经济协调发展以及环境保护等问题认识的深入，纷纷采取措施减少对石油等不可再生能源的依赖度，避免因石油等日渐枯竭对经济产生的影响。其中，增加包括燃料乙醇在内的生物质可再生能源在能源总消耗中的比例是一项主要措施。2000年欧洲可再生能源会议的白皮书《将来的能源：可再生能源》确定了欧盟的可再生能源策略和行动计划。即，增加可再生能源的比例以改善能源供应的安全性，减少对矿物燃料的依赖，降低温室气体的排放。他们计划将可再生能源在能源总产中的比例由现在的6%提高到2010年的12%。法国、德国、希腊、爱尔兰、意大利、西班牙、瑞典和英国8个欧盟成员国对包括燃料乙醇在内的可再生能源相继采取了减免税政策。其优惠的原则是将乙醇汽油价格调到与汽油相当的水平，使燃料乙醇等可再生能源生产、经销商有利可图。此外，欧洲国家农业丰收形成的农产品相对过剩问题也促使其采取相应的转化措施。法国、西班牙和瑞典已经开始生产和使用乙醇汽油。欧盟中其他成员国如荷兰、英国、德国、奥地利等国家的农业部门也已向政府提出规划，要求发展燃料乙醇工业。目前，欧洲一些国家生物质能源消费已占其总能源需求中相当高的比例，如瑞典为16.5%，芬兰为20.4%。1992年欧洲的生物质燃油产量仅有8万吨，2003年生物燃油产量超过200万吨，比2002年增长了26%。欧盟各国乙醇年产量在175万吨左右，乙醇汽油的年使用量大约100万吨，预计到2010年要达到1100万吨。

能源供应、资源运输和能源策略等问题，也促使日本、泰国、印度等亚洲国家纷纷制定可再生能源发展计划。以泰国为例，以往用于交通运输的石油有95%依赖于进口，长期外贸赤字。仅2000年，泰国用于进口原油和各种石化产品的资金就超过3000亿泰铢（约合60亿美元），比出口农产品的总和还多。2001年泰国成立了酒精委员会，目的是为了提供信息、提供政策指导方针并向政府提出计划建议。酒精委员会将现代的工业部门即能源产品和交通运输与传统上受忽视的农业部门连接起来，建立了酒精政府框架，成为亚洲第一个由政府开展全国生物燃料项目的国家。到2007年在全国实现乙醇添加量10%。在短短的几年时间内，泰国成功地开展了燃料乙醇项目，这些项目提供了利用过剩的食用农产品生产燃料乙醇的途径，对提高泰国农村几百万农民的生活水平起到了积极的作用。随着印度经济的快速发展、工业化进程的加快以及人口的迅猛增加，能源短缺的印度对石油的需求以年均近10%的速度递增，2000年石油对外依存度为65%，为了加快生物燃料（乙醇和生物柴油）的发展，印度在2002年成立了国家生物燃料领导小组，实施了绿色能源工程。目前已有12个州和地区指令调和5%的燃料乙醇于汽油中。日本也在积极推行包括燃料乙醇在内的新阳光能源计划。

4. 我国燃料乙醇发展现状

我国油气资源相对短缺，随着资源的逐年减少及对进口依赖的增加，已经对我国庞大的社会经济发展计划形成制约。因此，国家能源战略定位于加快替代能源，特别是可再生能源的开发，减少对石油的依赖。自20世纪70～80年代我国就开始了生物燃料的科学研究与开发利用研究工作。2001年，启动了“十五酒精能源计划”，在汽车运输行业中推广使用燃料酒精。国家有关部门制订并颁布了《变性燃料乙醇》(GB 18350—2001)、《车用乙醇汽油》(GB 18351—2001) 等一系列国家标准。2002年6月在河南省的郑州、洛阳、南阳和黑龙江省的哈尔滨、肇东5个城市进行车用乙醇汽油使用试点。2004年，车用乙醇汽油的试点进一步扩大到河南、安徽、黑龙江、吉林、辽宁5省全省范围，2005年又在湖北9个地市、山东7个地市、河北6个地市、江苏5个地市进行扩大试点。为了支持乙醇汽油推广，我国政府还推出了“定点生产、定向流通、定区使用、定额补贴”的配套政策。2006年1月1日实施了《中华人民共和国可再生能源法》。首次以国家立法的形式鼓励包括燃料乙醇在内的生物质液体燃料的发展，明确了国家鼓励清洁、高效地开发利用生物质燃料，鼓励发展能源作物的大政方针。2006年11月国家财政部、国家发改委、农业部、税务总局、林业局发布并启动了《关于发展生物能源和生物化工财税扶持政策的实施意见》，对生物能源和生物化工行业在财税方面的扶持政策做出了明确的规定，其中包括对行业企业的弹性亏损补贴、原料基地补贴、示范基地补助和税收优惠等具体政策。其中，以非粮作物及农业废弃物为原料的生物质能源开发被放在资金重点扶持的首位。并明确界定了制造生物乙醇燃料所用原料是指甘蔗、木薯、甜高粱等。国家科技部、发改委 2007 年 11 月启动的《可再生能源与新能源国际科技合作计划》将太阳能发电与太阳能建筑一体化；生物质燃料与生物质发电；风力发电；氢能及燃料电池；天然气水合物开发等基础与应用研究列为重点扶持的领域。这一系列法律法规和扶持政策的实施，为生物能源和生物化工的发展提供了产业政策、财税经济的支持。

第二节　燃料乙醇的生产原料

一、生产燃料乙醇的淀粉类生物质原料

1. 谷类原料

几乎所有含淀粉的谷类籽粒，如玉米、高粱、小麦等，均可以用来发酵生产乙醇。由于谷类作物主要用于食用或饲用，对于人多地少，或有潜在粮食安全问题的国家、地区不适宜大量使用谷类作物作燃料乙醇生产的原料。但为消化陈化粮或在特定的条件之下，可以用谷类原料生产燃料乙醇。在各种谷类作物中，以玉米、小麦的单产和产量较大，可能作燃料乙醇生产的原料。

2. 薯类原料

薯类原料主要有甘薯、马铃薯、木薯等。

木薯（*Mamihot esculenta* Crant）又称树薯、木番薯，植株高约 2～3m，呈灌木状，茎秆直径为 5cm，叶片呈掌状，是生命力很强的多年生亚灌木。木薯块根呈柱形或纺锤形，直径为 5～10cm，长 30～40cm，有的可达 80～100cm，表面为一层棕色或黄色的表皮。木薯块根的主要化学成分是碳水化合物，蛋白质、脂肪等含量较少。在新鲜木薯块根内含有 27%～33%左右的淀粉，含 4%左右的蔗糖。木薯淀粉含量高、颗粒大，其块根切片晒干即为木薯干，便于储运。木薯外表皮含有的氢氰酸在生产过程中易被蒸发掉，因此是发酵生产乙醇的优质原料。在我国广西已建成以木薯为原料的大型燃料乙醇工厂。

3. 野生植物原料

野生植物原料主要有橡子、土茯苓、石蒜、菊芋等。

菊芋（*Helianthus tuberosus* Linn）俗称洋姜，别名鬼子姜，是多年生草本植物，原产北美，经欧洲传入中国。菊芋分布广，在中国南北各地均有栽培。其地下块茎呈纺锤形或不规则瘤形，鲜块茎含水分 70%～80%，淀粉 12%～15%，粗蛋白质 1.5%左右，粗脂肪 0.2%左右。菊芋适应性强，耐贫瘠，耐寒，耐旱；种植简易，一次播种多次收获，产量高，是乙醇生产潜在的替代原料。

二、生产燃料乙醇的糖类生物质原料

1. 甘蔗

甘蔗（*Saccharum officenarum* L.）属于禾本科，甘蔗属，是多年生的热带和亚热带作物，南、北纬度35°以内都可种植生长，以南、北纬10°～23°之间为最适宜生长区，在南北纬23°以上或10°以下，甘蔗产量或糖分较低。甘蔗是C_4植物，光饱和点高，二氧化碳补偿点低，光呼吸率低，光合强度大，因此，甘蔗生物产量很高，一般可达75～100t/hm²。目前，甘蔗按用途不同形成了两大种类：一类用于制糖，其纤维较为发达，利于压榨，糖分较高，一般为12%～18%，出糖率高，这一类称为糖料蔗或原料蔗；另一类主要作为水果食用，其纤维较少，水分充足，糖分较低，一般为8%～10%左右，称为果蔗或肉蔗。糖料甘蔗除了用于生产蔗糖外，主要用于生产乙醇。巴西是利用甘蔗生产燃料乙醇最为成功的国家。

2. 甜高粱

甜高粱（*Sorghum bicolor* L. Moench）又称糖高粱、甜秆、甜秫秸等，是普通粒用高粱的一个变种，以茎秆含有糖分汁液为特点。同粒用高粱一样，甜高粱也为C_4植物，光合速率极高，且具有多重抗逆性，抗旱、抗涝、耐盐碱、耐瘠薄，非常适合在我国水资源缺乏的干旱和半干旱地区种植。甜高粱有两个生物质储藏库，一个是穗部的籽粒，一个是茎秆的髓部，每公顷产3～6t的籽粒，60～80t的茎秆。甜高粱茎秆含糖量10%～20%，出汁率60%以上，是良好的乙醇生产原料。国外的实验表明，每公顷甜高粱最多可产乙醇6106L。而且，甜高粱的糖易于发酵转化为乙醇，因此，用甜高粱加工转化乙醇受到许多国际组织和国家（如欧盟、巴西等）的重视。

甜高粱为一年生植物，分布在世界五大洲（亚洲、非洲、美洲、澳洲、欧洲）89个国家的热带干旱和半干旱地区，温带和寒带地区也有种植，具有大约五千年的栽培历史。甜高粱在中国栽培历史悠久，研究和利用甜高粱最先进的美国，其最早的品种“中国琥珀”是1853年通过法国从上海崇明岛引进的。1965年以来，美国和巴西育成了一批优良的甜高粱品种，并为世界各国所利用。20世纪70～80年代，中国科学院植物研究所先后从美国等引进了洛马（Roma）、丽欧（Rio）、阿特拉斯（Atlas）、贝利（Bailey）、布兰德斯（Brandes）、考利（Cowley）、格拉斯尔（Grassl）、M-81E等甜高粱品种。经中国农业科学院以及辽宁、吉林、黑龙江各省农科院等科研单位和院校的努力，成功选育出一批优良品种，在生产上表现出早熟、抗逆性强、抗倒伏、含糖量高、茎秆产量高、汁液优良的杂种优势，有的已在生产上应用。我国的甜高粱种植区域广泛，几乎全国各地均有种植，主产区集中在秦岭、黄河以北，其中长城以北是中国甜高粱的主产区。

3. 甜菜

甜菜（*Beta vulgaris* L.）古称忝菜，属藜科，甜菜属。甜菜分为野生种和栽培种，甜菜的栽培种有4个变种：叶用甜菜、火焰菜、饲料甜菜、糖用甜菜。叶用甜菜，俗称厚皮菜，叶片肥厚，可食用。火焰菜，俗称红甜菜，根和叶为紫红色，块根可食用，因此也称食用甜菜。饲料甜菜，专门作为牲畜饲料的作物，其块根产量较高，块根含糖率较低。糖用甜菜，俗称糖萝卜，通称甜菜，块根的含糖率较高，一般达15%～20%，是制糖工业的主要原料，也是乙醇生产的良好原料。

甜菜主要分布在北纬30°～63°，是我国及世界的主要糖料作物之一，在我国已有百年种植历史。甜菜喜温凉气候，有耐寒、耐旱、耐碱等特性。我国甜菜主要分布在北纬40°以北，可分为东北、西北、华北三个栽培区，以黑龙江省、新疆维吾尔族自治区的栽培面积最大，约各占全国总面积的40%左右。

三、生产燃料乙醇的木质纤维素类原料

木质纤维素类原料被公认为来源最为广泛的燃料乙醇生产原料，包括农作物秸秆、壳皮、树枝、落叶、林业边脚余料、城市垃圾等。天然木质纤维素类原料含有纤维素、半纤维素和木质素，三者相互缠绕、包裹紧紧结合在一起，形成一个复杂而稳定的有机整体，构成植物细胞壁等保护性组织。纤维素的含量一般都占干重的35%～50%，不同种类的植物含纤维素、半纤维素和木质素的比例有较大差异。草本植物及农作物秸秆的半纤维素含量较木本植物高，纤维素含量一般在40%～70%，木材的纤维素含量一般为60%～80%。棉纤维是较纯的纤维素，一般含量在90%以上。表5-3是主要农作物秸秆的纤维素、半纤维素、木质素含量和热值（干重）。

表5-3　主要农作物秸秆的纤维素、半纤维素、木质素含量和热值（干重）

作物种类	谷草比	粗纤维含量/%			热值/(t标煤/t秸秆)
		纤维素	半纤维素	木质素	
稻谷	1∶0.632	32	24.0	12.5	0.429
小麦	1∶1.366	30	23.5	18.0	0.500
玉米	1∶2.0	34	37.5	22.0	0.529
大豆	1∶1.5	33	18.5		0.523

（一）纤维素的结构和性质

1. 纤维素的结构

纤维素是300～15000个D-葡萄糖以β-1,4糖苷键结合起来的链状高分子化合物，分子式可表示为（$C_6H_{10}O_5$）$_n$（n为聚合度），相对分子质量一般为50000～2500000。如图5-1所示，纤维素分子由脱水D-葡萄糖组成的纤维二糖重复单元构

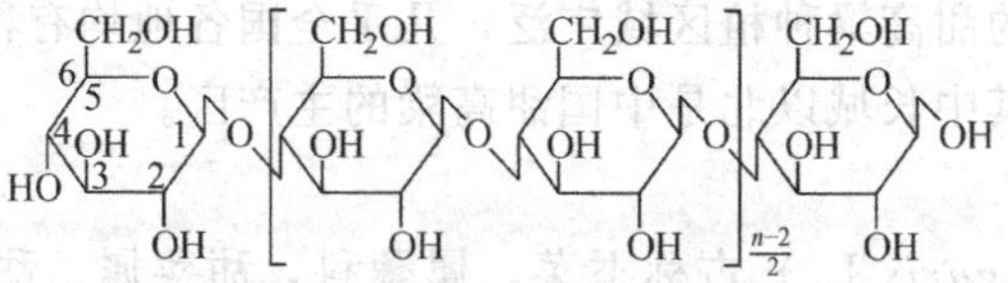

图5-1　纤维素分子链结构

成。纤维二糖的 C1 位上保持着半缩醛的形式，有还原性，而在 C4 上留有一个自由羟基。组成纤维素的 β-D-吡喃葡萄糖三个游离基位于 C2、C3、C6 三个碳原子上。在适当条件下，链状高分子可以水解成葡萄糖用来生产乙醇等产品。

2. 纤维素的性质

天然纤维素在大多数情况下是被半纤维素和木质素包裹，形成紧密的纤维结晶区，不溶于水、稀酸、稀碱和乙醇、乙醚等有机溶剂，能溶于铜铵溶液和铜乙二胺溶液等。水仅可使纤维素发生有限的溶胀，某些酸、碱和盐的水溶液如硫酸、盐酸、氢氧化钠等可渗入纤维结晶区，产生无限溶胀，使纤维素溶解。纤维素与较浓的无机酸起水解作用生成葡萄糖等，与较浓的苛性碱溶液作用生成碱纤维素，与强氧化剂作用生成氧化纤维素。自然界存在的纤维素酶可将纤维素转化为糖。

纤维素加热到约 150℃时不发生显著变化；在 200～280℃时，生成脱水纤维素，随后形成木炭和气体产品；280～340℃时，生产易燃的挥发性产物（焦油）；400℃以上时，变成芳环结构，与石墨结构相似。

由于纤维素本身含有糖醛酸基、极性羟基，因此纤维素在水中表面带负电荷，形成双电层，这对制浆造纸、纤维素酶发酵的过程有一定影响。

纤维素链中每个葡萄糖基环上有 3 个活泼的羟基。因此，纤维素可以发生一系列与羟基有关的化学反应。然而，这些羟基又可以综合成分子和分子间氢键。它们对纤维素链的形态和反应性有着深远的影响，尤其是 C3 位羟基与邻近分子环上的氧所形成的分子间氢键，不仅增强了纤维素分子链的线性完整性和刚性，而且使其分子链紧密排列而成高度有序的结晶区。C6 位羟基的空间位阻最小，故庞大的取代基对 C6 位羟基的反应性能高于对其他羟基。另外，结晶度越高，氢键越强，则反应物越难以到达其羟基上。

(二) 半纤维素的结构和性质

1. 半纤维素的结构

半纤维素通常是指除纤维素和果胶物质以外的，溶于碱的细胞壁多糖类的总称。是由戊糖和己糖构成的高聚糖分子，其主链可由一种糖基构成，也可由两种或多种糖基构成，糖基间通过多种的方式连接。不同植物的半纤维素成分和结构也不同。同一种植物，产地不同、部位不同，复合多糖的组成也不同。按构成半纤维素结构主链上的糖基类型，可以将半纤维素分为木聚糖类、甘露聚糖类和其他半纤维素类型。

木聚糖类半纤维素是由 D-木糖基相互连接成均聚物线性分子。禾本科植物半纤维素结构的典型分子是以 β-1,4 糖苷键连接的 D-吡喃式木糖基为主链，在主链的 C3 位和 C2 位上分别连有 L-呋喃式阿拉伯糖和 D-吡喃式葡萄糖醛酸基作为支链。还存在木糖基和乙酰基（木糖乙酸酯）支链。禾本科半纤维素聚合度小于100。木材木聚糖类的半纤维素与禾本科植物一样都是由 D-吡喃式木糖基以 β-1,4 键连接成为直链状多糖，在此支链上再连上一些不同的短支链，但木材木聚糖链的平均聚合度一般大于 100，而且软木（针叶木）和硬木（阔叶木）也有差别。

甘露聚糖类半纤维素是由甘露糖与葡萄糖两种糖单元互相以β-1,4 键连接构成共聚物为主链。软木中甘露聚糖类半纤维素最多，硬木中也有，草类中含量甚少。硬木甘露聚糖类半纤维素由葡萄糖与甘露糖基构成主链，稍有分支，平均聚合度约为 60～70。而软木甘露聚糖类半纤维素中的糖基，除主链外，还有半乳糖基以α-1,6连接到主链上的葡萄糖或甘露糖的 C6 位上形成支链，平均聚合度＞60，高的可超过 100。

植物半纤维素中除含大量木聚糖类和甘露聚糖类外，还有半乳聚糖类和葡聚糖类等分布较少的半纤维素。半乳聚糖类半纤维素在软木中都存在，一般含量很少。

2. 半纤维素的性质

半纤维素的聚合度低，无或少有结晶结构，因此，在酸性介质中比纤维素易降解。但是，半纤维素的糖基种类多，糖基之间的连接方式也多种多样，一般来讲，呋喃式醛糖配糖化物比相应的吡喃式醛糖配糖化物的水解速率快得多。

半纤维素是由多种糖基构成的共聚糖，所以半纤维素的还原末端基有各种糖基，而且有支链，其他部分和纤维素分子一样，即在较温和的碱性条件下可发生剥皮反应。

半纤维素在高温下可发生碱性水解反应。研究表明，呋喃式配糖化物的碱性水解速率比吡喃式配糖化物高许多倍。半纤维素既溶于碱（5%的 Na_2CO_3 溶液），又溶于酸（2%的 HCl 溶液）。它对水有一种相对的亲和力。这种亲和力能使其形成黏性状态或胶凝剂，其亲和力的大小和戊糖部分紧密相关，阿拉伯糖和木糖这两种成分负责将水团固定于半纤维素的不同结构上。这种特性给我们带来的最大好处是把戊糖应用于食品技术方面，同时也说明了另外一个道理，即如果一种半纤维素对水的亲和力很小，那是因为它所含戊糖的比率太低，或是它的空间组织结构使戊糖所处位置不能与水接近。

半纤维素的结构与组成随植物的种类或存在部位不同而异，微生物分解半纤维素的酶也多种多样。半纤维素分解后产生木糖、阿拉伯糖等。

（三）木质素的结构和性质

1. 木质素的类型和结构

木质素是植物界中仅次于纤维素含量最丰富的有机高分子化合物，主要分布于植物纤维、导管和管胞中。木质素可以增加细胞壁的抗压强度，正是细胞壁木质化的导管和管胞构成了木本植物坚硬的茎干，并作为水和无机盐运输的输导组织。木质素在木材中的含量为 20%～40%，在禾本科植物中的含量约为 15%～20%。

木质素不是多糖，是由苯基丙烷衍生物的单体所构成的、在酸作用下难以水解的一种复杂酚类聚合物。它的不均一性表现在植物的种属不同、生长期长短、植物的不同部位之中，甚至在同一木质部的不同形态学细胞和不同的细胞壁层中其结构也都有所差别。

因单体不同，可将木质素分为 3 种类型：由紫丁香基丙烷结构单体聚合而成的紫丁香基木质素（S-木质素）；由愈创木基丙烷结构单体聚合而成的愈创木基木质素（G-木质素）和由对羟基苯基丙烷结构单体聚合而成的对羟基苯基木质素（H-木质素）。裸子植物主要为愈创木基木质素（G），双子叶植物主要含愈创木基-紫丁香基木质素（G-S），单子叶植物则为愈创木基-紫丁香基-对羟基苯基木质素（G-S-H）。木质素的基本结构是在苯丙烷间通过醚键和碳-碳键联结而成的复杂的、无定形的三维空间结构，依苯丙烷的侧链取代基的不同，又可分为松柏醇、芥子醇和对香豆醇三种不同形式。

木质素中的醚键包括酚醚键、烷醚键、二芳醚键和二烷醚键。木质素中的苯丙烷单元有2/3～3/4是以醚键与相邻的结构单元连接的。酚醚键占70％～80％，在酚醚键中以愈创木基-甘油-β-芳基醚占酚醚键的一半左右，其次是愈创木基-甘油-α-芳基醚。

针叶木和阔叶木的木质素主要键是芳基甘油-β-芳基醚键，约占60％以上。禾草类木质素中主要的键型与木材木质素相同，结构单元中主要键型是芳基甘油-β-芳基醚键，其数量低于阔叶木的，与针叶木的接近。对羟基苯丙烷单元有相当部分是以酯的形式与其中苯丙烷单元相连，如麦秸秆中，60％的对羟基苯丙烷单元以酯键形式连接。

2. 木质素的理化性质

原本木质素是一种白色或接近无色的物质，我们见到的木质素颜色是在分离、制备过程中形成的。天然木质素的分子量可从几百到几百万。木质素结构中存在羟基等许多极性基团，造成了很强的分子内和分子间的氢键，因此原本木质素是不溶于任何溶剂的。分离木质素因发生了缩合或降解而使性质改变，有些变为可溶性木质素。除了酸木质素和铜氨木质素外，原本木质素和大多数分离木质素是一种热塑性高分子物质，无确定的熔点，具有玻璃态转化温度，且因原料、分离方法、含水量及分子量的不同而异。

木质素的化学反应包括发生在苯环上的卤化、硝化和氧化反应，发生在侧链的苯甲醇基、芳醚键和烷醚键上的反应，木质素的改性和显色反应等。木质素在化学反应中结构的变化是通过亲核反应和亲电反应两大类反应实现的。

用木质纤维素类原料制取乙醇必须先将纤维素、半纤维素水解成可以被发酵微生物利用的简单糖类，因此，破除木质素对纤维素、半纤维素的包裹是关键的一步。

第三节　乙醇发酵机理

一、生物质原料乙醇生产过程

五千多年前，人类就开始利用微生物发酵制作酒精饮料。微生物利用的是生物质原料中的糖类，生物质原料中的糖类以淀粉、单糖或双糖以及纤维素、半纤维素等多糖形式存在，通常的乙醇发酵菌种只能利用单糖或双糖，不能直接利用淀粉、纤维素、半纤维素等多糖发酵产生乙醇。这就需要将这些多糖转化为可被酵母直接利用的简单糖类，将这一转化过程统称为预处理。预处理后，酵母菌利用简单糖类进行乙醇发酵，产生乙醇。经蒸馏等工艺从乙醇含量较低的发酵醪液中回收乙醇，再脱水精制成无水乙醇。如图 5-2 所示，也可以将全过程分为三个阶段：Ⅰ. 预处理阶段；Ⅱ. 乙醇发酵阶段；Ⅲ. 乙醇回收阶段。

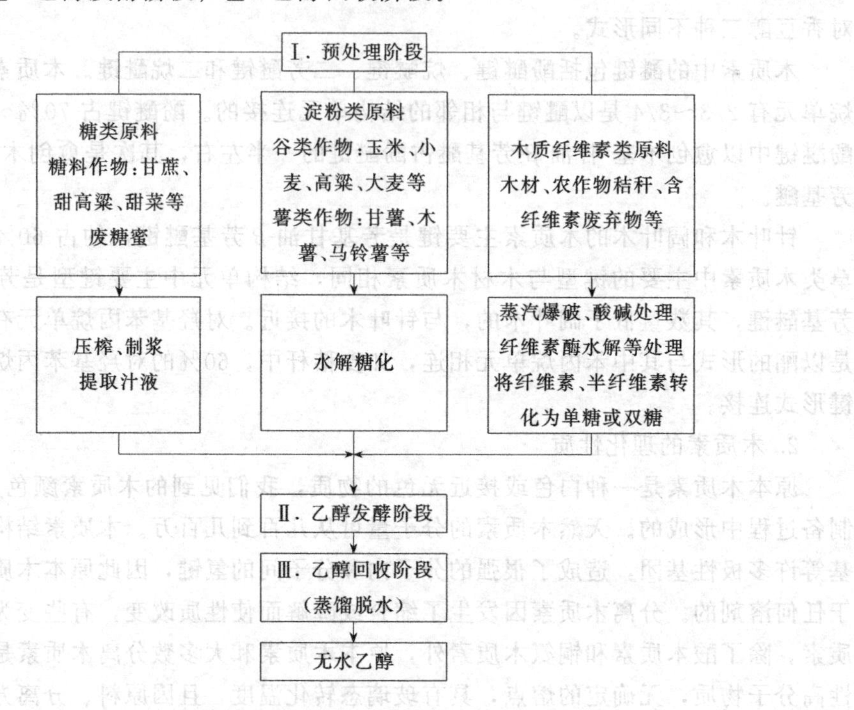

图 5-2　生物质原料乙醇生产过程

其中，乙醇发酵阶段是整个乙醇生产的核心阶段，本节作重点介绍。原料预处理阶段和乙醇回收阶段将分别在本章后面介绍。

二、酵母菌乙醇发酵的代谢途径及副产物

（一）酵母菌乙醇发酵代谢途径

酵母菌乙醇发酵是酵母菌在厌氧条件下利用其自身酶系进行厌氧呼吸，将糖类生物质原料中的单糖或双糖转化为乙醇，同时产生其自身生命活动所需的三磷酸腺苷（ATP）的过程。其反应的总方程式为

$$\underset{\text{葡萄糖}}{C_6H_{12}O_6} + \underset{\text{二磷酸腺苷}}{2ADP} + \underset{\text{磷酸}}{2H_3PO_4} \longrightarrow \underset{\text{乙醇}}{2C_2H_5OH} + \underset{\text{二氧化碳}}{2CO_2} + \underset{\text{三磷酸腺苷}}{2ATP}$$

从酵母菌乙醇发酵的代谢途径上分析，可将这一过程分为 4 个阶段。即，第一阶段，葡萄糖经过磷酸化，生成活泼的 1,6-二磷酸果糖；第二阶段，1,6-二磷酸果糖裂解成为两分子的磷酸丙糖（3-磷酸甘油醛）；第三阶段，3-磷酸甘油醛经氧化、磷酸化后，分子内重排、释放出能量，生成丙酮酸；第四阶段，丙酮酸继续降解，

生成乙醇。图 5-3 是酵母菌乙醇发酵的代谢途径。

如图 5-3 所示，从反应底物葡萄糖开始至生成中间产物烯醇式丙酮酸（丙酮酸）止，即第（1）～(10）步反应，1 分子葡萄糖产生 2 分子丙酮酸、2 分子还原辅酶Ⅰ（$NADH_2$）和 2 分子 ATP。这一段是葡萄糖分解途径中有氧、无氧都必须经历的共同反应历程，称之为糖酵解途径（embden meyerhof parnas pathway，简称 EMP 途径）或已糖二磷酸途径（hexose biphosphate glycolysis）。在有氧条件下，EMP 途径可与三羧酸（TCA）循环途径相连接，把丙酮酸彻底氧化成二氧化碳和水，在无氧条件下，EMP 途径生成的丙酮酸在不同的生物细胞中有不同的代谢方向，酵母菌将丙酮酸转化成为乙醛，再转化成乙醇。

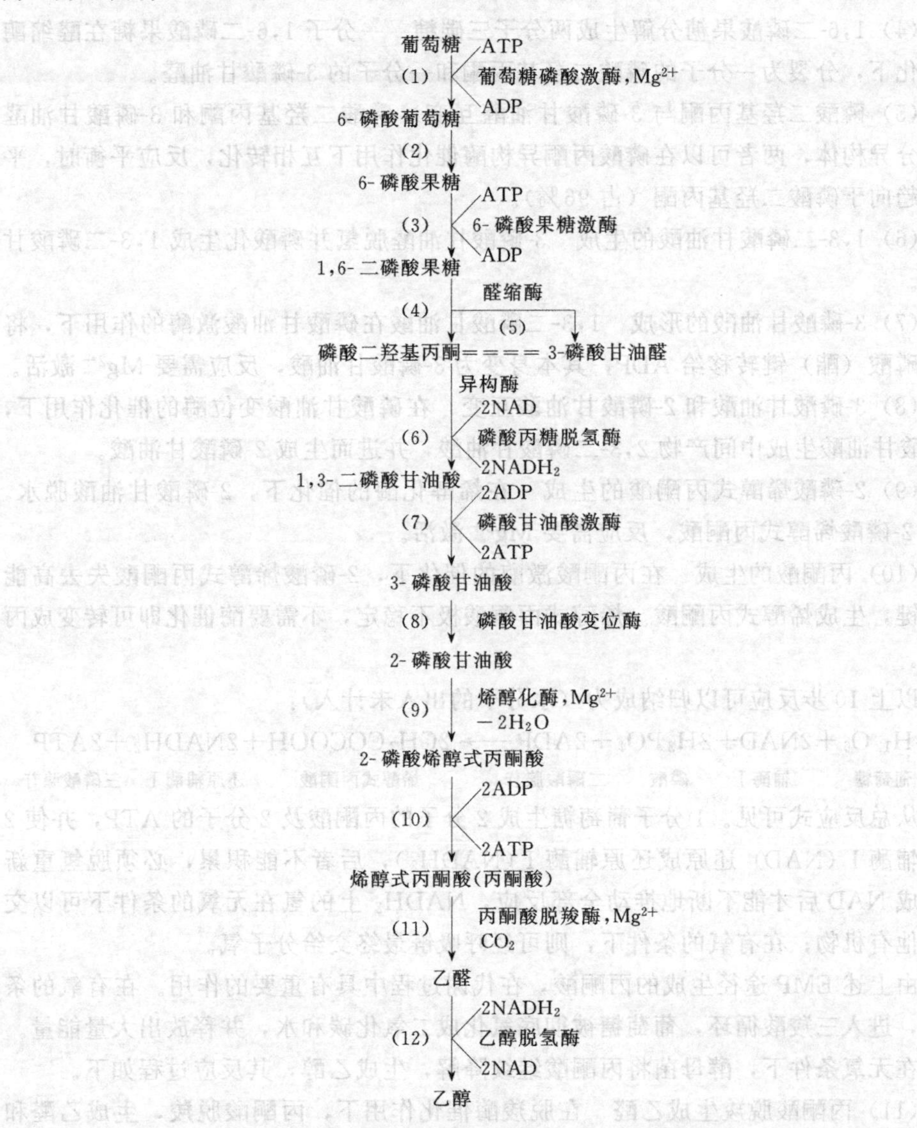

图 5-3　酵母菌乙醇发酵的代谢途径（EMP 途径）

酵母菌乙醇发酵过程是在各种乙醇转化酶的催化作用下发生的，有 12 步生化反应，包括：

（1）葡萄糖的磷酸化——6-磷酸葡萄糖的生成　葡萄糖在己糖激酶的催化下，由 ATP 供给磷酸基，转化成 6-磷酸葡萄糖。反应需要 Mg^{2+} 激活。

（2）6-磷酸葡萄糖和 6-磷酸果糖的互变　6-磷酸葡萄糖在磷酸己糖异构酶的催化下，转变为 6-磷酸果糖。

（3）6-磷酸果糖生成 1,6-二磷酸果糖　6-磷酸果糖在果糖激酶的催化下，由 ATP 供给磷酸基及能量，进一步磷酸化，生成活泼的 1,6-二磷酸果糖，反应需要 Mg^{2+} 激活。

（4）1,6-二磷酸果糖分解生成两分子三碳糖　一分子 1,6-二磷酸果糖在醛缩酶的催化下，分裂为一分子的磷酸二羟基丙酮和一分子的 3-磷酸甘油醛。

（5）磷酸二羟基丙酮与 3-磷酸甘油醛互变　磷酸二羟基丙酮和 3-磷酸甘油醛是同分异构体，两者可以在磷酸丙酮异构酶催化作用下互相转化，反应平衡时，平衡点趋向于磷酸二羟基丙酮（占 96%）。

（6）1,3-二磷酸甘油酸的生成　3-磷酸甘油醛脱氢并磷酸化生成 1,3-二磷酸甘油酸。

（7）3-磷酸甘油酸的形成　1,3-二磷酸甘油酸在磷酸甘油酸激酶的作用下，将高能磷酸（酯）键转移给 ADP，其本身变为 3-磷酸甘油酸，反应需要 Mg^{2+} 激活。

（8）3-磷酸甘油酸和 2-磷酸甘油酸互变　在磷酸甘油酸变位酶的催化作用下，3-磷酸甘油酸生成中间产物 2,3-二磷酸甘油酸，并进而生成 2-磷酸甘油酸。

（9）2-磷酸烯醇式丙酮酸的生成　在烯醇化酶的催化下，2-磷酸甘油酸脱水，生成 2-磷酸烯醇式丙酮酸，反应需要 Mg^{2+} 激活。

（10）丙酮酸的生成　在丙酮酸激酶的催化下，2-磷酸烯醇式丙酮酸失去高能磷酸键，生成烯醇式丙酮酸。烯醇式丙酮酸极不稳定，不需要酶催化即可转变成丙酮酸。

以上 10 步反应可以归纳成为（水分子的出入未计入）：

$$\underset{\text{葡萄糖}}{C_6H_{12}O_6}+\underset{\text{辅酶 I}}{2NAD}+\underset{\text{磷酸}}{2H_3PO_4}+\underset{\text{二磷酸腺苷}}{2ADP}\longrightarrow \underset{\text{烯醇式丙酮酸}}{2CH_3COCOOH}+\underset{\text{还原辅酶 I}}{2NADH_2}+\underset{\text{三磷酸腺苷}}{2ATP}$$

从总反应式可见。1 分子葡萄糖生成 2 分子的丙酮酸及 2 分子的 ATP，并使 2 分子辅酶 I（NAD）还原成还原辅酶 I（$NADH_2$），后者不能积累，必须脱氢重新氧化成 NAD 后才能不断地推动全部反应，$NADH_2$ 上的氢在无氧的条件下可以交给其他有机物；在有氧的条件下，则可经呼吸链最终交给分子氧。

由上述 EMP 途径生成的丙酮酸，在代谢过程中具有重要的作用。在有氧的条件下，进入三羧酸循环，葡萄糖被彻底氧化成二氧化碳和水，并释放出大量能量。

在无氧条件下，酵母菌将丙酮酸继续降解，生成乙醇，其反应过程如下。

（11）丙酮酸脱羧生成乙醛　在脱羧酶催化作用下，丙酮酸脱羧，生成乙醛和 CO_2，反应需要 Mg^{2+} 激活。

(12) 乙醛还原生成乙醇　乙醛在乙醇脱氢酶及辅酶 $NADH_2$ 的催化下，还原成乙醇。

(二) 发酵过程中的副产物

酵母菌发酵的主要产物是乙醇和二氧化碳，同时也伴随生成 40 多种发酵副产物，主要是醇、醛、酸和酯四大类化学物质。这些物质有的是由糖分转化而来，有些则是由发酵液中的其他物质转化而来。乙醇发酵的目的是将更多的糖分转变成乙醇，其他副产物越少越好。因此，必须了解由糖分转变为副产物的机理，从而来控制其生成。对于由发酵液中其他物质产生的副产物，可以通过适当的措施减少它们的生成，但不影响乙醇发酵。乙醇发酵过程中部分主要的副产物是由于酵母生命活动而生成的，例如，甘油、杂醇油、琥珀酸和有机酸。

1. 甘油和琥珀酸的生成

一般酵母乙醇发酵成熟醪液中甘油含量约为 0.3%～0.5%（质量分数）。这是因为，发酵之初，酵母细胞内没有足够的乙醛作为受氢体，致使 NADH 浓度升高，磷酸二羟丙酮被 α-磷酸甘油脱氢酶用于还原反应，生成 α-磷酸甘油。NADH 被氧化成 NAD^+。α-磷酸甘油则在磷酸酶的作用下水解，生成甘油。酵母属菌株合成甘油的生理作用是作为渗透调节代谢物，来适应发酵罐中糖溶液产生的高渗透压。其反应的方程式如下：

$$\text{磷酸二羟丙酮}\xrightarrow[NADH_2\nearrow\ \searrow NAD]{\alpha\text{-磷酸甘油脱氢酶}}\alpha\text{-磷酸甘油}\xrightarrow{\alpha\text{-磷酸甘油酯酶}}\text{甘油}$$

乙醇发酵过程中谷氨酸脱氨、脱羧生成琥珀酸的反应是乙醇发酵中间产物参加甘油合成反应的一个典型的例子。因 3-磷酸甘油醛为受氢体，所以反应可以同时生成甘油，这就是在正常发酵条件下会产生少量甘油的原因。反应中生成的氨被用于合成蛋白质，而琥珀酸和甘油则分泌到发酵液中。理论上，1g 葡萄糖可以生成 1g 琥珀酸和 1.56g 的甘油。反应式如下：

$$\underset{\text{葡萄糖}}{C_6H_{12}O_6}+\underset{\text{谷氨酸}}{COOHCH_2CH_2CHNH_2COOH}+2H_2O\longrightarrow$$

$$\underset{\text{琥珀酸}}{COOHCH_2CH_2COOH}+\underset{\text{甘油}}{2C_3H_8O_3}+NH_3+CO_2$$

在发酵醪中加入 $NaHSO_3$ 或者使发酵醪处于碱性条件下，则酵母的发酵以甘油生成为主。因此，在乙醇生产中，为避免甘油过多产生，必须保证乙醇正常发酵的酸性条件。

2. 杂醇油的生成

杂醇油是多种高沸点的化合物的混合物，颜色呈黄色或棕色，具有独特的气味，它们溶于高浓度乙醇而不溶于低浓度乙醇及水。杂醇油主要是原料中蛋白质水解产生氨基酸，氨基酸的氨基被酵母用做氮源，余下的部分脱羧后而生成的，因此其生成量与原料中的蛋白质含量关系密切。杂醇油是蔗糖（糖蜜）和淀粉糖为原料发酵生产乙醇的主要副产物之一。主要有异戊醇、异丁醇、正丙醇、癸酸乙酯等十多种物质。正常情况下，醪液中杂醇油的产生量为醪液量的0.3%～0.7%。其生成的主要反应如下：

$$\underset{\text{异亮氨酸}}{CH_3CH_2CH(CH_3)CH(NH_2)COOH} + H_2O \longrightarrow$$

$$\underset{\text{活性戊醇}}{C_2H_5(CH_3)CHCH_2OH} + NH_3 + CO_2$$

$$\underset{\text{亮氨酸}}{(CH_3)_2CHCH_2CH(NH_2)COOH} + H_2O \longrightarrow \underset{\text{异戊醇}}{(CH_3)_2CHCH_2CH_2OH} + NH_3 + CO_2$$

$$\underset{\text{缬氨酸}}{(CH_3)_2CHCH(NH_2)COOH} + H_2O \longrightarrow \underset{\text{异丁醇}}{(CH_3)_2CHCH_2OH} + NH_3 + CO_2$$

3. 有机酸的生成

在酵母菌乙醇发酵过程中生成的有机酸包括乳酸、乙酸和丁酸等，是由于发酵过程乳酸菌、乙酸杆菌和丁酸菌污染发酵醪液后产生的。

（1）乳酸发酵　乳酸发酵可以分成同型乳酸发酵和异型乳酸发酵两类，其机理如下。

① 同型乳酸发酵

$$\text{葡萄糖} \xrightarrow{\text{EMP途径}} 2\,\text{丙酮酸} \xrightarrow{\text{乳酸脱氢酶}} \text{乳酸}$$

同型乳酸发酵途径中，1mol的葡萄糖可以生成2mol乳酸和2mol的ATP。

② 异型乳酸发酵

$$\text{葡萄糖} \longrightarrow \text{乳酸} + \text{乙醇} + CO_2 + ATP$$

异型乳酸发酵途径中，1mol葡萄糖生成1mol的乳酸、1mol的乙醇和CO_2以及1mol的ATP。

（2）乙酸发酵　发酵醪液污染乙酸杆菌后，醪液中的乙醇就会被乙酸杆菌氧化成乙酸，其主要的反应方程式如下：

$$\underset{\text{葡萄糖}}{C_6H_{12}O_6} \xrightarrow{\text{乙酸杆菌}} \underset{\text{乙酸}}{CH_3COOH} + H_2O$$

发酵醪液中如果挥发酸明显增高，可以初步判定是大量感染乙酸杆菌所致。乙酸杆菌是乙醇厂和酒厂空气中较多的微生物之一。因为酒精厂的空气中乙醇蒸气含量较高，给乙酸杆菌提供了丰富的碳源，虽然乙酸杆菌是好氧菌，但是在发酵醪液的制备和循环的过程中还是会使一些乙酸杆菌被吸附，以致生成乙酸。

（3）丁酸发酵　在酵母乙醇发酵过程中，丁酸形成的主要方程式如下：

$$\underset{\text{葡萄糖}}{C_6H_{12}O_6} \xrightarrow{\text{丁酸菌}} \underset{\text{丁酸}}{CH_3CH_2CH_2COOH} + 2CO_2 + 2H_2$$

丁酸是专性厌氧的梭状芽孢杆菌主要的代谢产物。丁酸梭状芽孢杆菌利用糖酵解途径生成的丙酮酸，在辅酶A的参与下先形成乙酰CoA，再生成乙酰磷酸，乙酰磷酸很容易产生乙酸。由丙酮酸产生的乙酰CoA还可以缩合，进而还原成丁酸。2分子丙酮酸产生的2分子的乙酰CoA，缩合成乙酰乙酸CoA，后者被还原成β-羟丁酰 CoA，脱水生成 β-烯丁酰 CoA，再还原成丁酰 CoA，最后生成丁酸。

感染杂菌是乙醇生产中经常遇到的问题，发酵过程一旦被杂菌感染，除了降低原料的乙醇得率外，还会增加乙醇提纯的难度。因此，控制杂菌污染是优质乙醇高产的重要环节。

三、乙醇发酵过程

目前工业上利用糖类原料生产乙醇的菌种多为酿酒酵母（*Saccharomyces cerevisiae*），酿酒酵母进入糖液的发酵体系后，体系中的糖分（主要是单糖和麦芽糖）通过酵母的营养运输机制进入细胞内，在糖-乙醇转化酶系统的作用下，最终生成乙醇、CO_2 和热量。乙醇发酵过程从表观上一般可分为发酵前期、主发酵期和发酵后期三个阶段。

1. 发酵前期

在发酵前期，糖液与酿酒酵母混合，酵母细胞经过较短的适应期后，由于糖液中溶有一定数量的溶解氧，发酵液中的各种养分比较充足，所以这一阶段酵母繁殖较快，糖分的消耗主要用于菌体生长。由于酵母细胞的浓度较低，发酵作用的强度不大，同时由于发酵液中溶解氧的存在，因而，CO_2 和乙醇的生成量都较少，糖分的消耗也比较少，在此阶段发酵液的表面显得比较平静。一般而言，发酵前期的长短取决于酵母菌种的接种量的多少，接种量大、发酵前期的时间就较短，接种量小，发酵前期的时间就较长。一般实际生产酵母的接种量为 5%～10%较宜，间歇发酵的发酵前期的时间约为 6～8h，在此期间，要加强管理，因醪中酵母细胞并不多，生长不十分旺盛，易使感染杂菌，影响后发酵，甚至造成发酵失败。

2. 主发酵期

酵母细胞已经完成大量增殖的过程，发酵液中的酵母数量一般可以达到 10^8 个/ml 以上，发酵液中的溶解氧已基本被酵母生长消耗完，处于厌氧环境，从而使酵母的代谢活动主要处于厌氧乙醇发酵，而酵母生长基本停止。这一阶段，原料中 80%以上有效成分转化为乙醇和 CO_2，同时放出大量热量，致使发酵液的温度快速上升，由于大量 CO_2 的产生，从表观上看，发酵液上下翻动，发酵程度较为激烈。此时，应及时采用冷却措施，因为温度较低，有利于保持酵母细胞酒化酶活力，发酵反应进行得彻底，出酒率较高。对于一般菌种而言，主发酵阶段的温度不宜超过 34℃。一般情况下，主发酵时间的长短取决于发酵液糖浓度的高低，糖分高，则主发酵期的持续时间就较长，反之则短，对于一般的间歇发酵，主发酵期持续时间为 12h 左右。

3. 发酵后期

发酵液中的糖分大部分已被酵母利用，可发酵糖浓度降低，酵母利用葡萄糖发酵生成乙醇的速度也逐渐降低，CO_2 的产生量也相应降低，产热较少。从发酵液的表观上看，在发酵液表面虽仍有气泡产生，但是发酵强度明显减弱，酵母活力下降，死酵母数逐渐增加，酵母和发酵后固形物逐渐絮凝沉淀。后发酵阶段的温度应根据气候与季节不同进行适当控制，一般菌种以保持在30～32℃为宜。

上述的三个发酵时段只是根据发酵特征大体上划分的，在实际的发酵中很难将它们截然分开。但是在实际生产中，尽量缩短发酵前期的时间，这对于提高生产效率将有很大的意义。

四、乙醇生产过程常用的技术指标

1. 原料利用率

原料利用率是生产上经常用来衡量发酵过程优劣的指标，一些文献中还用乙醇（酒精）产率、乙醇（酒精）得率、发酵率等来表述。其定义为，实际出酒率与理论出酒率的比值。可以用式(5-1) 来表示。

$$\text{原料利用率}=\frac{\text{实际出酒率}(\%)}{\text{理论出酒率}(\%)}\times 100\% \tag{5-1}$$

式中 理论出酒率（%）——单位重量的原料理论上可以产乙醇的重量，还可以表述为理论醇糖比。

单糖（葡萄糖、果糖）乙醇发酵的总反应式为

$$C_6H_{12}O_6 \longrightarrow 2C_2H_5OH+2CO_2$$

$$\begin{array}{ccc} 180.16 & 92.14 & 88.02 \\ 100 & x & y \end{array}$$

$$x=51.14 \quad y=48.86$$

即：100g单糖理论上能发酵产生100%纯乙醇51.14g和48.86g二氧化碳，51.14/100或0.5114还可以称为单糖理论醇糖比。

双糖（蔗糖、麦芽糖）乙醇发酵的总反应式为：

$$C_{12}H_{22}O_{11}+H_2O \longrightarrow 4C_2H_5OH+4CO_2$$

$$\begin{array}{ccc} 342.29 & 184.28 & 176.04 \\ 100 & x & y \end{array}$$

$$x=53.83 \quad y=51.43$$

即：100g双糖理论上能发酵产生100%纯乙醇53.83g和51.43g二氧化碳，53.83/100或0.5338即为双糖理论醇糖比。

同理可算出，每100g淀粉质原料理论上可以产56.78g乙醇，56.78/100或0.5678即为淀粉的理论醇糖比。

实际出酒率（%）——单位重量的原料实际产乙醇的重量，还可以表述为实际醇糖比。

由于酵母自身生长和生成各种副产物都要消耗原料中的碳源，因此，实际出酒率要比理论出酒率低。

2. 乙醇生产效率

乙醇生产效率是指单位发酵容器容积每小时生产乙醇的重量，是衡量乙醇生产效率的主要指标，一些文献中还有用乙醇（酒精）生产强度、生产强度等来表述

的。乙醇生产效率计算公式如式(5-2) 所示。

$$乙醇生产效率[g/(L \cdot h)]=\frac{发酵罐有效容积(L)\times单位成熟醪液中乙醇的质量(g/L)}{发酵罐实际容积(L)\times发酵时间(h)} \tag{5-2}$$

式中 发酵罐有效容积——等于盛装发酵液的量（L），通常为发酵罐实际容积的75%～85%；

单位成熟醪液中乙醇的质量——成熟醪液中乙醇的浓度，g/L；

发酵时间——发酵所用时间，h。

例如：发酵醪液总糖含量（以葡萄糖计）为10%，发酵液装载量为发酵罐实际容积的80%，经18h发酵后，成熟醪液的乙醇含量为6%（体积分数），该发酵过程的原料利用率和乙醇生产效率可分别计算为

$$原料利用率=\frac{6\%\times0.789}{10\%\times0.5114}\times100\%=92.57\%$$

$$乙醇生产效率=\frac{6\%\times0.789}{18}\times80\%\times1000=2.104\ [g/(L \cdot h)]$$

式中 0.789——乙醇的密度，g/cm^3；

0.5114——单糖的理论出酒率。

除了以上两个指标外，发酵醪中的残糖浓度、pH值、杂质成分及含量等也是衡量发酵生产的重要指标。

第四节　乙醇发酵微生物

一、乙醇发酵微生物的性能

自然界中可以利用糖分产生乙醇的微生物很多，在众多产乙醇微生物中选择具有应用价值的菌株必须满足下面的要求：

① 应该具有高的发酵性能，能快速并完全地将有效糖分转化成乙醇；

② 繁殖速度快，具有很高的比生长速率；

③ 具有高的耐高浓度糖和乙醇能力，即对自身的代谢底物和产物的稳定性好；

④ 抗杂菌能力好，对杂菌的代谢产物的稳定性好，抗有机酸能力高；

⑤ 对复杂成分培养基的适应能力强；

⑥ 对温度、酸度和盐度的突变适应性强，即自身对环境的适应能力强。

对于一些特殊的原料，酵母菌种还应具备一些特殊的性能。目前发现的能大量生产乙醇的酵母和细菌及被它们用作底物的主要碳水化合物列于表5-4。

二、乙醇生产常用的酵母菌菌株

1. 拉斯2号酵母（Rasse Ⅱ）

又名德国二号酵母，是Linder1889年从发酵醪中分离选育出来的一株酵母菌

表 5-4 能大量生产乙醇的酵母和细菌及被它们用作底物的主要碳水化合物

酵母或细菌	底　　物
酵母	
酵母属(*Saccharomyces* spp.)	
酿酒酵母(*S. cerevisiae*)	葡萄糖、果糖、半乳糖、麦芽糖、麦芽三糖和木酮糖
卡尔斯伯酵母(*S. carlsbergensis*)	葡萄糖、果糖、半乳糖、麦芽糖、麦芽三糖和木酮糖
鲁氏酵母(*S. rourii*)(嗜高渗)	葡萄糖、果糖、麦芽糖和蔗糖
栗酒裂殖酵母(*Schizosaccharomyces pombe*)	葡萄糖、果糖、麦芽糖和蔗糖
克鲁维酵母属(*Kluyveromyces* spp.)	
脆壁克鲁维酵母(*K. fragilis*)	葡萄糖、半乳糖、乳糖
乳酸克鲁维酵母(*K. lactis*)	葡萄糖、半乳糖、乳糖
假丝酵母属(*Candida* spp.)	
假热带假丝酵母(*C. pseudotropicalis*)	葡萄糖、半乳糖、乳糖
热带假丝酵母(*C. tropicalis*)	葡萄糖、木糖、木酮糖
细菌	
运动发酵单胞菌(*Zymomonas mobilis*)	葡萄糖、果糖和蔗糖
梭菌属(*Clostridium* spp.)	
热纤维梭菌(*C. thermocellum*)(嗜热)	葡萄糖、纤维素二糖和纤维素
热硫化氢梭菌(*C. thermohydrosul furicum*)(嗜热)	葡萄糖、木糖、蔗糖、纤维素二糖和淀粉
布氏热厌氧菌(*Thermoanaerobium brockii*)(嗜热)	葡萄糖、蔗糖、纤维二糖
乙酰乙基热厌氧杆菌(*Thermobacteroides, acetoethylicus*)(嗜热)	葡萄糖、蔗糖、纤维二糖

注：引自［美］A.N. 格拉泽，［日］二介堂弘著．微生物生物技术：应用微生物学基础原理．陈守文，喻子牛等译．北京：科学出版社，2002。

种，细胞呈长卵形，麦汁培养的细胞大小为 5.6μm×(5.6～7)μm，子囊孢子 2.9μm，一般较难形成。能发酵葡萄糖、蔗糖、麦芽糖等，不能发酵乳糖。该菌株在玉米醪中发酵特别旺盛，适合淀粉质原料发酵生产乙醇。

2. 拉斯 12 号酵母（Rasse Ⅻ）

又名德国 12 号酵母，由 Matthes 于 1902 年从德国压榨酵母中分离得到的。细胞呈圆形或近卵圆形。细胞大小通常为 7μm×6.8 μm，细胞间连接较多。富含肝糖，在培养条件良好时，无明显的液泡，较拉斯 2 号酵母容易形成子囊孢子。每个子囊有 4 个孢子，在麦芽汁培养基上形成灰白色菌落，中心凹陷，边缘呈锯齿状，可以发酵葡萄糖、果糖、蔗糖、麦芽糖、半乳糖和 1/3 棉子糖。不能发酵乳糖，适合乙醇生产之用。

3. K 字酵母

该菌种源于日本，细胞呈卵圆状，个体较小，但繁殖迅速，适合用于以高粱、水稻、薯类为原料的乙醇生产，在我国有很多乙醇工厂使用过 K 字酵母。

4. 南阳五号酵母（CICC 1300）

该酵母为我国南阳乙醇厂自己选育的酵母菌种，固体培养时生成白色菌落，表面光滑，边缘整齐，质地湿润。细胞呈卵圆形，少数呈腊肠形，其个体大小一般为(3.3μm×5.94μm)～(4.95μm×7.26μm)。可发酵麦芽糖、葡萄糖、蔗糖、1/3 棉子糖，不能发酵乳糖、菊糖、蜜二糖，耐乙醇浓度可达13%。

5. 南阳混合酵母（CICC 1308）

该酵母也为我国南阳乙醇厂自己选育的酵母菌种，固体培养时生成白色菌落，表面光滑，边缘整齐，质地湿润，液体培养时，易絮凝沉淀。细胞呈卵圆形。可发酵麦芽糖、葡萄糖、蔗糖、1/3棉子糖，不能发酵乳糖、菊糖、蜜二糖。生产实践证明，该菌在含有单宁的原料中乙醇发酵能力比拉斯12号酵母速度快，细胞变形小，产乙醇能力也强。

6. 日本发研1号

该菌种在米曲汁培养基上，30℃，培养5d，细胞呈椭圆形，个体大小为(4.5μm×6.6μm)～(6.4μm×8.2μm)，子囊有1～4个孢子。可以发酵葡萄糖、麦芽糖、蔗糖、甘露糖、棉子糖和半乳糖，不能发酵乳糖。乙醇发酵能力强，适合于淀粉质原料的乙醇生产。

7. 卡尔斯伯酵母

该菌种细胞呈圆形、卵形、椭圆形或长形。细胞大小有大、中、小三群，分别为(4.0～10)μm×(5.5～10)μm、(3.5～8.0)μm×(5.0～11)μm和(2.5～6.5)μm×(5.0～11.5)μm。子囊孢子中会产生1～4个子囊孢子，在麦芽汁琼脂培养基上菌落为乳白色，平滑，有光泽，边缘整齐。可以发酵葡萄糖、麦芽糖、蔗糖、半乳糖、棉子糖和蜜二糖，不能发酵乳糖，可以用于发酵制取乙醇的生产。

8. 台湾酵母396号（F-396）

该酵母菌种的细胞呈球形、卵形或椭圆形，曲汁培养基中呈球形，45～9.8μm，空胞大。在糖蜜中细胞呈椭圆形。孢子呈球形，2.5～3.5μm，1～3个，孢子形成温度30℃，菌落淡黄色，中心部凹下，边缘呈放射状。它的最适的生长温度为33℃，最适生长的pH为4.5～5.0，发酵最适合温度为33～35℃，最适发酵pH值为2.0～5.0，耐乙醇能力在10%时为48h。

9. As.2.1189和As.2.1190

它们分别为古巴Ⅰ号和古巴Ⅱ号的国家编号。这两株来自古巴的菌种是甘蔗糖蜜乙醇发酵的优良菌种。它们的细胞呈圆形、椭圆形或腊肠形。As.2.1189的菌落呈白色，圆形，有光泽，中心部稍凸起，边缘皱褶；As.2.1190细胞大小相差较悬殊，菌落边缘稍不整齐。它们的最适的发育温度为25～28℃，最佳发育pH为4.0～5.0，最适发酵温度31～38℃，最适pH值为3.0～5.0。该菌的耐乙醇能力强，成熟醪液最高酒度可达10%～11%。它们发酵甘蔗糖蜜的速度快，在正常的稀糖浓度下发酵周期为22～24h，较上述的F-396要缩短4～6h以上。此外，它们对营养的要求也比较低，在营养条件比较差的低纯度的培养液中，亦能正常生长和发酵。在温度低于40℃时，乙醇得率可达88%～90%，但温度超过40℃后，发酵的各项指标都会出现明显的降低。

10. 甘化1号

该菌种是广东江门甘蔗化工厂在1968年从甘蔗糖蜜中分离选育得到的，它的细胞大小多呈圆形，部分呈卵形，在麦芽汁中培养，细胞大小为5.5μm×5μm×6μm，最适的发育温度为30～32℃，最适发育pH为4.5～5.5，最适发酵温度为32～34℃，最适发酵pH为4.5～5.5。该菌种对甘蔗糖蜜，特别是碳酸法甘蔗糖蜜具有较强的适应能力，发酵力强且稳定，但对高温发酵的适应性差。

11. 川102

这是1952年轻工业部原重庆工业试验所糖酒研究室选育出来的良种甘蔗糖蜜发酵菌种。它的细胞多数呈圆形或卵圆形，增殖快，最适发育温度为28～30℃，最适发酵温度为31～34℃，最高不超过36℃，抗乙醇耐性强，能耐12%～14%的乙醇，耐酸能力强，杂醇油产量极少。在1956～1957年期间在广东揭阳糖厂乙醇车间被采用作为生产菌种，生产实践证明，在温度不超过36℃的情况下，发酵率高于台湾酵母396（F-396）。

12. Я字酵母

Я字酵母是前苏联雅库勃夫斯基（Якубовский）分离选育得到的，它属于葡萄酒酵母属，具有沉淀特性，属尖状酵母。形状呈椭圆形，最适培养pH值为4～5，温度27～28℃，最适发酵pH值为2～5，最适发酵温度为32～34℃；耐乙醇能力在10%左右，该酵母能发酵葡萄糖、果糖、麦芽糖、蔗糖等，不能发酵乳糖和糊精。在20%的稀糖液中，酸度调节到7.5还能正常繁殖，酸化到pH值为2时还能经受得住。当醋酸含量达到0.3%，酵母便停止繁殖，而蚁酸含量只要达到0.11%，酵母就不再生长。Я字酵母的耐压能力特别强，在10%的试验溶液中经3.5h其原生质收缩到90%，但24h后，绝大部分细胞能恢复正常，异常者只是个别细胞。而对照酵母在同样条件下只能恢复86%。

三、能进行乙醇发酵的细菌

1911年Barker和Hillier从败坏的苹果酒中分离得到一种运动性杆菌，细胞为单个或成双，大小为2μm×1μm，两端圆形，为兼性厌气菌，不产孢子。在固体培养基上生长缓慢，菌落乳白色，有黏性，能旺盛地发酵葡萄糖或者果糖，并生成乙醇和CO_2。不能发酵蔗糖、麦芽糖和乳糖，这是首次发现的运动发酵单胞菌。

1923～1924年Lindner从墨西哥龙舌兰酒（pulque）中分离到这种菌，并最终命名为*Zymomomas mobilis*。到目前为止已发现*Z. mobilis*和*Z. Pomaceae*两个亚属的40多个菌株，但大多数属于*Z. mobilis*的亚属。其中，运动发酵单细胞菌（*Zymomomas mobilis*）具有独特的葡萄糖酵解途径和有高效的将丙酮酸转化成乙醇的丙酮酸脱羧酶（PDC）和乙醇脱氢酶（ADH）酶系统，由于它对乙醇及纤维材料水解物中毒性因子有较高的耐受性，乙醇产率比传统酵母高出5%～10%，体积浓度高出5倍、菌体的生成量少、副产品少等特点，应用前景广阔。

1. 运动发酵单细胞菌的生理性状

*Z. mobilis*是革兰阴性菌，细胞长为2～6μm，宽为1～1.5μm，单个或成双，比一般的细菌（0.5～1.75μm）宽。30%左右的菌株能运动，有1～4个鞭毛，

45%的菌株鞭毛丛生。33%的细胞拉长成丝状，长达28μm，不产孢子和荚膜，细胞内不产油脂和肝糖。在标准培养基上，深层菌落呈双凸镜状，卵形，白色或乳白色。培养2d后菌落直径达1～2mm。厌氧表面菌落呈扩散性，卵形或瘤形，直径达3～4mm。

Z. mobilis 生长需要葡萄糖或者果糖，有的菌株还可以利用蔗糖。在蛋白胨培养基+2%葡萄糖、啤酒+2%葡萄糖、棕榈汁等培养基中能良好地生长。在液体培养基中，67%的菌株生成紧密的沉淀，33%的菌株生成黏性颗粒沉淀。pH值范围广，在pH3.5～7.0内均可生长。生长最适温度为36℃，死亡温度为60℃/5min。在含有20%葡萄糖的培养基中，全部菌株在34h以内开始生长；在含葡萄糖33%的培养基中，有88%的菌株在2～5d后生长，糖含量达40%时，有54%的菌株在4～20d内生长。

2. 运动发酵单细胞菌的乙醇代谢途径

运动发酵单胞菌降解葡萄糖为乙醇的代谢途径由Entner和Doudoroff两人首先发现，因此命名为ED途径，图5-4所示的是运动发酵单胞菌降解葡萄糖途径(ED途径)。这也是迄今发现的厌氧菌按照ED途径代谢葡萄糖的唯一例子。

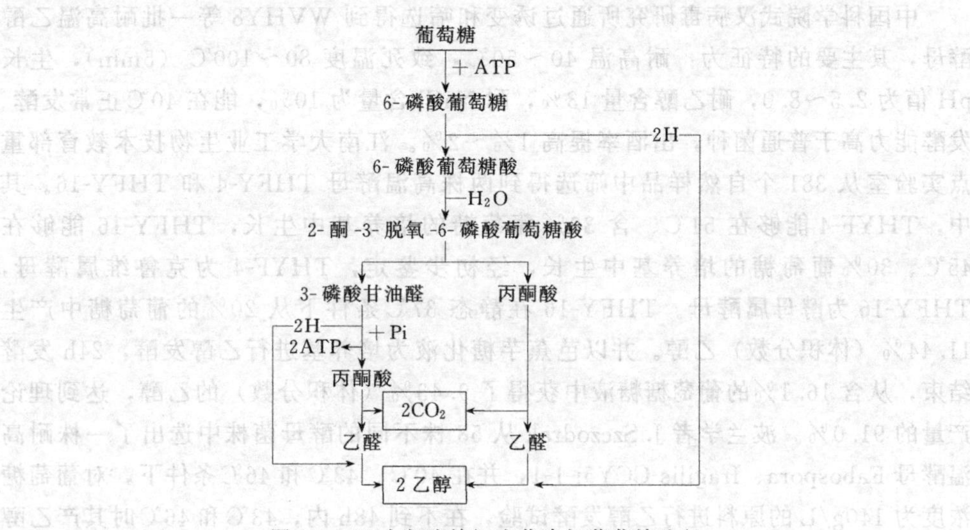

图5-4 运动发酵单细胞菌降解葡萄糖途径

细菌乙醇发酵过程是葡萄糖经糖酵解途径（EMP途径）的前部分，生成6-磷酸葡萄糖酸；而后在脱水酶作用下脱水生成2-酮-3-脱氧-6-磷酸葡萄糖酸；再在脱氧酮糖酸醛缩酶作用下裂解为3-磷酸甘油醛和丙酮酸；3-磷酸甘油醛转入EMP途径的后部分，转化为丙酮酸。丙酮酸再脱羧生成乙醛，乙醛还原成乙醇。关键步骤是2-酮-3-脱氧-6-磷酸葡萄糖酸的催化裂解，即分解为2个三碳化合物，因此该途径也称2-酮-3-脱氧-6-磷酸葡萄糖酸裂解途径（简称KDPG途径）。

细菌乙醇发酵的总反应式可以表示为

$$C_6H_{12}O_6 + ADP + H_3PO_4 \longrightarrow 2C_2H_5OH + 2CO_2 + ATP$$

因菌株不同，1mol 葡萄糖产乙醇的量也有差异，有学者对 40 种能够发酵葡萄糖为乙醇的细菌菌株转化葡萄糖为乙醇的量进行了研究，发现这些细菌将 1mol 葡萄糖转化为乙醇的量为 1.5～1.9mol。比如，运动发酵单胞菌（*Z. mobilis*，ATCC10980）的代谢反应式为

1mol 葡萄糖⟶ 1.8mol 乙醇＋1.9mol CO_2＋0.15mol 乳酸

运动发酵单胞菌（*Z. mobilis*，NCI8938）的代谢反应式为

1mol 葡萄糖⟶ 1.93mol 乙醇＋1.8mol CO_2＋0.053mol 乳酸

运动发酵单胞菌乙醇发酵除了生成乙醇、CO_2、乳酸外，还可能产生少量的乙醛等化合物。但代谢副产物的种类和数量比酵母菌乙醇发酵少。

四、乙醇发酵菌的选育及基因工程菌的构建

除了利用上述这些典型的菌种之外，为了提高乙醇生产效率，研究者们还通过生物工程技术选育和构建出大量耐高温、耐乙醇等适应能力强、乙醇产率高的新酵母菌种。

1. 耐高温酵母

中国科学院武汉病毒研究所通过诱变和筛选得到 WVHY8 等一批耐高温乙醇酵母，其主要的特征为：耐高温 40～50℃，致死温度 80～100℃（5min），生长 pH 值为 2.5～8.0，耐乙醇含量 13%，耐 NaCl 含量为 10%，能在 40℃正常发酵。发酵能力高于普通菌种，出酒率提高 1%～2%。江南大学工业生物技术教育部重点实验室从 381 个自然样品中筛选得到两株高温酵母 THFY-4 和 THFY-16。其中，THYF-4 能够在 51℃、含 30%葡萄糖的培养基中生长，THFY-16 能够在 45℃、30%葡萄糖的培养基中生长，经初步鉴定，THYF-4 为克鲁维属酵母，THFY-16 为酵母属酵母。THFY-16 在静态 37℃条件下从 20%的葡萄糖中产生 11.44%（体积分数）乙醇。并以芭蕉芋糖化液为培养基进行乙醇发酵，24h 发酵结束，从含 16.1%的葡萄糖糖液中获得了 9.43%（体积分数）的乙醇，达到理论产量的 91.0%。波兰学者 J. Szczodrak 从 58 株不同的酵母菌株中选出了一株耐高温酵母 Fabospora、fragilis CCY5i-1-1，并在 40℃、43℃和 46℃条件下，对葡萄糖浓度为 140g/L 的原料进行乙醇发酵试验，在不到 48h 内，43℃和 46℃时其产乙醇的量分别为 6g 和 35g。溶液中存在木霉纤维素酶 400FPU/L（滤纸单位/升），对乙醇发酵无影响。

2. 耐乙醇酵母

Argirions 等从希腊一葡萄园土壤中分离到了酿酒酵母 AZA2-1，该株酵母菌发酵葡萄汁时，可产生 17.6%（体积分数）的乙醇，这些分离到的酵母菌株不仅能在较短时间内产生高浓度乙醇，而且发酵特性也非常稳定。D. Amore 等利用原生质融合技术获得的 1400 菌株在 20%葡萄糖培养基中可以产生 10%（体积分数）的乙醇，在 30%葡萄糖培养液中可以产生 11%（体积分数）的乙醇，在同样条件下，它的亲本菌株所产生的乙醇浓度要低得多。Gara 等利用热冲击处理技术获得了一

株抗高浓度乙醇的酵母菌355，该菌株能在含有15%（体积分数）、16%（体积分数）、17%（体积分数）乙醇的培养基中生长。

国际上已经比较广泛地采用活性干酵母进行乙醇发酵生产。我国宜昌安琪食用酵母基地在引进技术的基础上成功生产出商业性耐高温乙醇活性干酵母。这种干酵母已于20世纪80年代末开始在我国很多乙醇企业应用，该酵母具有耐乙醇、耐酸、耐高温、发酵时间短等特点。

3. 减少代谢副产物甘油生成的工程菌构建

从以上酵母菌乙醇发酵代谢途径可知，甘油的生成所消耗的碳源约占总碳源的4%～10%。因此，设法减少甘油合成量可提高乙醇产率与碳源利用率。其主要策略是修饰或切除一步或多步代谢反应，或引入外源相关基因以改变碳流方向与碳流量，从而使反应向有利于生成更多乙醇而少生成甘油的方向进行。

Bjrkqvist、Valadi 等通过阻断甘油合成途径，使缺失 *GPD* 2 基因的酿酒酵母突变体乙醇产量比其亲本提高了约8%，但是生长速率则较亲本下降了45%。由此可见，单一的阻断甘油合成途径并不能有效地提高乙醇产率。Nissen 等通过敲除 *GDH* 1基因，且用启动子 PGK 过表达 *GLN* 1 和 *GLT* 1 的基因，构建了菌株 TN19（gdh1-ΔPGK1p-GLT1PGK1p-GLN1），与野生型菌株相比甘油产量下降38%，乙醇产量增加了10%，仍保持了野生型菌株90%以上的最大比生长速率。说明，新增还原辅酶Ⅰ（NADH）需求与三磷酸腺苷（ATP）消耗通路可以提高菌株的乙醇产率，而不影响发酵速率。

Bro 等利用生物信息学手段分析酿酒酵母的基因组水平代谢模型，并对其基因组进行修饰，即过表达依赖于 $NADP^+$（烟酰胺腺嘌呤二核苷磷酸，辅酶Ⅱ，是 NADPH 的氧化形式）的 *gapN* 基因，成功构建了降低甘油产量，提高乙醇产率的酿酒酵母工程菌株。厌氧条件下重组菌的甘油流量减少了40%，最大比生长速率并未受到影响。含 *gapN* 基因的工程菌株在以葡萄糖为碳源生长时的生物量变高。该工程菌与野生型菌株发酵结果比较，乙醇产率提升了3%，而乙酸、丙酮酸、琥珀酸的量并没改变。

4. 同时代谢五碳糖和六碳糖基因工程菌的构建

由于木质纤维素水解后产生大量木糖、阿拉伯糖等五碳糖，不能为普通酵母利用，影响了原料的利用率和发酵生产效率。若能构建出既可以利用五碳糖又能利用六碳糖的菌株将大大提高乙醇生产效率，尤其是木质纤维素水解生产乙醇的效率。

大肠杆菌（*Escherichia coli*）的野生菌株能够利用非常广泛的碳源，其中包括六碳糖（葡萄糖，果糖，甘露糖）和五碳糖（木糖，阿拉伯糖）以及糖酸等物质，但是野生型大肠杆菌缺少强有力的产醇发酵酶系统，厌氧发酵时糖代谢的主要产物是各种有机酸，乙醇含量很低，故大肠杆菌菌种改造的重点是增强其产乙醇能力。乙醇合成由两种关键酶：丙酮酸脱羧酶（PDC）、乙醇脱氢酶（ADH）催化，在 *E. coli* 中存在微弱的 ADH 活性。为了实现糖酵解时碳的通量流向乙醇，可引入这两个关键酶基因到大肠杆菌中，促使丙酮酸（糖代谢的中间产物）定向转化成乙醇。目前，经重组的大肠杆菌菌株虽然具有很好的发酵性能，但由于所引入的基因存在于质粒上，稳定性较差，经连续发酵后质粒容易丢失而使发酵能力下降。为了保证质粒的存在，需向培养基中加入抗生素以增加环境的选择压力而抑制质粒的丢失。

如前所述，运动发酵单孢菌（*Zymomonas mobilis*）是一种能够用于乙醇生产的优良菌种。由于缺乏同化木糖的代谢途径而不能利用木糖，因此，目前研究主要集中在通过基因工程的手段引入木糖代谢途径。使工程菌株具有同时利用六碳糖和五碳糖的能力。目前，这方面的工作已经取得较大进展。

第五节　乙醇蒸馏脱水的原理及工艺流程

发酵醪液中乙醇含量通常小于 10%，需要进行回收浓缩。常用的方法是先蒸馏得到体积分数为 97.6%，沸点为 78.15℃的乙醇与水恒沸混合物，再使用吸水剂脱水法、共沸脱水法、真空脱水法、盐脱水法、蒸馏和膜脱水法、有机物吸附脱水法、离子交换脱水法等脱除其中的大部分水，得到无水乙醇。

一、乙醇蒸馏、脱水原理

(一) 乙醇蒸馏原理

蒸馏分离液体混合物的典型单元操作，是利用混合物中各组分的挥发度（沸点）不同而实现的分离方法。在乙醇生产中，将发酵醪液中的乙醇和其他所有的挥发性杂质分离开来的过程，称为乙醇蒸馏。乙醇蒸馏又可分为粗馏和精馏。粗馏是指对发酵成熟醪进行的简单蒸馏过程（或称为闪蒸），得到浓度较低的粗酒，粗馏设备称为粗馏塔（或醪塔）。精馏是指将较难分离的组分进行分离的过程，可去除粗酒中的杂质，进一步提高乙醇浓度，精馏后酒精含量可达到 95%左右，所用的设备称为精馏塔。

发酵醪的主要成分是水和酒精，一般将其看作酒精和水二元混合物，图 5-5 是酒精和水二元体系中酒精平衡浓度曲线，由此可知，体系受热时，乙醇在气相中的浓度比在液相中高，将此蒸气冷凝下来即可得到较高浓度的酒精，连续多次蒸发-冷凝，最终可得到 95.57%（质量分数），沸点为 78.15℃的乙醇与水恒沸混合物。

图 5-6 是理想蒸馏器原理图。如图 5-6 所示，以 5%的发酵醪做原料，在（1）釜内用 100℃的水蒸气加热，其酒精蒸气含量为 37%，用此物料蒸气加热（2）釜中的 37%的酒液；（2）釜中蒸气的酒精含量为 73.8%，再以此物料蒸气加热（3）釜中的 73.8%的酒液。依此类推，酒精浓度逐釜增加。若有足够的釜数，则不难得到 95.57%（质量分数）的酒精。各釜经加热蒸发后，其酒液的浓度都要降低，靠其上一釜的回流液来保持其原有浓度。

由于粗酒中醇、醛、酸、酯等杂质与乙醇的沸点不同，大部分杂质可在蒸馏过程被除去。其中，杂质中有比酒精更易挥发的，称为头级杂质，如乙醛、乙酸乙酯等；中级杂质的挥发性与乙醇接近，所以很难分离干净，如异丁酸乙酯、异戊酸乙

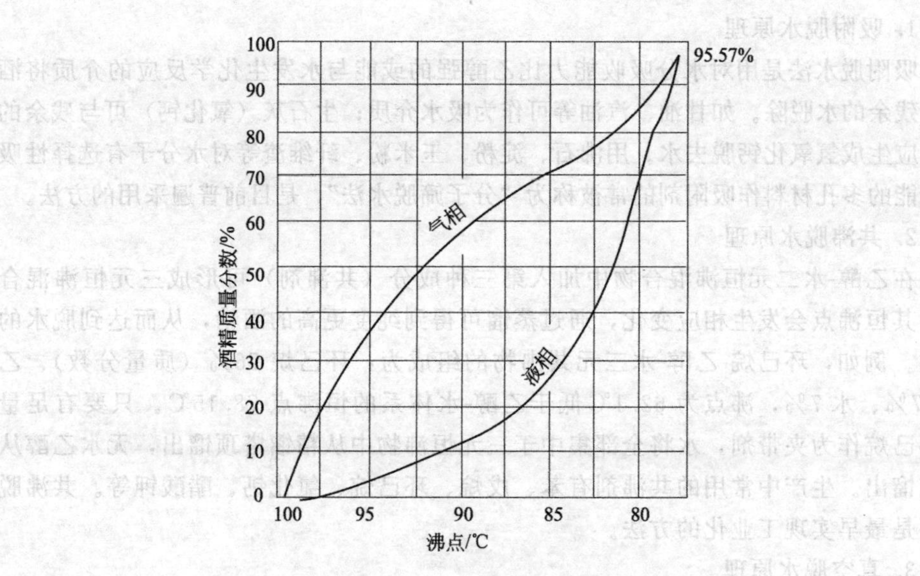

图 5-5 酒精平衡浓度曲线

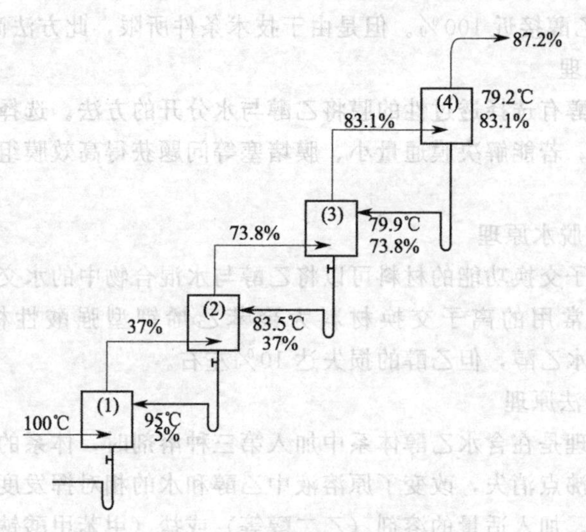

图 5-6 理想的蒸馏器原理图

酯等；尾级杂质的挥发性比乙醇低，沸点多数比乙醇高，如高级醇脂肪酸及其酯类，呈油状漂浮，故称杂醇油。头级和尾级杂质都易于与乙醇分离，较难除净的是中级杂质。

（二）乙醇脱水原理

当体系中乙醇含量达到 95.57%（质量分数）时，其与水形成沸点为 78.15℃的恒沸混合物，再用普通蒸馏方法已经不能提高体系中乙醇的浓度。要去除剩余的水分，得到更高浓度的酒精或无水酒精必须用其他方法脱水。依原理不同，乙醇脱水可分为：吸附脱水、共沸脱水、真空脱水、膜脱水、离子交换脱水、萃取脱水等。

1. 吸附脱水原理

吸附脱水法是用对水分吸收能力比乙醇强的或能与水发生化学反应的介质将酒精中残余的水脱除。如甘油、汽油等可作为吸水介质；生石灰（氧化钙）可与残余的水反应生成氢氧化钙脱去水。用沸石、淀粉、玉米粉、纤维渣等对水分子有选择性吸附功能的多孔材料作吸附剂的常被称为“分子筛脱水法”，是目前普遍采用的方法。

2. 共沸脱水原理

在乙醇-水二元恒沸混合物中加入第三种成分（共沸剂）可形成三元恒沸混合物，其恒沸点会发生相应变化，通过蒸馏可得到纯度更高的酒精，从而达到脱水的目的。例如，环已烷-乙醇-水三元共沸物的组成为：环已烷 76%（质量分数）、乙醇 17%、水 7%，沸点为 62.1℃低于乙醇-水体系的恒沸点 78.15℃。只要有足量的环已烷作为夹带剂，水将全部集中于三元恒沸物中从精馏塔顶馏出，无水乙醇从塔底馏出。生产中常用的共沸剂有苯、戊烷、环已烷、氯化钙、醋酸钾等。共沸脱水法是最早实现工业化的方法。

3. 真空脱水原理

在真空条件下，乙醇-水恒沸混合物中的乙醇浓度呈增大趋势，真空度达到 0.005MPa 时，乙醇接近 100%。但是由于技术条件所限，此方法尚未实现工业化。

4. 膜脱水原理

用对水或乙醇有选择透过性的膜将乙醇与水分开的方法。选择透过性膜通常用高分子材料制成。若能解决膜通量小、膜堵塞等问题获得高效膜组件，其工业化的步伐会加快。

5. 离子交换脱水原理

某些具有离子交换功能的材料可以将乙醇与水混合物中的水交换出来，从而达到脱水的目的，常用的离子交换材料为聚苯乙烯钾型强酸性树脂。此法可得 99.5%以上的无水乙醇，但乙醇的损失达 10%左右。

6. 萃取脱水法原理

萃取法的原理是在含水乙醇体系中加入第三种溶剂时，体系的蒸气张力平衡曲线发生改变，共沸点消失，改变了原溶液中乙醇和水的相对挥发度，使原料的分离变得容易。例如，加入适量的溶剂（乙二醇等）或盐（甲苯甲酸钠、水杨酸盐、醋酸钾、醋酸钠、氯化钙等），可以使乙醇和水的沸点差加大，不但易于分离，同时可降低能耗。

二、乙醇蒸馏脱水工艺流程

乙醇蒸馏脱水工艺主要有乙醇精馏工艺，共沸脱水法工艺，萃取法脱水工艺，分子筛脱水法（吸附法）工艺，这里只介绍乙醇精馏工艺工艺流程。

精馏操作是在精馏塔中进行的，图 5-7 是连续精馏操作流程。精馏塔内装有若干层塔板或填充一定高度的填料。塔板上的液层（或填料表面）是气液两相传热、传质的场所。每层塔板上都有很多小孔，气相上升到上一层，液相经溢流管流到下层，由于存在温度差和浓度差，气相有部分冷凝，液相中部分易挥发成分转入气相中，使物料在进入和离开该塔板时不同挥发度组分的浓度发生变化。即，液相在离开该塔板时，其中的易挥发组分浓度较进入塔板时降低，而离开的气相中易挥发组分浓度较进入时升高。精馏塔的每层板上均进行与上述相似的过程。只要有足够的塔板数就可以使醪液达到分离的要求。

原料液经预热器加热到一定温度后，送入精馏塔的进料板，与自塔上部下降的回流液汇合，诸板溢流，最后流入塔底再沸器中，连续地从再沸器中取出部分液体作为塔底产品（釜残液），部分液体汽化上升通过各层塔板，与回流液体接触，发生传热、传质。塔顶蒸气进入冷凝器中被全部冷凝，并将部分冷凝液用回流液泵送回塔顶作为回流液，其余部分作为塔顶产品被回收。

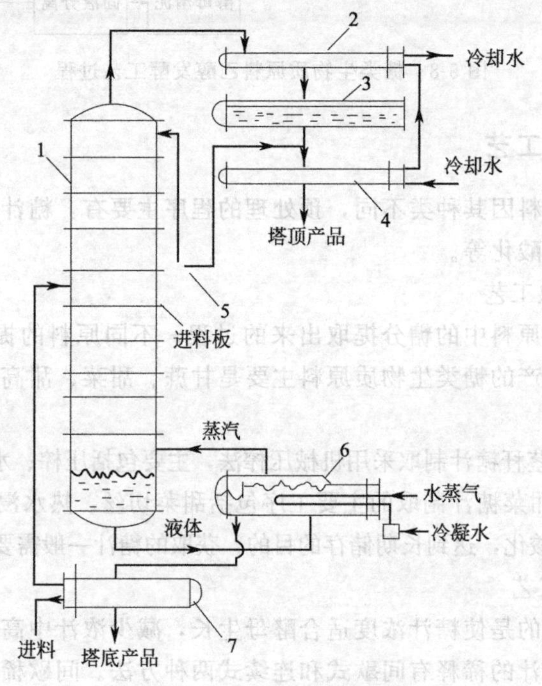

图 5-7　连续精馏操作流程

1—精馏塔；2—全凝器；3—储槽；4—冷却器；5—回流液泵；6—再沸器；7—原料液预热器

目前，酒精生产上均采用连续式蒸馏，根据质量要求和生产规模，又有单塔、双塔、三塔和多塔蒸馏。精馏得到质量分数为95%左右的乙醇，还需要脱水操作才能得到无水乙醇。

第六节　糖类原料乙醇发酵工艺与实例

糖类生物质原料乙醇发酵工艺可以省去淀粉质原料乙醇发酵的蒸煮、糖化等工序，其工艺过程比较简单、周期较短。图 5-8 为糖类生物质原料乙醇发酵的工艺过程。由于糖类生物质原料中干物质含量较高、产酸细菌多，灰分和胶体物质较多，发酵前要进行必要的预处理，乙醇发酵通常采用连续发酵方式，发酵成熟醪液可以直接进行蒸馏、脱水得到无水乙醇。在一些工艺中（回收酵母多级连续发酵法），发酵成熟醪液经过固液分离，所得酵母菌泥经过活化后作为菌种回用于乙醇发酵工段，可以减少菌种培养的费用，缩短发酵时间。蒸馏后剩余的废液应进行余热回收与无害化处理。

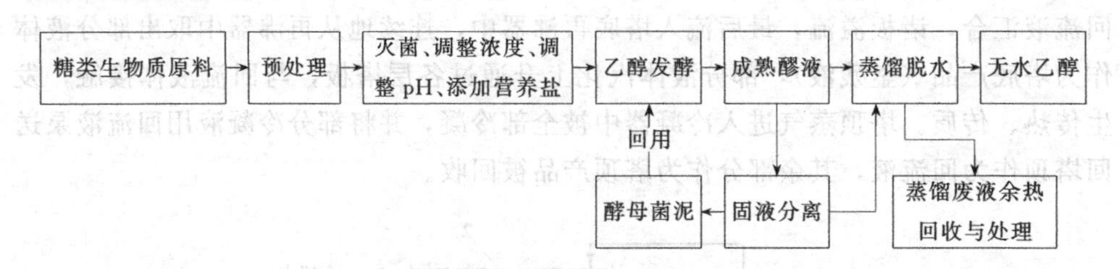

图 5-8　糖类生物质原料乙醇发酵工艺过程

一、原料预处理工艺

糖类生物质原料因其种类不同，预处理的程序主要有：糖汁的制取、稀释、澄清、添加营养盐和酸化等。

1. 糖汁的制取工艺

糖汁制取是将原料中的糖分提取出来的过程。不同原料的提取工艺有所不同，在我国用于乙醇生产的糖类生物质原料主要是甘蔗、甜菜、甜高粱茎秆以及制糖工业的废糖蜜等。

甘蔗和甜高粱茎秆糖汁制取采用机械压榨法，主要包括压榨、水洗残渣、沉淀及糖汁过滤等步骤。而甜菜糖汁制取的主要工序包括甜菜切丝、热水浸提、沉淀过滤等步骤。为了防止糖汁酸化，达到长期储存的目的，获取的糖汁一般需要浓缩到75～86°Bx。

2. 糖汁稀释工艺

糖汁稀释的目的是使糖汁浓度适合酵母生长，减少浓汁中高浓度无机盐对酵母菌的抑制作用。糖汁的稀释有间歇式和连续式两种方法。间歇稀释法是分批在装有搅拌装置的稀释罐中进行的；连续稀释法是浓糖汁、稀释水及添加剂等不断流入自动计量的连续稀释器，稀释好的糖液由稀释器出口不断流出的方法。

3. 糖液的澄清

糖液中通常含有较多的胶体物质、色素、灰分和其他的悬浮物质，它们的存在对于酵母的正常生长、繁殖和代谢有一定的害处，应尽量予以去除。糖液澄清的方法主要有机械澄清法、加酸澄清法和加絮凝剂澄清法。

4. 添加营养盐

糖类生物质原料中通常缺乏酵母繁殖和发酵的营养成分，要添加必要的营养盐来满足其需要。甘蔗、甜高粱茎秆糖液主要缺乏的营养成分是氮素、镁盐及少量钾、磷等。甜菜糖液中不缺乏氮源，但磷酸盐的含量不足。由于各种糖质原料的来源和制备方法不同，原料中所含盐类成分和数量也不相同，因此必须对糖汁成分进行分析，依此决定添加所要营养物质的种类和数量。

5. 糖汁酸化

酸化是为了抑制稀糖汁中杂菌的繁殖，加速灰分与胶体物质沉淀，酵母发酵最适 pH 为 4.0～4.5，酸化可使体系酸碱度适合酵母菌的生长。甘蔗、甜高粱茎秆的糖汁为微酸性，甜菜糖汁为微碱性，均需要加酸调节。常用硫酸、盐酸作酸化剂。

二、糖液的灭菌工艺

糖汁中含有大量野生酵母、白念球菌及乳酸菌等产酸杂菌。为了保证发酵正常运行，除了加酸提高酸度抑制杂菌生长外，还要用物理法或化学法进行灭菌。

1. 物理法灭菌

物理法灭菌是通过加热达到灭菌目的。通常采用直接通蒸汽的方法将稀糖液加热到 80～90℃，保持 1h，即可达到灭菌目的。加热灭菌可以在专门的灭菌罐内进行，也可以在酸化槽内加装加热蛇管，使加热和酸化工序同时进行。加热还可使胶体絮凝沉淀，起到澄清作用。但消耗蒸汽量大，又要相应增加设备，一般只有在糖汁被杂菌污染较重时才采用此法灭菌。

2. 化学法灭菌

为了减少能耗，许多工厂都采用添加防腐剂的办法来达到消灭或抑制杂菌的目的，但使用时应注意添加防腐剂的剂量和种类不应对乙醇发酵菌种产生抑制。常用的防腐剂有以下几种。

(1) 漂白粉　漂白粉的价格低廉，在乙醇生产中被广泛采用。漂白粉通常的用量为 0.2‰～0.5‰，即每吨稀糖液添加 200～500g 漂白粉。

(2) 甲醛　40％甲醛的水溶液俗称福尔马林，用量是每吨稀糖液需福尔马林 600mL。

(3) 氟化钠　这是一种毒性较大的防腐剂，用量为稀糖液量的 0.1‰。

(4) 五氯苯酚钠　五氯苯酚钠是一种杀菌效果非常好的防腐剂，它的用量为糖蜜量的 0.04‰。五氯苯酚钠遇酸会分解成酚和钠盐，所以应在酸化前加入。五氯苯酚钠对环境会造成一定影响，使用时要谨慎。

(5) 三氯异氰尿酸（灭菌灵）使用量小，对环境无毒无害，一般的使用量为 0.02‰。

(6) 抗生素　近年来抗生素成本和售价大幅度下降，使得应用抗生素作为乙醇发酵防腐剂成为可能。前苏联发现一种从紫色放线菌菌丝中提取的抗菌物质，在稀糖液发酵时只要添加 0.05‰即可避免乳酸菌生长。

三、糖类原料乙醇发酵工艺

糖质原料乙醇发酵按连续性程度可分为，间歇式发酵、半连续式发酵、连续式发酵三大类。目前我国大多数糖蜜酒精工厂多采用连续发酵法，这种方法自动化程度较高。产量较少的糖蜜乙醇厂多采用间歇发酵法。

1. 间歇式发酵

间歇发酵也称单罐发酵，发酵过程在一个发酵罐内完成。其过程是把制备好的糖化醪加到发酵罐中接入酒母进行发酵，发酵结束后排出成熟发酵醪送蒸馏工段。排空的发酵罐经清洗消毒后重复下一个发酵过程。根据工艺和设备不同，间歇发酵法又可分为开放式、密闭式、分割式、分段添加和连续流加等方法。

2. 半连续式发酵

半连续式发酵是主发酵阶段采用连续发酵，后发酵阶段采用间歇发酵的方法。按照发酵醪液的流加方式不同，半连续式发酵法分为下述两种方法。

① 将发酵罐连接起来，使前几只发酵罐始终保持连续发酵的主发酵状态，从第 3 只或第 4 只罐流出来的发酵醪液顺次加满其他发酵罐，完成后发酵，由于前几只发酵罐始终处于连续的主发酵状态，因而可以缩短时间、省去大量酵母种子。

② 将若干个发酵罐组成一个罐组，每只罐之间用溢流管相连接。先将在第一只发酵罐中加入 1/3 体积的酵母种子，再流加发酵醪液，使其保持主发酵状态。满罐后通过溢流管流入第 2 只罐，当第 2 只罐充至 1/3 时，流加发酵醪液，第 2 只罐加满后，溢流加入第 3 只罐，直至最后一个罐。发酵成熟后，从首罐到尾罐逐个将成熟醪液送去蒸馏。该方法也可以节省大量的酵母菌种，当然每个新发酵周期开始要制备新的酵母。

3. 连续式发酵

间歇式发酵是在糖分不断下降、乙醇含量逐步增加的变化过程中进行的。连续发酵则不然，发酵的每一个阶段是在不同的容器中进行的，对每个容器来讲，醪液的糖浓度、乙醇含量、pH、温度等是相对稳定的。酵母在这样的环境中发酵能力加强，发酵率也相应提高。整个发酵过程实现连续化，可方便操作和管理、减轻劳动强度、提高发酵设备利用率。

(1) 多级连续发酵法　多级连续发酵法又称自流式连续流动发酵法，通常采用 9～10 个罐串联起来，它们的位置可以在同一平面上或者不同平面上。酒母和基本稀糖液以一定的速度连续流入前两个发酵罐，发酵时醪液从 1# 发酵罐上部沿连通管流入 2# 发酵罐底部，再经 2# 发酵罐上部流入 3# 发酵罐底部，这样顺序连续流动，发酵成熟醪从最后的发酵罐中连续排出，送去蒸馏。在此过程中，酵母完成增殖和发酵作用。

多级连续发酵法可分为单浓度连续发酵法和双浓度连续发酵法两种。单浓度连续发酵法是酒母培养与连续发酵醪的糖液均采用同一种浓度（一般含量为 22%～25%）；双浓度连续发酵法酒母的培养液采用低浓度糖液，具体含量为 12%～15%；连续添加的是 32%～35%的基本稀糖液。

多级连续发酵法的特点是：把前两个发酵罐作为主体罐，在酒母与基本稀糖液连续流加的条件下，酵母处在对数生长期，保持旺盛的生命活动能力，发酵一开始便达到主发酵期，发酵时间可以大大缩短。在间歇分批发酵过程中，酵母的萌发期较长，然而在连续发酵过程中，酵母萌发期的时间取决于主罐中醪液交换的速度和第一次加入酵母的数量。如果交换速度过大，在营养物质丰富的情况下，虽然酵母的生长速度加大，但不利于酵母的积累，往往酵母来不及繁殖就有可能被流掉，酵母积累便在后面几个罐内进行，并且速度缓慢。为了消除这一现象，主罐的发酵醪交换速度应比其他发酵罐的低一些，为此可加大主发酵罐的容量，或者利用一组罐的前两罐作主罐，这种方法使酵母的积累在第一罐内结束，而使第二、第三发酵罐酵母细胞含量变化不大，使酵母数量在连续发酵中相对稳定。酵母在主罐中积累过程也取决于它的初始含量，在连续发酵过程中控制主发酵罐的酵母数量甚为重要，需要掌握好发酵醪的流加速度，使其交换速度与酵母的生长速度达到相对平衡。另外，糖蜜连续发酵一些重要的因子，如糖浓度、pH、温度、酵母数量和乙醇浓度在各个发酵罐内虽不相同，但能保持相对稳定，最大程度避免代谢产物反馈抑制。

多级连续发酵的缺点是，经常因杂菌感染使连续发酵不能长期维持下去，必须定期更换酵母种子，一般每隔几天，必要时甚至每隔2～3d各发酵罐需要交替排空灭菌再重新接入酵母种子进行发酵。

(2) 循环（往复）多级连续发酵法　循环（往复）多级连续发酵使用的发酵设备与多级连续发酵法相同，由9～10个发酵罐一组串联起来，但管道布置与换种操作有所不同。两者的共同点是，酒母与基本稀糖液的流加都是由1#、2#罐开始，依次经过所有的发酵罐完成连续发酵的全过程，成熟醪从最终发酵罐排出，送去蒸馏。不同点是：最终发酵罐成熟醪送去蒸馏后，立即对此罐清洗灭菌，接入新酵母种子，连续流加基本糖液，其他各罐依次排空成熟醪并灭菌后由前一个罐流入发酵醪，以相反的方向连续流动进行连续发酵，这样尾罐变为首罐，实现循环连续发酵法。该法的优点是杂菌感染机会较少，不需用泵转换，操作简化，节省电力消耗。

(3) 通气搅拌多级连续发酵法　为了使乙醇连续发酵在均匀相（或均质）情况下进行，同时保持足够的酵母数量。我国一些糖蜜乙醇厂，在一组发酵罐串联起来的发酵系统中，第一个罐采用通气搅拌或间歇通气搅拌，在保持较多酵母量的情况下，通过连续流加基本稀糖液，使酵母快速进入对数生长期。在随后的各发酵罐中，随着糖液浓度降低，酵母比生长速度也逐渐缓慢降低，直至发酵成熟。

(4) 回收酵母多级连续发酵法

回收酵母多级连续发酵是在4个一组串联的发酵罐中进行。成熟酒母及30%～34%的浓糖液从第一个发酵罐的底部连续送入，发酵醪液面向上升起，沿导管流入第二发酵罐的底部，依次流入第三个发酵罐。这样的输送方向保证了酵母在整个发酵期间都处于悬浮状态。由于发酵作用产生代谢产物乙醇和二氧化碳，醪液密度沿罐高度而逐渐降低，这样能防止发酵醪把刚送来的糖液带走。第三与第四两个发酵罐之间上部用导管相连，发酵醪由第四发酵罐的下部放出，使酵母沉降，便于回收再用。发酵醪的流动速度需调节到保证第一罐发酵度14%，第二罐发酵度10%，第三罐发酵度6.5%，第四罐发酵度6.1%。

发酵醪泵入沉降槽，用高速离心分离器将醪液和酵母分离，醪液送去蒸馏，将15%左右的酵母浆送至活化罐，添加11%～12%的稀糖液并添加硫酸调整酸度，再加过磷酸钙，而不加氮源养料，当糖液浓度降低至4.5%～5.0%时，活化完成可送至发酵罐，如此可以反复使用15次左右。由于回收大量的酵母经活化后，用于新糖液的发酵，发酵一开始便有足够多的酵母，使发酵启动快，缩短发酵时间，提高产率和设备利用率。

四、糖类原料乙醇发酵实例

（一）甜高粱茎秆汁液液态发酵生产乙醇案例

近年来，很多学者对甜高粱茎秆汁液液态发酵生产乙醇方面进行了研究，上海交通大学农业与生物学院生物质能工程研究中心刘荣厚教授等在甜高粱茎秆汁液储藏、固定化粒子制备与强化、流化床反应器等方面开展了深入研究，取得了较大进展。甜高粱茎秆采收后，去除穗、叶及叶鞘，机械压榨取汁，汁液用于液态发酵生产乙醇，甜高粱茎秆残渣可用于制造纸浆、饲料、食用菌培养基等的原料。液态发酵前，需按工艺要求调整甜高粱茎秆汁液糖浓度、灭菌、添加氮源及营养盐、pH值，接入乙醇发酵菌种。发酵方式根据生产规模和技术条件可选择间歇式发酵法（发酵时间需70h左右）；单双浓度连续发酵法（发酵时间24h左右）和固定化酵母流化床发酵法等。上海交通大学采用固定化酵母流化床发酵甜高粱茎秆汁液生产乙醇，使发酵时间缩短至6～8h，乙醇产率达到95%以上，是目前较先进的方法。因甜高粱茎秆汁液中含有较高的果胶、灰分等，成熟醪中有较多的酯、醛、杂醇等杂质，应采用三塔工艺进行蒸馏。通过该蒸馏工艺获得95%左右的酒精，再经脱水，除去残余的水分，获得无水乙醇。由于发酵成熟醪中含有大量酵母菌体，无菌操作条件较好的工厂可将其回收，经活化作为酵母种子重复利用，也可以与压榨后剩余的甜高粱茎秆残渣混合发酵生产菌体蛋白饲料。酒精蒸馏后的糟液COD含量较高，应进行环保处理和资源化利用。

1. 固定化酵母流化床生物反应器发酵甜高粱茎秆汁液生产乙醇工艺

本节以固定化酵母流化床发酵法为案例介绍甜高粱茎秆汁液液态发酵生产乙醇的工艺过程。图5-9是固定化酵母流化床生物反应器发酵甜高粱茎秆汁液生产无水乙醇工艺流程。

其工艺过程是，在无菌条件下向反应器中加入经灭菌、调整成分等处理的甜高粱茎秆汁液，再加入一定量的固定化酵母粒子（加入量通常为反应器容积的20%～30%）；发酵开始阶段通入无菌空气，使固定化粒子中的酵母快速增殖，当酵母细胞数量达到工艺要求后，用CO_2取代无菌空气，进行快速乙醇发酵。在此过程中，酵母细胞与甜高粱茎秆汁液因气体搅动充分接触，可以使酵母细胞增殖与乙醇发酵快速进行。发酵成熟后，醪液经冷却、气液分离进入蒸馏工段。夹杂少量乙醇蒸气的CO_2气在排管冷凝器中被冷凝，乙醇蒸气变为液态乙醇进入醪液。经

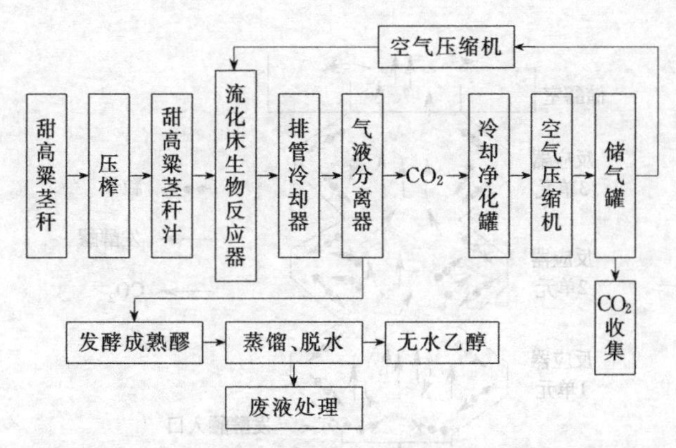

图 5-9　固定化酵母流化床生物反应器发酵甜高粱茎秆汁液生产无水乙醇工艺流程

过气液分离，CO_2 进入冷却净化罐净化后回收于储气罐。回收的部分 CO_2 经压缩返回流化床生物反应器中，不断搅动反应器中的溶液和固定化粒子，成为流化床的动力来源。该工艺的主要装置包括：流化床生物反应器、酵母粒子造粒系统、CO_2 气路循环系统、空气净化系统、汁液流加系统、酒精蒸馏脱水系统和控制计量系统等，其中核心部分是流化床生物反应器。

2. 三段式流化床生物反应器工作原理

图 5-10 是三段式流化床生物反应器工作原理图。如图 5-10 所示，CO_2（或无菌空气）通过气体分布板均匀分布后竖直上升，带动发酵液沿轴线方向上升。通过调节补料的流体速度，使发酵液沿反应器内壁的切向按一定速度做圆周运动。切向的流体速度和竖直方向上流体速度的矢量叠加，使发酵液呈螺旋上升运动。发酵生成的 CO_2 气膜包裹在固定化酵母粒子的表面，产生的浮力使固定化酵母粒子向上浮起，并在发酵液带动下粒子随发酵液绕轴线螺旋上升。当固定化酵母粒子上升到反应器第 3 单元顶部时，压力降低使包裹在固定化酵母粒子表面的 CO_2 气膜破裂，粒子开始下沉。在沉降过程中，聚集在一起的粒子受到向上的 CO_2 气流冲击而分散开来，这些粒子因没有 CO_2 气膜的载浮被气流冲离轴线至反应器第 3 单元器内壁，并在重力作用下沿壁表面向下沉降，直至到达第 1 单元的底部。这一过程中，粒子表面 CO_2 气膜不断积累，在浮力和发酵液上升流体动力作用再次向上运动，使粒子在三段发酵体内形成有规律的循环运动，在三段发酵体的内部形成良好的流态化，固定化粒子中的酵母细胞与发酵液之间接触充分，使发酵反应快速进行。在发酵起始阶段，酵母菌增殖需要大量 O_2，通入的气体为无菌空气。当酵母细胞数量达到要求后，停止通入无菌空气，改为 CO_2 气。

由于在发酵体的内部形成良好的流态化，通过连续流加补料，成熟发酵液由反应器顶部引出，进行蒸馏分离。而固定化酵母粒子则保留在反应器内，继续用于乙醇发酵。CO_2 气体经分离、净化、灭菌后循环利用。因此，此工艺具有发酵速度快、产量高、工艺设备少，易于实现连续化和自动化的特点。

3. 固定化酵母粒子生产工艺

固定化酵母粒子生产工艺流程如图 5-11 所示。制备工艺包括酵母菌液的制备；

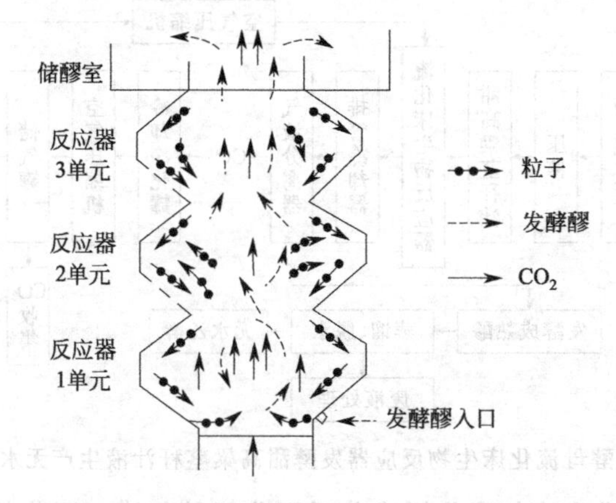

图 5-10 三段式流化床生物反应器工作原理图

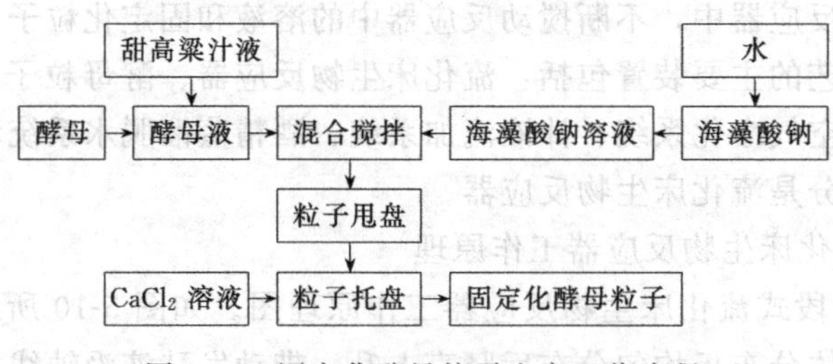

图 5-11 固定化酵母粒子生产工艺流程

海藻酸钠溶液的制备；氯化钙溶液的制备；海藻酸钠和酵母菌液的混合以及固定化酵母粒子的制取、固化等。工艺中的蒸馏和污水处理工艺和常规的蒸馏和污水处理类似，这里不再赘述。

（二）甜高粱茎秆固态发酵制取乙醇工艺

甜高粱茎秆固态发酵制取乙醇是将去除穗的甜高粱茎秆经机械粉碎，经灭菌、添加氮源及营养盐、调整 pH 值后，接入乙醇发酵菌种，经厌氧发酵再蒸馏、脱水获得无水乙醇的工艺。与液态发酵比较，甜高粱茎秆固态发酵污染物排放少，对生产设备、技术水平要求不高，建厂期短，易于推广。但茎秆中的糖分利用率、乙醇产率较低，发酵时间长，一般在 70h 以上，劳动强度较大，不易实现连续化、自动化生产。

1. 甜高粱茎秆固体发酵制取乙醇工艺流程

中试规模的甜高粱固态发酵制取酒精工艺流程如图 5-12 所示。该工艺是在传统白酒固体发酵生产工艺的基础上，经改进而来。甜高粱茎秆初加工，包括去穗、叶及清杂洗涤等；机械粉碎粒径为 1cm 左右，此工序宜采用茎秆粉碎-揉搓一体机处理，茎秆经揉搓其原有结构被破坏，有利于糖液渗出和乙醇酵母的利用；蒸料的目的是灭菌，在北方寒冷地区还有提高发酵温度、加快发酵速度的作用。蒸料后，添加必要的氮源（尿素或硫酸铵）及营养盐，在 40～45℃ 接入乙醇发酵菌种混合均匀，入池发酵，发酵过程中对温度、湿度进行监测，使其保持在乙醇酵母适合的范围内，发酵时间一般在 70h 以上。发酵成熟后，入甑进行蒸馏，得 50%～60%（体积分数）的原酒，再经精馏、脱水得无水乙醇。蒸馏后剩余的糟渣可用作家畜饲料。此工艺发酵和蒸馏过程中基本上无废液排放。

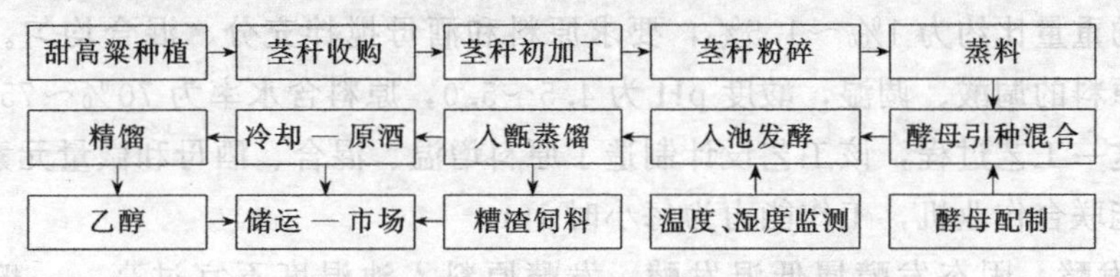

图 5-12　甜高粱茎秆固体发酵工艺流程

2. 主要生产设施及具体实施过程

(1) 主要生产设施　甜高粱茎秆固体发酵制取乙醇工艺主要生产设施如表 5-5 所示。其主要设计乙醇生产能力：5000t/a。

表 5-5　甜高粱茎秆固体发酵制取乙醇工艺主要生产设施

序号	内　容	数　量	小　计
1	甜高粱茎秆总量	5000×16＝80000t	80000t
2	种植面积	80000t/0.27(hm^2/t)	133.3hm^2
3	生产周期	9 月 29 日～次年 3 月 29 日	150d
4	茎秆粉碎机	4 台	30t/h
5	增温混合联合作业机	1 套	30t/h
6	发酵周期	平均发酵周期 4d	4d
7	发酵池总容积	每个发酵池 8m^3，共计 530 个	4240m^3
8	甑锅	平均日产 56t 原酒	7 个甑锅

(2) 该工艺的具体实施过程

① 原料收获与处理　应在含糖最高时收获采收甜高粱茎秆。因甜高粱品种、种植时间和各地气候条件不同，甜高粱茎秆糖分达到最高的时间也不尽相同。一般规律是，从开花到蜡熟期茎秆含糖迅速增加，但蜡熟至成熟没有显著变化，籽粒成熟收获后 7～10d 还会上升。

为使茎秆中的糖分在发酵过程中能充分地转化与利用，必须将其茎秆进行破碎。从有利于糖分转化和酵母发酵的观点来看，破碎的程度应是越碎越好，因为越碎，茎秆本身组织所呈现出的外表面积越大。这样，通过混料机可使酵母菌与其粉碎后的茎秆充分接触，可使发酵过程更加快速完全。由于甜高粱茎秆属松散的物料，茎秆含糖量不是很高，所以粉碎后也不会形成黏结，也不会产生小疙瘩而造成透气不好的问题，因此在切碎的工艺上希望尽可能碎细为好。但切得越碎耗能越多。该工艺选用了粉碎揉搓一体机，在对甜高粱茎秆进行切碎的同时，还对切碎的茎秆进行揉搓，使茎秆得到充分的粉碎，这种工艺方式既提高了生产效率又降低了能源消耗。

② 酒母培养　酒母培养是利用严格灭菌的甜高粱茎秆汁液作为培养基并添加必要的氮源和营养盐，酵母接种量为甜高粱汁液重量的 10%～15%左右，汁液糖

浓度5%～8%。要求酒母要保持新鲜、有活力，严防杂菌污染。酒母培育过程中要求对酒母的放置时间、使用方法、容器消毒等都应严格管理。

③ 混合　将调好温粉碎后的茎秆原料和酒母按照一定的比例进行混合，酵母与原料的重量比约为1‰～1.5‰，要求原料和酒母搅拌充分、混合均匀。同时还要完成原料的调酸、调湿，酸度pH为4.5～5.0，原料含水率为70%～75%左右。为实现这一工艺过程，该工艺设计制造了原料增温、混合、酒母和微量元素添加等的多功能联合作业机，工作能力为每小时16t。

④ 发酵　固态发酵属低温发酵，发酵原料入池温度不宜过高，一般控制在24～28℃为宜。如果原料入池温度过高，容易造成酵母繁殖过快，使酵母繁殖提前进入衰亡期，造成发酵没有后劲，形成发酵不完全，原料中的糖分不能充分得以利用，残糖高造成资源浪费，同时也给杂菌生长创造了有利条件，所以一定要调控好入池前的原料温度。发酵适宜温度为30～32℃，在这个温度范围内可有效地保持酵母菌的活力、耐酒精能力和抑制杂菌生长。当温度升高到35℃以上，便会有利于各种杂菌的孳生，不利于发酵的正常进行。通过控制入池温度来控制低温缓慢发酵，在整个发酵过程中，前期温度保持缓慢上升，中期保持恒定，后期缓慢下落。发酵周期为3～4d，视不同地区和季节进行调控。入池第一天酵母数快速成倍地增长，第二天、第三天维持相对平衡，发酵原料的温度逐渐升高到30～32℃，这时酸度开始缓慢地增加，乙醇含量快速上升。第三、四天温度趋向稳定。当温度出现稍有下降，发酵糟中的酸度开始直线上升，活酵母大量死亡，乙醇形成缓慢或开始下降的时候，就可以出池蒸馏。

⑤ 蒸馏　发酵完成后，从发酵池出料时一定要及时、迅速，出料操作人员一定不能扬撒以防止乙醇蒸发，影响出酒量。装甑布料过程要遵守“轻、松、准、薄、匀、平”原则，防止布料不均影响蒸馏出酒率。蒸馏过程要控制好蒸汽，开始装甑锅时蒸汽要稍小，以后逐渐加大，加盖时蒸汽要略小，来酒时蒸汽恢复正常，淌酒约2/3时，要加大蒸汽，追尽余酒。冷却水要连续进入和流出，保持出酒温度不超过35℃。

第七节　淀粉类原料乙醇发酵工艺与实例

淀粉类生物质原料生产乙醇工艺流程如图5-13所示。其与糖类原料乙醇发酵工艺的主要区别是增加了淀粉糖化的环节。其主要工艺过程为：原料预处理、水热处理、糖化、酵母培养、乙醇发酵、蒸馏精制、副产品利用和废水废渣处理等。

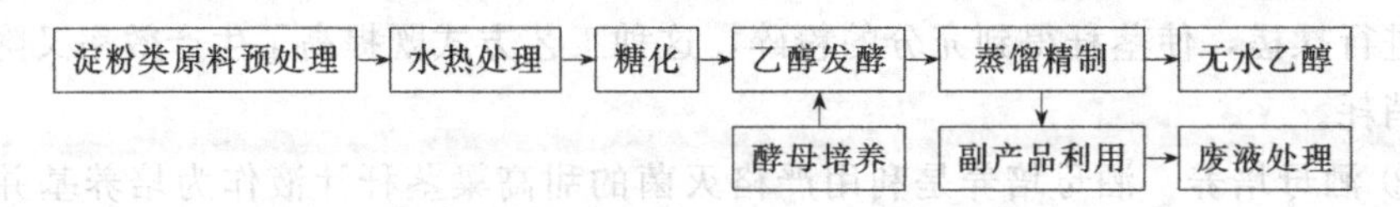

图5-13　淀粉类生物质原料生产乙醇工艺流程

一、淀粉类原料预处理

淀粉类生物质原料预处理的目的是清除原料中的杂质，将淀粉充分释放出来，以增加淀粉向糖的转化效率。原料预处理包括，清杂破碎、粉料水热处理和糖化。淀粉类生物质原料预处理一般工艺流程如图 5-14 所示。

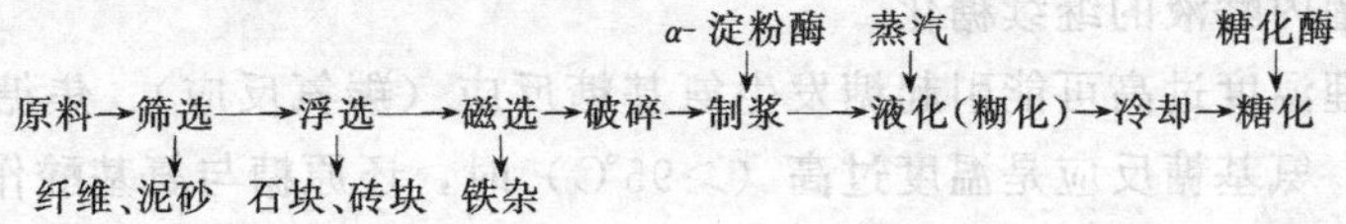

α-淀粉酶　蒸汽　糖化酶

原料→筛选→浮选→磁选→破碎→制浆→液化(糊化)→冷却→糖化

纤维、泥砂　石块、砖块　铁杂

图 5-14　淀粉类生物质原料预处理一般工艺流程

(一) 原料的清杂与粉碎

1. 原料除杂

生物质原料尤其是木薯等薯类原料中含杂质、泥砂较多，如不经除杂处理直接用于乙醇生产，不仅容易造成生产管道和设备的堵塞，影响正常生产，还会造成设备严重损坏，管道设备磨损加快。

原料除杂方法通常用筛选和磁选。筛选多选用振动筛去除原料中的较大杂质及泥砂；磁选是用永磁马蹄铁去除原料中的磁性杂质如铁屑、铁钉、螺母等。对不同原料的筛选，应根据需要配备不同孔径的筛板，尽可能多地除去杂质降低原料损耗。应定期清除磁选设备永久磁铁上吸附的铁屑、铁钉等杂物，防止聚积过多，影响除铁效果。乙醇工厂常用的筛选机械有初清筛、振动筛等。

2. 原料粉碎

原料的粉碎有利于增加原料的表面积，加快原料吸水速度，使淀粉酶与原料中淀粉分子充分接触，提高水解反应速度、淀粉糖化效率。同时，原料的粒径变小可降低水热处理温度，减少蒸汽用量，原料粉碎还有利于物料在生产过程中的输送。

(二) 淀粉质原料的水热处理和糖化

1. 水热处理和糖化的目的和要求

水热处理也称淀粉糊化、蒸煮等，其目的是破除植物细胞壁对淀粉颗粒的裹护，使淀粉颗粒变成溶解状态的淀粉、糊精和低聚糖的过程。淀粉糖化是在淀粉酶的作用下，溶解状态的淀粉、糊精和低聚糖进一步降解成能被酵母利用的单糖、双糖等简单糖类的过程。

糊化和糖化的工艺过程是，经粉碎的淀粉质原料充分与水混合得到粉浆，将粉浆加热到一定温度，淀粉吸水膨胀，细胞壁破裂，淀粉由颗粒变为溶解状态的糊液；将煮后的淀粉糊液冷却到适合温度下，加入淀粉酶，在淀粉酶作用下，淀粉链断裂成低分子的糊精、低聚糖，最终降解成能被酵母菌利用的双糖、单糖等简单糖类。由于淀粉糊化过程的热处理，还可杀灭原料表面所带的微生物，防止杂菌生长，保证糖化和发酵的顺利进行。

糊化和糖化处理要求是：

① 粉料充分与水混合，形成均匀的粉浆；

② 根据不同原料将温度控制在适宜的范围内，使粉浆受热均匀，处理后无硬淀粉颗粒；

③ 处理过程中应尽量减少糖分损失、减少杂质生成并避免感染杂菌；

④ 糖化后还原性糖含量控制在25%～35%，同时要保留适量的糖化酶活力，维持在发酵罐内醪液的继续糖化。

水热处理温度过高可能引起糖发生氨基糖反应（羰氨反应）、焦糖化反应和脱水等副反应。氨基糖反应是温度过高（>95℃）时，还原糖与氨基酸作用生成深色的半胶体状黑素化合物即氨基糖，其反应速度与还原糖和氨基酸的浓度成正比。氨基糖的形成可以造成糖分的直接损失，但对糖化酶和酵母活动没有显著影响。焦糖化反应是糖在接近其熔化温度下脱水形成的褐红色无定形物。糖浓度高、温度高、物料受热不均匀时易发生焦糖化反应。焦糖不能被酵母利用，它不仅阻碍糖化酶对糊精的水解作用，而且影响酵母生长及发酵，对乙醇生产极为不利。因此，在水热处理过程中应避免焦糖化反应的发生。己糖受热脱水生成羟甲基糠醛，羟甲基糠醛继续分解为蚁酸和果糖酸。同时，羟甲基糠醛与氨基酸反应生成黑色素和腐殖质。羟甲基糠醛的形成会造成糖分的损失，对糖化酶活力及酵母增殖和发酵力无明显影响。

淀粉质原料中还含有少量果胶，一般谷物中含果胶≤0.1%（干物质），薯类原料中含果胶≤0.2%（干物质）。果胶可在水热处理过程中分解为果胶酸和甲醇，此反应随处理压力的增加、时间延长而加强，一般谷物原料生成的甲醇为干物质的0.01%～0.04%，薯类原料生成的甲醇为干物质的0.23%～0.36%。果胶酸和甲醇对糖化酶和酵母活动虽然没有显著的影响，但其对食用乙醇质量影响较大。

水热处理过程中，蛋白质发生水解，形成游离态氨基酸和多肽，使可溶性氮增加，对酵母的生长有利。有少部分氨基态氮参与羰氨反应和与羟甲基糠醛反应生成氨基糖和黑色素等。

水热处理过程中原料中的纤维素吸水膨胀，并不发生化学变化。脂肪在原料水热处理过程中基本不发生变化。此外，在原料水热处理过程中少量糖分分解生成的乳酸，果胶水解产生的果胶酸，磷化物溶解产生的磷酸移入醪液，使水热处理后料液的酸度增加。

2. 水热处理和糖化的工艺

原料的水热处理可分为高温高压处理和常压处理两种方式。近年来，新的水热处理工艺如喷射液化工艺、无蒸煮工艺等不断涌现。

(1) 高温高压处理工艺　高温高压处理工艺（即高温蒸煮工艺），是将粉料加水制成的粉浆在中间桶内加蒸汽预煮后打入耐压容器，再加入高压蒸汽使粉浆保持0.3MPa以上的压力和130℃以上高温的处理。高温高压处理又分为连续处理和间歇处理两种形式。高温高压处理工艺的关键是粉浆浓度的控制、粉浆加蒸汽预煮温度及时间控制、高压蒸煮温度和时间控制、蒸煮废气的去除等。粉浆浓度一般以料水比来控制，通常采用的料水比为1∶3.0～1∶4.5；由于糖在高温高压蒸煮时极易转化为焦糖等物质，预煮温度宜高于植物α-淀粉酶最适温度范围（60～70℃），以70～75℃为宜，预煮时间通常掌握在20～30min，但必须保证粉浆均匀无结块现象；不同原料应采用不同的高压蒸煮温度和时间，谷类原料、野生植物较薯类原料蒸煮温度要高，蒸煮时间要长，霉变原料要比质量较好的原料蒸煮温度要高，蒸煮时间要长。通常高压蒸煮温度在120～140℃，蒸煮时间100～120min。原料经高温高压处理，杂质生成多（废气中主要有烯醛类等物质，工厂称之为乏气），去除这些杂质有利于糖化、发酵工艺顺利进行，对提高成品质量十分有益。在工厂实践中，连续蒸煮采用真空冷却排出废气，间歇蒸煮则在升压过程中排放废气。

高温蒸煮的优点是：原料糊化较彻底，能彻底杀灭原料表面附着的微生物，有利于糖化、发酵的正常进行。其缺点是：设备要求高，投资大；蒸汽消耗多，糖的损失多，杂质产生多等。因此，该工艺正逐渐被常压处理所取代。

(2) 常压处理工艺　常压处理工艺是粉料加水制成粉浆后，加入α-淀粉酶搅拌均匀，用蒸汽加热至100℃左右保持一定时间的处理工艺。常压处理工艺的关键是粉浆浓度、制浆温度、拌料时间、α-淀粉酶使用剂量和加热温度及时间等。通常，制浆料水比应掌握在1∶3～1∶4为宜，在不影响物料输送的前提下，应尽量提高粉浆浓度，以减少蒸汽消耗；为使α-淀粉酶充分发挥作用，制浆温度一般掌握在60～70℃，拌料时间的设定应考虑到设备利用率，一般以20～30min为宜。α-淀粉酶使用剂量一般为2～4U/g淀粉，含单宁多的原料要适当加大酶用量，α-淀粉酶加入粉浆后，应快速与粉浆混合均匀。加热液化温度和时间应根据α-淀粉酶的规格和原料种类来设定，一般耐高温α-淀粉酶采用95℃，普通α-淀粉酶采用85℃处理。薯类原料较谷类原料加热时间短，一般掌握在90～115min；谷类原料的处理时间一般掌握在110～120min。

(3) 低压蒸汽喷射液化工艺　喷射液化工艺是20世纪90年代从淀粉糖行业引进应用于乙醇行业的淀粉糖化技术，由于采用以料带汽的方式进行喷射液化，对蒸汽压力的要求降低，可以节省蒸汽，还具有连续液化、操作稳定、加热均匀、无堵塞、无振动等优点。低压蒸汽喷射液化工艺的关键设备为低压蒸汽喷射液化器。

(4) 生料无蒸煮工艺　美国、日本等于20世纪70年代开发出生料无蒸煮工艺。目前比较成熟的是玉米粉的生料无蒸煮工艺。该工艺是利用生玉米淀粉糖化酶，在无蒸煮条件下对淀粉和多糖进行水解糖化的过程。其工艺条件为：玉米粉粉碎粒度1.5～2.0mm，调浆加水比1∶2.0～1∶2.2，生玉米淀粉糖化酶用量为每克原料50U，接种酵母数10^6～10^7个/mL糖化液，发酵温度30℃，发酵时间100h，成熟醪乙醇含量（体积分数）13.5%～14.5%。由于生玉米粉发酵醪液没有经高温杀菌，其中杂菌较多，如果发酵温度过高，则杂菌生长加快，影响酵母发酵，出酒率降低，因此，生玉米粉进行乙醇发酵的最适温度为28℃。应适当使用灭菌药剂控制杂菌生长，正常生产灭菌灵使用量为0.005%；霉变原料适当增加灭菌灵使用量。

表5-6是几种水热处理工艺的优缺点对比。目前，高温高压处理工艺因耗能高、副产物多在国内仅有少数酒精厂应用，现被列为淘汰工艺；常压处理工艺的设备投资少，被小厂广泛使用；低压喷射液化工艺有诸多优点，但设备要求较高，适宜大中型工厂使用；随着高效酶制剂的开发和控制杂菌污染技术的不断完善，生料无蒸煮工艺将成为发展方向。

表5-6 几种水热处理工艺的优缺点对比

水热处理工艺	优点	缺点	应用情况
高温高压处理工艺	对原料中的杂菌杀灭较彻底	①耗能多；②设备投入多；③易产生焦糖等对发酵有害的物质	国内仅有少数酒精厂应用，现被列为淘汰工艺
常压处理工艺	①耗能少；②设备投入少；③操作较方便	酶制剂加用一定要均匀	广泛使用
低压喷射液化工艺	①加热均匀；②耗能少；③操作方便	蒸汽供给及生产操作要求稳定	适宜大中型工厂使用
生料无蒸煮工艺	①耗能少；②设备投入少	①易染菌；②不稳定，操作要求高	发展方向，但有待完善

3. 糖化工艺

糖化操作是水热处理后的糊化醪液进入糖化罐，冷却至一定温度（60℃±2℃），加糖化酶保温（25～30min），淀粉和多糖链在糖化酶的作用下水解为单糖、双糖及多糖的过程。糖化可以分为间歇式糖化和连续式糖化。连续糖化方式又可分为混合冷却连续糖化和真空冷却连续糖化。混合冷却连续糖化是前冷却和糖化在糖化罐内完成，边冷却边糖化，此工艺必须注意糖化酶加用时醪液的温度不能高于62℃，否则或造成糖化酶消耗的增加，或造成后糖化度的不足，影响原料的淀粉利用率。

4. 糊化和糖化的质量控制

糊化质量的好坏，主要用糊化率来衡量，糊化率是可溶物与总糖之比。糊化率高，说明原料水热处理充分，但糊化率过高会造成糖分损失增加，对发酵不利；糊化率过低，一部分淀粉不能转化为糖，出酒率也会下降。一般糊化率应掌握在90%左右。因糊化率的测定比较繁琐，实际生产中常通过感观鉴定来判断，正常原料经水热处理后醪液色泽浅黄，外观均一透明，味略甜，无焦糖味，颗粒透明，手捻为糊状，无硬心。水热处理过量，醪液色泽呈深褐色，有焦糖香和苦味，不易凝固，颗粒很少；醪液处理不够，色浅不透明、无光泽、味甜、颗粒多且有硬心。霉变原料处理后醪液色发黑。

糖化率是糖化后醪液中还原糖占总糖的百分比，它是反应糖化程度的一个重要指标。一般应控制在25%～35%。

糖化率用以下手段加以控制。①酶制剂的种类和用量：根据原料特点和酶作用机理，选择合适的酶制剂类型和用量。②控制糖化温度：一般糖化酶在30～70℃均有活性，在此温度内，温度越高，酶促反应速率越快，但酶自身受破坏失活现象也越严重。所以，糊化以后的加酶温度不宜高于64℃，糖化温度保持在58～60℃为宜。在此温度下，还有利于杀灭细菌，可减少发酵醪的带菌数。③控制糖化时间：糖化时间过长，麦芽糖和葡萄糖生成量过多，将增加不可发酵的异麦芽糖和潘糖的生成量，同时不利于保留酶活性，一般糖化时间应控制在15～25min。④醪液pH值：糖化酶作用的最适pH为4.2～5.0。醪液pH过高或过低将破坏酶活力，对糖化不利。乙醇生产过程中，糖化醪的自然pH与酶反应的最适pH相近，一般不需调整酸度。也有一些工厂为控制发酵产酸，在糖化醪中加硫酸以达到控酸目的。⑤杂菌污染控制：糖化后的醪液营养丰富，极易染菌，要加强糖化设备的清洗杀菌和糖化醪冷却系统及输送管路的清洗杀菌。杀菌后，取压出的残液镜检，若有活细菌存在，应再次杀菌。

5. 淀粉类生物质原料糊化、糖化的酶制剂

α-淀粉酶又称液化酶、淀粉-1,4糊精酶、内切型淀粉酶，是淀粉类生物质原料糊化液化的主要酶制剂，α-淀粉酶不规则地切开淀粉、多糖类物质的α-1,4糖苷键。α-淀粉酶依来源不同可分为细菌α-淀粉酶、霉菌α-淀粉酶和植物α-淀粉酶。不同来源的α-淀粉酶的适宜作用温度、pH值以及催化淀粉最终生成的产物成分也有所不同，细菌α-淀粉酶最适作用温度为75～95℃，最适pH5.5～7.5，催化淀粉最终生成的产物为葡萄糖、麦芽糖和潘糖的混合物；霉菌α-淀粉酶适宜温度为50～70℃，最适pH4～5，最终产物为葡萄糖；植物α-淀粉酶适宜温度为40～60℃，最适pH为4.7～5.4，主要产物是麦芽糖和葡萄糖，还有一些麦三糖和糊精等。

糖化酶系统名称α-1,4葡聚糖-葡萄糖水解酶。常用名：糖化型淀粉酶、葡萄糖淀粉酶，淀粉1,4-葡萄糖苷酶，淀粉葡萄糖苷酶。与α-淀粉酶不同，糖化酶是从非还原性末端以葡萄糖为单位顺次切开淀粉、糖类物质的α-1,4糖苷键，最终产物为葡萄糖。糖化酶的主要生产菌为霉菌。黑曲霉（*Asp. niger*）产生的糖化酶相对分子质量95000左右，最适pH为4.0±0.5，温度60～65℃时活性最高，高于65℃时酶活性迅速下降。

α-淀粉酶和糖化酶遇重金属离子如Ag^{+}、Hg^{2+}、Cu^{2+}、Pb^{2+}等活性受到抑制，生产中应避免与这些金属接触。

二、乙醇酵母的扩增培养

乙醇酵母可从种子经几代扩增培养得到，也可以通过活化活性干酵母得到。乙醇酵母的扩增培养包括：种子培养和酒母培养两个步骤。酒母培养包括小酒母培养和大酒母培养。

(一) 种子培养

种子培养包括固体斜面培养、液体试管培养、液体三角瓶和卡氏罐培养。

1. 固体斜面种子培养

将保藏的酵母菌种接种于固体培养基上，在29～30℃下恒温培养48～56h。最合适的固体培养基是麦芽汁、米曲汁，一般要求外观糖度12～13°Bx，自然pH

值，加 1.8%～2.0%琼脂，121℃灭菌 40min。当酵母处于旺盛生长期时，应及时中止培养，放到 0～4℃冰箱保存。为防止酵母衰老，固体斜面种子应一至两个月传代一次。

2. 液体试管种子培养

液体试管培养以麦芽汁或米曲汁为培养液，用磷酸调整培养液 pH4.0～4.5。液体试管每支装液 15mL 左右，121℃灭菌 40min。无菌条件下挑取少量固体斜面菌种，接种于液体试管培养基中，于 29～30℃下培养 24h 即为液体试管种子。

无菌操作条件较好时，常采用液体传代法进行液体试管培养。即每天从前一天的液体试管中，接出 2～3 环到一支新的液体试管中，24h 一代，反复循环。需接三角瓶时，根据三角瓶数目，在前一天多接几支液体试管，保留一支作传代用。该方法使酵母原始静止期基本消失，酵母一直处于旺盛的繁殖的阶段，酵母细胞均匀健壮，繁殖力和发酵力强。

3. 液体三角瓶种子培养

在 500mL 三角瓶中装入 250～300mL 与液体试管相同的培养基，121℃灭菌后，每只三角瓶接入一只液体试管种子，在 28～29℃温度下培养 15～18h，当耗糖率达到 20%～40%时即培养成熟。

4. 卡氏罐种子培养

卡氏罐种子培养所用的培养液一般采用酒母糖化醪。要求外观糖度在 12～13°Bx，pH4.0～5.0，还原糖 7%～9%。当采用山芋干或木薯为原料时，需补充氮源，一般补加 0.05%硫酸铵。经 121℃灭菌 40min 后，接入液体三角瓶种子，在 27℃左右下培养。耗糖率达到 25%～40%时酵母处于健壮期，即可用于后面的酒母培养。还可以通过显微镜检查考核卡氏罐培养质量，通过镜检可知有无杂菌感染和酵母出芽率（芽生率）、细胞总数和死亡细胞数等指标，一般酵母出芽率在 20%以上，细胞总数为 0.6×10^8～1.0×10^8 个/mL，死亡细胞数在 1%以下。

（二）酒母的培养

1. 酒母培养料及培养条件

为了获得活力强的酒母，酒母培养料应使用质量好的原料加工成糖化醪。还原糖含量在 7%以上，使用山芋干、木薯等含蛋白质少的原料作酒母培养料时，要补充氮源，一般添加硫酸铵 0.05%～0.1%（质量分数）或尿素 0.03%～0.05%（质量分数），用工业硫酸调节 pH 至 3.5～4.0。小酒母培养料用 85～90℃灭菌，大酒母培养料采用 80～95℃灭菌，保温时间 30～60min，停汽后静置 40min 再用冷却水降温。此外，酒母进出的管路、容器必须充分灭菌。酒母的培养温度宜低不宜高，一般控制在 27～29℃，超过 30℃时，酵母容易衰老。培养温度应力求稳定，避免大幅度波动。

2. 酒母的接种方式

（1）卡氏罐接入法　每罐酒母的种子均由卡氏罐接入，即每班均使用卡氏罐种子接种酒母，工作量较大，酒母培养效果较差。这是由于卡氏罐培养是密闭的，不能及时排出扩增培养中产生的CO_2，酵母增殖所需的O_2补给量不足，因此，用卡氏罐培养的酵母大多发育不充分，从而影响酒母质量。此法现在大多已被淘汰，仅有一些小厂仍在使用。

(2) 大酒母分割法　即第一个酒母的种子来源于卡氏罐（接种量1%，培养时间14h），成熟后分割8%～10%给第二个酒母，余下的进发酵罐供发酵使用；第二个酒母成熟后，分割给第三个酒母，如此循环，每个大酒母的培养时间均为8h，每10～12d换种一次。大酒母分割法培养出来的酵母，形态均匀饱满，发酵旺盛，质量稳定。此法适合中小型乙醇厂使用。

(3) 小酒母连续分割法　在大酒母分割法的基础上，酵母扩增培养增加了一代小酒母，即小酒母连续分割留种（方法与大酒母分割法相同），大酒母一次用完。此法适合于在大中型乙醇工厂使用。

(4) 主发酵料分割法　将主发酵罐的醪液分出1/3～1/2作为大酒母供下一发酵罐发酵的方法。因为处于主发酵期醪液中的酵母健壮、活力强，繁殖力、发酵力都不比成熟酒母差，只要加强无菌操作，以此替代成熟酒母是完全可行的。

(三) 酒精活性干酵母及其应用

酒母培养过程繁琐，培养时间长，无菌操作条件要求高，酒母的质量容易产生波动，常常造成乙醇生产不稳定，严重时会导致生产失败。近年来出现了使用酒精活性干酵母直接接种进行酒精发酵生产的技术。酒精活性干酵母（alcohol-fermentation active dry yeast，AADY）是由经优选的乙醇酵母菌种繁殖得到菌体后，再经干燥所得的一种保持活性的干酵母制品，经复水活化后能恢复其正常的繁殖、发酵能力。商品酒精活性干酵母水分含量一般在5%以下，含3.0×10^{10}～5.0×10^{10}个酵母细胞/g，活细胞含量大于80%，保质期2年左右，便于储运。一般酒精活性干酵母是经过筛选的优良菌种，发酵能力强、速度快，能有效提高生产效率，降低生产成本。

按含酵母菌数量可分为低、中、高活性AADY。酵母菌数在5.0×10^{9}个/g以下的AADY为低活性AADY；酵母菌数在5.0×10^{9}～2.0×10^{10}个/g之间的为中活性AADY；酵母菌数在2.0×10^{10}个/g以上的为高活性AADY。我国宜昌、梅山、东莞等地生产的AADY均属于高活性AADY。

干酵母的用量应根据其活性大小（即酵母菌数多少）和活细胞率的高低而定。活性低或活细胞率低的干酵母使用量应大些。常温AADY的用量一般为原料量的0.08%～0.12%；湖北安琪酵母有限公司以YY、WT为菌种生产的耐高温AADY与常温AADY及其他酵母相比，繁殖能力强，用量一般为原料量的0.05%。

干酵母含水量通常在5%以下，需经复水活化才能逐步恢复正常细胞活性。AADY是速溶的，投入水中后能迅速吸收水分，3～5min细胞恢复为含水量75%；再3h左右活化，可基本恢复活性，开始出芽，成为具有正常生理功能的自然状态酵母细胞。

三、淀粉质原料乙醇发酵工艺类型

淀粉质原料乙醇发酵工艺有间歇式、半连续式和连续式三种类型。

1. 间歇发酵工艺

间歇式发酵也称单罐发酵，发酵的全过程在一个发酵罐内完成。按糖化醪液添加方式的不同可分为以下几种方法。

(1) 连续添加法　将酒母醪液打入发酵罐，同时连续添加糖化醪液。糖化醪液流加速度一般控制在6～8h内加满一个发酵罐。流加过慢，延长发酵时间，可能造成可发酵物质的损失；流加过快，因醪液中酵母细胞密度小，对杂菌无抑制，可能发生杂菌污染。连续添加法基本消除了发酵的迟缓期，所以总发酵时间相对较短。

(2) 一次加满法　此法是将糖化醪冷却到27～30℃后，送入发酵罐一次加满，同时加入10%的酒母醪，经60～72h即得发酵成熟醪，可送去蒸馏车间。此法操作简便，易于管理。缺点是初始酵母密度低，初始醪液中可发酵糖浓度高，对酵母生长繁殖和发酵有抑制作用，发酵迟缓期延长。

(3) 分次添加法　此法糖化醪液分三次加入发酵罐，先打入发酵罐总容积1/3的糖化醪，同时加入8%～10%的酒母醪；隔1～3h再加入1/3的糖化醪，再隔1～3h，加满发酵罐。此法优点是：发酵旺盛，迟缓期短，有利于抑制杂菌繁殖。采用分次添加法必须注意从第一次加糖化醪至加满发酵罐总时间不应超过10h。否则，可能造成葡萄糖等可发酵物质不能彻底发酵，导致发酵成熟醪残总糖过高，出酒率下降。

(4) 主发酵醪分割法　此方法是将处于主发酵阶段的发酵醪分割出1/3～1/2至第二罐，然后，两罐同时补加新鲜糖化醪至满罐，继续发酵，当第二罐又处于主酵阶段时，再进行分割。此方法要求发酵醪基本不染菌。在使用此方法时，为抑制杂菌生长繁殖，可在分割时加入1ppm的灭菌灵或50ppm的甲醛。

2. 半连续式发酵工艺

半连续式发酵是主发酵阶段采用连续发酵，后发酵阶段采用间歇发酵的方法。按糖化醪的流加方式不同，半连续式发酵法分为下述两种方法。

(1) 第一种方法　将发酵罐串连起来，使前几只发酵罐始终保持连续主发酵状态，从第3只或第4只罐流出的发酵醪液顺次加满其他发酵罐，完成后发酵。应用此方法可省去大量酒母，缩短发酵时间，但是必须注意消毒杀菌，防止杂菌污染。

(2) 第二种方法　将若干发酵罐组成一个组，每只罐之间用溢流管相连接，生产时先制备发酵罐体积1/3的酒母，加入第1只发酵罐中，并在保持主发酵状态的前提下流加糖化醪，满罐后醪液通过溢流管流入第2只发酵罐，当充满1/3体积时，向第2只罐流加糖化醪，满罐后醪液通过溢流管流加到第3只发酵罐……如此下去，直至末罐。发酵成熟醪自首罐至末罐顺次蒸馏。此方法可节省大量酒母，发酵时间相对缩短，但每次新发酵周期开始时要制备新酒母。

3. 连续发酵工艺

淀粉质原料乙醇连续发酵采用阶梯式发酵罐组来进行，梯阶式连续发酵法是微生物（酵母）培养和发酵过程在同一组罐内进行，每个罐本身的各种参数基本保持不变，从首罐至末罐，可发酵物浓度逐罐递减，乙醇浓度则逐罐递增。发酵时糖化醪液连续从首罐加入，成熟醪液连续从末罐送去蒸馏。这种工艺有利于提高淀粉的利用率和设备利用率，自动化程度高，极大减轻了劳动强度，提高了生产效率，是乙醇发酵的发展方向。但因设备投资较大，容易产生杂菌污染，目前未能普遍推广应用。

第八节　纤维素类原料水解工艺技术与实例

一、纤维素类原料水解机理

木质纤维素的主要有机成分包括纤维素、半纤维素和木质素三部分。

纤维素是由葡萄糖脱水生成的糖苷，通过β-1,4 葡萄糖苷键连接而成的直链聚合体，其分子式可简单表示为$(C_6H_{10}O_5)_n$，这里的n为聚合度，表示纤维素中葡萄糖单元的数目，其值一般在3500～10000。纤维素经水解可生成葡萄糖，该反应可表示为

$$(C_6H_{10}O_5)_n + nH_2O \longrightarrow nC_6H_{12}O_6$$

理论上每162kg纤维素水解可得180kg葡萄糖。

纤维素大分子间通过大量的氢键连接在一起形成晶体结构的纤维素。这种结构使得纤维素的性质很稳定，它在常温下不发生水解，在高温下水解也很慢。只有在催化剂存在下，纤维素的水解反应才能显著地进行。常用的催化剂是无机酸和纤维素酶，由此分别形成了酸水解和酶水解工艺，其中的酸水解又可分为浓酸水解工艺和稀酸水解工艺。

半纤维素是由不同多聚糖构成的混合物。这些多聚糖由不同的单糖聚合而成，有直链也有支链，上面连接有不同数量的乙酰基和甲基。半纤维素的水解产物包括2种五碳糖（木糖和阿拉伯糖）和3种六碳糖（葡萄糖、半乳糖和甘露糖）。各种糖所占比例随原料而变化，一般木糖占一半以上，以农作物秸秆和草为水解原料时还有相当量的阿拉伯糖生成（可占五碳糖的10%～20%）。半纤维素中木聚糖的分子式可表示为$(C_5H_8O_4)_m$，m为木聚糖的聚合度。其水解过程可用下式表示：

$$(C_5H_8O_4)_m + mH_2O \longrightarrow mC_5H_{10}O_5$$

故每132kg木聚糖水解可得150kg木糖。

半纤维素的聚合度较低，所含糖元数在60～200，也无晶体结构，故它较易水解，在100℃左右就能在稀酸里水解，也可在酶催化下完成水解。但因生物质里的半纤维素和纤维素互相交织在一起，故只有当纤维素被水解时，半纤维素才能水解完全。

木质素不能被水解为单糖，且在纤维素周围形成保护层，影响纤维素水解。

一般的酒精酵母除可发酵葡萄糖外，也可发酵半乳糖和甘露糖，1mol 六碳糖可生成 2mol 酒精，或 100g 六碳糖发酵得 51.1g 酒精和 48.9g CO_2。

一般的酒精酵母不能发酵木糖和阿拉伯糖，以前曾把这 2 种五碳糖称为非发酵性糖。但目前已经开发出了能发酵木糖和阿拉伯糖的微生物，对这 2 种五碳糖的发酵过程可用下式表示：

$$3C_5H_{10}O_5 \longrightarrow 5CH_3CH_2OH + 5CO_2$$

理论上 100g 五碳糖发酵同样可得 51.1g 酒精。但微生物发酵五碳糖的途径比发酵葡萄糖复杂，发酵过程中所需消耗能量也较多，故五碳糖发酵中的实际酒精得率常低于葡萄糖发酵。

二、纤维素类生物质原料水解工艺技术

图 5-15 是纤维素类生物质水解发酵工艺的一般流程，其中水解是关键的一步。与淀粉类原料水解的目的一样，纤维素类生物质水解也是为了将纤维素、半纤维素等多糖类物质转化为双糖、单糖等简单的，能被发酵菌种直接利用的糖类。不过，纤维素类生物质水解的难度更大。纤维素类生物质的水解工艺主要有浓酸水解、稀酸水解和酶水解三种类型。因原料性质及生产规模不同可能选择不同的工艺类型。

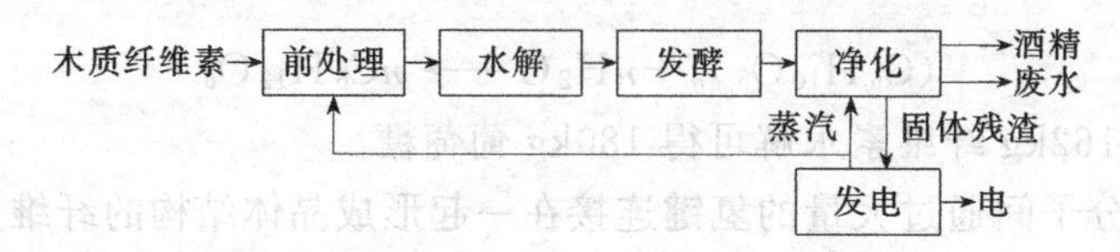

图 5-15　纤维素类生物质制酒精的一般流程

（一）纤维类生物质原料的前处理

纤维类生物质原料的前处理主要包括原料的清洗和机械粉碎。原料的粒度越小，比表面积就越大，越有利于原料与水解催化剂及蒸汽充分接触，从而破坏木质素-纤维素-半纤维素之间形成的结晶结构。不同的水解工艺对原料粉碎粒度的要求不同，文献中建议的粒度大小从 1～3mm 到几个厘米不等。一般采用切碎、碾磨两道工序，即先将原料切碎到 10～30mm，再碾磨后原料粒度可达到 0.2～2mm。如表 5-7 所示，原料粉碎的最终尺度越小耗能越高。据报道，在高的粒度要求下，用于原料粉碎的能耗可占到过程总能耗的 1/3。

（二）纤维类生物质水解工艺类型

1. 浓酸水解工艺

浓酸水解的原理是利用浓硫酸（或浓盐酸）在较低温度下可完全溶解木质纤维素的结晶结构，将纤维素链裂解成含几个葡萄糖单元的低聚糖，把此溶液加水稀释并加热，经一定时间后就可把低聚糖水解为葡萄糖。浓酸水解的优点是糖的回收率高（可达 90%以上），可以处理不同的原料，水解用时较短（总共 10～12h），水解

后的糖降解较少。但对设备耐强酸腐蚀的性能要求高，而且必须有完善的酸回收策略。图 5-16 是美国 Arkenol 公司的浓酸水解流程图。

表 5-7 粉碎生物质原料所需能耗

生物质原料	最终尺度/mm	能耗/(kW·h/t)	
		切碎机	锤磨机
硬木	1.60	130	130
	2.54	80	120
	3.2	50	115
	6.35	25	95
稻草	1.60	7.5	42
	2.54	6.4	29
玉米秸秆	1.60		14
	3.20	20	9.6
	6.35	15	—
	9.5	3.2	

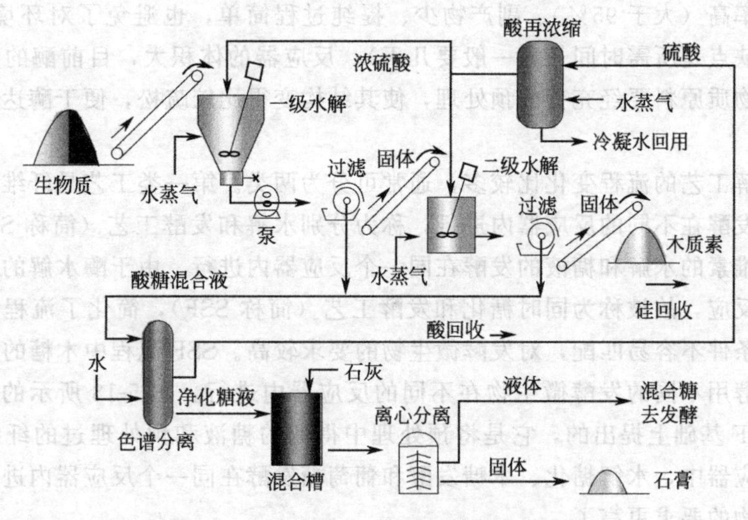

图 5-16 美国 Arkenol 公司的浓酸水解流程图

2. 稀酸水解工艺

稀酸水解是在高温高压下，溶液中的氢离子容易与纤维素上的氧原子相结合，使氧原子的性质变得不稳定，易于和水反应，纤维素长链即在该处断裂，同时释放出氢离子，使纤维素长链连续解聚，直到分解成最小的葡萄糖单元。稀酸水解工艺较简单，原料处理时间短。但要求高温高压处理，糖的产率较低，且会生成对发酵有害的副产品。但近年来的研究表明，在适当的条件下，也能获得高的糖收率。

稀酸水解工艺的变化比较少，为了减少单糖的分解，实际的稀酸水解常分两步进行。第一步用较低温度分解半纤维素，产物以木糖为主。第二步用较高温度分解纤维素，产物主要是葡萄糖。图 5-17 为 Celunol 公司开发的二级稀酸水解工艺。

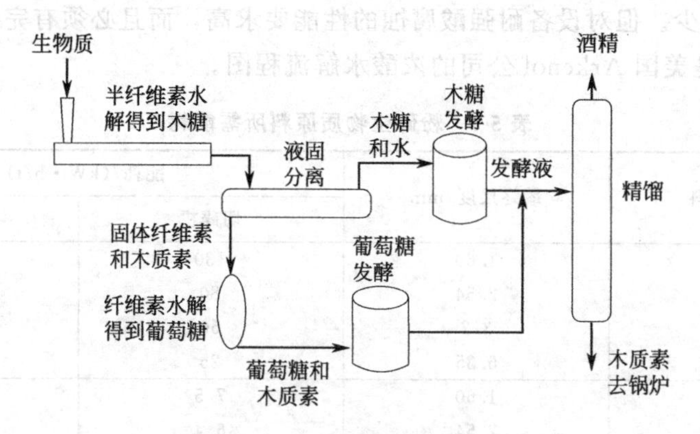

图 5-17 二级稀酸水解工艺

3. 酶水解工艺

酶水解是利用微生物产生的纤维素酶降解纤维素和半纤维素的生化反应。其优点是，反应在常温常压下进行，微生物的培养与维持仅需较少的原料，过程能耗低、糖产率高（大于 95%）、副产物少、提纯过程简单，也避免了对环境的污染。酶水解的缺点是所需时间长（一般要几天），反应器的体积大，目前酶的生产成本较高，生物质原料要经充分的预处理，使其结构变得比较疏松，便于酶达到纤维素的表面。

酶水解工艺的流程变化比较多，通常可分为两类。第一类工艺是纤维素的水解和糖液的发酵在不同的反应器内进行，称为分别水解和发酵工艺（简称 SHF）；第二类是纤维素的水解和糖液的发酵在同一个反应器内进行，由于酶水解的过程又被称为糖化反应，故被称为同时糖化和发酵工艺（简称 SSF），简化了流程，但水解和发酵的条件不容易匹配，对发酵微生物的要求较高。SSF 流程中木糖的发酵和葡萄糖的发酵用不同的发酵微生物在不同的反应器内进行。图 5-18 所示的 SSCF 流程是在 SSF 基础上提出的，它是将预处理中得到的糖液和预处理过的纤维素放在同一个反应器中，水解糖化、木糖发酵和葡萄糖发酵在同一个反应器内进行，这对发酵微生物的要求更高了。

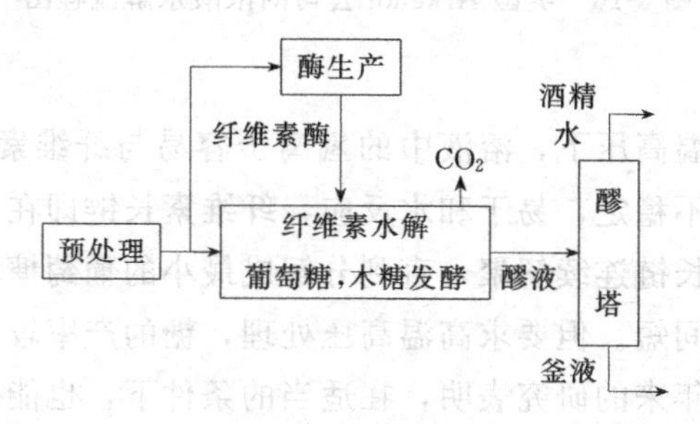

图 5-18 SSCF 流程

近年来研究者又提出了“联合生物加工工艺（简称 CBP）”的概念，它是把纤维素酶生产、纤维素水解、葡萄糖发酵和木糖发酵结合在一个反应器内完成，可谓是生物质转化技术进化中的逻辑终点。但到目前为止，能完全满足CBP要求的微生物尚未开发成功，对其研究仅限于实验室规模。

2005年，Hamelinck等比较了上面3种水解工艺的特点，所得结果如表5-8所示。

表5-8 三种纤维素水解工艺的比较

水解工艺	药剂	温度/℃	时间	葡萄糖产率	可用时间
稀酸水解	1%硫酸	215	3min	50%～70%	现在
浓酸水解	30%～70%硫酸	40	2～6h	90%	现在
酶水解	纤维素酶	70	1.5d	75%～95%	现在到2020年

除了以上3种主要的水解工艺外，还有人研究过快速裂解结合水解的工艺，其方法是先在80～90℃下用5%的硫酸对生物质原料进行预处理，使其中的半纤维素水解，所得到的水解液中富含五碳糖，可用作发酵原料。未水解的固体残渣经干燥后在500℃下进行快速裂解，在作为液体产品的焦油中富含葡聚糖，可用萃取法回收，葡聚糖再经水解后可生成葡萄糖，用作发酵原料。

(三) 水解工艺类型的选择

水解工艺的选择要根据原料种类、生产规模等实际情况，总体上要考虑以下4方面因素：

① 能高效地把原料中的纤维素和半纤维素水解为可发酵糖；

② 提高可发酵糖产率和降低对发酵有害副产物的生成；

③ 选择先进合理的工艺降低能耗；

④ 有效地回收水解用酸和处理废液，减少和避免污染。

比如，使用林产品残余物中的硬木（阔叶类树木）作原料，因硬木组织中有长的导管，纤维素酶的通过性较好，适合采用酶水解工艺；而软木（针叶类），不具备硬木中的长导管，传热效率差，催化剂传送困难，以采取酸水解工艺为好。当选定流程后，还要考虑流程中的具体工段是否必要。如在酶水解工艺中应根据酶的市场价格决定所用酶是在本厂中生产还是外购；在对水解残渣的处理中应根据生产规模的大小和配套设备的情况决定残渣是作燃料好还是综合利用好等。

从纤维类生物质原料生产乙醇总体工程上考虑，一般情况下，生产规模越大，分配在单位产品上的设备成本和人员成本就越低。但生产规模大原料收集半径大，且纤维素类生物质的堆密度小及生产的季节性，都会增大储运成本。Aden等曾经计算了以玉米秸为原料的酒精生产成本和工厂规模的关系，认为当玉米秸有10%收集率时，建立每天处理量为2000吨玉米秸是较好的生产规模；当玉米秸的收集比例由10%增加到25%时，生产规模在每天8000吨玉米秸左右为最佳。

总之，在建立纤维素类生物质制酒精的工厂前，有必要对工厂位置的安排、工厂规模的大小，以及包括水解工艺类型在内的所有技术方案作出全面合理的规划。包括对不同的工艺路线进行综合评价，也涉及工艺路线和生物质资源间的匹配性研究等。

(四) 木质纤维素类原料发酵工艺特点

木质纤维素类原料制酒精工艺中的发酵和以淀粉或糖为原料的发酵有所不同，主要表现在以下两方面：

① 水解糖液中常含有对发酵微生物有害的组分，大部分有害组分来自纤维素和半纤维素预处理和水解中产生的副产品，包括低分子量的有机酸、呋喃衍生物、酚类化合物和无机物等；

② 水解糖液中含有较多的木糖等五碳糖，需要用能够代谢五碳糖的菌种进行发酵。

为此，出现了一系列的水解液净化工艺，并开发出了能发酵五碳糖的微生物。近年来，通过生物技术构建的工程菌已经能利用水解液中全部五碳糖和六碳糖，并出现了把酶水解和发酵结合在一起的SSF流程和SSCF流程。

(五) 废水和残渣处理

精馏塔底残液中含有大量有机物，可把这残液和其他过程废水一起收集后，在厌氧条件下进行沼气发酵，产生的甲烷可作系统内部能源，用于生产蒸汽。

以木质素为主的固体残渣一般用作燃料，用于生产系统内部所用的蒸汽和电。但从提高经济效率的角度考虑，还可以进行木质素残渣的综合利用。目前已经有大量的新工艺在开发，以把这些固体残渣转化为价值更高的产品，这有可能形成一个新的工业化学分支。

三、玉米秸秆制燃料乙醇工艺案例

我国是农业大国，年产农作物秸秆7亿多吨，其中35%是玉米秸秆，除少量作为饲料和部分还田外，绝大部分以微生物无用分解方式进入自然生态循环系统。如果能利用其中的10%来生产燃料乙醇，将获得400万吨的乙醇产量，节约粮食100万吨以上。这里对国内某企业用玉米秸秆生产燃料乙醇的技术路线进行案例分析。

(一) 玉米秸秆制燃料乙醇的工艺流程

玉米秸秆制燃料乙醇的工艺流程见图5-19，按工艺操作的顺序，将整个流程分解为7个部分：秸秆预处理、酶水解、发酵种子培养、酒精发酵、醪液分离、蒸馏脱水、木糖制备。

1. 玉米秸秆预处理

玉米秸秆预处理可以采用的方法较多，常见的预处理方法列于表5-9。本系统采用酶水解工艺，选择蒸汽爆破对玉米秸秆进行预处理。步骤是：玉米秸秆经除石、除铁、清洗，用切割机切成1.5cm长段，水浸40min，送至间歇蒸汽爆破器的料仓，经余汽预热后加入汽爆器压实，通入蒸汽，压力达到2.5MPa后，保温8min，开启泄压阀将料喷入储仓中。经汽爆玉米秸秆的纤维素水解转化率可达70%

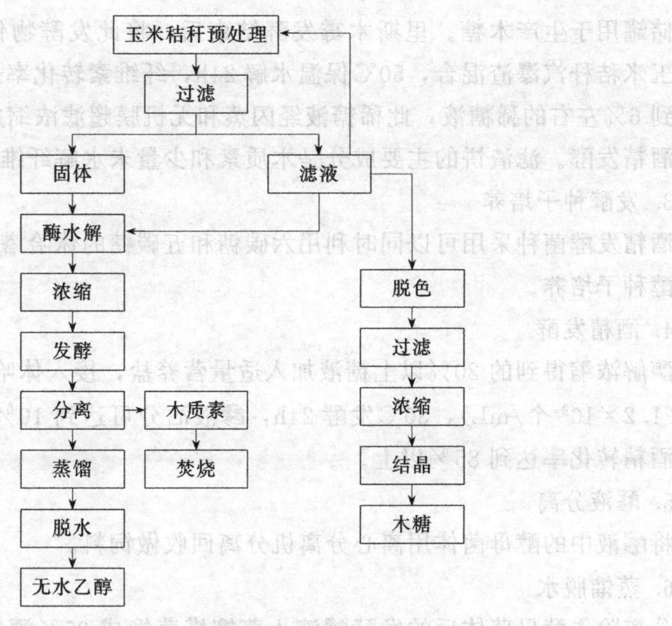

图 5-19 玉米秸秆制乙醇工艺流程图

表 5-9 秸秆预处理方法

预处理	简介	评述
机械破碎	用切碎、研磨等方法	能耗大
热裂解	300℃以上使纤维素分解	能耗大
汽爆	高压饱和蒸汽(160～260℃)处理后急剧降压	能耗较大、成本低、抑制物多
氨爆	在高温、高压下与氨水接触后急剧减压	不产生抑制物,需回收氨
碳爆	经二氧化碳处理后爆裂	成本低于氨爆
酸水解	硫酸等强酸处理	需中和,成本高于汽爆
碱水解	NaOH 等碱处理	产生黑液
湿热处理	用 190℃热水处理	不需酸碱,但需回收热能
氧化	过氧化氢处理材料,氧化除去部分木质素和半纤维素	用过氧化氢成本较高
臭氧	臭氧除去部分木质素和半纤维素	常温常压反应,但臭氧成本高
有机溶剂	甲醇、丙醇等在高温或酸催化下破坏木质素	有机溶剂必须回收
微生物处理	用过氧化物酶的白腐菌等降解木质素	条件温和,效率低

以上，汽爆废气中的少量糠醛可回收，对环境影响轻微。蒸汽爆破法是由 W. H. Mason 于 1927 年提出的，是将原料置于高温、高压中，高压蒸汽渗入纤维内部，当快速降至常温、常压时，蒸汽从原料孔隙中释放出来，木质素与纤维素部分分离、氢键的破坏，游离出新的羟基，增加了纤维素的吸附能力，与纤维素酶的接触面增大。

2. 酶水解

将汽爆后 10％的玉米秸秆经水洗后转入产酶罐，加适量营养盐，接入里斯木霉 Rut-C_{30} 菌种，40h 达到产酶高峰。产酶过程中的洗渣水含 3％～5％的五碳糖，可回收入糖液罐一并发酵生产酒精，液体 1/3 作为工艺水返回浸泡罐，1/3 收集到另一储罐用于生产木糖。里斯木霉发酵结束后，将此发酵物作为纤维素酶与另外90%玉米秸秆汽爆渣混合，50℃保温水解24h，纤维素转化率达到70%以上，经压滤得到6%左右的稀糖液，此稀糖液经闪蒸和无机膜超滤浓缩成20%～24%的糖液用于酒精发酵。滤渣饼的主要成分是木质素和少量未水解纤维素，用于锅炉燃料。

3. 发酵种子培养

酒精发酵菌种采用可以同时利用六碳糖和五碳糖的休哈塔酵母，用常规方法进行发酵种子培养。

4. 酒精发酵

酶解浓缩得到的20%以上糖液加入适量营养盐，接入休哈塔酵母种子（0.8×10^9～1.2×10^9 个/mL），30℃发酵24h，醪液酒分可达到10%（体积分数）左右，糖的酒精转化率达到85%以上。

5. 醪液分离

将醪液中的酵母菌体用离心分离机分离回收做饲料。

6. 蒸馏脱水

分离除去酵母菌体后的发酵醪液入蒸馏塔蒸馏成95%酒精，再入分子筛塔脱水得无水乙醇。由于采用了无机膜超滤浓缩糖液工艺，使发酵所产生的酒精含量达到10%左右，蒸汽消耗量降低2/3以上。蒸馏塔冷凝水回用于预处理工段浸料和锅炉补水，低压余汽用于原料预热。蒸馏塔底废液经厌氧、好氧处理达标后排放。

7. 木糖制备

汽爆后得到的水洗液中有5%～6%的单糖，其中木糖占60%～70%，水洗液经活性炭脱色、过滤、浓缩、结晶得到副产品木糖。

（二）关键性技术和主要生产设施

本工艺的关键性技术：蒸汽爆破预处理技术；酶水解技术；无机膜浓缩技术；休哈塔酵母六碳糖、五碳糖同时酒精发酵技术。

主要生产设施：汽爆器、木霉纤维素生产机组、酶解机组、压滤机组、离心分离机组、膜分离机组、蒸馏塔（四塔）、水电汽公用工程、仪器仪表系统、化验室系统及相应土建工程。

四、木屑制取燃料乙醇工艺案例

木屑制取燃料乙醇的工艺已经有很长的历史，但以新技术装备的这类工厂还未见有实际运行的报道。研究者们根据现有的技术对这类工厂作出了不少的流程设计和经济分析。下面就以1999年Wooley等为NREL设计的一个SSCF酶水解制酒精的工艺流程设计及经济分析。

（一）SSCF酶水解工艺流程

该厂以黄杨木屑为原料，设计规模为日处理原料2000吨（干）。所用工艺为并流稀酸预处理后接SSCF酶水解。全年工作时间占96%，检修时间略多于2周。基本工艺流程如图 5-20 所示。

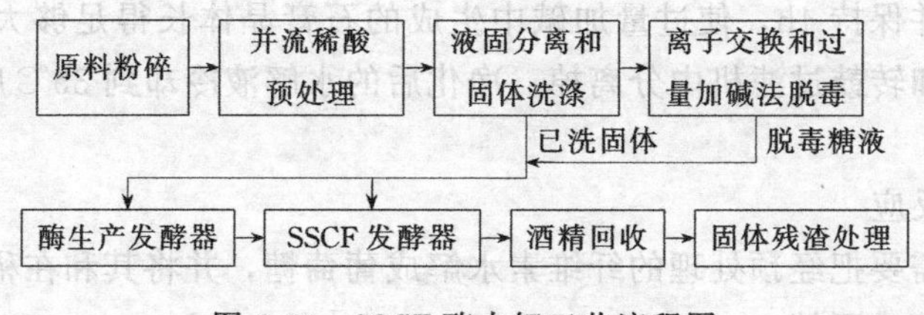

图 5-20　SSCF 酶水解工艺流程图

原料中水分含量为 47.90%，干基物质的基本组成为：纤维素 42.67%，木聚糖 19.05%，木质素 27.68%，灰分 1.00%，乙酸 4.64%，阿拉伯聚糖 0.79%，半乳聚糖 0.24%，甘露聚糖 3.93%。这里的乙酸指存在于半纤维素中的乙酸基团，它们通常在预处理时转化为乙酸。木聚糖、阿拉伯聚糖、半乳聚糖和甘露聚糖是半纤维素的组成部分。

1. 原料储存和前处理

工厂每天处理 3670 吨（湿）原料。工厂内储存 7d 原料。

前处理内容包括对原料的过磅、卸货、输送、清洗、过筛、粉碎和磁力除杂等，粉碎后粒度小于 19mm。

2. 原料预处理和水解液净化

先用低压蒸汽将粉碎原料预热到 100℃左右，该过程可提供预处理所需热量的 1/3，而且可除去随原料带入的空气，因空气进入反应器会影响水解效率。

预处理所用并流式水解反应器以耐腐蚀的海氏合金制造。预处理条件为：0.5%硫酸，原料停留时间 10min，反应温度 190℃，压力 1.22MPa，固体含量 22%。该过程在破坏纤维素晶体结构的同时，可把 75%的半纤维素水解为单糖，6.5%的纤维素水解为葡萄糖。但也有 10%的木糖和阿拉伯糖转化为糠醛，有 15%的半乳糖和甘露糖转化为羟甲基糠醛（HMF），半纤维素中的乙酸基团全部转化为乙酸，这些都是对发酵有害的组分。

离开预处理器的反应混合物进入闪蒸器，压力从 1.21MPa 降到常压。这过程除了降温外，还可把预处理中产生的部分有害物脱除，其中糠醛和 HMF 的脱除率可达 61%，乙酸的脱除率为 6.5%，这将有助于提高后续发酵工段的效率。

闪蒸器每小时产生 45 吨 100℃的蒸汽，可用于后续产物回收工段醪液的预热。通过和醪液的换热，闪蒸汽全部被冷凝，送到废水处理系统。

水解反应物在闪蒸器内停留 15min 后送过滤器进行液固分离，此时它的固体含量为 26%。通过液固分离可除去 44%的水分，滤饼中固体的含量为 40%。该滤饼经再次洗涤后送入 SSCF 反应器。

液固分离所得液体在温度降低到 40℃后用离子交换树脂处理，可除去 88%的乙酸和全部硫酸，而糖无损失。然后用硫酸将该液体的 pH 值调节到 2.0，再用石灰将 pH 值调节到 10.0，并通入直接蒸汽将其温度升到 50℃，停留时间为 1h。通过这种过量加碱法可把液体中的发酵有害物随硫酸钙一起除去。最后把液体的 pH 值调回到 4.5 并保持 4h，使过量加碱中生成的石膏晶体长得足够大，可在接下来的旋液分离器和转鼓过滤机中分离掉。净化后的水解液冷却到 35℃后也送入 SSCF 反应器。

3. SSCF 反应

该工段中需要把经预处理的纤维素水解成葡萄糖，并将其和在稀酸预处理中生成的其他糖发酵成酒精。

该工段中使用 3 组 SSCF 反应器，每组包括 6 个串联的连续搅拌式发酵罐，以 304 不锈钢制造，每个罐的容积为 $3600m^3$。净化过的水解液和经预处理的纤维素一起被连续加入反应器中，每天原料处理量为 $8700m^3$。

SSCF 操作条件为：固体初始含量（包括可溶的和不可溶的）20%，温度 30℃，原料总停留时间 7d。酶用量 15FPU/g 纤维素。发酵用菌种为转基因 *Z. moblis*，它可以把葡萄糖、甘露糖、半乳糖、阿拉伯糖和木糖都发酵成酒精。

在 SSCF 反应中，80%的纤维素可水解成葡萄糖，92%的葡萄糖可进一步转化为酒精，而木糖转化为酒精的比率为 85%。另外有 7%的可发酵糖转化为乳酸等副产品。

离开最后一个发酵罐的液体（醪液）进入醪液储罐。发酵罐中释放出的气体（主要是二氧化碳）中含有少量酒精，要通过水洗回收。水洗塔中吸收了酒精的水可和醪液混合在一起进入醪塔。

种子的培养采用间歇式，把来自实验室的转基因 *Z. moblis* 种子逐步扩大，每级扩大 10 倍。计划采用 2 个培养单元，每单元包括 5 个带搅拌器的种子培养器，容积分别为 $0.08m^3$、$0.8m^3$、$7.6m^3$、$72.7m^3$ 和 $727m^3$。最大的培养器中有冷却盘管，其他的则带有夹套，用 13℃的井水换热降温，使培养液的温度保持在 30℃。换热后的井水可作为系统的补充水。种子在每一级培养器内停留 24h，这样 2 个培养单元每 12h 有一批种子产出。这些种子先被用泵送到种子储罐内，再用泵连续地送到发酵罐内去。

4. 纤维素酶生产

酶生产工段中，一共采用 11 个 $1000m^3$ 的充气式搅拌发酵器，以 304 不锈钢制造。采用间歇操作，每批生产用时 220h，其中的 160h 用于实际发酵，其他 60h 用于加料、出料和消毒。这样在任何时候都有 8 个发酵器处于实际运行中，其余 3 个中有 1 个在加料、1 个在出料、还有 1 个在消毒。用经过预处理并杀菌的生物质为酶生产原料，初始纤维素含量 4%，发酵温度为 28℃，每分钟向每立方米反应器通入空气 $0.577m^3$，使氧的传递速度达到 80mmol/(L·h)。发酵器的酶产率为 75FPU/(L·h)。平均每克纤维素或半纤维素可生产 200FPU 纤维素酶（单位体积纤维素酶所具有的催化能力常用滤纸酶活表示，单位为 FPU）。

以 *T. reesei* 为纤维素酶生产菌种，种子培养也采用间歇操作，逐级扩大培养，每级扩大 20 倍。计划用 3 个培养单元，每单元包括 3 个种子培养器，容积分别为

0.125m^3，2.5m^3 和 50m^3。种子在每个培养器内的停留时间均为 40h。

5. 产物回收和水循环

该工段中先用传统的双塔精馏得到共沸酒精，再用蒸汽相分子筛脱水制得含量为 99.5%的燃料酒精。

来自发酵工段的醪液先用预处理工段闪蒸器中产生的蒸汽进行预热，然后进入双塔系统中的第一个塔（醪塔）。醪塔直径 4.37m，有 32 块塔板，板间距 0.61m，操作回流比为 6.1，板效率为 48%。醪液在塔顶以下第 4 块板处进入，在该塔内可脱除溶解在液体中的全部 CO_2 和 90%的水。醪塔塔顶排放出的气体中含 83.5%的 CO_2，12%的酒精和 4.5%的水，这部分酒精同样需通过水洗回收。99%以上的酒精则随未脱除的水一起以蒸汽的形式进入第二个塔（精馏塔），蒸汽中酒精含量为 37.4%。

精馏塔有 60 块塔板，操作回流比 3.2，板效率为 57%。来自醪塔的蒸汽在塔顶以下第 44 块板处进入，从吸附塔中脱附出来的混合物（它的酒精含量达 72%）则在第 19 块板处进入。在第 44 块板以上塔直径为 3.5m，第 44 块板以下塔直径为 1.2m。精馏塔顶蒸汽中酒精含量为 92.5%（质量分数），塔底液体中酒精含量为 0.05%（质量分数），随塔底液体流失的酒精不到进料酒精总量的 0.1%。

出精馏塔顶的蒸汽经过预热后进入两个分子筛吸附塔中的一个，每个吸附塔中装填有 7.6m 高的分子筛填料，分离能力相当于 4 个理论级。在该塔内可脱除蒸汽中 95%的水，同时也有少量酒精被吸附下来。出吸附塔的蒸汽中酒精含量达到 99.5%，经过换热冷却后进入产品储槽。当一个吸附塔在吸附时，另一个吸附塔正在通过减压脱附把吸在分子筛上的水脱除出来，脱附时需向塔内通入少量 99.5%的酒精。脱除出来的水和酒精混合物经冷凝后回到精馏塔中去再分离。通过两个塔的交替吸附和脱附，可实现连续的精馏操作。

醪塔底部排出的废液中含有全部未转化的固体物料，约 0.7%的酒精也随废液流失。对这些固体物料用压滤法脱水后送到燃烧炉去作燃料。压滤下来的液体用多效蒸发器处理，蒸发出来的蒸汽经冷凝后可作为洁净的工艺循环用水。蒸发器底部的残浆也送到燃烧炉去作燃料。

6. 废水处理

通过把废水处理后回用可减少补充水量。把收集来的废水混合在一起后进入厌氧发酵系统。此过程可除去废水中 90%的有机物，副产物主要成分是 CO_2 和 CH_4 的可燃气，该可燃气可提供燃烧炉 8%的燃料。出厌氧发酵系统的废水再进行好氧生物处理，在该过程中，剩余的有机物也有 90%被转化。经过两级处理的废水再到澄清槽分离出不溶物（主要是以微生物细胞为主的生物污泥）后就得到清水，这些清水可和补充水混合后回到系统中去。澄清槽中分离出的生物污泥一部分压干后作燃料，其余部分再回到好氧处理系统。

7. 产物和原料药剂储存

酒精的储存量定为 7d 的产量，共 4540m^3，用 2 个 2270m^3 的碳钢储槽。考虑到酒精出厂前要加入5%的汽油制成变性酒精，故汽油的储存量也定为7d的用量，共241m³，储存在碳钢槽内。

硫酸的储存量定为5d的产量，共72m³，储存在SS316不锈钢槽内。

消防水的储存量为2270m³，相当与4h的用量，储存在碳钢槽内。

其他储存的原料和药剂包括氨，消泡剂（玉米油），柴油等。

8. 燃烧炉、锅炉和汽轮发电机

采用流化床燃烧炉。燃料主要包括3部分：木质素残渣、厌氧发酵产生的可燃气和多效蒸发器底部的残浆，还包括少量的生物污泥。这些燃料已经能满足整个系统的用能，除了运输原料的车辆要消耗一些柴油外，无需再从外部补充其他燃料。

锅炉产生510℃和8.6MPa的过热蒸汽供汽轮机发电用，锅炉效率为62%，每小时产蒸汽235.2吨。出汽轮机的部分蒸汽用于预处理反应器、热交换器和蒸发器等处，其余的蒸汽冷凝下来后回到锅炉中去。由于作为直接蒸汽使用的部分不能回收，需要向锅炉补充一部分处理过的井水。

9. 辅助设备

冷却水，冷冻水，工艺水，清洗液和净化空气设备等。

(二) 经济分析

预计工厂使用期为20年，折旧率10%。全厂总的固定设备成本13500万美元（这里和下面的成本分析都是以1997年的美元为基准），各工段分配如表5-10所示。总的计划投资为2.338亿美元，其组成如表5-11所示。

表5-10 总的固定设备成本

项 目	设备成本/百万美元	项 目	设备成本/百万美元
原料处理	4.9	废水处理	10.4
预处理/净化	26.3	储存	1.8
SSCF	13.4	锅炉/汽轮发电机	44.5
酶生产	15.5	辅助设备	5.2
蒸馏	13.0	总和	135.0

表5-11 总的计划投资

项 目	投资/百万美元	项 目	投资/百万美元
总的固定设备成本	135.0	办公室和建筑费	35.9
仓库	2.0	意外费用预算	4.3
厂区建设	6.6	总的成本投入	212.5
总的固定成本	143.6	其他成本	21.3
间接成本		总的计划投资	233.8
土地费	28.7		

原料价格为每吨27.5美元。操作成本如表5-12所示。表5-12中固定成本包括人工，管理，维修，保险和税费等。由于本工艺中所发电有多余，可外销，故表5-12中电费是负值。

年产酒精 5220 万加仑（1 加仑＝3.78541 升）。估计以该工艺生产的酒精价格为每加仑 1.44 美元，当时以玉米为原料的酒精价格为每加仑 1.2 美元。不过设计者认为通过对现有工艺的改进，如在预处理中使更多的半纤维素转化为糖，使用更有效的纤维素酶，使用更好的发酵微生物等，可使投资减少，酒精价格下降到每加仑 1.16 美元。设计者预计到 2010 年，2015 年时，每加仑由生物质制得的酒精价格分别为 0.82 美元，0.76 美元。

表 5-12　SSCF 工艺预计操作成本

项　目	年操作成本/百万美元	每加仑酒精成本/美分
生物质原料	19.31	37.0
药剂	4.0	8.0
营养剂	3.22	6.2
柴油	0.48	0.9
补充水	0.45	0.9
辅助药剂	0.59	1.2
固体废物处理	0.61	1.2
电费	−3.68	−7.2
固定成本	7.50	13.3
总成本	32.48	61.5

第六章　生物质热裂解机理及工艺

第一节　生物质热裂解机理

一、生物质热裂解的概念

生物质热裂解是指生物质在完全没有氧或缺氧条件下热降解，最终生成生物油、木炭和可燃气体的过程。三种产物的比例取决于热裂解工艺和反应条件。一般地说，低温慢速热裂解（小于500 ℃），产物以木炭为主；高温闪速热裂解（700～1100℃），产物以可燃气体为主；中温快速热裂解（500～650℃），产物以生物油为主。如果反应条件合适，可获得原生物质80%～85%的能量，生物油产率可达70%（质量分数）以上。

生物质热裂解液化是在中温（500～650℃），高加热速率（10^4～10^5℃/s）和极短气体停留时间（小于2s）的条件下，将生物质直接热解，产物经快速冷却，可使中间液态产物分子在进一步断裂生成气体之前冷凝，从而得到高产量的生物质液体油。该技术最大的优点在于生物油易存储和易输运，不存在产品的就地消费问题，因而得到了国内外的广泛关注。

生物质热裂解液化反应产生的生物油可通过进一步的分离和提取制成燃料油和化工原料；气体视其热值的高低，可单独或与其他高热值气体混合作为工业或民用燃气；生物质炭可用作活性剂等。

生物质由纤维素、半纤维素和木质素三种主要组分组成，纤维素是β-D-葡萄糖通过C1-C4苷键联结起来的链状高分子化合物，半纤维素是脱水糖基的聚合物，当温度高于500 ℃时，纤维素和半纤维素将挥发成气体并形成少量的炭。木质素是具有芳香族特性的，非结晶性的，具有三度空间结构的高聚物。由于木质素中的芳香族成分受热时分解较慢，因而主要形成炭。此外，生物质还含有提取物，主要由萜烯、脂肪酸、芳香物和挥发性油组成，这些提取物在有机和无机溶剂中是可溶的。三种成分的含量因生物质原料的不同而变化，生物质热裂解产物的产量与各组成成分含量有关。

二、生物质热裂解反应机理

在热裂解反应过程中，会发生一系列的化学变化和物理变化，前者包括一系列复杂的化学反应（一级、二级）；后者包括热量传递和物质传递。通过对国内外热裂解机理研究的归纳概括，现从以下 4 个角度对反应机理进行分析。

1. 从生物质组成成分分析

生物质主要由纤维素、半纤维素和木质素三种主要组成物以及一些可溶于极性或非极性溶剂的提取物组成。生物质的三种主要组成物常常被假设独立地进行热分解，半纤维素主要在 225～350℃，纤维素主要在 325～375℃分解，木质素在 250～500℃分解。半纤维素和纤维素主要产生挥发性物质，而木质素主要分解为炭。生物质热裂解工艺开发和反应器的正确设计都需要对热裂解机理进行良好的理解。因为纤维素是多数生物质最主要的组成物（如在木材中平均占 43%），同时它也是相对最简单的生物质组成物，因此纤维素被广泛用作生物质热裂解基础研究的实验原料。最为广泛接受的纤维素热分解反应途径模式是如图 6-1 所示的两条途径的竞争。

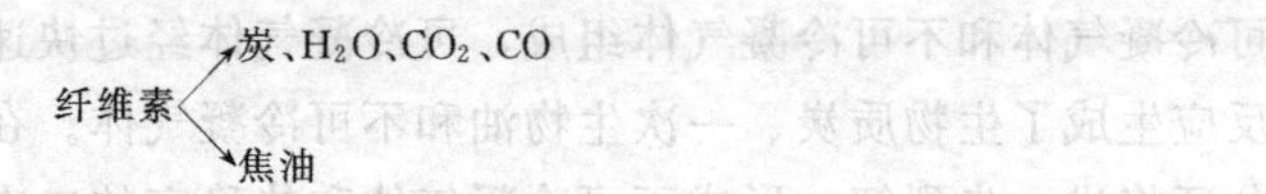

图 6-1　纤维素热分解反应途径模式

很多研究者对该基本图式进行了详细的解释。Kilzer（1965）提出了一个被很多研究者所广泛采用的概念性的框架，其反应图式如图 6-2 所示。

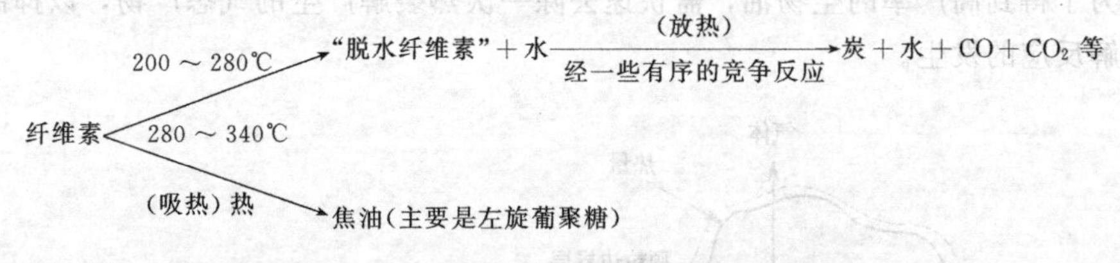

图 6-2　Kilzer 提出的纤维素热分解途径

从图 6-2 中明显看出，低的加热速率倾向于延长纤维素在 200～280℃范围所用的时间，结果以减少焦油为代价增加了炭的生成。

Antal 等对图 6-2 进行了评述：首先，纤维素经脱水作用生成脱水纤维素，脱水纤维素进一步分解产生大多数的炭和一些挥发物。与脱水纤维素反应在略高的温度下，与脱水纤维素反应竞争的是一系列相继的纤维素解聚反应，产生左旋葡聚糖（1,6 脱水-β-D-呋喃葡糖）焦油，根据实验条件，左旋葡聚糖焦油的二次反应或者生成炭、焦油和气，或者主要生成焦油和气。例如纤维素的闪速热裂解把高升温速率、高温和短滞留期结合在一起，实际上排除了炭生成的途径，使纤维完全转化为焦油和气；慢速热裂解使一次产物在基质内的滞留期加长，从而导致左旋葡聚糖主要转化为炭。纤维素热裂解产生的化学产物包括 CO、CO_2、H_2、炭、左旋葡聚糖以及一些醛类、酮类和有机酸，醛类中包括羟乙醛（乙醇醛），它是纤维素热裂解的一种主要产物。

最近十几年来，一些研究者相继提出了与二次裂化反应有关的生物质热裂解途径，但基本上都是以 Shafizadeh 提出的反应机理为基础的，其分解反应途径如

图 6-3 所示。

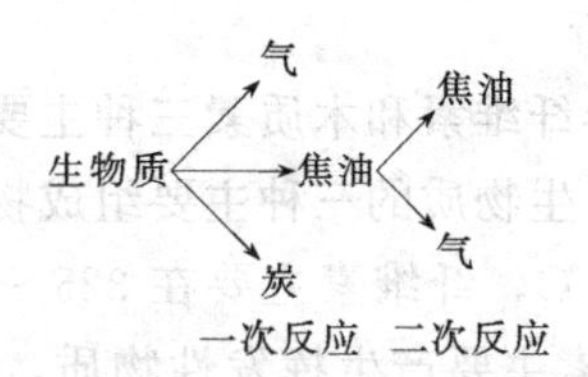

图 6-3　Shafizadeh 提出的分解反应机理途径

2. 从物质、能量的传递分析

首先，热量被传递到颗粒表面，并由表面传到颗粒的内部。热裂解过程由外至内逐层进行，生物质颗粒被加热的成分迅速分解成木炭和挥发分。其中，挥发分由可冷凝气体和不可冷凝气体组成，可冷凝气体经过快速冷凝得到生物油。一次裂解反应生成了生物质炭、一次生物油和不可冷凝气体。在多孔生物质颗粒内部的挥发分还将进一步裂解，形成不可冷凝气体和热稳定的二次生物油。同时，当挥发分气体离开生物颗粒时，还将穿越周围的气相组分，在这里进一步裂化分解，称为二次裂解反应。生物质热裂解过程最终形成生物油、不可冷凝气体和生物质炭（见图 6-4）。反应器内的温度越高且气态产物的停留时间越长，二次裂解反应则越严重。为了得到高产率的生物油，需快速去除一次热裂解产生的气态产物，以抑制二次裂解反应的发生。

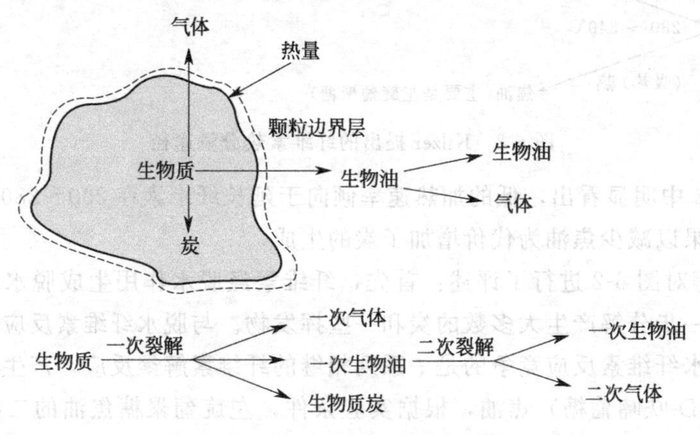

图 6-4　生物质热裂解过程示意图

与慢速热裂解产物相比，快速热裂解的传热过程发生在极短的原料停留时间内，强烈的热效应导致原料极迅速地去多聚合，不再出现一些中间产物，直接产生热裂解产物，而产物的迅速淬冷使化学反应在所得初始产物进一步降解之前终止，从而最大限度地增加了液态生物油的产量。

3. 从反应进程分析

生物质的热裂解过程分为三个阶段，如图 6-5 所示。

（1）脱水阶段（室温～100℃）　在这一阶段生物质只是发生物理变化，主要是

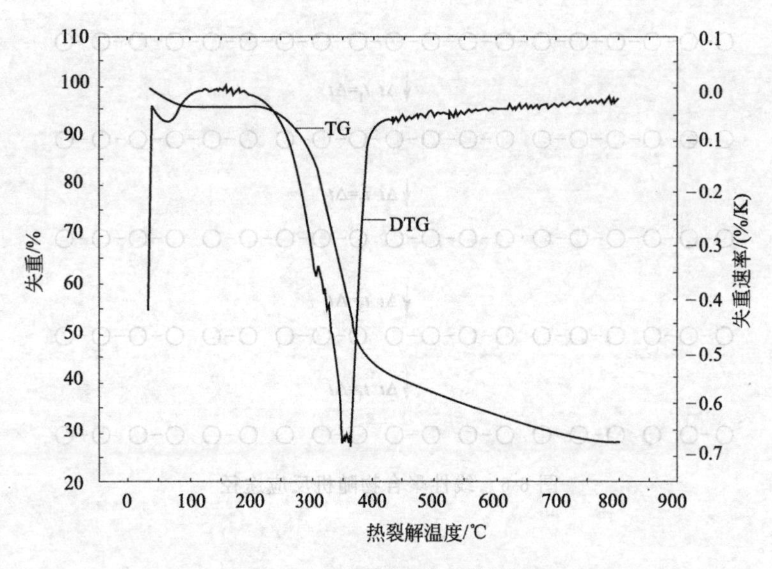

图 6-5　生物质热裂解过程曲线

失去水分。

（2）主要热裂解阶段（100～380℃）　在这一阶段生物质在缺氧条件下受热分解，随着温度的不断升高，各种挥发物相应析出，原料发生大部分的质量损失。

（3）碳化阶段（>380℃）　在这一阶段发生的分解非常缓慢，产生的质量损失比第二阶段小得多，该阶段通常被认为是C—C键和C—H键的进一步裂解所造成的。

4. 从线性分子链分解角度看

现在的研究已发展到利用简单分子并以蒙特卡洛模拟来描述反应过程，而实际反应是按化学方程式进行的。蒙特卡洛法（Monte-carlo method）即对无规则的数字应用数学算子进行一系列的统计实验以解决许多实际问题，这种方法既要考虑时间和样品空间，也要考虑物理空间（聚合物长度），用线性链结构代替三维空间结构。用该方法可解释生物质热裂解反应过程。

线性聚合物随机分解以 N 个聚合体表示，线性聚合物随机反应途径如图 6-6 所示。蒙特卡洛把聚合物分解看成是由独立的马尔可夫（Markov）链分解组成。马尔可夫（无后效）过程（Markov process）是指在很高的加热速率下生物质闪速热裂解时，聚合物链结构分解是随机发生的。在假设的模型中，用 N 代表聚合物中的每个单体结构的结合总个数。用每个链的长度来代表所形成的气体、固体和液体状态，产品存在状态用两个参数来描述，保持固相状态最小的链的长度（N_s^-）和保持气相状态的最大的链长度（N_g^+）。而长度在 N_g^+ 和 N_s^- 之间的部分为液体焦油状态。

以生产生物油为目的的快速热裂解反应被认为是由于非常高的加热及热传导速率，并严格控制反应终温，热裂解蒸汽得到迅速冷凝，因此产物以中等长度分子链

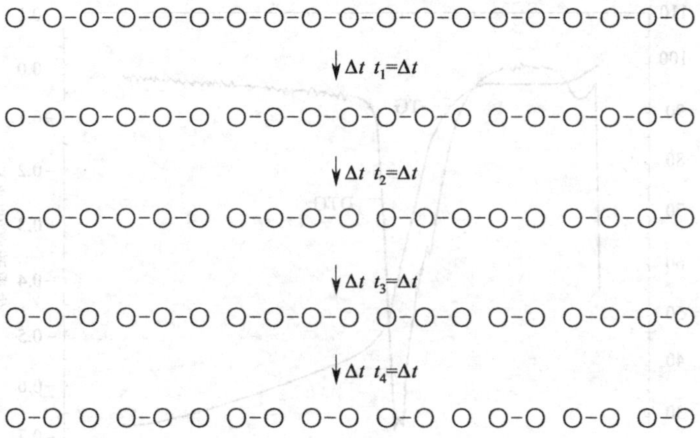

O-O-O-O-O-O-O-O-O-O-O-O-O-O-O-O-O-O-O

$\downarrow \Delta t\ t_1=\Delta t$

O-O-O-O-O-O-O O-O-O-O-O-O-O O-O-O-O-O-O

$\downarrow \Delta t\ t_2=\Delta t$

O-O-O-O-O-O-O O-O-O-O-O O-O-O-O-O O-O-O-O

$\downarrow \Delta t\ t_3=\Delta t$

O-O-O O-O-O O-O-O-O-O O-O-O O-O O-O-O-O

$\downarrow \Delta t\ t_4=\Delta t$

O-O O O-O-O O-O O-O O-O O O-O O-O O-O

图 6-6　线性聚合物随机反应途径

形式存在。

第二节　生物质热裂解反应动力学研究

一、概述

生物质热裂解对生物质的燃烧、液化和气化都有着十分重要意义，其过程十分复杂，与许多因素有关，热裂解的初始产物还可能发生二次反应。因此掌握生物质热裂解特性及有关反应动力学参数，将有助于增进对生物质热化学转换技术的理解，并为热裂解、气化、燃烧装置的正确设计、运行提供有用的参考数据。

近 20 年来，世界各国对纤维素、木质素及木材等生物质的热裂解特性及反应动力学进行了大量研究。由于采用模型不同，加热速率及原料不同，报道的生物质热裂解动力学参数相当离散，活化能在 40～250kJ/mol，频率因子在 10^4～10^{20} s^{-1} 之间，并且还不存在一个被普遍接受适合多种生物质的模型。

在众多的热裂解特性及反应动力学研究中，热分析应用较广。热分析是通过测定物质加热或冷却过程中物理性质（主要是重量和能量）的变化来研究物质性质及其变化，或者对物质进行分析鉴别的一种技术。热分析主要应用在成分分析、物质稳定性的测定、化学反应的研究、材料质量的检测、材料力学性质的测定和环境监测等方面。在热分析技术中，以热重法（TG）、差热分析法（TGA）和差式扫描量热法（DSC）应用最为广泛。

热重法（thermogravimetry，TG）是在程序控制温度下，测量物质质量与温度关系的一种技术。热重法主要应用在物质的成分分析、不同气氛下物质的热性质、物质的热分解过程和热解机理、水分和挥发物的分析、氧化还原反应、高聚物的热氧化降解和反应动力学等方面。而微商热重法（derivative thermogravimetry，

DTG）是热重曲线对时间或温度的一阶微分的方法，测得的记录称为微商热重曲线或DTG曲线。

差热分析（differential thermal analysis，DTA）是在程序控制温度下，测量物质与参比物之间温度差和温度关系的一种技术。记录的曲线叫差热曲线或DTA曲线。

差示扫描量热法（differential scanning calorimetry，DSC）是在程序控制温度下，测量输给物质与参比物功率差的一种技术。根据测量方法，这种技术可分为功率补偿差示扫描量热法（功率补偿式DSC）（power compensation differential scanning calorimetry）与热流式差示扫描量热法（热流式DSC）（heat-flux differential scanning calorimetry）。

热机械分析（thermomechanical analysis，TMA）是在程序控制温度下，测量物质在受非振荡性的负荷下所产生的形变与温度关系的一种技术。动态热机械法（DMA）（dynamic thermomechanmanometry）是在程序控制温度下，测量物质在受振荡性的负荷下动态模数及（或）阻尼与温度关系的一种技术。

现代的热分析仪器具有高精确度、高灵敏度、重复性好，能够在很宽的温度范围内，在各种环境气氛中进行测定，并且采用计算机进行数据采集与自动控制。多种热分析技术之间相互结合或者热分析仪和其他技术如红外光谱、色谱、质谱等的联用技术可使热分析的测试结果与其他手段分析的结果互相补充、互相验证，从而获得全面、更可靠的信息。热分析技术的日益成熟以及高灵敏度、高自动化的现代热分析仪器不断涌现，从而使得定量化测量一个过程的进行速率成为可能，实现了热分析技术从“静态”到“动态”的转变。

国内外许多单位对生物质热裂解反应动力学进行了研究，此处采用实例分析的方法介绍生物质热裂解反应动力学模型的建立与求解过程。

二、生物质热裂解反应动力学研究试验

（一）试验材料及方法

1. 原料预处理

采集的玉米秸秆，在干燥箱于105℃烘干24h后，用分样筛分别筛分至粒径为0.28～0.6mm粒径范围，装入三角瓶中待用。

采用NA-1500自动元素分析仪对秸秆的成分进行分析，结果见表6-1。

表6-1　秸秆的成分分析　　单位：%

原料	C	H	O	N	S	灰分
秸秆	45.43	6.24	46.36	0.92	0.17	0.88

2. 试验仪器

本试验仪器采用Pyris 1 TGA热重分析仪，如图6-7所示，其主要技术指标见表6-2。

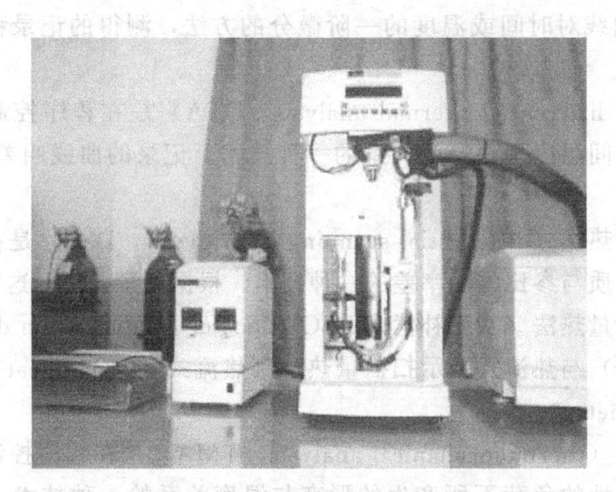

图 6-7　Pyris 1 TGA 热重分析仪

表 6-2　Pyris 1 TGA 热重分析仪主要技术指标

项目	数值	项目	数值
温度范围	室温～1000℃	天平精度	优于 0.02%
天平灵敏度	0.1μg(10^{-4})	称重精度	可达 10ppm
天平准确度	优于 0.1%	温度精度	±2℃(测量试样)

3. 试验方法及步骤

(1) 试验的操作参数

试验温度：室温～750℃；

坩埚：圆柱形陶瓷坩埚；

气氛：99%氮气，在 1atm 下，以恒定流速通入；

升温速率：5℃/min、10℃/min、20℃/min、30℃/min 4 种。

(2) 试验步骤　分别以 5℃/min、10℃/min、20℃/min、30℃/min 的升温速率对粒径范围为 0.28～0.6mm 的秸秆进行反应，获得反应的 TG 和 DTG 曲线图。

(二) 试验结果

秸秆在 20℃/min、粒径为 0.28～0.6mm 范围的热失重曲线图如图 6-5 所示。

由图 6-5 可以看出，秸秆的热裂解过程主要分为三个阶段：

①脱水阶段（室温～100℃）；②主要热裂解阶段（100～380℃）；③碳化阶段（>380℃）。

(三) 反应动力学模型的建立

首先对热裂解动力学进行如下基本假设：

① 热裂解的反应类型为

$$\text{A(固)} \longrightarrow \text{B(固)} + \text{C(气)} \tag{6-1}$$

② 炉内的气氛对热裂解反应没有任何影响；

③ 试样温度与炉内温度相同，不存在温度梯度；

④ 表示化学反应速率与温度关系的阿仑尼乌斯（Arrhenius）方程可用于热分析反应，即对于式(6-1）的反应速率可表示为

$$\frac{d\alpha}{dt}=Kf(\alpha) \tag{6-2}$$

其中 K 为 Arrhenius 速率常数，且

$$K=Ae^{-E/RT} \tag{6-3}$$

式中 E——活化能，kJ/mol；

A——频率因子，s^{-1}；

R——气体常数，8.314J/(mol·K)；

T——热力学温度，K。

函数 $f(\alpha)$ 取决于反应机理，对于简单的反应，$f(\alpha)$ 一般可用下式表示：

$$f(\alpha)=(1-\alpha)^n \tag{6-4}$$

式中 α——变化率；

n——反应级数。

通常由热重分析仪测得的典型热重曲线如图 6-8 所示。

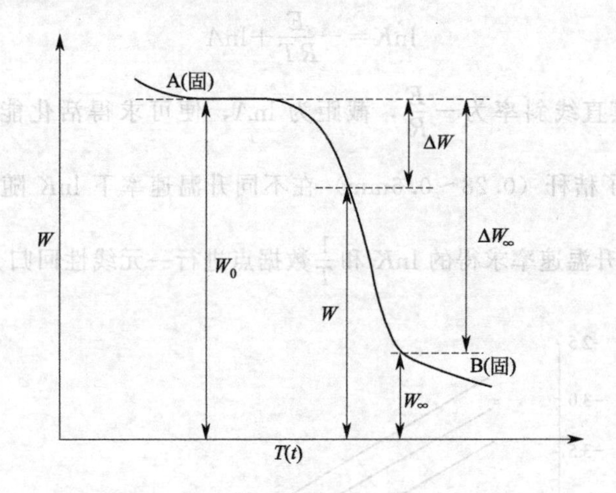

图 6-8 典型的热重曲线

W_0—试样的起始重量；W—T℃(t) 时试样的重量；W_∞—试样的最终质量；ΔW—T℃(t) 时试样的失重量；ΔW_∞—最大失重量。

根据热重曲线，可按下式求算出变化率 α（即失重率），

$$\text{变化率 }\alpha=\frac{W_0-W}{W_0-W_\infty}=\frac{\Delta W}{\Delta W_\infty} \tag{6-5}$$

将式(6-5）与式(6-2)～式(6-4）联立，可得

$$\frac{d\alpha}{dt}=Ae^{-E/RT}(1-\alpha)^n \tag{6-6}$$

在恒定的程序升温速率下，$\phi=\frac{dT}{dt}$，则

$$\frac{d\alpha}{dT}=\frac{A}{\phi}e^{-E/RT}(1-\alpha)^n \tag{6-7}$$

式中　ϕ——升温速率。

这样，就得到了一个简单的热分解反应动力学方程式。

本试验就采用了此方程对生物质热裂解过程的动力学参数进行了计算。

(四) 动力学参数的计算

这里仅介绍用一级反应动力学模型求解动力学参数。

首先假设式(6-7) 中的 $n=1$，即不考虑热裂解过程中的二次反应，对试验的动力学参数进行计算。当 $n=1$ 时，对式(6-7) 进行积分，可得：

$$\int\frac{d\alpha}{1-\alpha}=\int\frac{K}{\phi}dT \tag{6-8}$$

$$-\ln(1-\alpha)=\frac{K}{\phi}T \tag{6-9}$$

对于不同的 α 和 T 值代入式(6-9)，求出相应的 K 值。然后将求得的 K 值代入式(6-3)，即阿伦尼乌斯方程，并对阿伦尼乌斯方程两边取对数得：

$$\ln K=-\frac{E}{RT}+\ln A \tag{6-10}$$

作 $\ln K$-$\frac{1}{T}$图，其直线斜率为$-\frac{E}{R}$，截距为 $\ln A$，便可求得活化能 E 及频率因子 A。图 6-9 描述了秸秆（0.28～0.6mm）在不同升温速率下 $\ln K$ 随$\frac{1}{T}$的变化规律，表 6-3 为对不同升温速率求得的 $\ln K$ 和$\frac{1}{T}$数据点进行一元线性回归分析后求出的秸

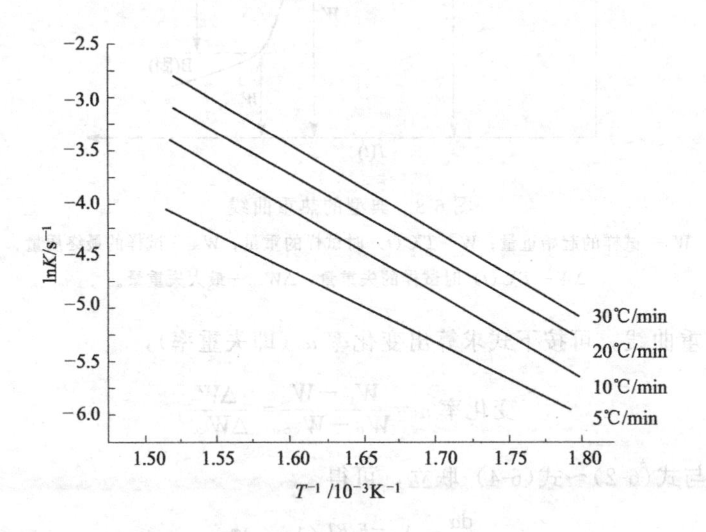

图 6-9　秸秆在不同升温速率下的 Arrhenius 图

表 6-3　一级反应动力学模型计算不同升温下速率秸秆的动力学参数

升温速率 ϕ/(℃/min)	活化能 E/(kJ/mol)	频率因子 A/s^{-1}	相关系数 r
5	55.298	4.0472×10^{2}	-0.9728
10	66.839	6.5986×10^{3}	-0.9932
20	64.048	5.4359×10^{3}	-0.9977
30	69.823	2.2682×10^{4}	-0.9965

秆的动力学参数。

由表 6-3 还可以看出，试验的动力学参数具有较高的相关系数，说明一级反应动力学模型是可行的。一级反应动力学模型是最简单的计算方法，有关反应动力学模型方面更详细的介绍请参考有关文献。

第三节　生物质热裂解工艺类型及影响因素

一、生物质热裂解工艺类型

根据工艺操作条件，生物质热裂解工艺可分为慢速（slow）、快速（fast）和反应性（reactive）热裂解 3 种类型。在慢速热裂解工艺中又可分为碳化（carbonization）和常规热裂解（conventional pyrolysis）。表 6-4 总结了生物质热裂解的主要工艺类型。

表 6-4　生物质热裂解的主要工艺类型

工艺类型	滞留期	升温速率	最高温度/℃	主要产物
慢速热裂解				
碳化	数小时～数天	非常低	400	炭
常规	5～30min	低	600	气、油、炭
快速热裂解				
快速	0.5～5s	较高	650	油
闪速(液体)	＜1s	高	＜650	油
闪速(气体)	＜1s	高	＞650	气
极快速	＜0.5s	非常高	1000	气
真空	2～30s	中	400	油
反应性热裂解				
加氢热裂解	＜10s	高	500	油
甲烷热裂解	0.5～10s	高	1050	化学品

二、影响生物质热裂解过程及产物组成的因素

生物质热裂解产物主要由生物油、可燃气体及木炭组成。人们普遍认为，影响生物质热裂解过程和产物组成的最重要因素是温度，固体相及挥发物滞留期，生物

质组成、颗粒尺寸及加热条件。提高温度和固相滞留期有助于挥发物和气态产物的形成。随着生物质粒径的增大，在一定温度下达到一定转化率所需的时间也增加。因为挥发物可和炽热的炭发生二次反应，所以挥发物滞留时间可以影响热裂解过程。加热条件的变化可以改变热裂解的实际过程及反应速率，从而影响热裂解产物生成量。

1. 温度的影响

研究表明温度对生物质热裂解的产物分布及可燃气体的组成有着显著的影响。一般地说，低温、长滞留期的慢速热裂解主要用于最大限度地增加炭的产量，其质量产率和能量产率可分别达到（质量分数）30%和50%；常规热裂解当温度小于600℃时，采用中等反应速率，其生物油、不可冷凝气体和炭的产率基本相等；闪速热解温度在500～650℃范围内，主要用来增加生物油的产量，其生物油产率可达（质量分数）80%；同样的闪速热裂解，若温度高于700℃，在非常高的反应速率和极短的气相滞留期下，主要用于生产气体产物，其产率可达（质量分数）80%。

D. S. SCOTT（1988）采用输送及流化床两种不同反应器，以纤维素及枫木木屑为原料进行了试验，用于考察温度在快速热裂解中的作用，在气相滞留期为0.5s，热裂解温度为450～900℃条件下，两种物料、两种反应器得到一致的结果。结果表明，对上述任何一种反应器，如果生物质颗粒加热到500℃的时间比固相滞留期小得多，或如果温度达到500℃之前，生物质颗粒失重率小于10%，那么对于给定的物料和给定的气相滞留期，生物油、炭及可燃气体的产量仅由热裂解温度决定。

A. G. LIDEN 和 D. S. SCOTT（1988）报道了采用 Waterloo 流化床反应器生物质闪速热裂解技术产物分布及温度之前的关系，示于图 6-10。

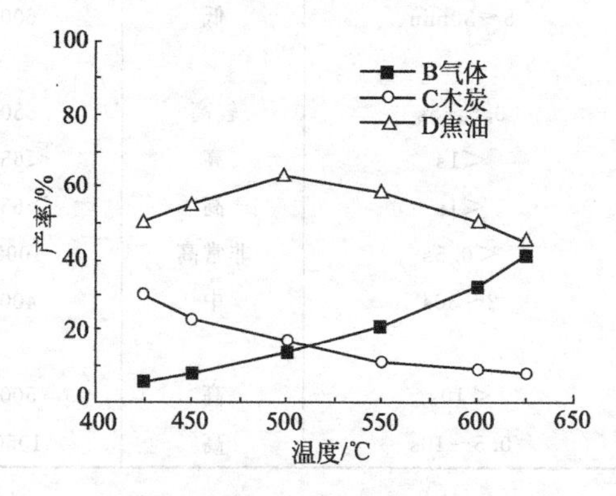

图 6-10　Waterloo 流化床反应器生物质闪速热裂解技术产物分布与温度之间的关系

从图 6-10 可知，随着温度的升高，炭的产率减少，可燃气体产率增加，为获得最大生物油产率，有一个最佳温度范围，其值为 400～600℃。

Wagannar（1994）对生物质喂入率为10kg/h的旋转锥反应器进行试验研究得到与A. G. LIDEN和D. S. SCOTT报道相一致的观点，随设定的热裂解温度的提高，炭产率减少，可燃气体产率增大，而生物油产率有一个明显的极值点，当热裂解温度为600℃时，生物油产率（质量分数）为70%。

因此，为获得最大生物油产率必须选择合适的热裂解温度。

2. 固体和气相滞留期

Wagannar研究表明，在给定颗粒粒径和反应器温度条件下，为使生物质彻底转换，需要很小的固相滞留期。

Miechael. Boroson等（1989）指出，木材加热时，固体颗粒因化学键断裂而分解。在分解初始阶段，形成的产物可能不是挥发分，还可能进行附加断裂以形成挥发产物或经历冷凝/聚合反应而形成高分子量产物。上述挥发产物在颗粒的内部或者以均匀气相反应或者以不均匀气相与固体颗粒和炭进一步反应。这种颗粒内部的二次反应受挥发产物在颗粒内和离开颗粒的质量传递率影响。当挥发物离开颗粒后，焦油和其他挥发产物还将发生二次裂解。在木材热裂解过程中，依反应条件不同，粒子内部和或粒子外部的二次反应可能对热裂解产物产量与产物分布产生中等强度和控制性的影响。所以，为了获得最大生物油产量，在热裂解过程中产生的挥发产物应迅速离开反应器以减少焦油二次裂解的时间。因此，为获得最大生物油产率，气相滞留期是一个关键的参数。

3. 生物质物料特性的影响

生物质种类、粒径、形状及粒径分布等特性对生物质热裂解行为及产物分布有着重要影响。

M. A. Connor总结了木材特性对热裂解的影响，指出木材的密度、热导率、木材的种类影响其热裂解过程，并且这种影响是相当复杂的，它将与热裂解温度、压力、升温速率等外部特性共同作用，从而影响热裂解机制。由于木材是各向异性的，这样形状与纹理将影响水分的渗透率，从而影响挥发产物的扩散过程。木材纵向渗透率是横向渗透率的50000倍，这样，在木材热裂解过程中如果大量挥发产物的扩散发生在与纹理平行的表面，则挥发产物量较少，这样在不同表面上热量传递机制会差别较大。在与纹理平行的表面，通常是气体对固体传递机理发生，但在与纹理垂直的表面，热传递过程是通过析出挥发分从固体传给气体。在木材特性中，粒径是影响热裂解过程的主要参数之一，因为它将影响热裂解过程中的反应机制。研究人员认为粒径1mm以下时，热裂解过程受反应动力学速率控制，而当粒径大于1mm时，热裂解过程中还同时受传热和传质现象控制。并且，如果粒径大于1mm，那么颗粒将成为热传递的限制因素。当上述大的颗粒从外面被加热时，则颗粒表面的加热速率远远大于颗粒中心的加热速率，这样在颗粒的中心发生低温热裂解，产生过多的炭。Van den Aarsen（1985）研究表明，随着生物质颗粒粒径的减小，炭的生成量也减少，因此，在快速热裂解过程中，所采用生物质粒径应小于1mm，以减少炭的生成量，从而提高生物的产率。

4. 压力

压力的大小将影响气相滞留期，从而影响二次裂解，最终将影响热裂解产物产量分布。Shafizadeh 和 Chin（1997）在 300℃，氮气气氛下，以纤维素热裂解为例说明了压力对炭及焦油产量的影响。在一个大气压下，炭和焦油的产率分别为（质量分数）34.2%和 19.1%，而在 1.5mmHg（1mmHg=133.322Pa）下分别为（质量分数）17.8%和 55.8%，这是由于二次裂解的结果。较高的压力下，挥发产物的滞留期增加，二次裂解较大，而在低的压力下，挥发物可以迅速地从颗粒表面离开，从而限制了二次裂解的发生，增加了生物油产量。

5. 升温速率

Kilzer 和 Broido（1965）在研究纤维素热裂解机理时指出，低升温速率有利于炭的形成，而不利于焦油产生。因此，以生产生物油为目的的闪速裂解都采用较高的升温速率。

三、生物质热裂解液化技术的工艺流程

生物质热裂解液化技术的一般工艺流程包括物料的干燥、粉碎、热裂解、产物炭和灰的分离、气态生物油的冷却和生物油的收集（见图 6-11）。

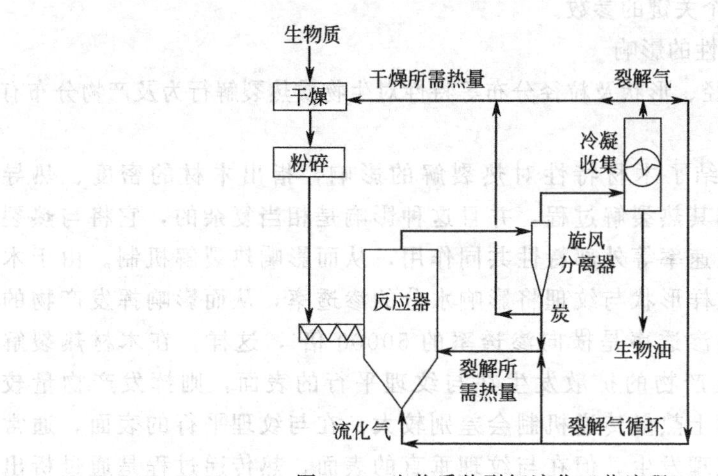

图 6-11　生物质热裂解液化工艺流程

1. 干燥

为了避免原料中过多的水分被带到生物油中，对原料进行干燥是必要的。一般要求物料含水率在 10%以下。

2. 粉碎

为了提高生物油产率，必须有很高的加热速率，故要求物料有足够小的粒度。不同的反应器对生物质粒径的要求也不同，旋转锥所需生物质粒径小于 200μm；流化床要小于 2mm；传输床或循环流化床要小于 6mm；烧蚀床由于

热量传递机理不同可以采用整个的树木碎片。但是，采用的物料粒径越小，加工费用越高，因此，物料的粒径需在满足反应器要求的同时与加工成本综合考虑。

3. 热裂解

热裂解生产生物油技术的关键在于要有很高的加热速率和热传递速率、严格控制的中温，以及热裂解挥发分的快速冷却。只有满足这样的要求，才能最大限度地提高产物中油的比例。在目前已开发的多种类型反应工艺中，还没有最好的工艺类型。

4. 炭和灰的分离

几乎所有的生物质中的灰都留在了产物炭中，所以炭分离的同时也分离了灰。但是，炭从生物油中的分离较困难，而且炭的分离并不是在所有生物油的应用中都是必要的。

因为炭会在二次裂解中起催化作用，并且在液体生物油中产生不稳定因素，所以，对于要求较高的生物油生产工艺，快速彻底地将炭和灰从生物油中分离是必需的。

5. 气态生物油的冷却

热裂解挥发分由产生到冷凝阶段的时间及温度影响着液体产物的质量及组成，热裂解挥发分的停留时间越长，二次裂解生成不可冷凝气体的可能性越大。为了保证油产率，需快速冷却挥发产物。

6. 生物油的收集

生物质热裂解反应器的设计除需保证温度的严格控制外，还应在生物油收集过程中避免由于生物油的多种重组分的冷凝而导致的反应器堵塞。

四、生物质热裂解液化技术研究及开发现状

生物质快速热裂解液化技术是当今世界可再生能源发展领域中的前沿技术之一。该技术始于 20 世纪 70 年代，北美洲对生物质快速热裂解液化技术的研究较早，80 年代初期，加拿大滑铁卢大学研制出流化床反应器快速热裂解技术，随后，美国国家可再生能源研究室开发出涡动烧蚀热裂解反应器，对该技术的研究起到了推动作用。于 80 年代后期，加拿大 Ensyn 公司开发出循环流化床反应器用于生产食品调味剂。从这时起，欧洲对生物质快速热裂解技术的研究产生了浓厚的兴趣，发展较快。

相比较，我国在这方面的研究起步较晚，自 20 世纪 90 年代初国内许多高校及科研单位开展了生物质热裂解液化技术的研究。

表 6-5 按规模大小列出了国外以生物质热裂解生产生物油为目的的主要研究、示范和商业化工艺及项目。

表 6-6 列举了我国生物热解生产生物油的部分技术。

表 6-5 国外生物质热裂解生产生物油工艺的研发情况

主持研究机构	国 家	技 术	规模/(kg·h)	现 状
Castle Capital①	加拿大	烧蚀管	2000	停用
Dynamotive	加拿大	流化床	1500	运行
Interchem	美国	烧蚀涡流床	1360	1994 年废弃
Red Arrow/Ensyn	美国	循环传输床	1250	运行
Red Arrow/Ensyn	美国	循环传输床	1000	运行
ENEL/Ensyn	意大利	循环传输床	625	运行
Alten	意大利	搅动/流化床	500	1992 年废弃
BTG/Kara	荷兰	旋转锥	200	运行
Union Fenosa/Waterloo	西班牙	流化床	200	运行
Egemin	比利时	引流床	200	1992 年废弃
Red Arrow/Ensyn	加拿大	循环传输床	125	运行
Ensyn	加拿大	循环传输床	100	运行
Pasquali/ENEL	意大利	循环流化床	50	停用
GTRI	美国	引流床	50	1990 年废弃
BBC	加拿大	烧蚀管	50	停用
Bio-Alternative②	瑞士	固定床	50	1993 年废弃
BTG/SAU	荷兰/中国	旋转锥	50	运行
University of Hamburg	德国	流化床	50	运行
University of Laval	加拿大	真空移动床	50	运行
WWTC②	加拿大	奥格窑(Augur kiln)	42	运行
Ensyn	加拿大	循环传输床	40	运行
NREL	美国	烧蚀涡流器	30	1997 年拆除
Dynamotive	加拿大	流化床	20	运行
NREL②	美国	烧蚀涡流器	20	运行
RTI	加拿大	流化床	20	运行
VTT/Ensyn	芬兰	循环传输床	20	运行
CRES	希腊	循环传输床	10	运行
Ensyn	加拿大	循环传输床	10	运行
University of Tubingen②	德国	奥格窑(Augur kiln)	10	运行
University of Twente	荷兰	旋转锥	10	运行
BFH/IWC	德国	流化床	6	运行
INETI	葡萄牙	流化床	5	运行
University of Aston	英国	烧蚀板	5	运行
RTI	加拿大	流化床	3	拆除
University of Aston	英国	烧蚀板	3	运行
University of Waterloo	加拿大	流化床	3	1995 年搬到 RTI
University of Aston	英国	流化床	2	运行
CPERI	希腊	循环流化床	1	重建
BFH(IWC)	德国	流化床	<1	运行
Colorado School Mines	美国	烧蚀磨	<1	拆除
CPERI	希腊	流化床	<1	拆除
NREL	美国	流化床	<1	运行
RTI	加拿大	流化床	<1	运行
University of Aston	英国	流化床	<1	运行
University of Leeds	英国	流化床	<1	运行
University of Oldenbury	德国	流化床	<1	运行
University of Technology	马来西亚	流化床	<1	运行
University of Santiago	西班牙	流化床	<1	设计中
University of Sassari	意大利	流化床	<1	运行
University of Stuttgart(ZSW)	德国	流化床	<1	停用
University of Zaragoza	西班牙	流化床	<1	运行
VTT	芬兰	流化床	<1	运行

① 供所有气体和挥发分燃烧的设备，但能够生产液体产物。

② 慢速生物质热裂解液化。

表 6-6　我国生物热解生产生物油的部分技术

反应器类型	主持研发机构	规模及尺寸
旋转锥	沈阳农业大学	50kg/h
	上海理工大学	10kg/h
	东北林业大学	
流化床	上海交通大学	1～2kg/h
	沈阳农业大学	1kg/h
	哈尔滨工业大学	内径 32mm,高 600mm
	浙江大学	5kg/h
	吉林农业大学	20kg/h
	华东理工大学	5kg/h
	中国科学技术大学	100kg/h
	山东理工大学	5kg/h
循环流化床反应器	中科院广州能源研究所	5kg/h
喷动流化床反应器	华东理工大学	
固定床	浙江大学	直径 75mm,长 200mm
回转窑	浙江大学	4.5L/次
热分解器	清华大学化工系	—
下降管	山东理工大学	200kg/h
旋转筛板反应器	中科院过程控制所	

五、生物质热裂解液化反应器的类型

表 6-7 概括了生物质热裂解液化反应器的类型。由表 6-7 可知，生物质热裂解液化反应器类型多样。大部分热裂解工艺能够达到 65％～75％的产油率，但至今还没有被普遍认为是最好的热裂解液化反应器。

表 6-7　生物质热裂解液化反应器的类型

反应器类型	研　究　机　构
流化床	Aston University，Dynamotive，Hambury University，INETI，IWC，Leeds University，NREL，Oldenberg University，RTI，Sassari University，UEF，VTT，Zaragoza University，ZSW-Stuttgart University
烧蚀反应器	NREL，Aston University，BBC，Castle Capital
循环流化床	CRES，CPERI，ENEL/Pasquali
引流床	GTRT，Egemin
旋转锥	Twente University，BTG/Schelde/Kara
传输床	Ensyn(at ENEL，Red Arrow，VTT)
真空移动床	Laval University/Pyrovac

快速热裂解反应器最主要的特点是：非常高的加热及热传导速率；可以提供严格控制的反应中温；热裂解蒸汽得到迅速冷凝。目前，只有传输床和循环流化床系统达到商业化，用于生产调味品。流化床是理想的研究开发设备，在许多国家得到了广泛的研究并已达到了小型示范试验厂的规模。相信未来的几年，热裂解反应器在性能及降低成本方面将会得到实质性进展。

目前，生物质热裂解生产液体燃料的技术还并不成熟，所以国内外正在加大力度进行深入研究和开发。研究主要集中在以下几方面：

① 寻求更合适的原料，一方面降低原材料成本，另一方面提高生物质燃料的产率；

② 开发更经济高效的转化技术和设备；

③ 改善生物油的使用性能；

④ 开发有价值的生物油副产品。

今后，生物质制取液体燃料的重点将主要放在降低成本和改善燃料的性能方面。

第四节　典型生物质热裂解液化装置

一、旋转锥反应器生物质闪速热裂解液化装置

1. 旋转锥反应器简要介绍

旋转锥反应器是一种新型的生物质热裂解反应器，它能最大限度地增加生物油的产量。除生物质热裂解外，旋转锥反应器还可用于页岩油、煤、聚合物、渣油的热裂解。

旋转锥反应器由荷兰 Twente 大学在 1989～1993 年期间研制成功，最初生物质喂入率为 10kg/h 的实验室规模小型装置，其生物油产率可达（质量分数）70%。

沈阳农业大学在联合国粮农组织和中国国家科委的资助下，在考察意大利、加拿大、美国、瑞士、荷兰等国家生物质热裂解技术的基础上，决定从荷兰引进旋转锥反应器生物质闪速热裂解中试装置及技术，作为联合国粮农组织（FAO）和开发计划署（UNDP）资助的，在沈阳农业大学兴建的“东北寒冷地区综合能源示范基地”研究项目的一个重要组成部分。联合国粮农组织及沈阳农业大学与荷兰 Twente 大学 BTG 集团于 1993 年签订了“生物质热裂解液化技术合作研究”的合同，按照合同规定，由联合国 UNDP 和荷兰政府共同出资，由荷兰 BTG 集团设计，制造喂入率为 50kg/h 的旋转锥反应器生物质闪速热裂解液化中试装置。装置于 1995 年运到沈阳农业大学后，中荷双方共同负责设备的安装调试，联合开展生物质闪速热裂解液化技术的系列研究，生产出生物油，取得可喜的研究成果。在此基础上，荷兰 BTG 集团于 2000 年研制了生物质喂入率为 200kg/h 的旋转锥反应器生物质闪速热裂解液化装置。该技术是世界上先进的生物质热裂解液化技术之一。

2. 装置组成

旋转锥反应器生物质闪速热裂解装置组成如图 6-12 所示，该装置包括喂入、反应器、收集三个主要部分。

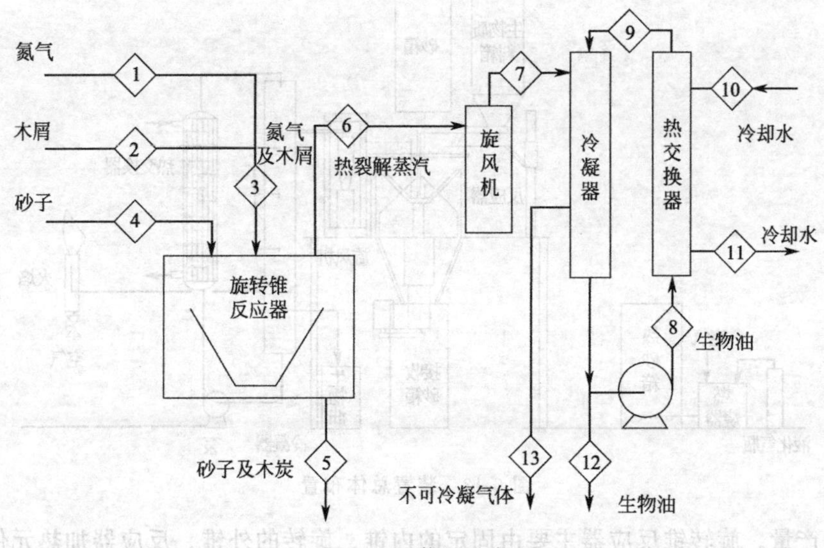

图 6-12 装置组成

(1) 喂入部分 由 N_2 喂入 (1)，物料（木屑）喂入 (2) 和砂子喂入 (4) 组成。

预先粉碎的生物质被喂料器输送到反应器中，并且，在喂料器和反应器之间通入一些 N_2 以加速生物质颗粒的流动，防止生物质颗粒堵塞；与此同时，预先加热的砂子也被传送到反应器中。

(2) 反应器部分 喂入到旋转锥底部的生物质与预先加热的惰性热载体砂子一起沿着高温锥壁呈螺旋状上升，在上升过程中，炽热的砂子将其热量传给生物质，使生物质在高温下发生热裂解而转变成热裂解蒸汽，这些蒸汽迅速离开反应器以抑制二次裂解。

(3) 收集部分 由旋风机 (7)，热交换器及冷凝器 (9) 和砂子及木炭接收砂箱 (5) 组成。

离开反应器的热裂解蒸汽首先进入旋风机 (7)，在旋风机中固体炭被分离出去，接着，热裂解蒸汽进入冷凝器中，大部分蒸汽被冷凝而形成生物油，产生的生物油在冷凝器和热交换器中循环，其热量被冷却水 (10) 带走，最后生物油从循环管道中放出。不可冷凝的热裂解蒸汽排空燃烧。使用后的砂子及产生的另一部分炭被收集到联结在反应器下端的收集砂箱中，砂子可以重复利用。应该说明一点，在商业化装置中，不可冷凝的热裂解蒸汽及木炭将燃烧用于加热反应器，以提高系统的能量转换效率。

3. 装置总体布置

装置总体布置如图 6-13 所示。为节省空间，装置下部分安放于地下，并且，砂子加热系统与其他部分分开。

4. 旋转锥反应器的构造及工作原理

旋转锥反应器是一种新型的生物质闪速热裂解反应器，它能最大限度地增加生

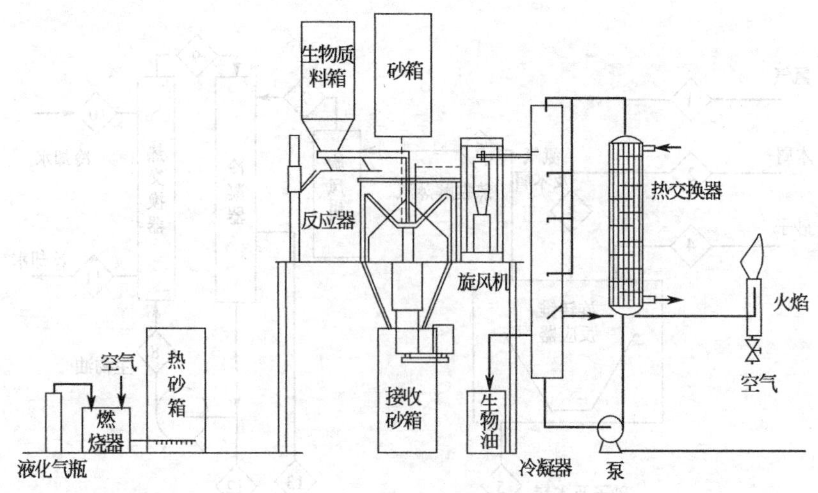

图 6-13　装置总体布置

物油的产量。旋转锥反应器主要由固定的内锥、旋转的外锥、反应器加热元件及外壳组成。旋转锥反应器工作原理图如图 6-14 所示。

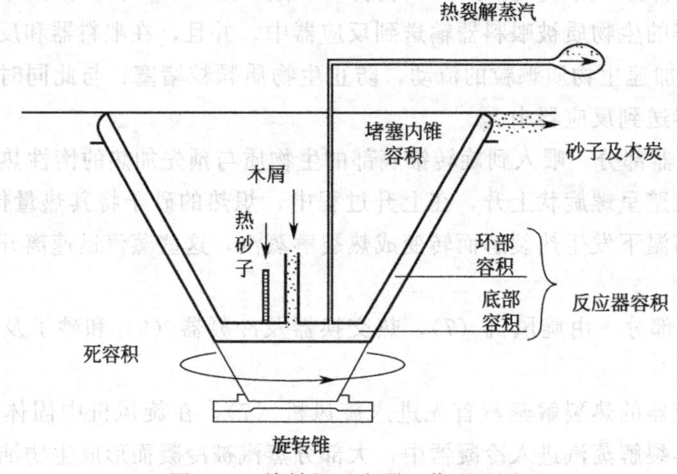

图 6-14　旋转锥反应器工作原理图

由图 6-14 可知，砂子、木炭及未转化的生物质被收集到反应器周围的死容积中。该反应器旋转锥顶角为 π/2，最大直径为 650mm，热裂解产物为生物油、不可冷凝气体和木炭。如果需要，可以堵塞旋转锥内部的部分空间以减小旋转内部的气相容积，从而减小反应器中气相滞留期，这可抑制气相中生物油的二次裂解反应，以达到增加生物油产率的目的。

5. 旋转锥反应器生物质闪速热裂解液化物质与能量平衡

(1) 试验测试仪器　旋转锥反应器生物质闪速热裂解液化装置本身能测量或控制砂子的加热温度、反应器温度、压力、旋转锥频率、木屑喂入器振幅、旋风机温度、N_2 流量、砂子流量、冷却水流量等参数。此外，试验中用台秤和天平分别测砂子重量和生物质原料质量、生物油质量、用 TMZ 型数字显示温度调节仪测热交换器油管及冷却水管等温度，用转子流量计测不可冷凝气体的流量，用 SQ-206 型、SP-2305 型气相色谱仪检测热裂解产生不可冷凝气体的成分。

(2) 试验原料

① 生物质原料　松木木屑，原料粒径为 0.20mm。

② 氮气　为防止生物质喂入过程中发生架桥现象，并且在反应开始前需冲刷反应器，试验中采用了纯度为 99%的普通氮气。

③ 砂子　砂子作为热载体来加热生物质原料，可防止焦炭在反应器锥壁上积累。粒径范围为 200～600μm。

④ 液化气　采用普通液化气燃烧加热砂子。

⑤ 压缩空气　压缩空气由空气压缩机提供。

(3) 试验参数的选择依据　中试设备的运转参数见表 6-8。

表 6-8　中试设备运转参数

参　数	数　值	参　数	数　值
生物质喂入率	＜50kg/h	旋转锥频率	10Hz
反应器温度	600℃	旋风机温度	500℃
反应器容积	15l	热载体砂子质量流量	＜500kg/h

(4) 实验方法

① 有关器械的标定　启动试验装置前，对砂子流量、生物质物料喂入率、冷却水流量、N_2 流量、旋转锥频率进行了标定，从而决定试验中上述各参数控制操纵手柄或旋钮的位置。

② 试验时间顺序表　表 6-9 给出了旋转锥反应器生物质闪速热裂解装置试验步骤。将各个步骤分为独立阶段。装置启动前，应该对装置总体及有关重要部件进行检查，以确保装置可靠运转。

表 6-9　旋转锥反应器试验步骤

序　号	动　作	阶　段
1	开始加热砂子	Ⅰ
2	开始供给冷却水	Ⅱ
3	开始加热旋风机和旋转锥反应器	Ⅲ
4	用氮气清洗反应器、旋风机和冷凝器	Ⅳ
5	停止加热砂子和氮气清洗，开始生物质热裂解反应试验	Ⅴ
6	手动停车，清洗(换气)反应器	Ⅵ

(5) 旋转锥反应器木屑闪速热裂解液化物质平衡分析

① 物质平衡定义　物质平衡分析就是分析反应后产生的生物油、不可冷凝气

体、木炭三种产物产量与消耗木屑量之间的关系，它是评价热裂解装置运转性能好坏的一个重要方面，也是改进装置工艺设计的重要依据。本研究物质平衡分析是针对选用的两次试验进行的，但研究方法与结果可供其他试验参考。

② 木屑消耗量 W_s 及木屑喂入率 W_{st}　木屑消耗量 W_s 等于试验前料箱中木屑量 W_i 减去试验后料箱中剩余木屑量 W_e，而木屑喂入率 W_{st} 等于木屑消耗量除以实验时间。

③ 生成产物量

a. 生物油产量：在旋转锥反应器运转中，需要利用生物油（最初用酒精）冷凝热裂解过程中产生的热裂解蒸汽，因此，在试验前需向冷凝器与热交换器循环系统中加入一定量的生物油，加入的生物油与产生的生物油混合在一起，在循环管路中起到冷凝作用。因此，生物油产量等于试验结束后生物油总量减去试验前加入的生物油量。

b. 不可冷凝气产量：从冷凝器流出的混合气体（包括 N_2），可视为理想气体，因此，根据克拉贝隆方程：

$$pV=mRT \tag{6-11}$$

式中　p——混合气体的压力，kgf/m^2；

V——混合气体的体积，m^3；

m——混合气体的质量，kg；

R——混合气体气体常数，kgf·m/(kg·K)；

T——混合气体温度，K。

而

$$R=\frac{R_M}{M} \tag{6-12}$$

式中　R_M——通用气体常数，847.834kgf·m/(kmol·K)；

M——混合气体平均分子量。

$$M=\sum_{i=1}^{n}M_i r_i \tag{6-13}$$

式中　M_i——混合气体中第 i 种气体分子量；

r_i——混合气体中第 i 种气体的容积成分。

$$V=Qt \tag{6-14}$$

式中　Q——混合气体流量，m^3/h；

t——反应器运转时间，h。

联立式(6-11)～式(6-14) 求解 m，则

$$m=\frac{pQt\sum_{i=1}^{n}M_i r_i}{R_M T} \tag{6-15}$$

因此，产生的不可冷凝气体质量 m_g 可由下式计算：

$$m_g=m-m_{N_2}-m_{O_2} \tag{6-16}$$

式中　m_{N_2}——N_2 的质量；

m_{O_2}——O_2 的质量。

根据质量成分与容积成分之间的关系可知：

混合气体质量成分
$$g_i=\frac{M_i r_i}{\sum_{i=1}^{n} M_i r_i} \tag{6-17}$$

式中 g_i——混合气体中某一气体的质量分数。

$$m_i=g_i m \tag{6-18}$$

由式(6-17)、式(6-18) 可计算出 m_{N_2}，m_{O_2}，代入式(6-16)，最终可以计算出产生的不可冷凝气体质量 m_g 的数值。

c. 木炭产量：试验中没有实测木炭质量，但可根据反平衡法求出木炭质量，即

$$m_c=W_s-m_o-m_g$$

式中 m_c——木炭量；

W_s——木屑消耗量；

m_o——生物油产量；

m_g——不可冷凝气体产量。

④ 物质平衡　有关物质平衡各参数及测试、计算结果列于表 6-10。

表 6-10　物质平衡参数的测试计算结果

参　　数		试验 1	试验 2
木屑	消耗量/kg	9.4	13.21
	喂入率/(kg/h)	18.80	26.42
生物油	产量/kg	3.83	7.05
	产率(质量分数)/%	40.74	53.37
不可冷凝气体产量计算	p/(kgf/m²)	1×10^4	1×10^4
	Q/m³	12.60	13.67
	t/h	0.5	0.5
	M	27.17	27.14
	R_M/[kgf·m/(kmol·K)]	847.834	847.834
	T/K	333	333
	m/kg	6.064	6.570
	g_{N_2}/%	48.45	54.76
	g_{O_2}/%	1.1	2.12
	m_{N_2}/kg	3.2	3.598
	m_{O_2}/kg	0.067	0.139
	产量 m_g/kg	2.797	2.833
	产率(质量分数)/%	29.76	21.45
木炭	产量(质量分数)/kg	2.773	3.327
	产率(质量分数)/%	29.5	25.16

⑤ 物质平衡结果分析　由表 6-10 可知，试验 1 生物油、不可冷凝气体和木炭的产率分别为 40.74%，29.76%，29.5%；试验 2 生物油、不可冷凝气体和木炭的产率分别为 53.37%，21.45%，25.16%。装置设计生物油产率为 60%，两次试验生物油产率尚未达到最大值，这可能是由于木屑喂入率尚未达到最大值（50kg/h）或装置运转参数还未处于最佳运转状态的缘故，但从试验中直观观察可知，反应器运转状态良好，生物油产率为 53.37%已接近设计值。

6. 旋转锥反应器木屑闪速热裂解液化能量平衡分析

（1）能量平衡分析的意义及计算依据　能量平衡分析是评价旋转锥反应器生物质闪速热裂解装置运转性能一个重要方面。进一步说，当综合考虑装置设计指标与实验结果时，就可清楚地掌握装置运转过程中每一流动环节能量分布，反应器热量消耗，冷却器冷却水带走的能量，这些数据对装置的改进、容量放大是至关重要的。

在旋转锥反应器生物质闪速热裂解装置中，每一流动环节的显热定义为当物质从某一温度 T 冷却到热力学参考温度 298K 时所释放的能量，其计算公式为

$$H_s = \int_{298}^{T} C_p \mathrm{d}T$$

式中　H_s——流动环节物质的显热；

298——热力学参考温度 298K；

T——流动环节物质温度；

C_p——流动环节物质比热容。

因为所有水分都是以水蒸气的形式离开反应器，所以每一流动环节物质的燃烧热值都是以低热值为计算标准。

（2）能量平衡计算结果　在能量平衡分析中，以本章试验 2 为例，简述旋转锥反应器生物质闪速热裂解装置的能量分布，反应器所需热量，冷凝过程中冷却水带走的热量等问题。

① 装置的能流分布　装置的能流分布流程图见图 6-13。为计算图 6-13 中每一环节的能量，必须知道在这一环节流动物质的比热及燃烧低热值。Perry 及 Wagenaar 等对上述每一环节流动物质的比热及低热值进行了大量的实验研究。本研究采用了上述研究人员的研究结果。这里需再次强调，生物质热裂解过程中液体产物，它含有有机物和水，在能流图中这两种物质单独列出，但它们形成同一液相。图 6-13 中主要流动环节能流分布如表 6-11 所示。

② 反应器所需热量　分析流出、流入反应器的能量，即可计算出反应器所需热量。反应器流入、流出能量由表 6-12 所列。

对反应器而言，流入与流出的能流应该相等，其表达式为

$$\sum Q_i - \sum Q_O = 0 \tag{6-19}$$

式中　$\sum Q_{i}$——流入反应器热流；

　　　$\sum Q_{O}$——流出反应器热流。

表 6-11　热裂解装置能流分布

流动环节	物　质	温度/K	物质流量/(kg/h)	显热/(MJ/kg)	低热值/(MJ/kg)	总能量密度/(MJ/kg)	能流/W
1	氮气	298	7.2	0	0	0	0
2	木屑	298	26.42	0	18	18	132100
4	砂子	873	427	0.46	0	0	54561
5	砂子	873	427	0.46	0	0.46	54561
	木炭	873	6.65	0.805	30.00	30.805	56904
7	不可冷凝气体	873	5.67	0.575	17.444	18.019	28380
	水蒸气	873	4.81	3.410	0.00	3.410	4556
	有机物	873	9.29	1.853	21.338	23.19	59843
	氮气	873	7.2	0.575	0.00	0.575	1150
12	有机物	298	9.29	0	21.338	21.338	55064
	水分	298	4.81	0	0	0	0
13	不可冷凝气体	298	5.67	0	17.444	17.444	27474
	氮气	298	7.2	0	0	0	0

表 6-12　反应器流入、流出能量分布

物质种类	温度/K	物质流量/(kg/h)	显热/(MJ/kg)	低热值/(MJ/kg)	总能量密度/(MJ/kg)	热流/W
加热反应器热流						Q
砂子流入	873	427	0.46	0	0.46	54561
氮气流入	298	7.2	0	0	0	0
生物质流入	298	26.42	0	18.000	18.000	132100
不可冷凝气体流出	873	5.67	0.575	17.444	18.019	28380
氮气流出	873	7.2	0.575	0.000	0.575	1150
水蒸气流出	873	4.81	3.410	0.000	3.410	4556
砂子流出	873	427	0.46	0	0.46	54561
木炭流出	873	6.65	0.805	30.000	30.805	56904
有机物流出	873	9.29	1.853	21.338	23.19	59843

将表 6-12 的数值代入式(6-19) 可得到加热反应器所需热流为 $Q=205394-186661=18733$ (W)。

③ 加热砂子所需热流　由表 6-12 可知加热砂子所需热流为 54561W。

④ 冷凝器冷却水带走的热量　冷却水带走的热量由下述公式计算：

$$Q_w=\varphi_m C_{p水}(T_0-T_i) \quad (6\text{-}20)$$

式中　Q_w——冷却水带走的热量；

φ_m——冷却水流量；

$C_{p水}$——水的比热容，4200J/(kg·℃)；

T_0——冷却水流出热交换器温度；

T_i——冷却水流入热交换器温度。

将试验测试结果 $\varphi_m=0.17kg/s$，$T_0=36.4℃$，$T_i=26.4℃$代入式(6-20) 得：

$$Q_w=0.17\times4200\times(36.4-26.4)=7140(W)$$

(3) 结果分析与结论　从表 6-11、表 6-12 可以看出，旋转锥反应器生物质闪速热裂解装置加热砂子与加热反应器的能流很大，分别为 54.561kW 和 18.733kW，而产生生物油能流仅为 55.064kW。所以，目前装置急需改进工艺，以降低装置能量投入。同时，从表 6-11 中也可看出产生的不可冷凝气及木炭的能流也很高，分别为 27.474kW、56.904kW。目前，这两种产物却白白浪费。因此，在改进装置工艺中应考虑如何充分利用不可冷凝气体及木炭的能量问题。改进裂解工艺可行的技术路线有三条：一是砂子的循环利用，这样一方面可以减少砂子的流量，另一方面余热可得到充分利用；另一方法是用不可冷凝气体和木炭燃烧加热砂子和反应器；第三条技术路线是综合利用第一、第二方案，其效果将会更佳。

从生成产物热流占原料热流的百分数来看，生物油、不可冷凝气体及木炭能量转换率（由差算求出）分别为：42%、21%、37%。计算中未详细考虑控制系统耗能及装置有关部件的散热损失，但因散热损失相对消耗较小，所以能量平衡分析结果也不失其参考作用。生物质热裂解过程中生物油能量转换率如此之高，表明通过改进工艺，这项技术将具有巨大的发展潜力。

二、流化床反应器生物质闪速热裂解液化装置

1. 装置简介

上海交通大学农业与生物学院生物质能工程研究中心刘荣厚教授领导的课题组在承担的国家自然科学基金项目中研制出生物质原料喂入率为 1～2kg/h 的流化床反应器，在热裂解参数优化、生物油特性及精制方面做了大量研究工作，并申请了国家发明专利“农林业有机废弃物快速热裂解制取燃料油设备”（申请日：2005.12.29；申请号：200510112221.9）。

2. 装置组成及各部分功用

流化床反应器生物质闪速热裂解液化装置是以流化床反应器为主体的系统，其主要由 5 部分组成。图 6-15 所示。

(1) 惰性载气供应部分　该部分由空气压缩机、贫氧气体发生器（炭箱）和气体缓冲罐组成。空气压缩机可将气体压缩，获得一定压力的气体流量。贫氧气体发生器为一不锈钢圆柱体，外部包有加热元件。在这里发生木炭燃烧反应，消耗掉空气中的氧气。气体缓冲罐可储存一定压力的贫氧气体，以供试验用。

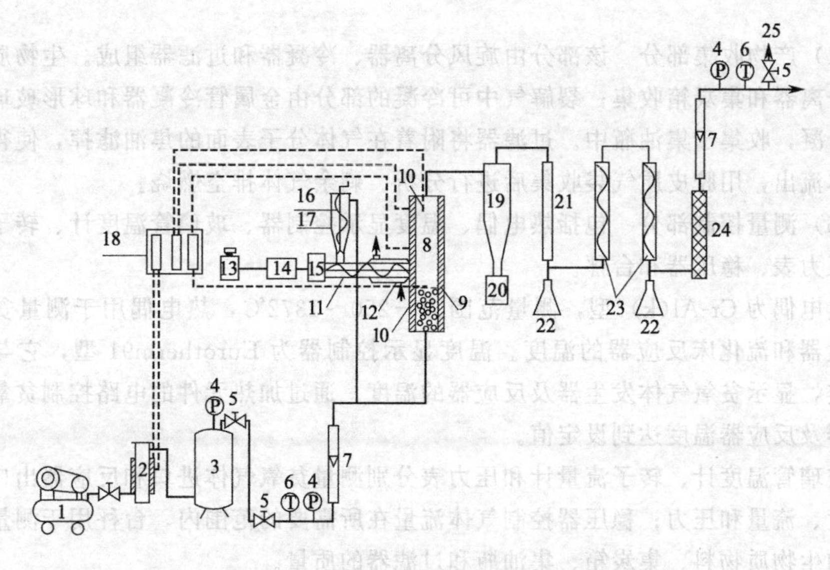

图 6-15　流化床生物质热裂解液化装置系统示意图

1—空气压缩机；2—贫氧气体发生器；3—气体缓冲罐；4—压力表；5—气阀；6—玻璃管温度计；7—转子流量计；8—流化床反应器；9—电加热元件；10—热电偶；11—螺旋进料器；12—套管式冷凝器；13—调压器；14—电机；15—减速器；16—搅拌器；17—料仓；18—温度显示控制器；19—旋风分离器；20—集炭箱；21—金属管冷凝器；22—集油瓶；23—球形玻璃管冷凝器；24—过滤器；25—气体取样口

(2) 物料喂入部分　该部分主要包括料仓、螺旋进料器及调压器、电机和减速器等辅助设备。料仓内设有搅拌器和惰性气体入口。螺旋进料器由电机带动。因生物质颗粒的表面不光滑且形状不规则，颗粒之间容易搭接或黏着，会造成螺旋进料器铰龙空转而无物料进入反应器，因此，在料仓内设有搅拌器，防止物料搭接形成空隙，保证连续给料。同时，试验中为了防止反应器内的高压、高温气体反窜回料仓，通过料仓顶部的进气口，通入贫氧烟气，使料仓内也具有一定的压力。使物料能靠重力和惰性气体的输送作用及铰龙的旋转顺利进入反应器。

通过调节调压器电压，改变电动机的速度，从而改变进料率。调压器型号为 TDGC110.5 的接触调压器，电动机为单相串激电动机，减速器为 WDH 型涡轮减速器。

由于螺旋进料器与反应器紧密连成一体，为防止接口处过早地发生热裂解反应，产生的少量生物油和炭集结于此阻碍进料，在螺旋进料器接近于流化床部分焊接了一段冷却套管，通入循环的自然水降低该部分的温度。

(3) 反应器部分　反应器由内径为 100mm 的不锈钢管制成。整体反应器高 600mm。反应器最高设计温度为 1000℃，钢管外部绕有电阻丝作为加热元件，加热元件外部覆盖耐高温和保温材料。加热元件分为上、中、下三部分，总功率为 6kW。下部电阻丝预热惰性载气，中部和上部电阻丝用于加热流化床并维持床内恒温。

(4) 产物收集部分　该部分由旋风分离器、冷凝器和过滤器组成。生物质炭由旋风分离器和集炭箱收集；裂解气中可冷凝的部分由金属管冷凝器和球形玻璃管冷凝器冷凝，收集于集油瓶中。过滤器将附着在气体分子表面的焦油滤掉，使得干净的气体流出，用胶皮质气袋收集后进行分析。剩余气体排空燃烧。

(5) 测量控制部分　包括热电偶、温度显示控制器、玻璃管温度计、转子流量计、压力表、稳压器和台秤。

热电偶为Cr-Al(k) 型，测量范围为－250～1372℃，热电偶用于测量贫氧气体发生器和流化床反应器的温度。温度显示控制器为Eurotherm91型，它与热电偶相连，显示贫氧气体发生器及反应器的温度。通过加热元件的电路控制贫氧气体发生器及反应器温度达到设定值。

玻璃管温度计、转子流量计和压力表分别测量贫氧气体进口和反应器出口气体的温度、流量和压力；稳压器控制气体流量在所需要的范围内，台秤用于测量反应前后的生物质物料、集炭箱、集油瓶和过滤器的质量。

3. 工艺流程

原料在流化床反应器中热裂解液化的工艺流程如图6-16所示。生物质热裂解液化的工艺过程如下：生物质原料经粉碎、烘干后放入料仓中备用。空气由空气压缩机导入贫氧气体发生器，产生的贫氧气体被压入缓冲罐，随着气体量的增加，缓冲罐内压力不断增大直到达到一定值以满足反应所需的正压需要。从气体缓冲罐出来的气体经转子流量计分成两路：流量较大的主路进入流化床反应器，在反应器底部预热，经气体分布板进入上部的流化床反应器；流量较小的一路由料仓顶部通入，并顺着物料一同进入流化床反应器。两路气体在流化床内一起流化砂子和物料的混合物，因反应器被加热到400～600℃之间，生物质在高温及缺氧条件下发生热降解，生成热裂解蒸气和木炭，进入反应气的惰性载气与生成物一起离开反应器，切向进入旋风分离器，靠巨大的离心作用，生物质炭被分离出来，由集炭箱收集。气体则通过两排4个球形玻璃管冷凝器，气体中可冷凝的部分形成生物油，收集在集油瓶中。余下的不可冷凝气体经过滤器和转子流量计流出，从气体取样口取出气体分析，其他气体排空燃烧。

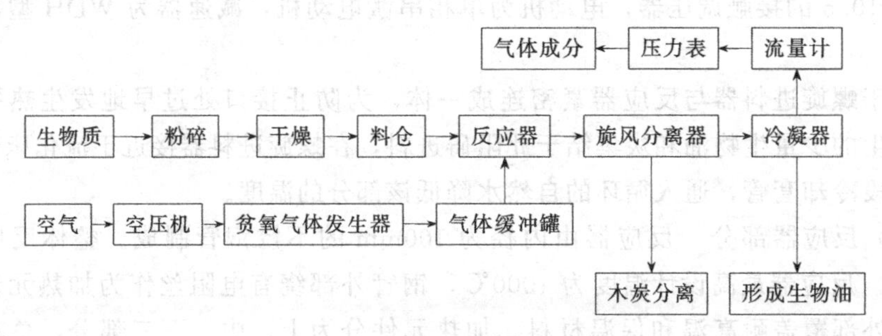

图6-16　热裂解液化的工艺流程

4. 产物

以榆木木屑为原料，生物油产率达58.74%。

第五节　生物油的特性

一、生物油组成成分

生物质热裂解产物主要由生物油、不可冷凝气体及木炭组成。

生物油是含氧量极高的复杂有机成分的混合物，这些混合物主要是一些分子量大的有机物，其化合物种类有数百种之多，从属于数个化学类别，几乎包括所有种类的含氧有机物，诸如醚、酯、醛、酮、酚、有机酸、醇等。不同生物质的生物油在主要成分的相对含量上大都表现出相同的趋势，在每种生物油中，苯酚、蒽、萘、菲和一些酸的含量相对较大。至今对其相关的分析还处于探讨研究中。若不能确定生物油的主要组成成分，这对生物油的应用是极为不利的，当将其作为动力燃料时，因不知道其与柴油、汽油等石油加工产品在结构上的差别，而限制它的广泛应用，或将其作为提炼化学品的原料时，因不知道其内的主要化合物类型而不能有效的进一步加以利用。目前，各研究单位均采用色质联机分析（GC-MS）技术对其进行初步定量分析。

刘荣厚等在流化床反应器上，以松木木屑为原料，热裂解温度在475 ℃、500 ℃和550 ℃时，三种热裂解温度条件下制取的生物油主要化合物成分相对含量的GC-MS分析结果见表6-13。

表6-13　三种热裂解温度条件下制取的生物油主要化合物成分相对含量的GC-MS分析

成分序号	分子式	化合物名称	峰面积/%		
			475℃	500℃	550℃
1	$C_2H_4O_2$	乙酸	5.91	5.53	5.20
2	$C_5H_{10}O$	2-戊酮	0.78	0.78	0.80
3	$C_6H_{10}O_3$	2-丁酮甲酯	2.31	2.04	2.07
4	$C_5H_4O_2$	糠醛	2.95	3.58	3.94
5	C_5H_6O	2-环戊烯酮	0.79	1.35	2.32
6	$C_5H_8O_3$	丙酮酸乙酯	0.30	1.55	1.32
7	$C_6H_{12}O_3$	2,5-二甲氧基-四氢呋喃	2.02	0.63	1.34
8	C_6H_8O	2-甲基-2-环戊烯酮	1.57	1.15	0.72
9	$C_6H_{12}O$	2-甲氧基-2-戊烯	3.18	2.89	3.07
10	$C_6H_{12}O_2$	3-己烯-2,5-二醇	1.06	0.54	0.71
11	$C_6H_6O_2$	5-甲基糠醛	1.68	0.49	1.10
12	$C_7H_7NO_2$	2-硝基甲苯	2.03	2.08	2.95
13	$C_6H_8O_2$	2-羟基-3-甲基-2-环戊烯酮	2.74	4.17	4.33
14	$C_8H_{14}O$	3,5-二甲基-环己酮	0.93	0.87	0.71
15	C_7H_8O	邻甲基苯酚	2.55	1.98	1.92
16	$C_7H_8O_2$	邻甲氧基苯酚(愈疮木酚)	3.03	5.07	6.31

续表

成分序号	分子式	化合物名称	峰面积/%		
			475℃	500℃	550℃
17	C_7H_8O	对甲基苯酚	1.84	3.28	3.26
18	$C_7H_{10}O_2$	3-乙基-2-羟基-2-环戊烯酮	2.74	2.51	2.55
19	$C_8H_{10}O$	对二甲基苯酚	1.18	1.02	1.34
20	$C_8H_{10}O_2$	2-甲氧基对甲基苯酚	1.88	3.54	3.74
21	$C_6H_6O_2$	邻苯二酚(儿茶酚)	1.92	1.71	1.37
22	$C_9H_{12}O_2$	对乙基愈疮木酚	0.99	0.86	1.03
23	$C_7H_8O_2$	间甲基苯二酚(间甲基儿茶酚)	3.66	1.18	0.58
24	$C_{10}H_{12}O_2$	2-甲氧基-4-(1-丙烯基)苯酚	1.29	1.48	1.50
25	$C_9H_{10}O_3$	3-甲氧基-4-羟基-苯乙酮	0.89	0.64	0.55
26	$C_6H_{10}O_5$	左旋葡聚糖	8.09	8.01	10.32

二、生物油的典型特性

生物油组分的复杂性使其具有很大的利用潜力，但也使利用存在了很大的难度。木屑生物油的一些重要特性列于表 6-14 中。

表 6-14　木屑热裂解生物油的典型特性

物理性质	典型值
含水量率(质量分数)/%	15～30
pH 值	2.5
相对密度	1.20
元素分析(质量分数)/%	
C	56.4
H	6.2
O	37.3
N	0.1
灰分	0.1
高位热值(随含水率变化)/(MJ/kg)	16～19
黏度(40℃、25%含水率)/cP	40～100
固体杂质(炭)(质量分数)/%	1
真空蒸馏	最大降解量为(质量分数)50%

生物油特点：

· 液体燃料

· 可以代替常规燃料应用于锅炉、内燃机和涡轮机上

· 含水率为 25%时热值为 17MJ/kg，相当于汽油/柴油燃料热值的 40%

· 不能和烃类燃料混合

· 不如化石燃料稳定

· 在使用前需进行品质测定

1. 含水率

生物油的含水率（质量分数）最大可以达到30%～45%，油品中的水分主要

来自于物料所携带的表面水和热裂解过程中的脱水反应。水分有利于降低油的黏度，提高油的稳定性，但降低了油的热值。

2. pH 值

生物油的 pH 值较低，主要是因为生物质中携带的有机酸，如蚁酸、醋酸进入油品造成的，因而油的收集储存装置最好是抗酸腐蚀的材料，比如：不锈钢或聚烯烃类化合物。由于中性的环境有利于多酚成分的聚合，所以酸性环境对于油的稳定是有益的。

3. 密度

生物油的密度比水的密度大，大约为 $1.2\times10^3kg/m^3$。

4. 高位热值

25%含水率的生物油具有 17MJ/kg 的热值，相当于 40%同等质量的汽油或柴油的热值。这意味着 2.5kg 的生物油与 1kg 化石燃油能量相当，由于生物油密度高，1.5L 的生物油与 1L 化石燃油能量相当。

5. 黏度

生物油的黏度可在很大的范围内变化。室温下，最低为 10cP，若是长期存放于不好的条件下，可以达到 10000cP。水分、热裂解反应操作条件、物料情况和油品储存的环境及时间对其有着极大的影响。

6. 固体杂质

为了保证高加热速率，热裂解液化的物料粒径一般很小，因而热裂解生成的生物质炭的粒径也很小，旋风分离器不可能将所有的炭分离下来，因此，可采用过滤热蒸汽产物或液态产物的方法更好地分离固体杂质。

7. 稳定性

Stefan Czernik (NERL, USA) 认为生物油的稳定性取决于热裂解过程中的物理化学变化和液体内部的化学反应。这些过程导致大分子形成，尤其在燃料的使用时是不希望发生的。生物油中分子的形成复杂且难以量化。反应的全过程近似为物理变化。考虑到聚合物与平均分子量相关，黏度就成为最明显的物性参数。而且，黏度也是燃料使用的重要标志。它直接影响生物油的流动和雾化。普遍认为，将生物油暴露在空气中是有害的，应将其存放在密封容器内。

8. 生物油品质

目前还没有一个明确的生物油质量评定标准。常规燃料有其品质判定的标准，有必要也建立一个针对于不同用途的生物油品质评定标准。

9. 生物油的运输需求

随着生物油需求量的增加，Cordner Peacocke (CARE Ltd, UK) 认为安全环保的运输成为至关重要的问题。由于生物油未被列于联合国认可的运输范围内，运输过程中的生物油如何分类尚无定论。由于潜在的危险性，中型容器不适于运输，油轮等大型运输应在沿途张贴布告。为了推广生物油的使用，必须制定相应的法律法规。

三、生物油的精制

1. 生物油精制的目的

生物质热裂解产生的生物油是一种棕黑色的液体。由于生物油具有高度的氧化性、相对不稳定性、黏稠、腐蚀性、化学组成复杂等特点，直接用它来取代传统的石油燃料受到了限制。且生物油有很强的吸湿性，放置一段时间后，液体分为两相：一相为高度黏稠的物质；另一相为含有水和化学品的液相。因此，为了提高热解产物的产量和质量，需要对生物油进行精制，以除去其中的氧原子，达到使生物油稳定的效果。

2. 生物油加氢处理技术

加氢处理是通过部分加氢裂化和加氢精制反应使燃料油符合下一个工序的要求。加氢精制主要用于油品精制，其主要目的是除掉油品中的杂质，有时还对部分芳烃进行加氢，改善油品的使用性能。所谓加氢裂化，是在较高压力下，烃分子与氢气在催化剂表面进行裂解和加氢反应生成较小分子的转化过程。

我们所指的生物油加氢处理是指在高压（10～20MPa）和在中温（300～500℃）条件下，利用高压氢气将生物油组分中的氧元素以水或碳氧化物的形式除去以改善生物油性能的过程。刘荣厚研究结果表明，传统的加氢处理过程很容易被用于生物油的处理，裂化后生物油类似于汽油。

3. 沸石合成技术

当前沸石合成普遍采用单功能的ZSM-5催化剂。例如：Mobil催化剂用于甲醇合成汽油。从工艺原理看，沸石合成遵守下述方程：

$$C_6H_8O_4 \longrightarrow 4.6CH_{1.2}+1.4CO_2+1.2H_2O$$

按照上述方程式，化学计量学的最大液体产率（质量分数）为42%，最大能量产率约为50%。

双功能或多功能催化剂在有限碳环境下比在有限氢环境下效果更好。使用这种催化剂，化学计量学的最大产率为55%，它遵守下列方程：

$$C_6H_8O_4+3.6H_2 \longrightarrow 6CH_{1.2}+4H_2O$$

在商业上，对于酒精原料，沸石合成方法已被广泛的实验验证，主要用于甲醇转化为汽油的过程。在这一过程中，氧以CO_2的形式被除去。在纤维素热裂解产品的改良方面也获得一些经验，但对木质素热解产品的处理，沸石合成还存在焦化问题。尚未得到可靠结果。

4. 生物油乳化

生物油的乳化就是利用乳化技术将生物油和柴油以及适当的表面活性剂均质混合形成乳化燃料以应用于稍加改动的柴油机上。生物油/柴油乳化液是通过添加某种乳化剂使生物油和柴油这两种本来并不互溶的液体混合而形成的相对稳定的乳化液。

5. 生物油的催化裂解

生物油的催化裂解是在有催化剂存在、中温、常压下通过热化学方法将生物油中的含氧组分转化为较轻组分，多余的氧以 H_2O，CO_2 或 CO 的形式除去，使之转化为常温下稳定、油品质量高、能量密度高、可直接广泛应用的液体燃料。

6. 生物油水蒸气催化重整

生物油水蒸气催化重整是生物油经过高温裂解后生成的小分子组分与水蒸气在催化剂存在下发生水煤气变换反应生成富氢气体产品的过程。

7. 生物油的酯化

生物油的酯化是在催化剂存在下利用生物油本身所含醇类或外加醇类物质与生物油中的羧酸类物质发生反应生成酯类物质的过程，此过程可有效降低生物油中羧酸类物质的含量，从而提高生物油的品质。

8. 生物油的分子蒸馏

生物油的分子蒸馏是利用分子蒸馏设备将生物油中的热不稳定组分蒸馏分离的过程。

9. 生物油的气化

生物油的气化是指在有气化介质（包括空气、氧气、一氧化碳、氢气、水蒸气）存在下，对生物油进行气化反应制备合成气或燃料气的过程。

第六节　生物油的应用

一、概述

生物质闪速热裂解产生的生物油可以直接应用或通过中间转换途径转变成次级产物。图 6-17 给出了生物油的主要用途。

生物油可作为锅炉、柴油机、涡轮机代用燃料，并可从中提取高附加值化学品，生物油还可制取黏合剂、缓释肥。荷兰、英国、意大利、加拿大、希腊、芬兰等国在上述领域开展了许多工作，本文仅就前人的工作加以总结以期对我国生物油利用方面的研究与推广起到参考作用。

二、生物油用于燃烧

由于生物油为液体燃料，因此它易于燃烧利用中的运输，处理和储存，这些优点对现存设备的翻新改造也是重要的。可能只需对设备略加改造或根本不需要改造。尽管公开发表的有关生物油燃烧方面的文章较少，但是在欧洲和北美进行了大量有关生物油用于燃烧方面的试验，结果表明生物油易于燃烧。但对燃烧雾化器应

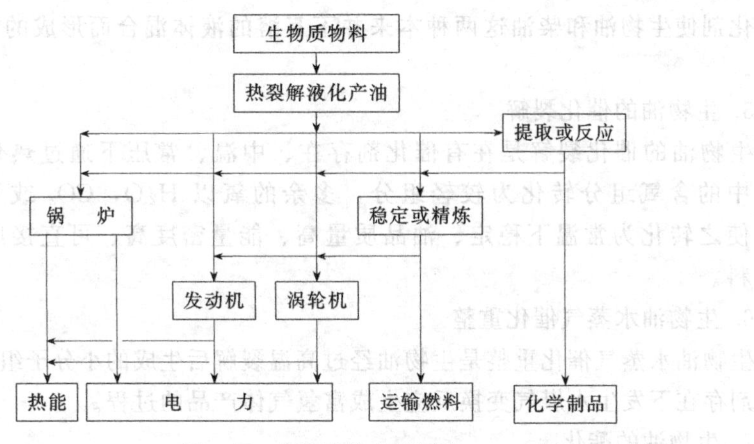

图 6-17　生物油的主要用途

经常维护。而对燃烧排放物的成分还不清楚，目前正进行这方面的实验。荷兰Twente大学生物质能技术集团的研究表明：生物油作为单一燃料在燃烧器中燃烧，其燃烧时释放的NO_x量略高。NO_x释放量约占生物油中N含量的3%。

三、涡轮机发电

生物油一个较专门化的应用是作为涡轮机代用燃料发电，从原理上讲，涡轮机可以直接被热裂解生物油或改良后的生物油点燃。

一种可能的途径是重新设计涡轮燃烧器使其适合燃用生物油；另一种办法是改变生物油的性质，减少生物油的C/H比，使其适应现存的涡轮机。在生物油改良方法中，大多数采用加氢处理全部除去生物油中的氢，这样改良后生物油能够完全符合涡轮机的要求，但改良成本较高。

荷兰Twente大学生物质能技术集团B. M. Wagenaar博士报道了生物油作为天然气替代品在350MW发电站的应用情况。生物油在一个或多个裂解工厂经初次生产后，通过陆路或海路被运输到大型发电站。生物油的二次利用不需或仅需少量能量投入。这样一条生产路线有利于生物油的生产，尤其在生物质原料廉价的国家。

生物质快速裂解产品在能源领域越来越受到重视。与此同时，裂解过程中碳的能量转化率已达到95%，只有5%的能量损失。其能流可用公式表示为

$$E_{生物质}=E_{生物油}(70\%)+E_{焦炭}(15\%)+E_{裂解气}(10\%)+E_{热}(5\%)$$

通常认为生物油二次利用有两种途径：一是在天然气发电站生物油二次燃烧获得70%能量；二是在火力发电站生物油和木炭混合燃烧获得85%能量。这两种途径所用的设备不必更换，因为发电站通常配有油燃烧备用系统以免初级燃料供给被中断。

在荷兰Harculo发电站，15吨的生物油与天然气混合在350MW天然气发电站上，通过气体涡轮机、蒸汽循环锅炉成功地进行了二次燃烧，产生了25MW·h的电量。生物油的喂入率为1900kg/h，相当于8MW·h能量。在燃烧期间，发电站

控制系统保证稳定的251MWe输出功率。

生物油比重油廉价，等同于天然气。煤虽然便宜，但却不适用于天然气发电站。在荷兰，50t/d的生物油生产工厂正处于建设中。该工厂利用热裂解工艺将木屑转化成生物油。不含灰分的生物油被运输到天然气发电站作为替代品用于发电。由于天然气发电站没有配备灰尘收集装置，不含灰分的生物油应用的巨大潜力吸引了众多的商家。与天然气相比，生物油的生产成本为6欧元/GJ_{oil}。进一步说，生物油是一种绿色能源，能实现二氧化碳排放标准。

四、生物油作为柴油机代用燃料

1. 芬兰研究成果

芬兰国家测试中心及其处理研究室与加拿大Ensyn集团合作，对生物油做柴油机代用燃料进行了试验研究。比较了柴油机燃用生物油，柴油及酒精不同燃料时的运转特性。通过分析生物油的燃料特性可知，生物油的十六烷值低，着火性不好，为克服这一缺点，试验采用两种方案，其一是在生物油中加入十六烷值改善剂，以增加生物油的十六烷值；其二是采用双喷射系统，柴油作为引燃燃料，生物油作为熏燃燃料。试验用柴油机为单缸柴油机。试验结果表明，采用双喷射系统柴油机运转良好。目前研究中心将与丹麦和西班牙合作，进行多缸柴油机燃用柴油/生物油混合燃料可行性的研究。

2. 英国研究成果

生物油乳状液是指以不同比例（25%～75%）的生物油和柴油的混合液。英国D Ormrod和A Webster公司在改装的双燃料Ormrod柴油机上使用生物油乳状液使柴油机正常运转400多小时。六缸250kWe柴油机有三缸使用95%的生物油作为启动燃料。发动机预热后，生物油可替换100%的柴油作为动力燃油。柴油机排放物测试表明：除氮氧化物，其他排放物含量都低于正常使用柴油时的含量。目前，试验用六缸柴油机中未改装的三缸没有柴油供给。在这种情况下，发动机使用混有5%柴油的生物油能够正常运转。此项技术的突破为9kWe的生物油柴油机应用奠定了基础。

3. 意大利研究成果

(1) 简介　意大利Florence大学研究人员报道了在柴油机上燃用生物油与柴油混合的乳状液研究成果。

生物原油已在气体涡轮机和柴油机上进行了运转测试。与汽油相比，生物油的直接应用面临着严重的问题：低pH值、低十六烷值；高灰分含量、高黏度。

在柴油机上，低十六烷值意味着需增加额外的火花塞和点火系统（燃烧室处于加热状态后可关闭这些装置），提高发动机压缩比、改进燃烧室的燃油喷油器。尤其是燃油喷油器，需采用耐腐蚀材料和引入喷入系统（双燃油发动机）。双喷油器需额外的设计和制造费用。

生物原油与柴油乳状液燃料的使用提供了廉价有效的解决方法，并且不需对柴油机进行大的改装。本研究目标是对柴油机结构不做大的改装基础上，探讨生物油与柴油混合的乳状液燃料在柴油机上应用的可行性。

(2) 试验用柴油发动机　试验的目的在于评定柴油发动机的燃烧性能，操作参数（效率、机动性和运行时间），生物油乳状液燃料的有害气体排放量。对不同混合比例的生物油/柴油混合乳状液燃料（25/75、50/50、75/25）进行了试验。试验选用 4 种不同柴油机：一台 PMA 制造的小容量高速柴油机、两台 IEE 制造柴油机、一台 Ormrod Diesels 制造的中型低速柴油机。

(3) 试验结果　以不同混合比的生物原油/柴油（25/75，50/50，75/25）试验表明：以低生物原油含量的混合燃料进行试验时，喷油器口易快速受损，且对输油管路造成严重的破坏。因此，特别进行了生物原油含量为 25%、5% 的混合燃料的试验。

(4) 结论　在对发动机没有大的改装基础上（双喷油口），该项研究结果表明生物原油/柴油的混合燃料在柴油机上的应用是可行的，但对燃油供给系统有较大的腐蚀。

建议在今后生物油燃料的使用中应注意以下几个问题：

① 设计、制造、测试不锈钢喷油器和输油管；

② 长期测试改进的喷油器和输油管，以保证其长期使用，分析长期使用生物油乳状液燃料对不锈钢喷油器和输油管的影响；

③ 对生物油乳状液燃料燃烧后的废气排放进行详细的评估；

④ 设计和测试线性梯度浓度的生物油乳状液燃料，确定不同浓度燃料的稳定性，适当地改进现有装置。

五、生物油制取化学品

现阶段生物油作为燃料的使用备受关注。在短期内，生物油的工厂化生产主要用于制取化学品和替代燃料。加拿大 RTI Ltd 在生物油制取化学品方面进行了相关研究并取得了一定的进展。生物油已经用于生产化学合成纤维、香料、有机肥料、燃料添加剂、去污剂、锅炉燃料和柴油机燃料。RTI Ltd 指出应建造生物油精炼厂，利用生物油去提炼更有价值的产品。

六、生物油制取黏合剂

石炭酸-甲醛树脂是一种性能很好的防水黏合剂，是石炭酸和甲醛在碱的催化作用下的主要产物。石炭酸是有毒的石化产品，其价格随油价起伏不定。为降低对原油需求和减轻环境污染，石炭酸-甲醛树脂的替代品的研究受到人们的关注。

希腊 Adhesives Research Institute Ltd 的研究人员对生物油进行分析，发现生物油中含有石炭酸化合物，这为研究石炭酸的替代品提供了新的方法。经过技术改进后，以生物油为原料制取高达 50% 的石炭酸替代品按传统工艺成功地合成了石炭酸-甲醛树脂。该树脂有两种特殊用途：用于导向夹板和仪器控制板的制造。

七、农业废弃物热裂解循环利用制取缓释肥

由欧盟资助，英国 Aston University 等单位，对农业废弃物热裂解循环利用制取缓释肥进行了研究。Tony Bridgwater 认为：农业废弃物和其他生物质制取肥料的有效成分有三种来源：

一是来自热裂解液体（生物油）中的含氮化合物；

二是来自热裂解前生物质中含氮的衍生物；

三是直接来自裂解过程中形成的含氮化合物。

通过与常规肥料在不同生长环境下的对比，证明生物油用作肥料是可行的。最重要的是这项技术实现了农业废弃物的循环利用，尤其在粮食作物和园艺作物的生产上。不仅减轻了污染，而且用作肥料还产生了经济效益。

八、不可冷凝气体及木炭的应用

1. 不可冷凝气体的应用

由生物质热裂解得到不可冷凝气体热值较高。它可以用作生物质热裂解反应的部分能量来源，如热裂解原料烘干，或用作反应器内部的惰性流化气体和载气；此外，这些气体还可用于生产其他化合物及为家庭和工业生产提供燃料。

2. 木炭的应用

木炭呈粉末状，黑色物质。研究表明木炭特点是：①疏松多孔，具有良好的表面特性；②灰分低，具有良好的燃料特性；③低容重；④含硫量低；⑤易研磨。因此产生的木炭可加工成活性炭用于化工和冶炼，改进工艺后，也可用于燃料加热反应器。

第七章　生物质快速热裂解液化技术

生物质热解是在无氧或者是缺氧条件下，利用热能切断生物质大分子的化学键，使之转变为低分子物质的过程。生物质的热解是复杂的化学过程，包括分子键的断裂、异化和小分子的聚合等反应。通过控制反应条件（加热速率、反应温度和反应时间），可得不同的产物。据实验，中等温度（500℃左右）的快速裂解有利于生产液体产品，其产率可达到80%。气体中氮氧化合物浓度很低，无污染问题。

生物质闪速热解液化技术是有效利用生物质能的方式之一，它采用超高加热速率（10^3～10^4K/s）、超短产物停留时间（0.2～3.0s）及适中的裂解温度（500℃左右），使生物质中的有机高聚物分子在隔绝空气的条件下迅速断裂为短链分子。生成物包括热解气（可冷凝气体和不可冷凝气体）和炭。通过冷凝热解气，使可冷凝气体冷凝，获得液体产品（生物油）。生物油可直接作为燃料使用，也可经精制成为化石燃料的替代物。国外的研究大多以木材作为热解原料，国内主要以农作物秸秆、壳皮和林业树皮等作为热解原料开展研究。

第一节　生物质快速热裂解挥发特性

一、概述

生物质热解动力学主要研究生物质在热解反应过程中反应温度、反应压力、反应时间等参数与物料或者反应产物转化率之间的关系。热解动力学直接关系到生物质热化学利用。通过动力学分析可深入地了解反应的过程或机理，还可以预测反应速率，以及反应的难易程度。在进行生物质热裂解特征及热动力学研究的时候，最常用的一种方法是热分析法。热分析就是在程序控制温度下，测量物质的物理性质与温度关系的一种技术。在热分析技术中，热重法使用得最为广泛。热重法是在程序控制温度下，借助热重仪（热天平）以获得物质的质量与温度关系的一种技术，且其通常在恒定的升温速率下进行，是研究化学动力学的重要手段之一。具有试样用量少、速度快并能在测量温度范围内研究原料受热发生热反应的全过程等优点。国内外许多研究者利用热分析方法研究了不同种类的生物质的热挥发特性。

利用热重仪测定的生物质挥发特性应用于一般热解干馏气化和水煤气气化非常有效。但是热重仪的加热速率最高只能达到100℃/min，属于慢速加热条件，其结果不能用于研究快速热裂解技术。因为不同的加热速率条件下，物质的热挥发表现是不同的。在实际的气化炉或燃烧器中，生物质热裂解都是在高温、高加热速率和短的停留时间的条件下进行的，要进行理论分析，必须设法研究在类似这样的加热条件下的挥发规律和特点。

与生物质慢速热解相比，关于生物质闪速热解机理及动力学研究的文献相对较少。纵观各国研究者研究生物质热裂解机理和反应动力学所使用的技术和装置，主要有落管反应器（drop tube reactor）、网屏反应器（wish-mesh reactor）和辐射加热技术（radiant heating technology）等。所有这些装置都能够实现生物质闪速热解，只是结构不同、参数不同、性能有差异。下面将简要地介绍这几种典型的工艺装置及特点。

二、快速热解动力学研究小型装置的研究现状及特点

（一）落管反应器（drop tuber reactor）

落管反应器，有的文献也称为层流炉（laminar entrained-flow reactor）或管状反应器（tubular reactor），已经成功地应用于煤的闪速热挥发特性研究中。生物质的热解研究在方法和技术上可以借鉴煤的热解研究。目前层流炉也开始用于对纤维素、生物质、塑料废弃物以及造纸行业中产生的黑色液体的挥发特性的研究中。

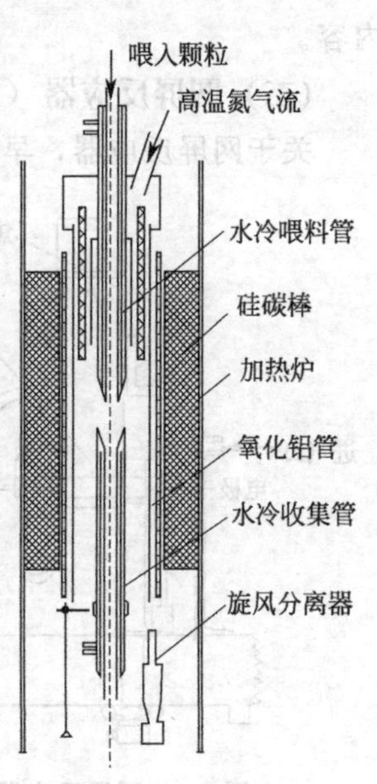

图 7-1　落管反应器

传统的层流炉结构原理图如图 7-1 所示。采用灰分示踪法确定挥发程度，即失重程度。颗粒热分解的程度与颗粒在炉子内的停留时间和炉子温度有关。通过调节收集器的高度而改变喂入与收集之间的距离，从而来改变停留时间。整个系统由氧化铝管外部环绕的硅碳棒加热。该系统的优点是：①加热速率可以达到 10^5 K/s 的量级，这与工业燃烧装置及热解装置非常接近，适用于研究颗粒闪速热解特性。②在层流炉内部，颗粒为稀疏状态，反应产物扩散能力极高，过程是动力学控制状态。而且，颗粒是随气流流动而发生热解的，通过气流流速以及喂入与收集之间的距离，可以精确地计算出颗粒的热解停留时间。③热解后可以收集到足够的炭以便进行进一步的研究。例如，现在很多研究者研究煤或生物质在燃烧炉或流化床的燃烧现象时，需要对一次反应后所得的炭的结构特征、反应活性等进行进一步的研究，从而更好地了解整个燃烧过程。层流炉的缺点是：①层流炉不能准确的控制反应速率，只能大概的估计；②内部过程和状态难以确定。颗粒的温度历程及运动轨迹等只能通过一些假设用方程求解来得到，这样无疑造成了实验的误差。

对于层流炉自身来说，目前还存在两个主要的技术问题没有解决。①层流炉工作过程中要求温度为恒温。但是，传统的层流炉都采用的是外加热方式，末端的冷却作用及低温携带气流的进入都将造成内部气流温度的不均匀。Westerhout 等人

对层流炉内的温度和速度分布情况作了详细的理论分析，研究结果表明，反应管轴向与径向都存在较大的温度梯度与速度梯度，在前 0.3m 的变化特别明显。他们还比较了有温度和速度梯度存在的情况与无这些梯度存在情况下对生物质转化率的影响。结果表明，温度梯度与速度梯度都会对生物质转化率产生影响，温度梯度影响极为明显。这是因为反应速率与温度成指数关系，即使一个很小的温度偏差，就可以造成反应速率很大的偏差。②喂料问题。实现稳定均匀的喂料是保证实验顺利进行以及获得准确的动力学数据的关键。如果喂料过快，就会产生供热不足、热量传输滞后以及由于颗粒之间相互作用导致颗粒运动速度及轨迹发生改变等现象；如果喂料过慢，就会导致反应后收集不到足够的炭进行灰分分析，从而影响实验的精度。理想的喂料速度可以通过反复实验去确定。但是，要保证整个实验过程中喂料的均匀稳定及实验的可重复性，却存在很大的挑战。用层流炉对生物质进行动力学研究的时候，一般建议颗粒尺寸 38～75μm，这种颗粒尺寸很容易产生结团、堵塞及喂料不均匀等一系列问题。山东理工大学的科研人员针对上述两个主要问题，对传统的层流炉进行了改进。详细的内容见本章后续内容。

(二) 网屏反应器（wire-mesh reactor or heated grid）

关于网屏反应器，早在20世纪60年代中期就有文献报道，并被广泛地用来对煤进行相关的研究。近些年来，许多研究者对这些系统进行了改造，用来研究纤维素材料的热解及气化等。为了满足各种不同研究的要求，网屏反应器已经发展成很多种形式。例如，Drummond 等人利用网屏加热器对甘蔗渣等纤维素材料进行了热解规律的研究。研究了温度和加热速率两个主要操作参数对生成产物的影响。他们所使用的装置如图 7-2 所示。该装置主要是由两个电极及电极之间的金属丝网组成的。当通过变压器通入一个电脉冲时，金属丝网可作为一个电阻加热器来加热样品。一般每次样品质量为 5～7mg，放在网屏中心位置，并在网面上铺成一薄层，使颗粒处于稀疏状态。在颗粒加热的过程中不断地通入氦气等惰性气体，把反应生成的挥发分及时地移走，减少二次反应的发生。挥发分随着气体被吹入焦油收集阀处，通过液态氮冷凝成焦油而被收集。反应生成的炭残留在金属丝网上，收集后可以进行进一步的分析研究。样品的失重即挥发分的量可以通过前后网屏的质量差来决定。而生成的不可凝气体或水的量则可以由挥发分和收集到的焦油的质量差来决定。网屏下有两个热电偶，两个热电偶读数的平均值认为是热解的温度，从而可以得到样品的时间-温度曲线。通过调气体流量，可以改变挥发分在热解区的停留时间。升温速率范围宽，在 0.01～5000K/s 之间，加热温度 100～1200℃，停留

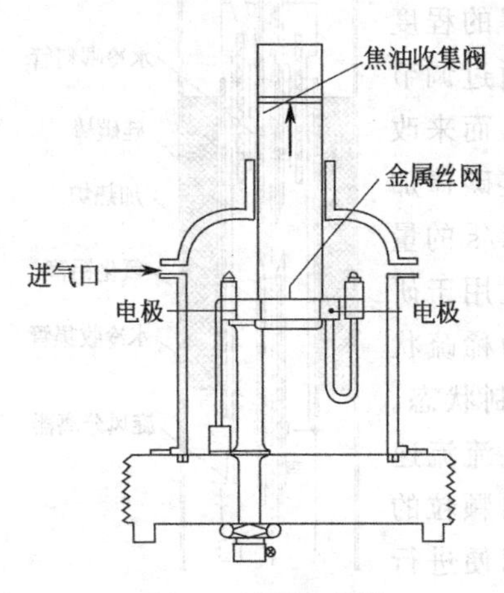

图 7-2　网屏反应器

时间为 0～1000s。

除了利用网屏反应器来研究固体燃料在热解条件下（氦气或氢气中）的热解行为外，这种技术还被用来研究固体燃料或其反应生成的炭在气化条件下（CO_2 和水蒸气中）的一些反应特性。通常，进行加氢热解液化（hydropyrolysis）或加氢气化（hydrogasification）时，需要把反应器改造成高压设备。例如，Reinhard 等人利用一个改装的高压网屏反应器来研究煤在 CO_2、氩气和蒸汽环境中的气化，并对比了 3 种情况下所得到挥发分的差异，并研究了压力、温度及挥发分在最高温度时候的停留时间等实验条件对挥发分产量的影响。他们所采用的实验条件如下：升温速率 1000K/s；温度 1000℃；压力 0～30bar（1bar = 10^5 Pa）；停留时间0～60s。

与层流炉相比，网屏反应器最大的好处就是加热速率可以准确的估计。而且，反应生成的挥发分可以及时地移走，从而有效地减少了二次反应的发生。但是这种技术也有局限性。①由于受金属网格大小的限制，颗粒的尺寸一般只能控制在 106～150μm 之间，而这个尺寸比实际的颗粒大；②最高的升温速率<5000℃/s，比实际工业燃烧炉的要低（10^5～10^6 K/s）。而且实验后得到的炭的量很少，很难进行进一步的研究。

Hindmarsh 等人分别利用了层流炉和网屏反应器对 5 种煤在高的升温速率条件下的燃烧特性以及以此反应后所得的炭的一些特性进行了对比研究。研究结果表明，层流炉热解得到的挥发分产物比网屏反应器得到的要低。相应地，对剩余的残炭进行测量，发现层流炉所得的残炭含有更高的挥发分。这主要是因为颗粒在网屏反应器内热解后，挥发分可以快速地移走，从而减少了二次反应的发生。

（三）辐射加热反应器（radiant heating technology）

上述的几种反应器虽然都可以满足颗粒闪速热解的要求，但是它们也存在一些共同的缺点，例如实验过程中颗粒的温度都不能直接测量得到，只能根据周围环境温度做一定的假设间接得到；反应过程中无法观测到颗粒在反应器内的热解和流动情况等。鉴于此，一些研究者想到了利用集中辐射技术来实现固体燃料闪速热解的过程。集中辐射的热量可以由日光集中器（日光炉）提供，也可以通过放电灯和一些聚光镜（聚焦炉）得到。实际上，集中辐射技术并不是一项新技术，早在很多年前就有所报道，并被建议用来研究生物质的热化学转化技术。

例如，为了研究纤维素的热解反应机理，特别是第一阶段生成中间产物（active component）的过程并最终建立起合适的模型来描述纤维素的闪速热解过程，Boutin 等人建立起一套聚焦炉系统来对纤维素的闪速热解特性进行了研究。马晓云等人利用一个辐射点加热装置对单个煤颗粒的热解动力学特性进行了研究，并利用活化能分布模型（DAEM）得到大同煤的化学动力学参数。

为了研究生物质颗粒在固定床气化器或燃烧器中的热解，一些研究者也利用辐射加热反应器对单个的木材大颗粒（2～4cm）或木块的热解特性进行了研究。其中，Colomba及其研究组在这方面做了大量的研究工作。他们利用一个辐射加热反应器研究了许多种木材在快速辐射加热速率下的热解特性及动力学特性等。他们所使用的装置如图7-3所示。加热器是由4个管状的红外石英灯组成的，一些磨光好的铝制的反光镜可以把这些石英灯辐射的能量集中到反应管内一个直径为6.5cm的区域。系统可以用来测单个颗粒的热解。加热炉上装有PID控制器和温度传感器，可以持续地发射辐射热流，改变热流量可以改变温度和加热速率，加热速率可达到750K/s。通过改变氮气流的流速来改变停留时间。

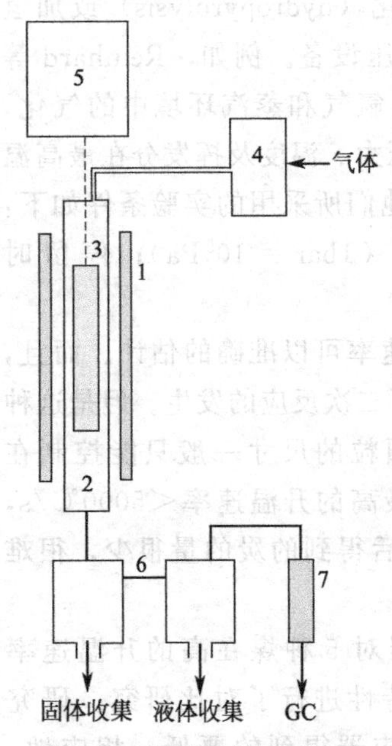

图7-3　辐射加热热解装置

1—辐射加热器；2—石英管；3—样品支架；4—流量计；5—数据采集器；6—冷凝器；7—过滤器

该装置一个显著的优点就是反应过程中可以实时地记录样品质量的变化。每次实验过程中，两个实验同时进行，一个是持续不断地记录样品质量的变化，另外一个就是温度测量、产品收集和气体分析。温度沿径向的变化可以适时采集到，气体成分的分析可以通过在线GC分析，同时还可以测量不可凝气体的成分。

辐射加热反应器有很多优点，例如，可以用来研究单个生物质颗粒的热解，可以观察到颗粒的热解过程等。但是许多研究者发现利用这种集中辐射技术得到的纤维素或生物质的反应活性偏低。这主要是因为纤维素材料只是吸收部分的辐射热量，不易传热，因此只有少量的热流量被吸收。而且实验时还要求灯的闪光时间必须在已知热流量的情况下很好地控制在一个狭窄的区域内，这无疑增加了实验操作的难度和误差。也是导致一些实验失败的原因。上述几种机理性研究试验台的性能对比见表7-1。国内关于用上述小型装置研究固体颗粒物的快速热挥发特性的报道很少，目前只有华东理工大学的陈彩霞等利用层流炉对煤的快速热解规律进行了研究。浙江大学的王树荣等利用辐射反应器对纤维素的热解动力学进行了研究。山东理工大学的易维明等利用一个改进的层流炉对秸秆、木材类生物质进行了闪速热裂解动力学的相关研究。

表7-1　几种快速热解机理研究装置性能对比

装　置	温度/℃	固体停留时间/s	升温速率/(℃/s)	入料量	颗粒直径/μm	压力/bar
落管反应器(层流炉)	400～1600	30～110	10^4～10^5	0.25～0.5kg/h	＜100	常压
网屏反应器	100～1200	0～1000	＜5000	5～7mg/次	106～150	常压或加压
辐射加热反应器	300～800	0～2	＜1000	单颗粒	600～710	常压

三、生物质热解模型的研究概况

（一）国外研究概况

严格来说，基于设备的生物质快速热裂解过程的模拟是在1990年以后才逐步受到人们重视的，当然，在此之前，学者们已对生物质热解的动力学模型做了大量的研究工作。由于仿真研究这一方法相对其他方法来说对于分析研究快速热解这一复杂过程更具有综合性和直观性，因此，在研究生物质热解过程中，越来越多的研究机构和研究者开始致力于生物质热解过程的仿真研究。

在热解设备的仿真研究方面，较为典型的是R. S. Miller和J. Bellan于1998年发表的"以生物焦油为目的产品的涡旋热解反应器的仿真"与Danny Lathour和J. Bellan于2001年发表的"流化床反应器中以氢产品为目的的生物质热解过程的仿真"。在这些论文中，他们提出了热解过程模型（包括热解动力学模型、多相流模型、传热传质模型等），并给出了数值求解方法，他们认为仿真的结果和实验相比还是比较有效的。在此模型的基础之上，为了预测操作参数对反应器反应效率的影响，他们进行了一系列的仿真计算。对于葡萄皮的快速热解，计算结果表明，最优热解温度为750K，液体产物产率为70%，与实验结果相符。

毫无疑问，对于任何热解设备的模拟都涉及热解动力学模型、传热模型和流动方程等。这些模型中，学者们对生物质热解的动力学模型做了大量的研究工作。早在20世纪50年代，人们就开始研究纤维素的热解规律和热解模型，据John G Reynolds等人的总结，到目前为止，关于纤维素和木材热解方面的研究文章多达数百篇，不同文献的研究结果和得出的模型既有一致性，也存在着一定的差异。由于生物质热解的复杂性，至今，人们仍在这方面做着不懈的努力。

考虑到一级反应模型简单，容易理解，最早进行生物质快速热解计算时一般都采用一级Arrhenius反应方程描述热解过程。在对生物质热解挥发特性的研究中，学者们发现生物质的挥发分析出规律同样满足Arrhenius方程。但是随着研究的深入，学者们发现热解挥发规律同生物质的成分有很大关系，为了更准确地描述生物质的热解挥发特性，他们在一级反应模型的基础上提出其他反应模型。

例如，著名的B-S模型即"Broido-Shafizadeh模型"，是Broido于1976年提出的一个纤维素多步反应模型，并经Bradbury在1979年改进而成的。该模型考虑到中间产物的形成，其中的化学反应速率用一阶Arrhenius方程公式描述。虽然B-S动力学模型仅仅是个非常概略的描述，但它包含了热解工程中最受关注的三种产物（气体、液体和固体）的生成，并且在尽量尊重反应机理的情况下具有合适的复杂程度，因而成为目前较为广泛的纤维素热解动力学模型。Brown等人利用层流炉研究高加热速率下的纤维素热解特性时，也用该模型分析实验结果。

J. J. Morfao，F. J. A. Antures等对木质纤维类生物质热解特性进行热分析研究，提出了基于此类物质的三种主要成分（木质素、纤维素、半纤维素）的三独立反应动力模型，其中，每个独立的反应方程都是一级Arrhenius反应。他们还介绍了模型中各参数的计算方法。通过对模型计算结果和实验结果的对比，得出结论，该模型对木质纤维类生物质是有效的。这种模型正越来越广泛地被学者们接受。Mette 等对小麦秸秆和瓜子壳进行热分析研究，也是采用一系列一级反应来描述热解动力过程。他们得出结论，对小麦秸秆，三个独立一级反应方程就可以相当好地描述热解动力过程，而对于瓜子壳，则需要 4 个以上的一级反应方程。

当然，也有学者针对不同的物料提出其他种类的模型，例如，Guo 和 Lua 等对棕榈壳进行了热分析实验时，对比了一步反应模型和两步反应模型描述棕榈壳的热解过程的有效性，认为两步连续反应模型模拟效果远远优于一步反应模型。Lanzetta 和 Blasi 利用辐射加热反应器对玉米秸热解动力学进行研究，发现在低温时，热解反应可以用一步反应动力学模型来描述，但在高温时候（>520K）通过失重曲线发现有两个明显的失重峰，于是他们就提出了两步连续反应模型。两步连续反应中，第一阶段形成挥发分和固相中间产物，在第二阶段这种中间产物进一步反应生成挥发分与炭。而且他们在研究中发现第一阶段中大部分的挥发分析出速度，比第二阶段的析出速度快 10 倍，并最终确定了两步反应的动力学参数。

为了满足生物质闪速液化计算的需要，国外许多研究者还提出了复杂的综合反应模型。例如，Mille 和 Bellan 对生物质热解模型进行了总结，考虑到快速热解后固体残余物和缓慢热解固体残余物数量的明显不同，提出了既包含物质成分又涉及升温速率的平行竞争型热解动力模型。

(二) 国内研究概况

我国对生物质热解液化动力学的研究较少，目前基本上偏重于采用热重分析仪。例如，赵广播和员小银等采用热天平分析了热解温度、升温速率、试样层厚度和试样粒径对树皮热解特性的影响，得到树皮生物质的最终挥发分产量计算公式。董良杰等总结了前人对生物质热解动力学的研究成果，并对木材、玉米秸秆和稻壳等作了热重分析实验研究，给出了动力学模型并确定了动力学模型中的参数。他们发现利用热重仪所测得的各种生物质的化学动力学参数非常分散，表观频率因子 A 的值在 $10^4 \sim 10^{20}\ s^{-1}$ 之间，活化能 E 的值在 40～250kJ/mol 之间。主要原因是各个实验研究所用的实验原料和实验条件都不同，而且即使对同一种物料所得的结果也差别很大。

关于固体燃料闪速热解规律的研究，国内只有华东理工大学的陈彩霞等利用层流炉对煤的快速热解规律进行了研究。浙江大学的王树荣等利用辐射反应器对纤维素的热解动力学进行了研究。目前，山东理工大学的易维明等利用层流炉对各种典型生物质进行闪速热解规律的研究。

国内还有多家单位（例如上海理工大学、华东理工大学、东南大学、沈阳农业大学等）也对生物质的热解模型动力模型及热解计算进行了一些研究。例如，20 世纪 90 年代初，吴创之、徐冰嬿在进行木材快速热解动力学的研究时，总结出了木材热解的计算模型：即把不同产物按形态分开，而不考虑它们的来源，得到计算挥发分逸出速率的表达式为 $\mathrm{d}\partial/\mathrm{d}t=A\exp(-E/RT)(1-\alpha_1)^{2/3}$，其中 α_1 为某时刻剩余挥发分量占初始总可挥发量的比例，在 $\alpha=0.3\sim0.95$ 之间时，测量值和计算结果有很好的一致性，在此范围之外，误差很大。并指出热分解时加热速率等方面的因素极大地影响动力学参数的大小，加热速率越高，生成气体就越快，体现生成速率的参数——活化能越低，频率因子 A 也越小。中国科技大学的刘乃安等利用热重仪研究林木的热解动力学模型时发现，大多数样品经历两步热解，两步连续性模型用于模拟林木的热解失重过程具有很好的精确性。但是这些研究大部分也是基于热重仪的慢速热解实验结果得到的。

综上所述，国内外研究者在模拟生物质热裂解行为时所采用的几个化学反应动力学模型如下。

1. 简单一步反应模型

$$物料\xrightarrow{K}炭+挥发分$$

2. 两步竞争反应模型（B-S 模型）

$$纤维素\xrightarrow{K_1}活性纤维素\begin{cases}\xrightarrow{K_2}挥发分(可凝性焦油)\\\xrightarrow{K_3}半焦+不可凝轻质气体\end{cases}$$

3. 两步连续反应模型

$$物料\xrightarrow{K_1}中间产物+挥发分\quad(\text{Ⅰ})$$

$$中间产物\xrightarrow{K_2}炭+挥发分\quad(\text{Ⅱ})$$

4. 建立在单个挥发分成分基础上的三独立平行反应模型

$$A\xrightarrow{K_1}f_1B_1\xrightarrow{K_2}f_2B_2\xrightarrow{K_3}f_3C_3$$

其中，A 为木质素（纤维素或半纤维素）的初始质量；C_3 为炭的质量；B_1 和 B_2 为热解的两个中间产物的质量；f_1，f_2 和 f_3 为每个阶段末挥发产物的质量分数。

5. 综合、全面的热解反应动力学模型（Janse 模型和 Miller 模型）

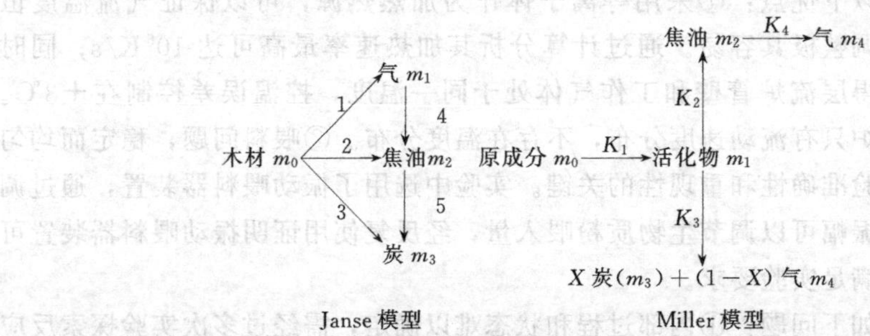

Janse 模型　　　　Miller 模型

目前，生物质热解动力学模型大部分是基于热重仪慢速热解的实验基础上提出的，而且主要只针对一种或几种特定的生物质热解过程有效，而对其他种类的生物质热解过程不具有广泛的执导意义或需要进一步的验证。

四、采用改进的层流炉对生物质热解挥发特性及反应动力学进行的研究

（一）层流炉的总体结构

针对上述传统的层流炉（laminar entrained-flow reactor）存在的两个主要的问题，山东理工大学的科研人员专门设计了一套以等离子体为主加热热源，配合管壁保温措施的新型层流炉系统。层流炉闪速热解装置如图 7-4 所示，主要由喂入装置、等离子加热部分、热解反应炉和水冷收集装置 4 部分组成。等离子体是主加热设备，硅碳棒是辅助加热设备，硅碳棒在温控仪的控制下，通过通断电来保持层流炉内设定的温度，以弥补热损失造成的温度下降问题。导流环用来对气体进行均布，相当于流化床中的气体分布板的作用，同时也使进入层流炉反应段的气流更加稳定。通过冷态实验，导流环的作用是很大的。

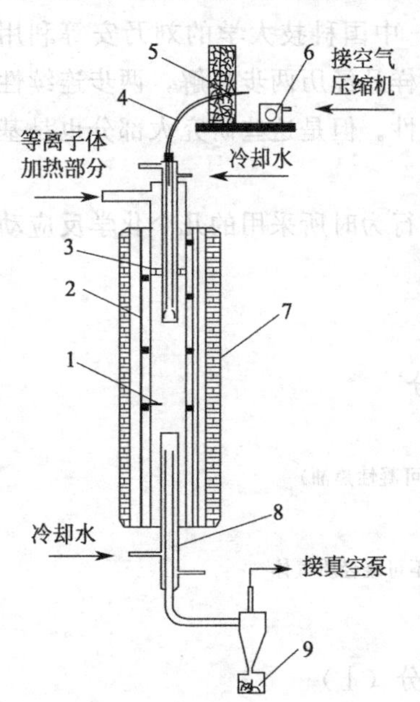

图 7-4　层流炉结构示意图

1—热电偶；2—硅碳棒；3—导流环；4—喂料管；5—喂料器；6—空气振动器；7—热解反应炉；8—水冷收集管；9—旋风分离器

工作过程：振动喂料器内经过预处理的生物质粉在低速的氩气流携带下由喂料管经反应器内水冷喂入管喂入到高温热解管，在流经反应区时，生物质粉被高温的等离子体氩气迅速加热到炉温，并且随着气流流动发生热分解；热解产物进入水冷收集管，固体组分（炭和灰分）经过旋风分离器被收集，而气体挥发分则在真空泵的作用下由出风管排出。最后采用灰分示踪法确定挥发程度，即失重程度。

（二）层流炉的工艺特点

层流炉具有以下优点：①采用等离子体作为加热热源，可以保证气流温度恒定，并且温度的调整极其容易。通过计算分析其加热速率最高可达 10^6K/s；同时利用控制系统使得层流炉管壁和工作气体处于同一温度，控温误差控制在±3℃。这样可以使层流炉只有流动速度分布，不存在温度分布。②喂料问题，稳定而均匀的喂料是保证实验准确性和重现性的关键。实验中选用了振动喂料器装置，通过调整空气振动器的振幅可以调节生物质粉喂入量，经反复使用证明振动喂料器装置可靠性和稳定性均满足实验要求。

但是也存在如下问题：①内部过程和状态难以确定，需经过多次实验探索反应条件，减少误差。②设备许多部件设计精度较高，加工困难。③该设备类型在国内未见报道，缺乏相关参考资料，在一些具体细节方面还需要在研究过程中进一步的改进和完善。

（三）系统的工作性能参数

系统的工作性能参数为：工作温度为700～1300K连续可调，生物质粉末喂人量为0.05～0.8g/min，水冷收集管与加料口距离为100～400 mm可调，氩气表头流量可调范围0.25～2.5m³/h。

（四）实验物料的选取及其制备原则

本研究选取的3类典型生物质有：玉米秸、麦秸、棉花秆（秸秆类）；稻壳、椰子壳（皮壳类）；白松（林木类），共计6种3类生物质。

物料制备过程如下：①将生物质原料在SF-250组合式高速锤式粉碎机（配1.0mm的筛孔）上粉碎三遍，实验物料更具有代表性。②使用GS-86型电动振筛机，配用120目、140目、160目、180目分样筛筛分5min。③取160目分样筛的筛上物装入容器中，作为实验的物料。生物质原料的工业分析、元素分析和粒度分析结果见表7-2。

在该实验装置上，进行的生物质快速热裂解实验，主要是研究各种主要参数变动对裂解产物中挥发分产率及成分的影响。由于影响热裂解的参数较多，在短期内将各参数的影响都考虑进去是不现实的。目前主要研究热解温度和停留时间这两个重要参数对生物质挥发特性的影响。实验时首先在其他参数不变情况下，变动其中一个主要参数，进行实验。分析该参数的影响作用，再在这个基础上变动其他主要参数来把握生物质热裂解的总体规律。生物质热解实验主要工况由表7-3列出。

表7-2 生物质原料的工业分析、元素分析和粒度分析结果

名　称	玉米秸	麦秸	棉花秆	稻壳	椰子壳	白松
水分/%	9.31	8.63	7.66	5.15	0.00	8.61
灰分/%	13.12	12.45	6.41	19.14	0.7	0.89
挥发分/%	62.74	63.96	67.36	57.19	74.90	76.50
固定碳/%	14.83	14.96	18.57	18.52	24.40	14.45
C/%	42.69	42.11	46.10	38.30	53.90	49.41
H/%	6.16	5.00	6.85	4.36	5.7	7.67
O/%	42.69	40.51	43.35	35.45	39.44	42.19
N/%	0.99	0.58	1.09	0.83	0.1	0.1
S/%	0.21	0.32	0.26	0.06	0.02	0.05
平均粒径/μm	70.04	63.80	56.67	64.01	57.19	65.10

（五）测定生物质挥发程度的灰分示踪法

因为层流炉内生物质粉末热解后不可能完全收集，并且准确地测定加料总量也不可能，所以对于生物质挥发程度只能采取灰分示踪法。

灰分示踪法的原理是，对于确定的生物质，其工业分析得到的挥发分、固定碳、灰分含量是稳定的数值。也就是说，一定数量的灰分必然对应一定数量的生物质总量。比如，一种生物质的灰分含量是8%，那么如果有8g这种生物质残余的灰分一定对应原来的100g生物质物料。并且，生物质的灰分在热挥发变化的过程中始终存在于残炭之内，保持恒量。因此可以利用它来进行示踪分析。具体做法如下。

表 7-3　生物质热解机理实验工况一览表

工　况　号	反应温度/K	收集管与生物质出口距离/mm	停留时间/ms
1	750	200	84
2	750	250	105
3	750	300	126
4	750	350	147
5	800	200	73
6	800	250	92
7	800	300	110
8	800	350	129
9	850	200	67
10	850	250	84
11	850	300	101
12	850	350	118
13	900	200	62
14	900	250	77
15	900	300	93
16	900	350	108

注：表中停留时间是指固相颗粒停留时间，但因为实验中生物质颗粒极其细小，认为颗粒在气体的携带下流动，两者无相对速度，即认为气体速度和颗粒速度是一致的，所以停留时间也一致，但数据是根据气体速度算出的。

首先对待测生物质进行工业分析，得到其灰分含量百分比 P。在某一条件下实验后测定集炭器内的残炭灰分含量百分比 P_1。由上述分析可以得到此时挥发分析出量占生物质原料总量的百分比 W 为

$$W=\left(1-\frac{P}{P_1}\right)\times 100\%$$

改变冷凝收集器和加料口的距离，调整热解反应时间，保持其他实验条件不变可以得到该热解条件下生物质挥发百分比 W 和挥发时间的关系曲线，为获得化学动力学参数奠定基础。

当冷凝收集器和加料口距离调整到一定大小以后，得到的生物质挥发百分比值不再因为这个距离的加长而增大时，就得到了这一加热条件下生物质最终挥发百分比 W_0。生物质的最终挥发百分比与热解条件有关系，由此可以得到 W_0 与加热速率、加热温度的关系。

对于一定热解条件得到的挥发百分比 W 和挥发时间的关系曲线数据可以利用该条件下生物质最终挥发百分比 W_0 进行归一化处理。

$$\omega=\frac{W}{W_0}=\frac{1}{W_0}\left(1-\frac{P}{P_1}\right)\times 100\%$$

(六) 生物质闪速热解挥发特性实验结果

表 7-4～表 7-7 列出了 4 个不同温度和不同停留时间下几种生物质原料的热解

挥发实验结果。

表 7-4　反应温度 750K 时各种物料的热解挥发实验结果

收集距离/mm	200	250	300	350
停留时间/s	0.137	0.171	0.2065	0.239
玉米秸/%	44.73	51.13	54.69	59.66
麦秸/%	47.54	52.14	56.87	61.27
棉花秆/%	33.79	36.54	41.40	43.50
稻壳/%	19.54	24.54	30.00	33.84
椰子壳/%	25.12	31.37	36.34	38.25
白松/%	41.38	44.97	50.74	53.20

表 7-5　反应温度 800K 时各种物料的热解挥发实验结果

收集距离/mm	200	250	300	350
停留时间/s	0.128	0.160	0.192	0.224
玉米秸/%	51.44	57.20	64.33	66.60
麦秸/%	57.42	61.52	65.19	68.71
棉花秆/%	40.22	46.05	50.98	53.87
稻壳/%	29.60	33.93	36.70	42.30
椰子壳/%	30.78	42.98	45.62	50.05
白松/%	48.76	52.30	58.98	62.77

表 7-6　反应温度 850K 时各种物料的热解挥发实验结果

收集距离/mm	200	250	300	350
停留时间/s	0.121	0.151	0.181	0.211
玉米秸/%	63.07	64.73	68.59	69.85
麦秸/%	61.15	65.22	70.32	72.87
棉花秆/%	40.54	53.30	59.41	62.80
稻壳/%	31.72	38.24	42.38	48.43
椰子壳/%	46.70	55.47	57.93	62.62
白松/%	56.62	60.32	67.39	69.41

表 7-7　反应温度 900K 时各种物料的热解挥发实验结果

收集距离/mm	200	250	300	350
停留时间/s	0.114	0.142	0.171	0.199
玉米秸/%	65.48	66.48	71.37	72.68
麦秸/%	64.09	69.18	72.32	75.95
棉花秆/%	56.93	62.72	65.96	72.60
稻壳/%	44.75	46.58	50.26	59.22
椰子壳/%	51.02	61.91	66.19	69.79
白松/%	62.19	68.78	70.12	73.30

（七）模型的基本假设

① 反应看成纯动力学过程，无燃烧现象；

② 动力学方程遵循一级 Arrhenius 反应；

③ 不考虑气体产物的二次反应；

④ 忽略由物质浓度扩散引起的热量传递和质量传递。

(八) 生物质快速热解动力学模型的确定

热解动力学模型体现了热解化学反应的本征过程，因此动力学模型的可靠性对于热解模型能否正确反映真实过程至关重要。在高温环境中，生物质会发生一系列复杂的脱水、解聚、脱挥发分和结构重组等变化。生物质热解动力学模型涉及这一系列复杂变化中包含的各种反应机理。但是，由于热裂解过程中进行数目众多的反应而且各个反应之间存在竞争，实际上不可能也没必要建立一个考虑所有反应的动力学模型。

若从工程实际需要出发，所建的生物质热解反应动力学模型应力求简单化。此外，由于实验是在流动性气氛条件下进行的，热解过程中所产生的挥发性物质被流动性的惰性气体及时带走，因而研究时可以忽略气态产物的二次反应。因此采用简单的一级反应动力学模型来描述热解生物质热解挥发过程。动力学分析研究中的基本假设为：认为表示化学反应速率与温度关系的 Arrhenius 方程可用于热分析反应，即对于

$$物料 \xrightarrow{K} 炭 + 挥发分$$

根据 Arrhenius 公式，反应速率可表示为：

$$\frac{d\alpha}{dt} = Kf(\alpha) \tag{7-1}$$

$$K = A\exp\left(-\frac{E}{RT}\right) \tag{7-2}$$

式中 K——Arrhenius 速率常数；

E——表观活化能，kJ/mol；

A——表观频率因子，s^{-1}；

R——气体常数，8.314J/(mol·K)；

T——热力学温度，K。

式(7-1) 中的 α 由于研究者建模形式不同，可表示为试样在某时刻的余重、转化率、分解百分数或余重份数等，因此函数 $f(\alpha)$ 的形式也不同，且取决于假定的反应机理和反应模型。一般假设函数 $f(\alpha)$ 与时间 t（或温度 T）无关，而只与 α 有关。对于简化模式的函数形式 $f(\alpha)$ 为

$$f(\alpha) = (1-\alpha)^n \tag{7-3}$$

式中 n——反应级数。

联立式 (7-1)、式(7-2)、式(7-3) 可得：

$$\frac{d\alpha}{dt} = Af(\alpha)\exp\left(-\frac{E}{RT}\right) \tag{7-4}$$

由于本实验研究的目的是建立生物质在快速热解条件下挥发分析出规律的动力学模型，因此本研究将式(7-3) 中的 α 定义为挥发分转化率，并用 C 表

示，即

$$C=\frac{W}{W_0} \tag{7-5}$$

式中 W——试样在某 t 时刻时，热解所产生的挥发分质量与初始生物质质量的百分比值；

W_0——通过实验所确定的最终挥发分质量与初始生物质质量的百分比值。

将式(7-3)、式(7-5) 代入式(7-4)，可得

$$\frac{dW}{dt}=A(W_0-W)^n\exp\left(-\frac{E}{RT}\right) \tag{7-6}$$

式(7-6) 即为本实验研究所建立的生物质热解动力学方程式。

(九) 用一级反应动力学模型计算动力学参数

首先假设式(7-3) 中的 $n=1$，这样，玉米秸粉的热解可以用一个一级反应动力学方程来描述，即

$$\frac{dW}{dt}=A(W_0-W)\exp\left(-\frac{E}{RT}\right) \tag{7-7}$$

其中，$W_0=80\%$。

因为在各加热温度下，生物质颗粒是在恒定温度下进行热解，使得频率因子和指数部分乘积对于特定气流温度为常数，设

$$B=A\exp\left(-\frac{E}{RT}\right)$$

式(7-7) 可以简化为

$$\frac{dW}{dt}=(80-W)B \tag{7-8}$$

式(7-8) 积分后得到：

$$\ln\left(\frac{80}{80-W}\right)=Bt \tag{7-9}$$

根据表 7-3 中各工况下的停留时间 t 值以及表 7-4～表 7-7 中玉米秸秆的实验数据，利用式(7-9) 分别计算出各条件下的 B 值，如表 7-8 所示。

表 7-8 麦秸热解实验中各反应温度和停留时间所对应的 B 值

温　度	B_1	B_2	B_3	B_4	B 平均值	$\ln B$	$1000/T$
750K	5.32	4.83	4.91	4.58	4.91	1.59	1.33
800K	7.34	6.63	6.96	6.85	6.94	1.94	1.25
850K	10.17	9.29	10.21	9.58	9.81	2.28	1.18
900K	13.18	13.83	12.23	12.46	12.93	2.56	1.11

注：B_1，B_2，B_3，B_4 表示利用各 t 时间对应的 W 值，并利用公式(7-9) 计算出的系数值，没有物理意义。

就 B 平均值而言，它们和相应的温度有如下关系：

$$B=A\exp\left(-C\,\frac{1000}{T}\right) \tag{7-10}$$

其中 A、C 是待定常数。对其两边取对数得：

$$\ln B=\ln A-C\frac{1000}{T} \tag{7-11}$$

图 7-5(a) 是每个挥发时间对应的 $\ln B$ 值与 $1000/T$ 的关系，图 7-5(b) 是每个反应温度对应的 $\ln B$ 平均值与 $1000/T$ 的关系。从图中可以看出，$\ln B$ 与 $1000/T$ 的线性关系很好。从图中可以看出这些点的分布接近一条直线，所以可以采取统计学中的最小二乘法处理数据，

得到式(7-11) 中的 $A=1832$，$C=4.453$，所以

$$B=1832\exp\left(-\frac{4453}{T}\right) \tag{7-12}$$

也就是说麦秸的活化能 $E/R=4453$，频率因子 $A=1832$。

这样，小麦秸秆粉的热解动力学方程为

$$\frac{dW}{dt}=1832\times(80-W)\exp\left(-\frac{4453}{T}\right) \tag{7-13}$$

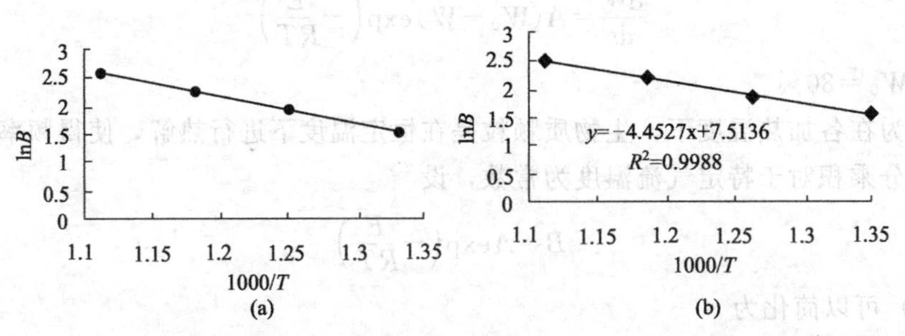

图 7-5　麦秸热解实验中 $\ln B$ 与 $1000/T$ 的线性关系

图中线性关系表明，我们假定的方程的形式正确。也就是说活化能、频率因子只与生物质种类有关，和闪速挥发的终温无关。

(十) 动力学参数的计算结果及结果讨论

用同样的方法，也可以得到其他物料的动力学参数，列于表 7-9 中，从表中可以看出，用层流炉得到的生物质在闪速加热条件下的活化能在 31～48kJ/mol 之间。

表 7-9　层流炉得到各物料在闪速热解条件下的动力学参数

物料名称	A/s^{-1}	$E/(kJ/mol)$	物料名称	A/s^{-1}	$E/(kJ/mol)$
玉米秸/%	1.04×10^3	33.91	稻壳/%	1.19×10^3	39.30
麦秸/%	1.05×10^3	31.65	椰子壳/%	6.84×10^3	48.74
棉花秆/%	2.44×10^3	40.84	白松/%	1.83×10^3	37.02

按照反应动力学理论，一般反应的活化能为 60～250kJ/mol，若 $E<40$kJ/mol，则称为快速反应。这也进一步验证了所得的数据是可信的。

(十一) 模型的计算结果及验证

图 7-6 为各个温度条件下模型的模拟结果与实验数据比较的组图。图中的各个散点为实验值，曲线为模型的模拟结果。从这些图中可以看出，实验值和计算值有

很好的一致性，说明前述假定和分析合理，得到的反应动力学参数实用性强。

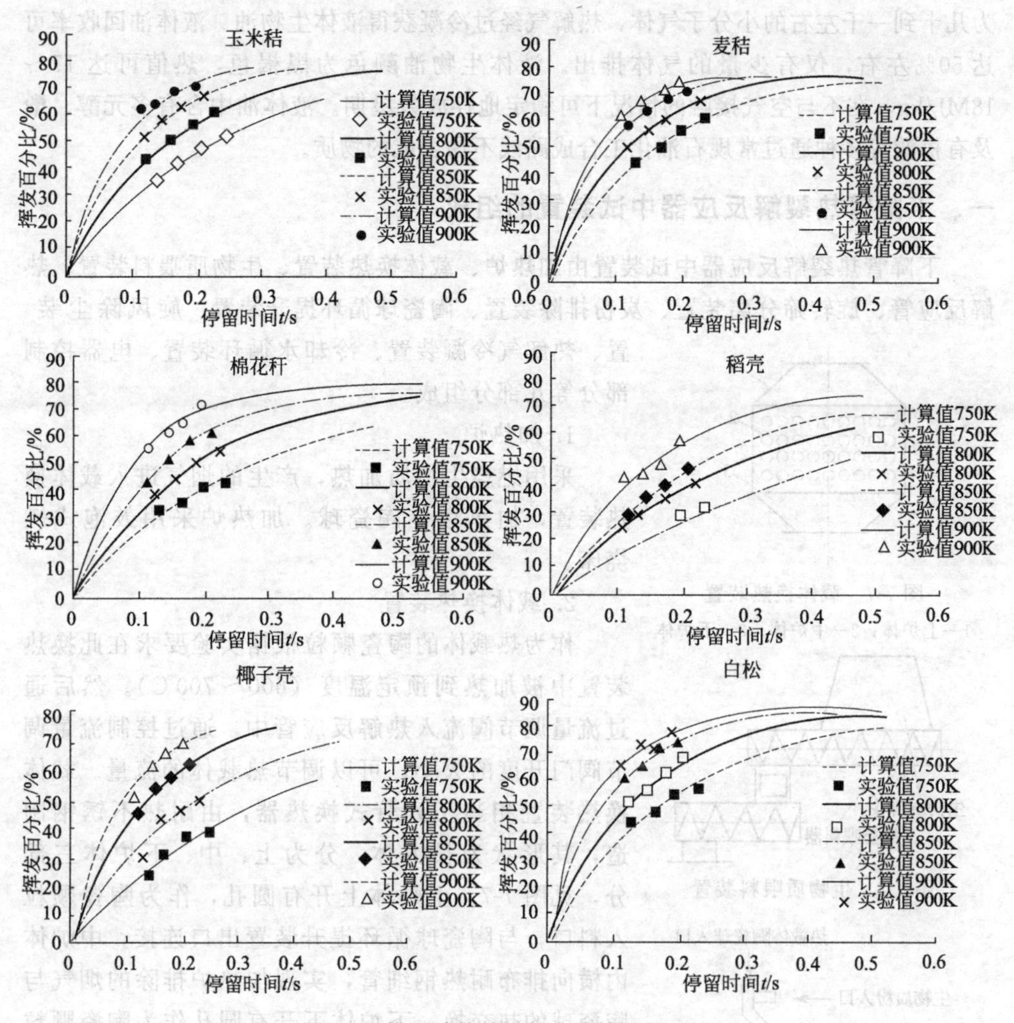

图 7-6　模型计算结果与实验结果的比较

第二节　下降管热裂解反应器中试装置的组成与工作原理

下降管热裂解反应器中试装置是山东省清洁能源中心科研人员自主研制开发的设备，该项目获得了国家 863 项目（NO. 2001AA514030、NO. 2003AA514030）及多项山东省基金的支持。该装置采用以陶瓷球颗粒为热载体的气固并流下行超短接触热解技术，热解生物质粉。采用陶瓷颗粒为热载体，其热容为相同体积气体的 1000 倍，热传性能好。这种技术是将加热的陶瓷颗粒与粉碎成细粉的农作物秸秆粉直接接触，可以实现农作物秸秆粉在 0.1～0.5s 超短接触时间内升温至 500℃左右，断裂其高分子键。通过此快速热解技术，将相对分子质量为几十万到数百万的生物质粉直接热解为几十到一千左右的小分子气体，热解气经过冷凝获得液体生物油。液体油回收率可达50%左右，仅有少量的气体排出。液体生物油颜色为黑褐色，热值可达17～18MJ/kg，在不与空气接触的情况下可稳定地存放数星期。液体油中含有多元醇、酚及有机酸等多种通过常规石油化工合成路线不易合成的物质。

一、下降管热裂解反应器中试装置的组成

下降管热裂解反应器中试装置由加热炉、载体换热装置、生物质喂料装置、热解反应管、旋转筛分离装置、炭粉排除装置、陶瓷球循环提升装置、旋风除尘装置、热解气冷凝装置、冷却水循环装置、电器控制部分等几部分组成。

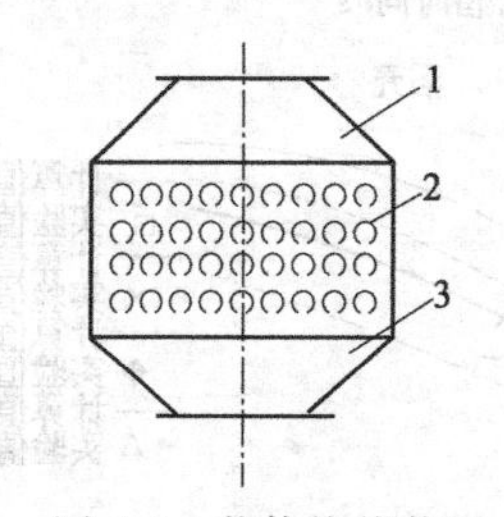

图 7-7　载体换热装置

1—上炉体；2—中炉体；3—下炉体

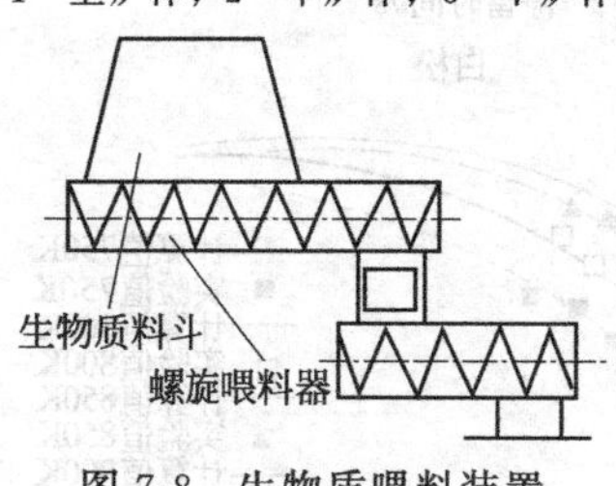

图 7-8　生物质喂料装置

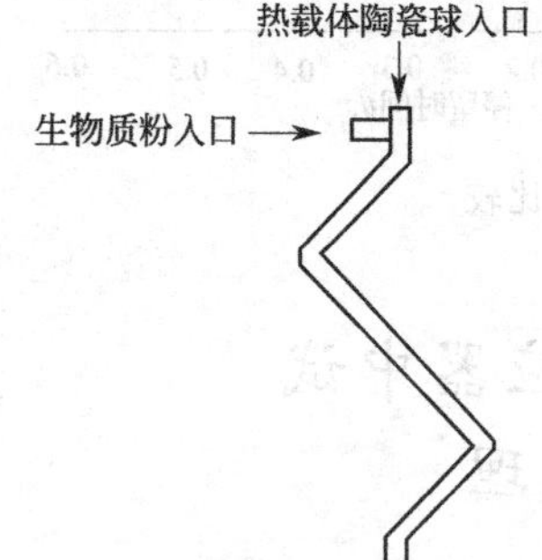

图 7-9　热解反应管

1. 加热炉

采用燃烧生物质加热，产生的烟气进入载体换热装置，加热载体陶瓷球。加热炉采用鼓泡式燃烧床。

2. 载体换热装置

作为热载体的陶瓷颗粒根据实验要求在此换热装置中被加热到预定温度（600～700℃）。然后通过流量调节阀流入热解反应管中，通过控制流量调节阀门开度的大小，可以调节热载体的流量。载体换热装置相当于列管式换热器，由耐热不锈钢制造，其形状为长方体，分为上、中、下炉体三部分，见图 7-7。上炉体上开有圆孔，作为陶瓷颗粒入料口，与陶瓷球循环提升装置出口连接。中炉体内横向排布耐热钢细管，实现加热炉排除的烟气与陶瓷球的热交换。下炉体下开有圆孔作为陶瓷颗粒的出料孔，与流量调节阀门连接。

3. 生物质喂料装置

被粉碎成纤维长度3～5mm并被处理至含水率为10%左右的生物质粉，加入到生物质喂料装置的料斗中，由喂料装置的双螺旋喂料器喂入热解反应管。双螺旋喂料器可以更好地实现对物料流量的控制及装置的密封。通过控制螺旋喂料器电机的转速，可以控制生物质粉的流量。生物质喂料装置由生物质料斗和螺旋喂料器组成，见图 7-8。调速电机带动螺旋喂料器螺杆转动，螺杆推动物料在绞龙内前进，可使生物质物料均匀、持续地加入热解反应管。在螺旋喂料器出料口相对面开有观察窗，透过有机玻璃板可以观察到物料下落的情况。

4. 热解反应管

生物质粉和热载体陶瓷颗粒被加入热解反应管后，由于重力的作用，陶瓷颗粒携带生物质粉沿管流动并混合。在无氧或缺氧的条件下，生物质粉在热解反应管中迅速被升温至500℃左右，热解成为可凝气体、不可凝气体和残炭。热解反应管“之”字形倾斜布置，倾斜角度保证混合物在管中顺利下滑。采用“之”字形布置，增加了热载体与生物质粉在反应管内碰撞混合的概率，使其相互尽可能混合均匀。“之”字形热解反应管由三段直管组成，见图7-9。陶瓷颗粒热载体从反应管上端加入，生物质粉由螺旋喂料器从上端横向喂入。

5. 旋转筛分离装置

生物质粉热解产生的残炭与热载体陶瓷球颗粒的混合物从反应管流出后进入旋转筛分离装置，通过旋转筛分，作为筛上物的陶瓷颗粒流入陶瓷球循环提升装置的入料口，被重新提升进入载体换热装置。残炭作为筛下物，进入炭粉排除装置。从而实现反应的终止及陶瓷颗粒和残炭的分离，见图7-10。分离筛由不锈钢制造，采用了机械密封结构保证了传动部位的密封性能。

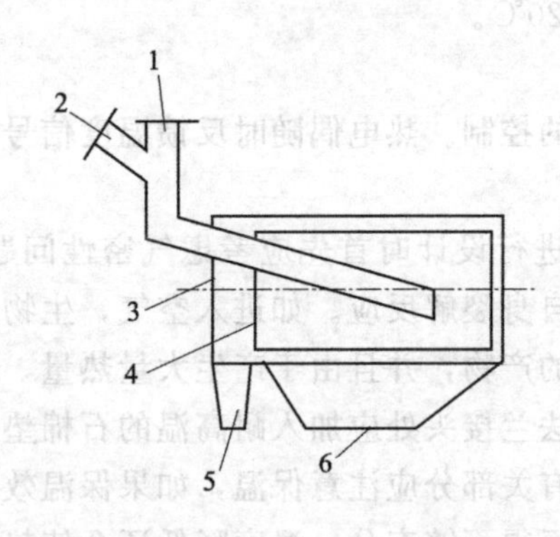

图7-10　旋转筛分离装置

1—反应物入分离筛口；2—热解气出口；3—筛体；4—分离筛；5—陶瓷颗粒出口；6—残炭出口

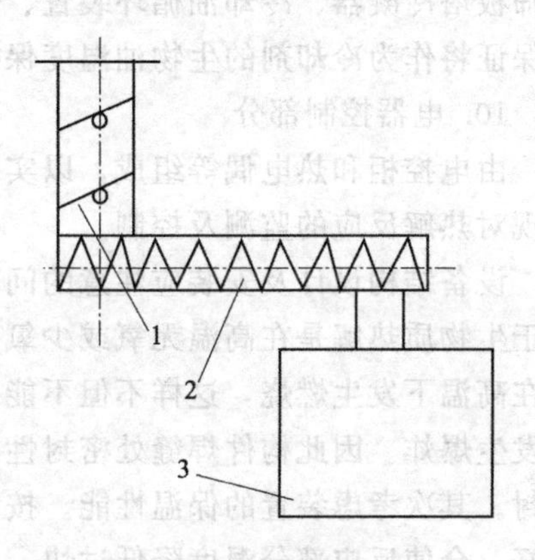

图7-11　炭粉排除装置

1—双板密封阀门；2—出料绞龙；3—残炭收集箱

6. 炭粉排除装置

由双板锁气密封阀门、出料绞龙和残炭收集箱组成，见图7-11。从旋转筛分离装置排出的残炭经由双板密封阀门和出料绞龙输送到残炭收集箱。出料绞龙在结构上与传统绞龙不同，输送轴上的叶片采用特殊结构，来实现输送物料的自密封。采用多次密封结构，一方面，防止残炭遇空气燃烧；另一方面，防止了空气进入反应管。残炭收集箱选用耐热钢板制成，侧边开有可随时排料的开门。

7. 陶瓷球循环提升装置

从旋转筛分离装置流出的热载体陶瓷颗粒迅速被陶瓷球循环提升装置提升到载体换热装置再加热循环利用，减少了装置的热损耗。陶瓷球循环提升装置由链条垂直斗式提升机和附属管道组成。提升机由牵引链条、料斗、传动链轮、驱动装置、逆止制动装置等组成。提升机料斗选用深圆底形料斗。提升机在结构及选材上，首先保证了耐热性，由于所提升的陶瓷颗粒温度为300℃左右，因此在结构上要保证其在热胀冷缩的状态下机器正常运转。另外还要保证提升机的密封性，为了实现提升机的密封，在提升机的接口处均采用石棉垫加密封胶密封。管道作为陶瓷颗粒的溜管，选用耐热钢板卷制而成。

8. 旋风除尘装置

从热解反应管生成的热解气，被风机吸入旋风除尘装置，热解气中混有部分轻质残炭，大部分轻质残炭被旋风除尘装置收集，落入残炭收集箱，洁净热解气进入热解气冷凝装置。旋风除尘装置由旋风除尘器、闭风器和残炭收集箱构成。

9. 热解气冷凝装置

热解气进入冷凝装置和低温生物油直接混合，被冷却至60℃以下，可冷凝气体冷凝为液体流入储油罐中，不冷凝气体被引风机吸出冷凝装置。热解气冷凝装置由筛板塔冷凝器、冷却油循环装置、储油罐和冷却水循环装置组成。冷却水循环装置保证将作为冷却剂的生物油温度保持在15～20℃。

10. 电器控制部分

由电控柜和热电偶等组成，以实现对装置的控制。热电偶随时反馈温度信号以实现对热解反应的监测及控制。

设备结构设计及安装应注意的问题：设备进行设计时首先应考虑气密性问题。由于生物质热解是在高温无氧或少氧条件下的自身裂解反应。如进入空气，生物质会在高温下发生燃烧，这样不但不能获得希望的产物，并且由于产生大量热量，可能发生爆炸。因此构件焊缝处密封性能要好。法兰接头处应加入耐高温的石棉垫片密封。其次考虑装置的保温性能。按设计要求有关部分应注意保温，如果保温效果不好，会使反应部分温度降低过快，使反应进行得不够充分，温度降低还会使热解气在反应器通往旋风除尘装置的管道内以及在旋风除尘装置内部发生凝结（生成焦油），这样不仅降低了热解油的产量，而且阻碍管道的通畅，影响除尘效果。同时，保温效果不佳，不能充分地利用热能，造成了能源的浪费，因此为提高保温性能，载体换热装置、热解反应管、旋风除尘装置及热解气通路外面都应用厚实岩棉裹严，充分保证保温效果。

二、下降管热裂解反应器中试装置的工作原理

首先作为热载体的陶瓷球颗粒在换热器中被加热到一定温度（一般是600～700℃），通过流量控制阀门流入热解反应管，循环陶瓷球颗粒，使热解反应管温度稳定在500℃左右。将被粉碎成细粉的生物质物料加入生物质喂料装置，物料预处理应保证其纤维长度一般为3～5mm，含水率10%左右。图7-12为该装置的工艺流程图。

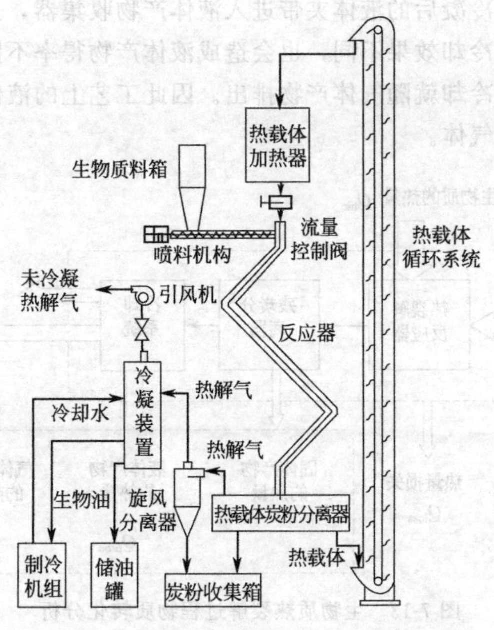

图 7-12　下降管热裂解反应器中试装置

生物质粉由生物质喂料装置加入热解反应管，在热解反应管中遇温度约 600～700℃的热载体陶瓷颗粒，混合并被快速加热升温，在 0.1～0.5s 范围内使生物质粉热解为可冷凝气体、不可凝气体和残炭，残炭与热载体陶瓷球颗粒的混合物从反应管流出后进入旋转筛分离装置，通过旋转筛分，作为筛上物的陶瓷颗粒流入陶瓷球循环提升装置的入料口，被重新提升进入载体换热装置。残炭作为筛下物，进入炭粉排除装置。从而实现反应的终止及陶瓷颗粒和残炭的分离。从热解反应管产生的热解气，被风机吸入旋风除尘装置，热解气中混有的部分轻质残炭，大部分将被旋风除尘装置收集，落入残炭收集箱，洁净热解气进入热解气冷凝装置。进入冷凝装置的热解气和低温生物油直接混合，被冷却至 60℃以下，可冷凝气体冷凝为液体流入储油罐中，不冷凝气体被引风机吸出冷凝装置，经由引风机排入大气中。

第三节　下降管热裂解反应器中试装置的物质平衡分析

一、物质转化分析

生物质热解液化系统按供热方式可分为气体热载体供热和固体热载体供热两种，如果不考虑生物质和载体的相互作用，其物质转化过程如图 7-13 所示。生物质原料被输送到热裂解反应器中完成化学键断裂和重组反应，反应完成后经残炭分离器将固体产物分离出来。细小的固体颗粒难以被完全分离，会随着气态产物进入冷却系统，一部分被冷凝后的液体夹带进入液体产物收集器，另一部分随气体产物排出。不同冷却系统冷却效果不同，也会造成液体产物得率不同，有些可以被冷凝的气体没有来得及被冷却就随气体产物排出。因此工艺上的液体产物和气体产物并不是理论上的液体和气体。

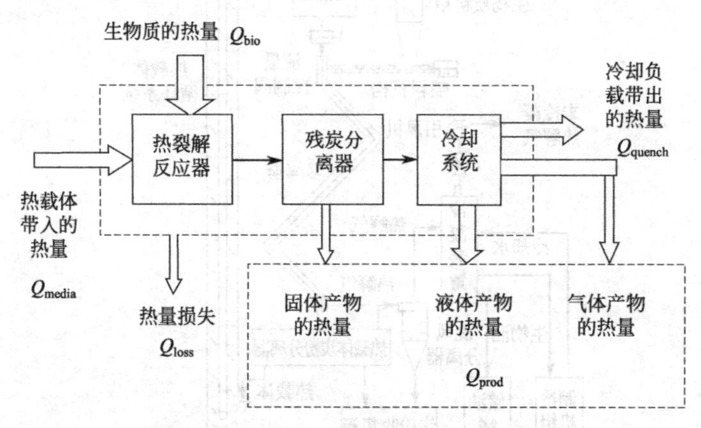

图 7-13 生物质热裂解过程物质转化分析

二、产物质量分布及计量

生物质热解液化产生固体、液体、气体三种产物。固体、液体产物可用简单的称重法计量，气体产物的质量根据物质平衡计算。即

气体产物质量=生物质质量-固体产物质量-液体产物质量

根据 AV Bridgwater 对国外不同反应装置性能的总结，生物质热裂解反应固体、液体、气体产物的质量分布如图 7-14 所示。目的产品液体产物得率随不同工艺、不同原料而有所不同，最低约为原料质量的 30%，最高可达 70%以上。

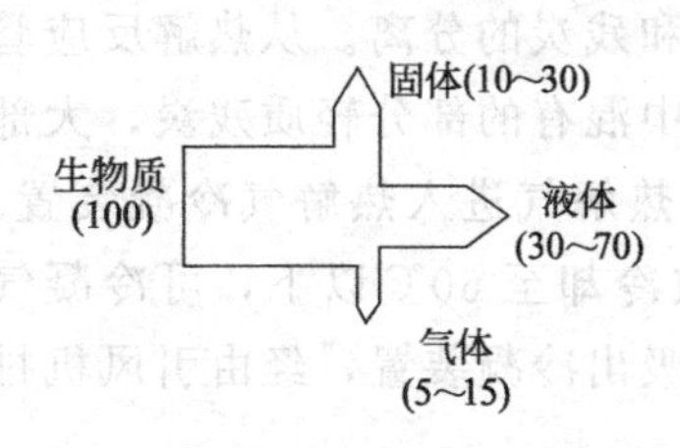

图 7-14 生物质热裂解反应固体、液体、气体产物的质量分布

生物质和固体产物的碳、氢、氧等主要元素含量可由元素分析仪测定。笔者所做的部分检测结果如表 7-10 所示。液体中含有乙酸等易挥发物质，用元素分析仪测定其元素含量时难以对样品定量。文献中液体产物元素含量的一些记录也列于表 7-10 中。

表 7-10 典型农作物秸秆主要元素含量　　单位：%

生物质	C	H	O	生物质	C	H	O
玉米秸	38.726	5.054	38.097	地瓜秧	36.472	4.761	34.866
麦秸	40.843	5.18	40.319	豆秸	39.435	5.214	39.821
棉秆	40.962	5.104	40.573	谷秸	37.742	4.855	36.326
高粱秸	41.656	5.101	38.083	花生壳	41.352	5.083	36.864

三、能量平衡分析

从能量转换的观点来看，快速热解液化系统是一个能量转换设备。首先不考虑辅助设备的特点、能耗和反应器的具体形式，仅从热解技术的核心来分析热量平衡关系。可以将不同的热解液化过程简化为图 7-13 所示系统来进行能量平衡分析。

在稳定工况条件下，热解系统输入输出能量是平衡的。即：

$$Q_{bio}+Q_{media}-Q_{loss}-Q_{quench}=Q_{prod} \tag{7-14}$$

式中，Q_{bio}为输入生物质的热量（J/s），由两部分组成，一是喂入状态生物质和标准状态生物质的焓差，即生物质喂入量 M_b(kg/s) 和生物质比热容 c_{pb}[J/(kg·K)] 及喂入温度 T(K) 与标准状态温度（298K）差的积；二是标准状态生物质的热量，即生物质喂入量 M_b 和其热值 HHV_b 的积。

$$Q_{bio}=M_b c_{pb}(T_0-298)+M_b HHV_b \tag{7-15}$$

Q_{media}为热载体加入的热量（J/s），是热载体加入量 M_m(kg/s)、热载体比热容 c_{pm}[J/（kg·K)] 及载体入口温度 $T_{m,i}$和载体出口温度 $T_{m,o}$差的积。

$$Q_{media}=M_m c_{pm}(T_{m,i}-T_{m,o}) \tag{7-16}$$

Q_{loss}为整个系统热损失（J/s），可由操作条件估算。

Q_{quench}为冷却介质带走的热量（J/s），是冷却介质量加入量 M_{quench}(kg/s)、冷却介质比热容 $c_{pquench}$[J/(kg·K)] 及介质入口温度 $T_{quench,i}$和载体出口温度 $T_{quench,o}$差的积

$$Q_{quench}=M_{quench}c_{pquench}(T_{quench,i}-T_{quench,o}) \tag{7-17}$$

Q_{prod}为输出产物的热量（J/s），由两部分组成，一是输出状态产物和标准状态产物的焓差，即各产物（气、液、固）输出量 M_{gas}、M_{oil}、M_{char}(kg/s) 和各产物比热容 c_{pgas}、c_{poil}、c_{pchar}[J/(kg·K)] 及各产物输出温度 T_{gas}、T_{oil}、T_{char}(K) 与标准状态温度（298K）差的积；二是标准状态各产物的热量，即各产物输出量 M_{gas}、M_{oil}、M_{char}(kg/s) 和其热值 HHV_{gas}、HHV_{oil}、HHV_{char}(kg/s) 的积。

$$Q_{pro}=M_{gas}c_{pgas}(T_{gas}-298)+M_{oil}c_{poil}(T_{oil}-298)+M_{char}c_{pchar}(T_{char}-298)+M_{gas}HHV_{gas}+M_{oil}HHV_{oil}+M_{char}HHV_{char} \tag{7-18}$$

四、生物质热解过程耗热量

由于生物质成分的复杂性、热解过程（状态、成分不断变化）的复杂性以及现有生物质热物性参数的缺乏和难以测定等因素，生物质热解过程吸热量的准确确定一直是一个难题。目前大多采用假设生物质热容恒定和热解反应热效应是一定值的方法来计算，即

$$Q=c_p\Delta T+Q_p$$

式中 Q——热解过程吸热量，kJ/kg；

c_p——生物质比热容，kJ/(kg·K)；

T——样品温度，K；

Q_p——热解反应热效应，kJ/kg。在这个公式中，要确定生物质的热容和热解反应热效应。

目前不同生物质废弃物热容方面数据目前还很缺乏，而且热解过程温度范围广，热容随温度的变化不能忽略，没有全面可靠的数据。不同的研究者在计算时采用的热容值比较混乱，没有明确的依据而且互相之间差异显著。例如，Lathour 等（2001）对于葡萄皮的快速热解计算时使用的热容参数是 2300kJ/(kg·K)；Janse 等（2000）对木材颗粒的快速热解计算时也采用相同的参数值 2300kJ/(kg·K)。Jalan 等（1999）对柱状小颗粒物热解过程分析采用的热容值是 $1112+4.85(T-273)$；而 Sharma 等（1998）对环形翅片式生物质热解装置中稻壳热解实验分析计算时采用的是 1212kJ/(kg·K)；Liliedahl 等（1998）对片状、柱状和球状生物质热解过程分析时采用的数据是 1670kJ/(kg·K)。

对于热解反应的热效应来说，一直也没有较为一致的定量甚至是定性的结论。Raveendran 等（1996）认为生物质的焓和热解反应后的各产物焓的和相等，这个观点必须由实验来验证，但可能性不大。Diebold 等（1982）假设热解 1g 生物质需要能量 2000J（包括生物质升温至热解温度过程，热解反应过程和热解产物蒸发）。Morris 等（1999）指出，在他们的生物质热解液化设备中，生产 1kg 生物原油（得率约为喂料量的 62%），需能量约为 2.5MJ，这个能量包括辐射损失和废气带走的能量。显然，他们这里提到的能量不仅包括了反应吸收或放出的能量，还涉及其他多种能量损耗，从这些数据中，很难判断出热解反应的热效应。

Liliedahl 等在进行热解反应理论分析时假设反应热为零，但他并没有给出理论或实验依据。Miller 等（1997）在对生物质热解模型进行研究时，采用三独立平行反应原理，给出了每一步反应的热效应如表 7-11 所示。Janse 等（1999）介绍了 Milosavljevic 等对热解反应热效应的总结，指出不同作者给出纤维素热解的热效应值范围在 +1700～−2500 J/g；他们在对生物质快速热解液化过程进行模拟时，给出的各反应的热效应也列于表 7-11 中。根据 Miller 和 Janse 的各自模型和反应条件可以计算出生物质热解过程中总的热效应，但是他们都做了一定的假设，从数据来源和表 7-11 中数据本身可以看出，这些模型的准确性等都有待验证，目前有效的验证方法尚未见过报道。

表 7-11　Miller、Janse 快速热解反应各步热效应

反应序号	$1(K_1)$	$2(K_2)$	$3(K_3)$	$4(K_4)$	$5(K_5)$
Miller 热效应/(kJ/kg)	0	+255	−20	−42	
Janse 热效应/(kJ/kg)	+418	+418	+418	−42	−42

注：+表示为吸热，−表示为放热。

近些年来，部分研究者开始使用同步热分析仪对热解过程热效应进行分析，但由于各种原因，对于热解吸热量的定量问题并没有涉及。Stesen 等（2001）用热分析（TG-DTA）的方法分别测定了纤维素和小麦秸秆热解反应的热效应。在去除成炭反应的反应热（文中认为每形成 1kg 炭放出能量 2000kJ）后，得出热解反应的热效应为每热解 1kg 纤维素需要 560～710kJ，而小麦秸秆的热解过程却呈现微弱的放热。由于 TG-DTA 仪器量热精度不高，而且他在论文中假设了成炭反应的反应热，因此结果并不可靠。Rath 等（2003）用同步热分析仪对生物质热解反应热进行研究，但研究的温度范围窄（仅到 500℃），且仅限于热解热效应。国内有些文献记载了对生物质、煤或生活垃圾热解和燃烧过程在同步热分析仪上进行实验的研究，但由于所得 DSC 曲线的复杂性，这些文献几乎没有对 DSC 作定量分析甚至定性的分析。

由于热解过程温度范围大，物质状态成分不断变化，c_p 和 Q_p 不断变化且互相有交互作用，上述研究所采用的分别选取 c_p 和 Q_p 来确定热解过程吸热量的方法很难得出准确的结果。

五、同步热分析仪的原理和 DSC 曲线的特性

热分析仪器中，能同时进行热重和热效应分析的仪器主要有：热重差热分析仪（TG-DTA）和热重差示扫描热分析仪（TG-DSC），但差热分析（DTA）对热量定性定量结果的精度远不如差示扫描分析，因此选用 TG-DSC 同步热分析仪进行实验研究。由于该仪器能同时准确地监测生物质热解过程失重的热效应情况，因此可以对生物质热解进程和热效应规律进行对应分析，明确了解失重各阶段对应的热效应数据，并利用这些实验数据可以对应计算达到不同热解温度状态生物质所吸热量。

由 TG-DSC 分析实验所得 DSC 曲线表示的热流包含两个部分：对样品的加热所需热量和样品反应（包括干燥、热解等）所需的热量，即 DSC 曲线的纵坐标的热流值为每毫克样品单位时间吸收或放出的热量，可以公式(7-19) 表示：

$$\frac{dQ}{dt}=c_p\frac{dT}{dt}+\dot{Q}_p \tag{7-19}$$

式中 c_p——样品比热容，kJ/(kg·K)；

T——样品温度，K；

t——时间，s；

$\dot{Q}_p$——热解过程反应热效应引起的热流，kJ/(kg·K)。

公式(7-19) 可写成：

$$Q=\int_0^t\left(c_p\frac{dT}{dt}+\dot{Q}_p\right)dt \tag{7-20}$$

这个热量也是生物质热解过程必须提供的热量，应用公式(7-20) 的结果可以对 DSC 曲线进行积分来确定加热过程所需热量。

六、部分实验结果

小麦秸秆、棉秆、白松和花生壳热解实验所得 DSC 曲线如图 7-15 所示。从图中可以看出，各种物料的 DSC 曲线在形状上有相似之处：在热解开始阶段（303～

440K）都有干燥吸热峰，随后的稳定升温阶段（440～530K）都是较稳定的吸热过程，热解阶段（530～673K）DSC变化都较剧烈，残炭聚焦阶段（673～973K）DSC值离零点都较近，900K以上逐渐呈现出放热趋势。但每条曲线在数值和规律上互相也有一些差别。总的来说，DSC曲线形状不规则，用简单公式难以进行准确计算，因此采用对DSC曲线的积分是较为准确的计算办法。

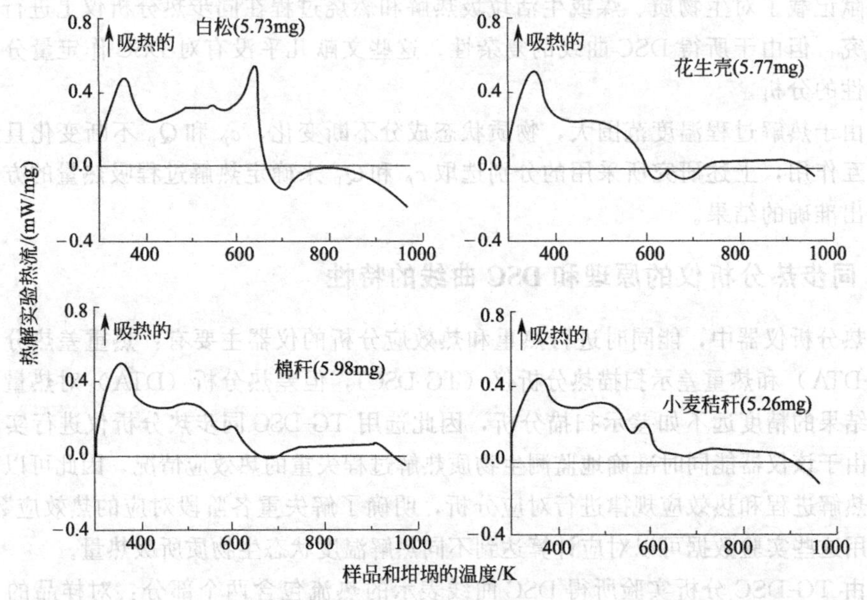

图7-15　各种生物质在STA 449C同步热分析仪上实验所得DSC曲线

用于热解的生物质原料都含有一定的水分，热解过程总吸热量与水分含量有关，这种关系可以用相关的理论加以计算。在这里，首先仅考虑干生物质的热解吸热量，为此要在DSC曲线上消除干燥过程的影响。在干燥阶段，干燥吸热量是对应水分蒸发的DSC峰，考虑干生物质的时候可将这个峰消除，将干燥段结束处的DSC值延伸至实验最开始。对处理后的DSC曲线进行积分可以求取热解过程的吸

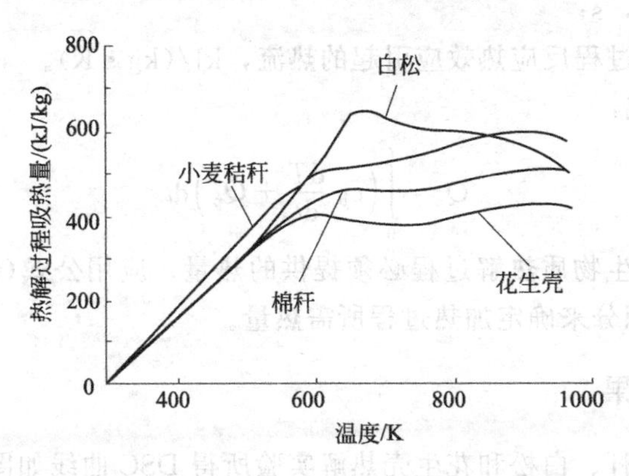

图7-16　4种生物质热解过程吸热量和温度的关系

热量。由于吸热量是按单位干生物质重量计，因此，还需将积分结果除以干生物质在样品中的含量。数据的处理和积分所得的吸热量和温度的关系见图 7-16 中各曲线。

计算表明，如果将 1kg 干小麦秸秆、棉秆、花生壳和白松从初始室温 303K 升到主要热解反应完成的温度 673K，所需提供的热量分别为 523kJ、459kJ、385kJ、646kJ，这其中包含加热各生物质所需的热量和提供样品热解所需的热量两部分。

第四节　流化床反应器热裂解中试装置实例

流化床热裂解反应器是典型的混合式反应器，它借助热气流或气固多相流对生物质颗粒进行快速加热，以实现生物质的热裂解液化。山东理工大学从 1998 年开始致力于生物质快速热解液化技术的研究，先后开发了水平携带床、下降管反应器(具有自主知识产权)、流化床等反应器工艺。在生物质快速热解液化研究方面取得了许多有价值的成果。图 7-17 为山东理工大学开发的以等离子体为热源的流化床反应器装置。它可以处理秸秆类、锯木屑、藻类等生物质原料，处理能力为 5kg/h。主要由生物质颗粒喂料器、等离子体加热电源、反应器、旋风分离器、冷却系统、炭粉和液体收集部分、温控系统等组成。

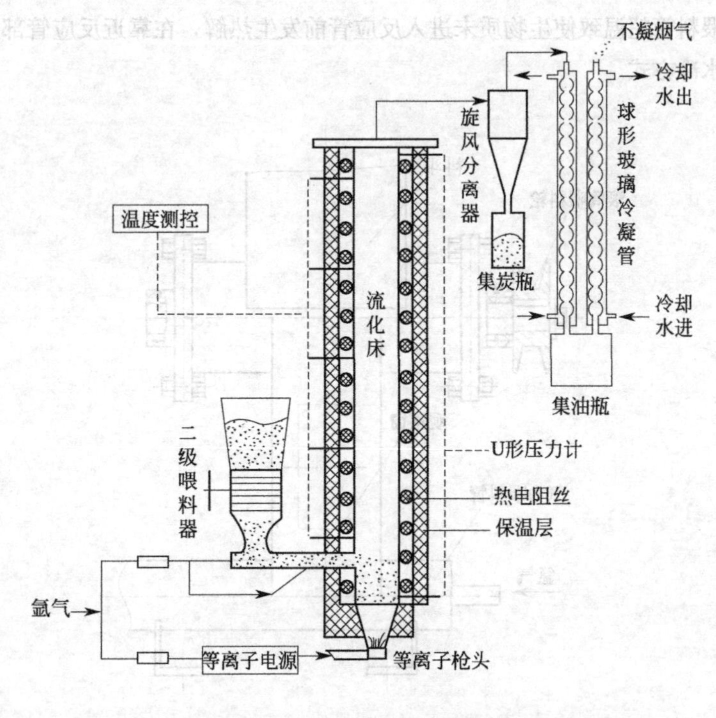

图 7-17　流化床结构示意图

一、加热系统

流化床的加热系统由等离子体主加热源和电热丝辅助加热源组成。等离子体是对气体进行电离得到的能够自由运动并相互作用的正离子和电子组成的混合物，在实际的热等离子体发生装置中，阴极和阳极间的电弧放电作用使得流入的工作气体发生电离，输出的等离子体呈喷射状，调节电流可得到900～1900℃的Ar气流，加热速率从1000～10000℃/s连续可调。高温的Ar气流从反应管底部通入，不但提供了热解需要的热量，而且氩气又可作为流化气体，因此无需对流化气体进行预热，简化了结构。辅助加热电阻丝通过温控仪的通断控制保持反应管恒温，电阻丝在反应管外螺旋状缠绕，加热功率2000W。

二、生物质颗粒喂料器

连续、均匀、定量地喂入生物质粉是对生物质喂料器的基本要求。在挤压力作用下，螺旋喂料器在输送绞龙出口处容易出现局部超温，致使生物质粉末因受热而挤压成致密团聚物，造成卡塞，致使输送中断。利用滚筒配合气力输送的两级喂料机构可以均匀连续的喂料，如图7-18所示。料斗中的生物质粉末在调速电机带动的滚筒（滚筒上开有槽）的转动下，落入下部空腔，空腔壁有玻璃观察窗，以观察下料情况。空腔中的生物质粉末在气体的作用下被携带进入喂料管。由于反应管温度很高，为避免喂料管超温致使生物质未进入反应管前发生热解，在靠近反应管部分对喂料管采取了套管水冷方式。

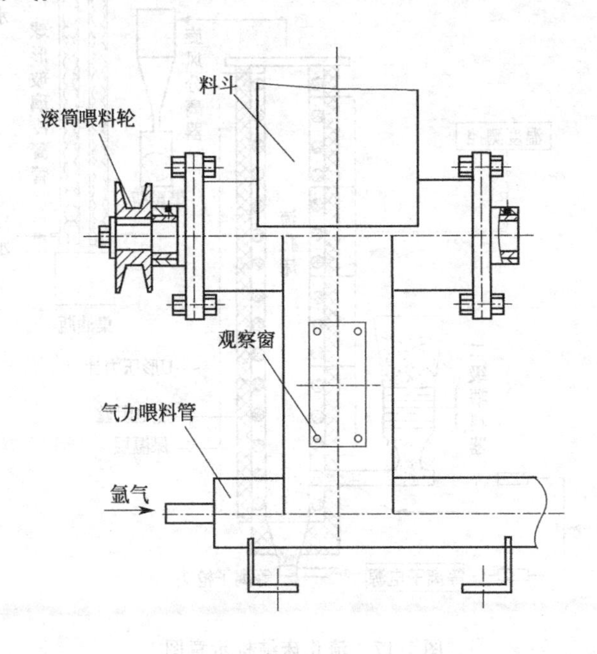

图7-18　二级生物质喂料器

三、反应器

反应器的结构简图如图 7-19 所示。由于等离子体焰心温度很高，因此气体导入管采用耐高温硅碳管，而不用钢管。反应管的材料是 1Cr18Ni9Ti 钢管，反应管总长度为 1400mm，内径为 52mm，厚度 3mm。外部螺旋状缠绕电热丝加热元件。在反应管壁上开有 6 个间隔 60mm、直径为 5mm 的小孔，用来安放热电偶，测定反应管内气流温度是否均匀一致。同时，在反应管两端装有内径 10mm 的压差测量管用以联结 U 形压力计。

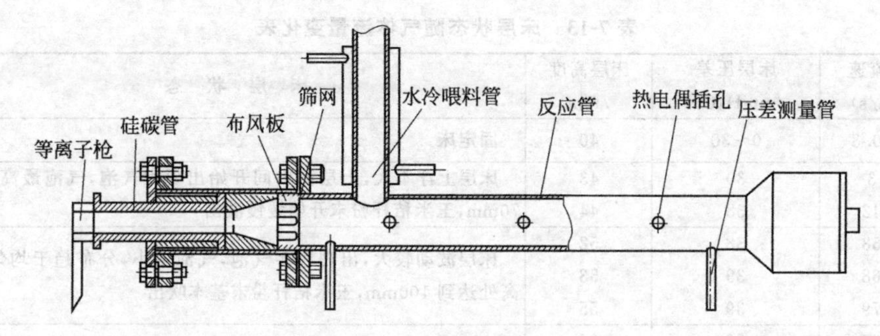

图 7-19　反应器结构图

四、流动特性冷态实验

实验中用石英砂作为流化介质，以 Ar 作为流化气体进行玉米秸秆粉末的热解试验。其中在 527℃ 时 Ar 的动力黏度为 $4.435\times10^{-5}\,N\cdot s/m^2$，密度为 $0.63kg/m^3$。石英砂和玉米秸秆粉末的物性参数见表 7-12。为了确定最小流化速度和操作流化速度等参数，用有机玻璃设计了一套结构尺寸为 1∶1 的冷态实验装置，观察不同 Ar 气流量时石英砂的流动情况，为热态试验热载气流量的确定提供实践指导。冷态实验原理图见图 7-20。取管内高度 40mm 石英砂，按 1∶1 体积比将玉米秸秆粉末与石英砂充分混合后加入到透明有机玻璃管内。开启 Ar 气阀，调节流量计，并根据气体状态方程以及流化床几何尺寸换算成流速，使 Ar 流量从小到大变化，观察管内石英砂和玉米秸秆粉末流动状态的变化并记录氩气流量、压降和床层高度变化。床层压差、高度和状态随 Ar 流速变化见表 7-13。

表 7-12　石英砂和玉米秸秆粉末的物性参数

物　　料	石英砂	玉米秸秆粉末
粒径	0.2～0.45mm	0.15～0.45mm
平均粒径 $\bar{d}_s$	0.3845mm	0.336mm
密度 ρ_s	$1.266\times10^3 kg/m^3$	$174.4kg/m^3$

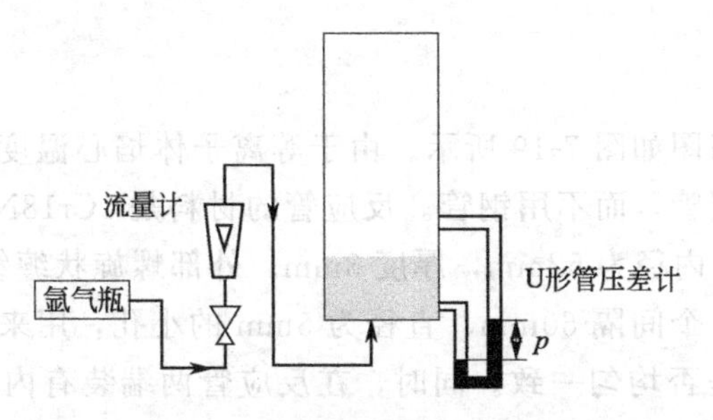

图 7-20　流化特性冷态实验原理图

表 7-13　床层状态随气体流量变化表

Ar 流速/(m/s)	床层压差/mmH_2O①	床层高度/mm	床层状态
0～0.3	0～30	40	固定床
0.3 0.42	30 38	43 44	床层上浮不大，上层面中间开始出现大气泡，气泡最高处达70mm，玉米秸秆粉末开始缓慢溢出
0.58 0.68 0.79	38 39 39	52 53 55	床层波动较大，出现较多气泡，气泡变小，分布趋于均匀，最高处达到100mm，玉米秸秆粉末基本吹出
0.89 1.05 1.2	39 40 40	60 85 125	床层上端气泡越来越多，分布越来越均匀，最高处达到140mm，玉米秸秆粉末很快溢出
1.36 1.57	40 40	180 200	气泡分布消失，上端床面趋于水平，床层高度达到150mm

① $1mmH_2O=9.80665Pa$。

从表 7-13 可以看出，最小流化速度应在 0.4m/s 左右，与根据理论计算的数据基本相符；当气体流速为 0.79～1.57m/s，流化效果较好，实验中选择的操作流化速度为 0.89m/s。

五、氩气流量控制

要保证床内操作流化速度为 0.89m/s，需通过调节氩气表头的流量来控制，等离子体表头流量可以在 $1\sim3m^3/h$ 之间连续可调。因为气体的体积随温度的变化而变化，因此气体流量也随温度而变化，而反应管横截面积一定，从而导致气体速度 u 是随流量 Q 变化的。利用等压理想气体方程，流量与温度的关系是：

$$Q_1=\frac{T_1Q_2}{T_2}=\frac{3600T_1\pi d^2u}{4T_2} \tag{7-21}$$

式中　Q_1——室温时氩气表头流量，m^3/h；

T_1——室温，K；

Q_2——床内气体流量，m^3/h；

T_2——床内气体温度，K；

d——反应管直径，m；

u——操作流化速度，m^3/s。

由式(7-21) 可以计算出实验温度 T_2 下的等离子枪操作流量 Q_1。

六、热解实验

分别调节热解温度和喂料速率，得到不同工况下生物油液体收集率见表 7-14。由于热解生成的生物油很难完全收集，因此，实际的生物油产率也很难得到。因此采用了生物油收集率这个概念，即实验中实际收集得到的液体质量与生物质喂入质量之比，这样更实际、贴切。

表 7-14 玉米秸秆液化实验数据

热解温度 T/℃	表头流量 Q/(m^3/h)	喂料速率 /(kg/h)	液体收集率 /%	热解温度 T/℃	表头流量 Q/(m^3/h)	喂料速率 /(kg/h)	液体收集率 /%
437	2.95	0.6	28.7	500	2.63	0.8	30.0
437	2.95	0.7	30	517	2.58	0.6	28.3
437	2.95	0.8	30.6	517	2.58	0.7	28.4
477	2.72	0.675	35	517	2.58	0.8	28.6
477	2.72	0.675	36	557	2.45	0.6	27.0
477	2.72	0.7	37.1	557	2.45	0.7	27.1
500	2.63	0.6	30	557	2.45	0.8	27.8
500	2.63	0.7	31.7				

从表 7-14 可以看出，生物质喂料速率对生物油收集率有一定影响，生物油收集率随喂料速率的增大而增加。这是因为喂料速率的增大使气相产物在密相区这一较高温度区域停留时间的降低，从而抑制气相生物油二次裂解成小分子气体。

反应温度对热解的影响，也可归结为如何使生物质颗粒以多快的升温速率达到反应温度或生物质颗粒和挥发分性产物在反应温度区域停留多长时间。实验发现，在喂料速率一定时，生物油收集率先随温度的升高而增大，在 477℃左右时，收集率最高。温度继续升高，生物油收集率反而下降。因此，对于玉米秸秆，为得到较高的生物油收集率，反应温度宜选取在 477℃左右，温度过低有可能导致生物质的不完全热裂解，而当温度过高时，气体产量增加同时生物油产量减小，这主要是由于气相生物油的二次裂化或重整加剧使得生物油产量有所减小的缘故。

第八章　生物质气化技术

第一节　概　　述

一、气化技术概念

气化，是指将固体或液体燃料转化为气体燃料的热化学过程。生物质气化就是利用空气中的氧气或含氧物质作气化剂，将固体燃料中的碳氧化生成可燃气体的过程。生物质气化基本原理早在18世纪就为人们所知，但有记载的商业应用可以上溯到18世纪30年代。到了19世纪50年代，英国伦敦大部分城区都用上了以“民用气化炉”产生的“发生气”为燃料的“气灯”，并形成了生产“民用气化炉”的行业，这种“民用气化炉”所用的气化原料为煤和木炭。大约在1881年，这种“发生气”首次被应用于固定式的内燃机如排灌机械等，并由此诞生了“动力气化炉”。到了19世纪20年代，这种生物质动力气化系统的应用已由固定式的内燃机拓展到移动式的内燃机，如汽车、拖拉机等，应用范围也由英国伦敦扩展到欧洲全境和世界其他一些地区。

二、气化技术分类

生物质气化技术有多种形式，不同的分类方式对应有不同的气化种类。目前大体上可有两种分类方式：一种是按气化剂分类，另一种是按设备运行方式分类。

（一）按气化剂分类

生物质气化按是否使用气化剂可以分为使用气化剂和不使用气化剂两种。不使用气化剂气化只有干馏气化一种，而使用气化剂气化又可以分为空气气化、氧气气化、氢气气化、水蒸气气化和复合式气化等几种主要形式，如图8-1所示。

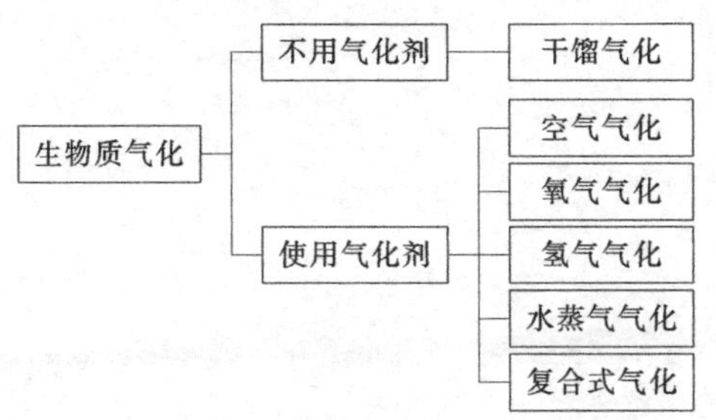

图8-1　生物质气化按气化剂使用情况分类

如不特别说明，本书所指的气化剂均为空气。

干馏气化是生物质气化的一种特例，它是在完全无氧或只提供极有限氧的情况下进行的生物质气化。其原理是生物质在一定温度作用下析出挥发分并生成固体炭、木焦油、木醋液和生成气。各产物的质量产率大致为：固体炭 25%～30%、木焦油 5%～10%、木醋液 30%～35%和生成气 25%～30%。干馏气化按温度高低可分为低温干馏（500℃以下）、中温干馏（500～800℃）和高温干馏（800℃以上）三种，但不论哪种干馏气化，都应提供外部热源以使干馏反应得以连续进行。干馏气化生成气的热值为 15MJ/m^3 左右，属于中热值气体，既可用作燃气，也可用作化工合成气的原料。

空气气化是以空气为气化剂的气化过程。空气中的氧与生物质中的可燃组分发生不完全氧化反应，放出热量为气化反应提供所需的热量。由于空气可以任意取得，空气气化又能够做到自供热而不需要外部热源，所以，空气气化是所有气化过程中最简单、最经济、也是最容易实现的一种气化，但由于空气中含有 79%的 N_2，它基本不参加气化反应，却稀释了燃气中可燃组分的含量，使生成气中的氮气含量高达 50%左右，因而气体热值较低，大约只有 5MJ/m^3，属于低热值气体，作燃气使用时输送效率较低，作为化工合成气原料使用时需要再处理。

氧气气化是以氧气为气化剂的气化过程，其过程原理与空气气化相同，但没有惰性气体 N_2 稀释气化剂，在与空气气化相同的氧气当量比下，反应温度提高，反应速率加快，反应器容积减小，热效率提高。氧气气化生成气中的主要成分为一氧化碳、氢气和甲烷等，热值与城市煤气相当，约为 12～15MJ/m^3，属于中热值气体，既可用作燃气，也可用作化工合成气的原料。

水蒸气气化是指水蒸气在高温下与生物质发生反应，它不仅包括水蒸气和碳的还原反应，也包含 CO 与水蒸气的变换反应和甲烷化反应等。水蒸气气化一般不单独使用，而是与氧气（或富氧空气）气化联合采用，否则仅由水蒸气本身提供的热量难以为气化反应提供足够的热源。典型水蒸气气化生成气的典型组分为：H_2 20%～26%、CO 28%～42%、CO_2 16%～23%、CH_4 10%～20%、C_2H_5 2%～4%、C_2H_6 1%、C_nH_m 2%～3%。由于氢气和烷烃含量较高，故生成气的热值可以达到 11～19MJ/m^3，属于中热值气体，既可用作燃气，也可用作化工合成气的原料。

氢气气化是使氢气同炽热的炭和水蒸气发生反应生成大量甲烷的过程，其生成气的热值可达 22～26MJ/m^3，属于高热值气体。由于反应条件苛刻，需要在高温高压且有氢气源的条件下才能进行，所以，此项技术不常应用。

复合式气化是指同时或交替使用两种或两种以上气化剂对生物质进行气化，如富氧空气-水蒸气气化和氧气-水蒸气气化等。从理论上分析，氧气-水蒸气气化比单用空气或单用水蒸气气化都优越：一方面，它是自供热系统，不需要复杂昂贵的外供热源；另一方面，气化所需要的一部分氧气可由水蒸气裂解来提供，减少了外供氧气的消耗量，并生成更多的氢气及碳氢化合物，特别是在有催化剂作用的条件下一氧化碳可以与氢气反应生成甲烷，降低了气体中的一氧化碳含量，使得该气体燃料更适于用作城乡居民的生活燃气。在水蒸气（800℃）与生物质比为0.95、氧气当量比为0.2、无甲烷化催化剂的情况下，氧气-水蒸气气化的气体典型组分为：H_2 32%、CO_2 30%、CO 28%、CH_4 7.5%、C_nH_m 2.5%。气体的热值约为11～12MJ/m³，属于中热值气体，既可用作燃气，也可用作化工合成气的原料。

表8-1为采用不同气化剂的生物质气化气的特性及主要用途。

表 8-1　不同气化剂生物质气化气特性及主要用途

气化剂	空　气	氧气、水蒸气	氢　气
气体热值/(MJ/m³)	4.2～5.6	11～19	22～26
气体属性	低热值气	中热值气	高热值气
主要用途	锅炉、干燥、动力	区域供气、合成气	工艺用气、管网输送气

（二）按设备运行方式分类

生物质气化按设备运行方式可以分为固定床气化、流化床气化和旋转床气化三种主要形式，具体如图8-2所示。

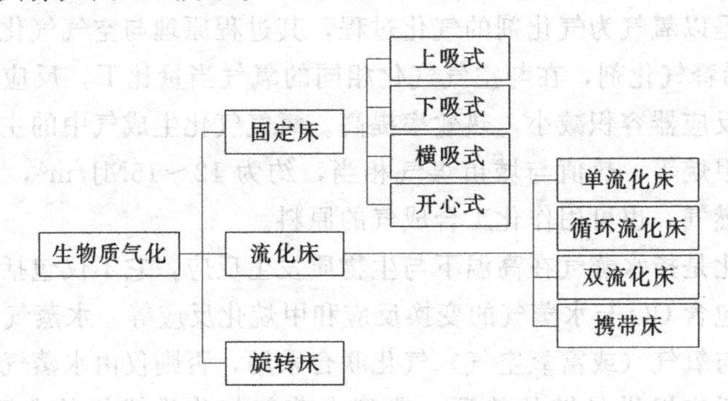

图8-2　生物质气化按设备运行方式分类

1. 固定床气化炉

固定床气化炉的最大优点是制造简便、成本低、运动部件少、热效率高和操作简单等，主要缺点是气化过程难于控制、物料在炉内容易搭桥并形成空腔，因此，其气化强度和单机最大气化能力相对较低，分别约为200kg/(m²·h)和400kg/h。

固定床式气化炉进一步又可分为下吸式、上吸式、横吸式和开心式几种，图8-3是它们的结构示意图。

(1) 下吸式气化炉　固定床下吸式气化炉的工作过程是：生物质原料从顶部加入，然后依靠重力逐渐由顶部移动到底部；空气从上部进入，向下经过各反应层，燃气由反应层下部吸出；灰渣从底部排出。由于原料移动方向与气体流动方向相同，所以也叫顺流式气化。刚进入气化炉的原料遇到下方上升的热气流，首先脱除水分；下移过程中当温度升高到200～250℃左右时发生热解并析出挥发分；挥发

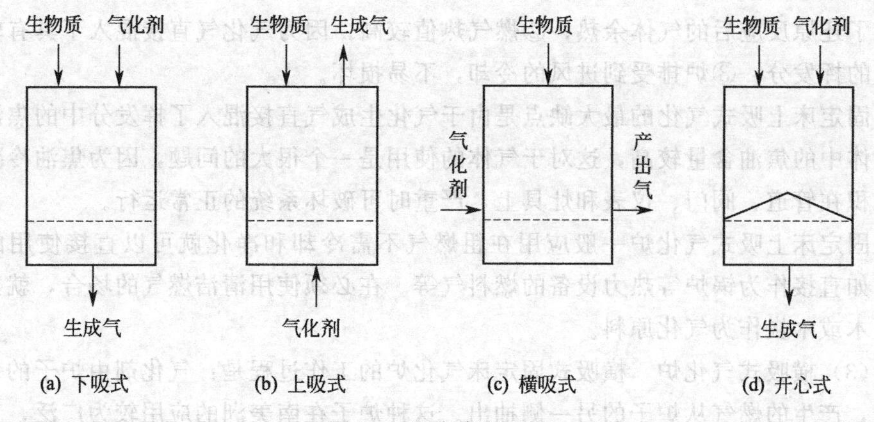

图 8-3　固定床气化炉

分随之与空气一起向下流动，当进入氧化区时，挥发分和一部分生物质焦炭与空气中的氧气发生不完全氧化反应，并使炉内局部温度迅速升至1000℃以上；在氧气耗尽后的还原区，剩余焦炭与气体中的二氧化碳和水蒸气发生还原反应而生成一氧化碳、氢气和甲烷等可燃气体；最后，这些混合气体由气化炉下部引出炉外。

固定床下吸式气化的最大优点是气化气体中的焦油含量比固定床上吸式低许多，因为挥发分中的焦油在氧化层和还原层得到了一定程度的氧化和裂解，因此，这种气化技术比较适宜应用于需要使用洁净燃气的场合。固定床下吸式气化一般均采用安装在气化机组下游的罗茨风机或真空泵将空气吸进气化炉，气化炉内的工作环境为微负压，这样做的优点是加料口不需要严格的密封即可实现连续进料，这对于秸秆一类的生物质非常重要，因为这类生物质的堆密度很小，因此要设计一个能容纳一定时间料量的炉膛相当困难，即便能够做到，也很难保证气化能够稳定运行。但微负压工作环境同样也会导致炉膛下部连续出灰的困难，若不增加专门的连续出灰装置，则只能将炉膛底部做得足够大来存放灰渣，运行时每隔一段时间停机清除一次灰渣。

固定床下吸式气化的最大缺点是炉排处于高温区，容易粘连熔融的灰渣，寿命难以保证。

（2）上吸式气化炉　固定床上吸式气化炉的工作过程是：生物质原料从顶部加入，然后依靠重力逐渐由顶部移动到底部；空气从下部进入，向上经过各反应层，燃气从上部排出；灰渣从底部排出。由于原料移动方向与气体流动方向相反，所以也叫逆流式气化。刚进入气化炉的原料遇到下方上升的热气流，首先脱除水分；当温度升高到200～250℃左右时发生热解反应，析出挥发分；挥发分和一部分生物质焦炭与空气中的氧气发生不完全氧化反应，使炉内局部温度迅速升至1000℃以上；剩余高温炽热的焦炭再与气体中的二氧化碳和水蒸气发生还原反应而生成一氧化碳、氢气和甲烷等可燃气体；最后，这些气体与热解层析出的挥发分混合，由气化炉上部引出炉外。

固定床上吸式气化的优点主要有：①气化效率较高，因为热解层和干燥层充分利用了还原反应后的气体余热；②燃气热值较高，因为气化气直接混入了具有较高热值的挥发分；③炉排受到进风的冷却，不易损坏。

固定床上吸式气化的最大缺点是由于气化生成气直接混入了挥发分中的焦油而使气体中的焦油含量较高，这对于气体的使用是一个很大的问题，因为焦油冷凝后会沉积在管道、阀门、仪表和灶具上，严重时可破坏系统的正常运行。

固定床上吸式气化炉一般应用在粗燃气不需冷却和净化就可以直接使用的场合，如直接作为锅炉等热力设备的燃料气等。在必须使用清洁燃气的场合，就只能用硬木或木炭作为气化原料。

(3) 横吸式气化炉　横吸式固定床气化炉的工作过程是：气化剂由炉子的一侧供给，产生的燃气从炉子的另一侧抽出。这种炉子在南美洲的应用较为广泛，其原料多为木炭。它具有炉内反应温度高、气化强度大、燃气几乎不含焦油并且温度很高的特点。

(4) 开心式气化炉　开心式气化炉与下吸式气化炉相似，这种炉型以转动炉栅代替高温喉管区，主要反应在炉栅上部的燃烧区和气化区进行，结构简单、运行可靠。它最早由我国研制，主要用于稻壳气化，多年前即已投入商业运行。

这 4 种固定床气化炉对气化原料的要求参见表 8-2。

表 8-2　各种固定床气化炉对原料的要求

气化炉类型	下吸式	上吸式	横吸式	开心式
原料种类	废木、秸秆	废木、秸秆	木炭	谷壳
原料尺寸/mm	5～100	20～100	40～80	1～5
原料湿度/%	<30	<50	<7	<15
原料灰分/干基(质量分数)/%	<25	<6	<6	<20

2. 流化床气化炉

在流化床中，一般采用砂子作为流化介质和热载体（也可不用），向上流动的气流使砂子像液体沸腾一样漂浮起来。所以，流化床有时也称作沸腾床。除砂子外，石灰或催化剂等其他非惰性材料也可用作为流化介质。流化床气化炉具有传热、传质效率高的优点，气化强度约为固定床气化炉的 2～3 倍，反应温度一般在 750～900℃，其气化反应和焦油裂解均在床内进行，原料适应性广，可大规模应用。

气流床是流化床的一种特例，该气化炉要求原料破碎成细小颗粒，它不使用惰性床料，气化剂直接吹动生物质原料，运行温度高达 1100～1300℃，气化生成气中的焦油及可冷凝物含量很低，碳转化率可达 100%。

根据结构不同流化床气化炉进一步又可分为单流化床、循环流化床和双流化床等几种炉型。

(1) 单流化床气化炉　单流化床气化炉是最基本也是最简单的一种流化床气化

炉。如图 8-4 所示，单流化床气化炉只有一个流化床反应器，反应器一般可分为上下两段，下部为气固密相段，上部为气固稀相段。气化剂从底部经由气体分布板进入流化床反应器，生物质原料从分布板上方进入流化床反应器。生物质原料与气化剂一边向上作混合运动、一边发生干燥、热解、氧化和还原等反应，这些反应主要发生在密相段，反应温度一般控制在 800℃左右。稀相段的作用主要是降低气体流速，使没有转化完全的生物质焦炭不致被气流迅速带出反应器而继续留在稀相段发生气化反应。

与固定床气化相比，流化床气化的优点主要有：①由于生物质物料粒度较细和剧烈的气固混合流动，床层内传热、传质效果较好，因而气化效率和气化强度都比较高；②由于流态化的操作范围较宽，故流化床气化能力可在较大范围内进行调节，而气化效果和气化效率不会明显降低；③由于床层温度不是很高且比较均匀，因而灰分熔融结渣的可能性大大减弱。

与固定床气化相比，流化床气化的缺点主要有：①由于气体出口温度较高，故产出气体的显热损失较大；②由于流化速度较高、物料颗粒又细，故产出气体中的固体带出物较多；③流化床要求床内物料、压降和温度等分布均匀，故而启动和控制较为复杂；④对于鼓泡床气化，最好在床层内添加一些热容量比较大的惰性热载体，否则气化效率和气化强度都难以令人满意。

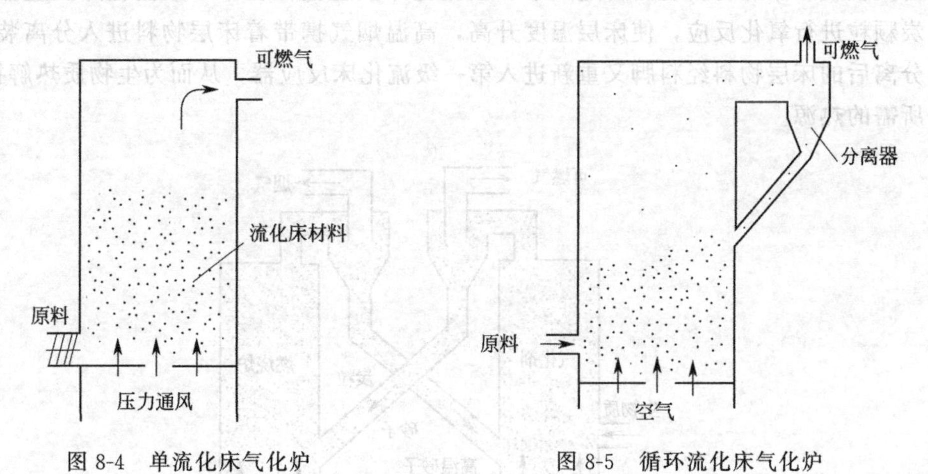

图 8-4　单流化床气化炉　　图 8-5　循环流化床气化炉

（2）循环流化床气化炉　图 8-5 为循环流化床气化炉的工作原理图。它与单流化床气化炉的主要区别是生成气中的固体颗粒在经过了旋风分离器或滤袋分离器后，通过料脚再返回到流化床，继续进行气化反应。循环流化床气化炉以空气为气化剂时的操作特性见表 8-3。

与单流化床气化相比，循环流化床气化的优点主要有：①由于操作气速可以明显提高而不必担心碳的转化率，故气化效率尤其是气化强度可以得到进一步提高；②可以适用更小的物料粒径，在大部分情况下可以不加流化热载体，运行较为简单。其缺点主要是回流系统控制较难，料脚容易发生下料困难，且在炭回流较少的情况下容易变成低速携带床。

表 8-4 为循环流化床与单流化床的特性比较。由表 8-4 可见，循环流化床的运行速度不仅大于临界流化速度 u_{mf}，还大于自由沉降速度 u_t，而单流化床的运行速度却在临界流化速度和自由沉降速度之间，以免固体颗粒被带出。

表 8-3　循环流化床气化炉的操作特性

颗粒直径/μm	运行速度	当量比	反应温度/℃	固相滞留时间/min	气相滞留时间/s
150～360	3～5u_t	0.18～0.25	700～900	5～8	2～4

表 8-4　循环流化床与单流化床的特性比较

炉型	原料	颗粒平均直径 d_{mp}/mm	临界流化速度 u_{mf}/(m/s)	运行速度 V_0/(m/s)	自由沉降速度 u_t/(m/s)	$\frac{V_0}{u_{mf}}$	$\frac{V_0}{u_t}$
循环流化床	木粉	0.33	0.12	1.40	0.40	11.7	3.5
流化床	稻壳	0.47	0.37	0.74	0.85	2.0	0.9

(3) 双流化床气化炉　如图 8-6 所示，双流化床气化炉分为两个组成部分，即第一级流化床反应器和第二级流化床反应器。在第一级流化床反应器中，生物质物料发生热解反应，生成气携带着炭颗粒和床层物料如砂子等进入分离装置，分离后的炭颗粒和床层物料经料脚进入第二级流化床反应器；在第二级流化床反应器中，炭颗粒进行氧化反应，使床层温度升高，高温烟气携带着床层物料进入分离装置，分离后的床层物料经料脚又重新进入第一级流化床反应器，从而为生物质热解提供所需的热源。

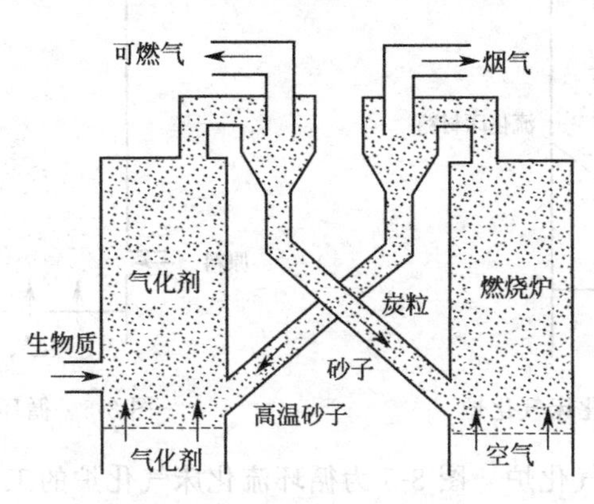

图 8-6　双流化床气化炉

从本质上来说，双流化床气化炉也是一种循环流化床气化炉，但它将不完全氧化反应和气化反应分开在两个流化床中进行，两床之间依靠热载体即床层物料进行热量交换。所以，控制好床层物料的加热温度和循环速度是双流化床气化系统最为关键的技术，其难度主要在于必须要在两床之间获得一个稳定的能量平衡操作范围，为此，气化床和燃烧床的设计必须要相互匹配，且炭颗粒和床层物料必须要能够在两床之间畅通循环。

由于燃烧和气化在双流化床气化系统中是在两个反应器中分开进行的，热解产生的可燃气体不会被燃烧产生的烟气稀释，因此，双流化床气化所产生的可燃气体热值与城市煤气相当，约为12～15MJ/m^3，属于中热值气体，既可用作燃气，也可用作化工合成气的原料。

3. 旋转床式气化炉

旋转床式气化炉的最大特点是可以有效地防止原料在内部搭桥和空洞，并且有较高的热效率，但缺点是操作难度大、成本高、衬里容易磨损、密封困难和反应条件难于控制等，现已不常应用，故本章不予详细介绍了。

第二节　生物质气化原理

一、气化基本原理

生物质气化是在一定热力学条件下，将组成生物质的碳水化合物转化为主要由一氧化碳、氢气和低分子烃类组成的可燃气的过程。提供气化反应所需热力学条件的一种最为经济的方式是在气化过程中不断向气化器限量提供空气，使生物质原料发生部分燃烧而释放出热量。

生物质气化与沼气有着本质区别，沼气是生物质在厌氧条件下经过微生物发酵作用而生成的以甲烷为主的可燃气体。由于工艺原理的不同，生物质气化较适宜处理农作物秸秆和林业废弃物等木质纤维素类生物质，而沼气技术较宜处理牲畜粪便和有机废液等生物质。

生物质气化原理可以下吸式固定床气化炉中的气化过程来表示。参见图8-7，生物质从顶部加入，气化剂（如空气）由顶部吸入，气化炉自上而下可以分成干燥、热解、氧化和还原4个区域，各个区域的气化过程如下。

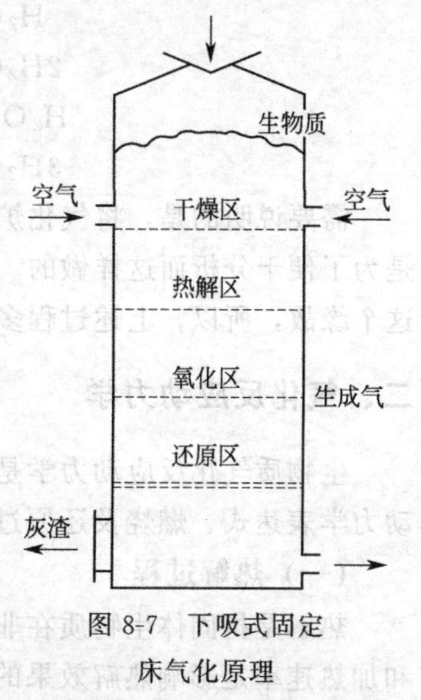

图8-7　下吸式固定床气化原理

1. 物料干燥

生物质物料和气化剂（空气）由顶部进入气化炉，气化炉的最上层为干燥区，含有水分的物料在这里同下面的热源进行热交换，使原料中的水分蒸发出去。干燥区的温度大约为50～150℃。干燥区的产物为干物料和水蒸气，干物料主要在重力作用下往下移动，水蒸气在气力抽吸下克服热浮力也往下移动。

2. 热解反应

来自干燥区的干物料、水蒸气和气化剂进入热解区后继续获得氧化区传递过来的热量，当温度达到或超过某一温度（最低约为160℃）时，生物质将会发生热解反应而析出挥发分，反应产物较为复杂，主要为炭、氢气、水蒸气、一氧化碳、二氧化碳、甲烷、焦油和其他烃类物质等，可用化学反应方程式来近似表示：

$$CH_xO_y = n_1C + n_2H_2 + n_3H_2O + n_4CO + n_5CO_2 + n_6CH_4 \quad (8\text{-}1)$$

式中 CH_xO_y——生物质的特征分子式；

$n_1 \sim n_6$——气化时由具体情况待定的平衡常数。

3. 氧化反应

生物质热解产物连同水蒸气和气化剂在气化炉内继续下移，温度也会继续升高。当温度达到热解气体的最低着火点（约为 250～300℃）时，可燃挥发分气体首先被点燃和燃烧，来自热解区的焦炭随后发生不完全燃烧，生成一氧化碳、二氧化碳和水蒸气，同时也放出大量热量。氧化区的最高温度可达 1000～1200℃，正是这个区域产生的反应热为干燥、热解和还原提供了热源。

氧化区发生的化学反应主要有：

$$C + O_2 \longrightarrow CO_2 + 393.51kJ \quad (8\text{-}2)$$

$$2C + O_2 \longrightarrow 2CO + 221.34kJ \quad (8\text{-}3)$$

$$2CO + O_2 \longrightarrow 2CO_2 + 565.94kJ \quad (8\text{-}4)$$

$$2H_2 + O_2 \longrightarrow 2H_2O + 483.68kJ \quad (8\text{-}5)$$

$$CH_4 + 2O_2 \longrightarrow CO_2 + 2H_2O + 890.36kJ \quad (8\text{-}6)$$

4. 还原反应

还原区已没有氧气存在，二氧化碳和高温水蒸气在这里与未完全氧化的炽热的炭发生还原反应，生成一氧化碳和氢气等。由于还原反应是吸热反应，还原区的温度也相应降低，约为 600～900℃。

还原区发生的化学反应主要有：

$$C + CO_2 \longrightarrow 2CO - 172.43kJ \quad (8\text{-}7)$$

$$H_2O + C \longrightarrow CO + H_2 - 131.72kJ \quad (8\text{-}8)$$

$$2H_2O + C \longrightarrow CO_2 + 2H_2 - 90.17kJ \quad (8\text{-}9)$$

$$H_2O + CO \longrightarrow CO_2 + H_2 - 41.13kJ \quad (8\text{-}10)$$

$$3H_2 + CO \longrightarrow CH_4 + H_2O + 250.16kJ \quad (8\text{-}11)$$

需要说明的是，将气化炉截然分为几个工作区与实际情况并不完全相符，仅仅是为了便于分析而这样做的。事实上，一个区域可以局部地渗入另一个区域，由于这个缘故，所以，上述过程多多少少有一部分是互相交错进行的。

二、气化反应动力学

生物质气化反应动力学是研究气化的理论基础，内容主要包括热解过程机理及动力学表达式、燃烧及还原过程中主要化学反应及过程速率等。

（一）热解过程

热解是指固体生物质在非燃烧状态下受热分解成气体、焦油和炭的过程。温度和加热速率是影响热解效果的最主要参数。该过程包含许多复杂的反应，低温时的反应产物主要是CO_2、CO、H_2O和焦炭；温度升高至400℃以上时，又发生另一些反应，主要产物是CO_2、CO、H_2、H_2O、CH_4、焦炭、焦油等；温度继续升高至700℃以上并有足够的停留时间时，将出现二次反应即焦油裂解等，产物也发生相应改变，氢气和不饱和烃类气体得到增加。图8-8是温度对热解产物分布的影响。由图可见，温度升高，气体产率增加，焦油及炭的产率下降，且气体中氢气及碳氢化合物的产量增加，二氧化碳含量减少，气体热值提高。因此，提高反应温度，有利于以产气为主要目的气化过程的进行。

进一步的研究表明，热解经历两步独立的反应过程：第一步是固相反应，即高分子聚合脱水反应，其反应速率非常快；第二步反应是气相反应，或气相与炭的反应，包括裂解（cracking）、重整（reforming）和变换（shifting）等。裂解是气相挥发分中重碳氢化合物如焦油裂解成低分子化合物的过程，在此吸热反应过程中，C—C、C—H、C—O键、环分子链断裂，形成氢氧化物、碳氧化物、甲烷和不饱和碳氢化合物等；重整是碳氢化合物与水蒸气的吸热反应，生成碳氧化物及氢气；变换是水蒸气与一氧化碳的反应，生成二氧化碳和氢气。裂解和重整反应在热解的气相反应中占有相当重要的地位，在快速热解中，裂解比重整重要得多。

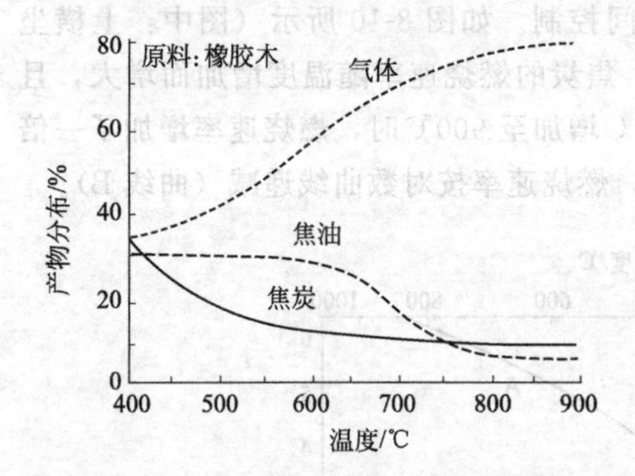

图8-8　温度对热解产物分布的影响

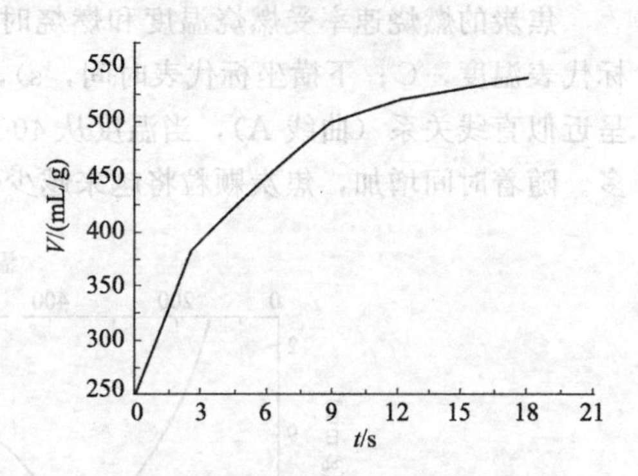

图8-9　气体产量（V）与气相滞留时间（t）的关系

温度与滞留时间是决定气相反应程度的主要因素。热解过程中的初始挥发分在700℃下的滞留时间与不可凝气体产量之间的关系见图8-9。由图可见，滞留时间对气相反应的影响很大，尤其是在短的滞留时间情况下延长滞留时间的效果尤为明显，但滞留时间大于8s时，若再继续增加滞留时间，效果就不明显了。

由图8-9进一步可以发现，气体产量与气相滞留时间呈近似指数关系，即

$$V=260+270\times(1-e^{-0.2927t}) \tag{8-12}$$

式中　V——气体产量，mL/g；

t——气相停留时间，s。

计算固体生物质气化动力学的表达式：

$$\frac{da}{dt}=Ae^{-E/RT}(1-a)^n \tag{8-13}$$

式中 a——反应程度；

n——反应级数；

E——活化能，J/mol；

A——频率因子（也称指前因子），s^{-1}；

T——反应温度，K。

一些生物质在不同温度下的动力学参数值见表 8-5。

表 8-5 一些生物质在不同温度下的动力学参数

样品	T/K	a	A/s^{-1}	n	E	R
白松	710	0.293～0.95	9865.9	0.6354	17.8523	0.9998
白松	810	0.335～0.96	122.11	0.5944	11.994	0.9997
白松	900	0.148～0.959	40.83	0.6756	8.5559	0.9994
橡胶木	600	0.429～0.847	2.657×10^{9}	0.5829	39.7991	0.9998
橡胶木	700	0.311～0.922	230570.2	0.681	24.7075	0.9984
橡胶木	800	0.358～0.946	5846.01	0.7501	18.2681	0.9989
橡胶木	900	0.137～0.969	200.62	0.776	13.2696	0.9997

（二）燃烧过程

焦炭的燃烧速率受燃烧温度和燃烧时间控制。如图 8-10 所示（图中：上横坐标代表温度，℃；下横坐标代表时间，s），焦炭的燃烧速率随温度增加而增大，且呈近似直线关系（曲线 A），当温度从 400℃增加至 900℃时，燃烧速率增加了一倍多。随着时间增加，焦炭颗粒将越来越少，燃烧速率按对数曲线递减（曲线 B）。

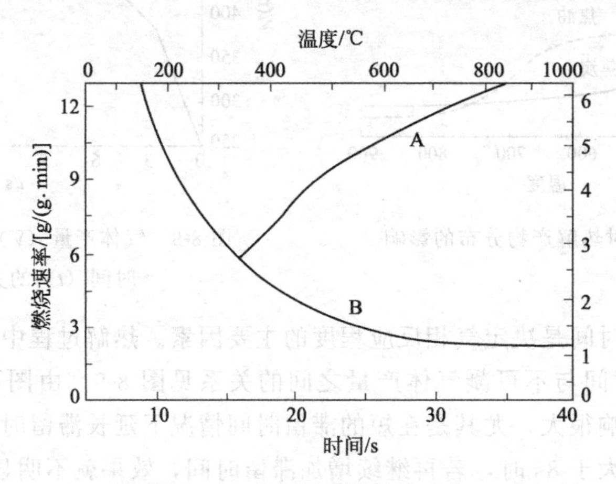

图 8-10 生物质炭的燃烧速率

生物质炭的燃烧速率又受氧通过包裹在炭黑外面灰层的扩散速率控制，细颗粒的燃烧速率比大颗粒快得多，见表 8-6。

表 8-6 900℃下颗粒尺寸对燃烧速率的影响

颗粒尺寸/mm	燃烧速率/[g/(g·min)]	颗粒尺寸/mm	燃烧速率/[g/(g·min)]
6.25	0.648	0.074	55.9
0.833	5.04		

（三）还原过程

还原过程中的化学反应主要是碳与二氧化碳、水蒸气和一氧化碳之间发生的反应，这些反应都是可逆的，增加温度与减少压力均有利于反应向右进行。

水蒸气与炽热的炭的反应虽然有几种可能的形式，但都是吸热反应，增加温度均有利于水蒸气还原反应的进行，但生成 CO 或 CO_2 的化学反应平衡常数是不同的：温度低于 700℃时，反应有利于 CO_2 的生成；反之，温度越高，越有利于 CO 的生成。另一方面，温度低于 700℃时，水蒸气与炭的反应速率极为缓慢，在 400℃时，几乎没有反应生成，只有从 800℃开始，反应速率才有明显增加。

炭与水蒸气的反应速率与反应温度之间的关系式可用数学方法拟合得到，即

$$r = A_1 e^{BT} \tag{8-14}$$

$$A_1 = 2.695\times10^{-4}\mathrm{s}^{-1},\ B = 7.234\times10^{-3}\mathrm{K}$$

式中 r——碳与水蒸气的反应速率，s^{-1}；

T——反应温度，K。

表 8-7 是上述三个过程即热解过程、燃烧过程和还原过程的反应速率及其比较（注：以炭与水蒸气的反应速率为基准）。

表 8-7　生物质气化三个过程反应速率的比较

温度	反应速率与速率比	热分解	炭的燃烧	炭-水蒸气气化
700℃	反应速率/[mg/(s·cm²)]	3.170	0.937	0.039
	速率比	81.3	24.0	1.0
800℃	反应速率/[mg/(s·cm²)]	4.117	1.063	0.103
	速率比	40.0	10.3	1.0
900℃	反应速率/[mg/(s·cm²)]	5.893	1.141	0.194
	速率比	30.4	5.9	1.0

三、气化反应平衡分析

生物质气化反应如同其他大多数化学反应一样，在原始物料之间进行正反应的同时，反应生成物之间根据反应条件而存在不同程度的逆反应。可以正逆两方向进行的反应称为可逆反应。

假设如下反应是一个可逆反应：

$$\underset{c_1}{A}+\underset{c_2}{B} \rightleftharpoons \underset{c_3}{C}+\underset{c_4}{D} \tag{8-15}$$

式中 c_1、c_2、c_3、c_4——A、B、C 和 D 的浓度。

设正反应（A+B→）的速度为 v_1、逆反应（C+D→）的速度为 v_2。根据质量作用定律可知，化学反应速度与各反应物浓度的乘积成正比。因此，反应速度

v_1 和 v_2 可分别如下表示：

$$v_1 = k_1 c_1 c_2 \tag{8-16}$$

$$v_2 = k_2 c_3 c_4 \tag{8-17}$$

式中　k_1，k_2——反应速度常数。

由此可写出化学反应方程式(8-15）的可逆反应速度为

$$v = v_1 - v_2 \tag{8-18}$$

如果 $v=0$，说明该反应系统达到动态平衡，此时则有：

$$k_1 c_1 c_2 = k_2 c_3 c_4 \tag{8-19}$$

或

$$\frac{k_1}{k_2} = \frac{c_3 c_4}{c_1 c_2} = K \tag{8-20}$$

式中　K——化学反应平衡常数，它是反应温度和反应压力的函数。

根据化学反应平衡常数，可以确定在平衡条件下生成物的极限产率。对生物质气化而言，可以据此了解最佳气化反应状态和主动改变某些平衡条件以调节生成气的某些气体组分。

燃烧和气化过程中各种化学反应平衡常数的计算式列于表 8-8，其中反应温度以热力学温标来度量。

气化过程中几个主要化学反应的平衡状态随温度变化的趋势可以讨论如下。

1. 反应 $C + CO_2 \longrightarrow 2CO$

这是生物质气化过程中最重要的反应之一。当反应温度小于 850℃时，其逆反应速度很快，因此二氧化碳很难还原为一氧化碳；当反应温度高于 850℃时，则还原反应生成的一氧化碳迅速增加；当温度升高到 1200℃以上时，相比之下逆反应速度极为缓慢，二氧化碳则可基本上全部还原为一氧化碳。因此，提高反应温度是增加一氧化碳含量的主要措施之一。

2. 反应 $CO + H_2O \rightleftharpoons CO_2 + H_2$

这是制取以氢为主要成分的气体燃料的重要反应，也是提供气化过程中甲烷化反应所需氢源的基本反应。当温度高于 850℃时，此反应的正反应速度高于逆反应速度，故有利于生成氢气。为有利于此反应的进行，通常要求反应温度高于 900℃。

3. 反应 $C + 2H_2 \rightleftharpoons CH_4$

这是制取高热值气体燃料的重要反应。随着温度的上升，逆反应速度加快，不利于甲烷的生成。常压气化时，此反应的适宜温度一般认为 800℃左右。

4. 反应 $2CO + 2H_2 \rightleftharpoons CH_4 + CO_2$

此反应既是气化过程中生成甲烷的一个主要反应，也是气化后对生成气进行甲烷化以增加甲烷含量的重要反应。与反应 3 不同，反应 4 属于均相反应。随着温度的上升，甲烷含量要比反应 3 下降得缓慢，但温度升高毕竟对正反应还是不利，故应控制甲烷化的反应温度。

表 8-8 燃烧和气化化学反应平衡常数计算式

反 应	平衡常数 K_r	平衡常数计算式
$C+O_2 \rightleftharpoons CO_2$	$\frac{[CO_2]}{[O_2]}$	$\lg K_r=\frac{20582.8}{T}-0.302\lg T+0.02143T-0.0724T^2+0.622$
$2C+O_2 \rightleftharpoons 2CO$	$\frac{[CO]^2}{[O_2]}$	$\lg K_r=\frac{11635.1}{T}+2.165\lg T-0.0894T+0.08876T^2+3.394$
$2CO+O_2 \rightleftharpoons 2CO_2$	$\frac{[CO_2]^2}{[O_2][CO]^2}$	$\lg K_r=\frac{29530.5}{T}-2.769\lg T+0.001225T-0.061356T^2-2.15$
$2H_2+O_2 \rightleftharpoons 2H_2O$	$\frac{[H_2O]^2}{[O_2][H_2]^2}$	$\lg K_r=\frac{25116.1}{T}-0.9466\lg T-0.087216T+0.081618T^2-1.714$
$C+CO_2 \rightleftharpoons 2CO$	$\frac{[CO]^2}{[CO_2]}$	$\lg K_r=\frac{8947.7}{T}+2.4675\lg T-0.0010824T+0.06116T^2+2.772$
$C+H_2O \rightleftharpoons CO+H_2$	$\frac{[CO][H_2]}{[H_2O]}$	$\lg K_r=\frac{6740.5}{T}+1.5561\lg T-0.081092T-0.06371T^2+2.554$
$C+2H_2O \rightleftharpoons CO_2+2H_2$	$\frac{[CO_2][H_2]^2}{[H_2O]^2}$	$\lg K_r=\frac{4533.3}{T}+0.6446\lg T+0.083646T-0.081858T^2+2.336$
$CO+H_2O \rightleftharpoons CO_2+H_2$	$\frac{[H_2][CO_2]}{[CO][H_2O]}$	$\lg K_r=\frac{2207.2}{T}+0.9115\lg T-0.09738T+0.081487T^2+0.098$
$C+2H_2 \rightleftharpoons CH_4$	$\frac{[CH_4]}{[H_2]^2}$	$\lg K_r=\frac{3348}{T}-5.957\lg T+0.001867T-0.061059T^2+11.79$

四、气化主要影响因素

生物质气化影响因素有很多，如生物质种类及其预处理、生物质进料与气化剂供给速率、反应器内温度和压力等。在以空气为气化剂的自供热气化系统中，当量比 ER 是最重要的一个影响因素，它不仅直接决定了生物质进料速率与气化剂供给速率之间的匹配关系，而且还间接决定了气化反应器内的温度和压力，以及气化气体的热值和气体组分等。

当量比 ER 是指气化实际供给空气量与生物质完全燃烧理论所需空气量之比，即

$$ER=\frac{AR}{SR} \tag{8-21}$$

式中，AR 为气化时实际供给的空气量与生物质量之比（kg/kg），简称实际空燃比，其值取决于运行参数；SR 为所供生物质完全燃烧最低所需要的空气量与生物质量之比（kg/kg），简称化学当量比，其值取决于生物质的燃料特性。

由式(8-21) 可以发现，气化当量比是由生物质的燃料特性所决定的一个参数，气化当量比 ER 越大，燃烧反应进行得就越多，反应器内的温度也就越高，因而越有利于气化反应的进行；但另一方面，气化气体中的 N_2 和 CO_2 含量也会随之增加，从而使气化气体中的可燃成分得到稀释，气化气体的热值随之也降低。所以，气化时应综合考虑各种因素（包括生物质原料的含水率和气化方式等）来确定具体的气化当量比 ER。根据经验，生物质气化当量取值范围一般为 0.2～0.4。

图 8-11～图 8-18 给出了某下吸式固定床气化反应器以木屑为原料时，气化当量比 ER 的变化对 6 种主要气体成分、热值和气化产率的影响。从中可见，通过改

变 ER 的大小可以调节生成气中各个气体组分的含量，且生成气的热值与 ER 存在一个最佳匹配，以木屑为例，最佳 ER 约为 0.3～0.4 之间。

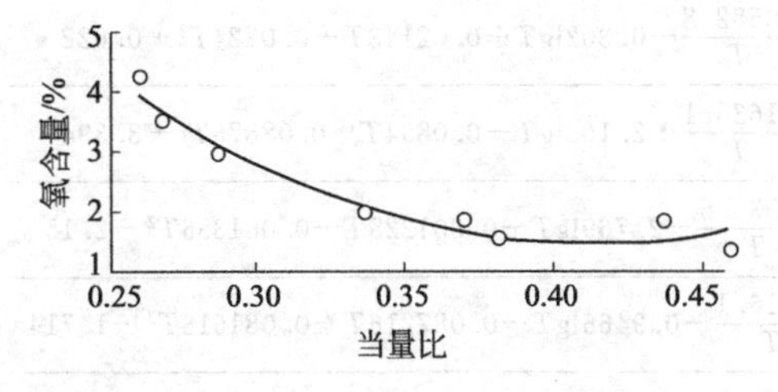

图 8-11　当量比对氧气组分的影响

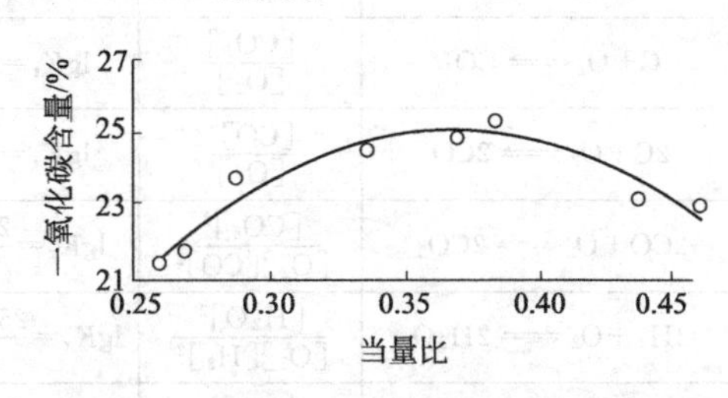

图 8-12　当量比对一氧化碳组分的影响

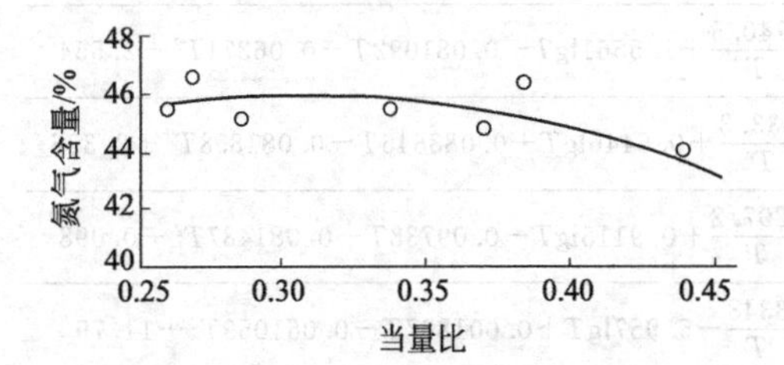

图 8-13　当量比对氮气组分的影响

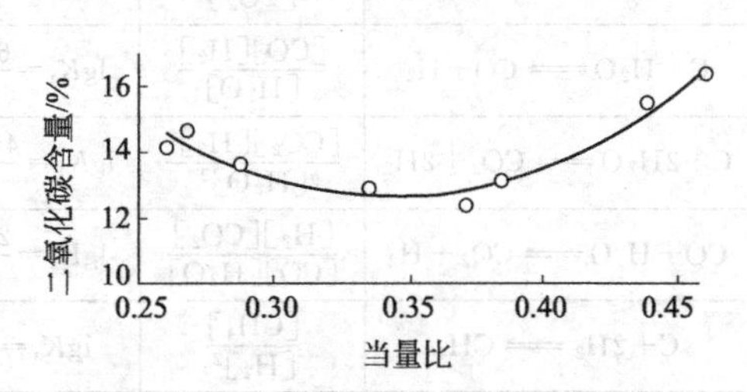

图 8-14　当量比对二氧化碳组分的影响

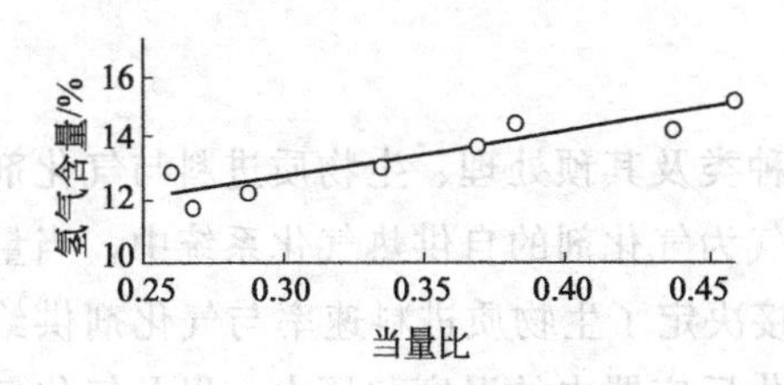

图 8-15　当量比对氢气组分的影响

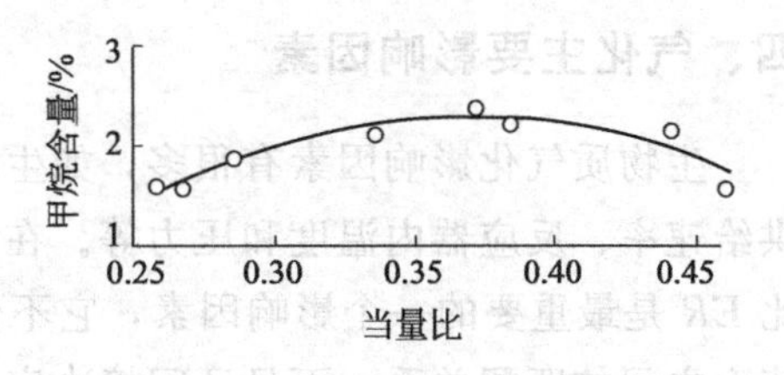

图 8-16　当量比对甲烷组分的影响

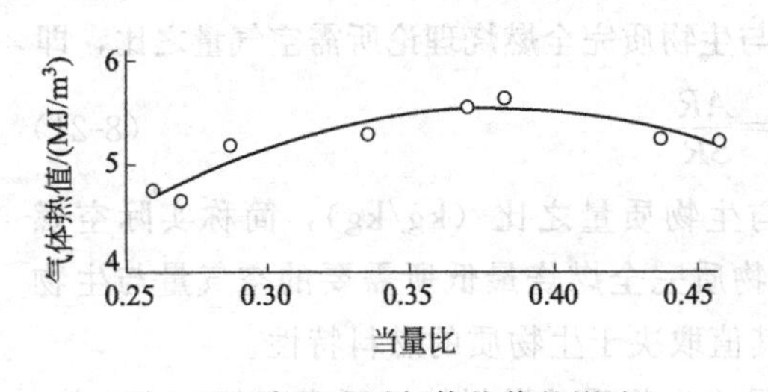

图 8-17　当量比对气体热值的影响

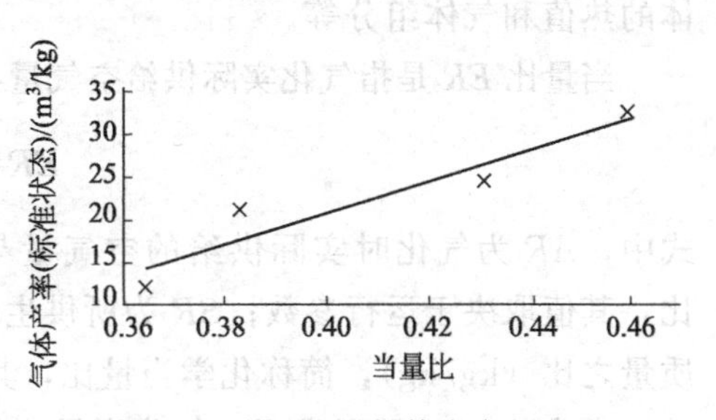

图 8-18　当量比对气体产率的影响

第三节　生物质气化评价参数与设计计算

一、生物质气化评价参数

1. 气体产率

气体产率 G_p 是指单位质量生物质气化后所获得的气体燃料在标准状态下的体

积（m^3/kg），即

$$G_p=\frac{V_g}{M_b} \tag{8-22}$$

式中 V_g——气化气体在标准状态下的体积，m^3；

M_b——气化生物质的质量，kg。

2. 气体热值

气体热值是指标准状态下单位体积的气化气体所包含的化学能。一般而言，它有高位热值（HHV）和低位热值（LHV）之分，前者是指气化气体完全燃烧所释放的总能量，包括水蒸气所含的潜热；后者是指气化气体完全燃烧所释放的可供利用的能量，不包括水蒸气所含的潜热。

生物质气化气体中的可燃组分主要是一氧化碳（CO）、氢气（H_2）、甲烷（CH_4）和不饱和碳氢化合物 C_nH_m。如果知道了这些可燃成分的组分，则气化气体的（标准状态）低位热值 Q_g（kJ/m^3）除了实验测试外，还可以按下述公式进行计算

$$Q_g=126\varphi_{CO}+108\varphi_{H_2}+359\varphi_{CH_4}+665\varphi_{C_nH_m} \tag{8-23}$$

式中 φ_{CO}、φ_{H_2}、φ_{CH_4}、$\varphi_{C_nH_m}$——CO、H_2、CH_4 和 C_nH_m 在气化气体所占的体积分数，%。

3. 气化效率

气化效率 η 定义为单位质量的生物质气化后，气化气体所包含的化学能与气化原料所包含的化学能之比，即

$$\eta=\frac{Q_gG_P}{Q_b}\times100\% \tag{8-24}$$

式中 Q_b——生物质原料的热值，kJ/kg；

Q_g——气化气体（标准状态）的热值，kJ/m^3；

G_P——气化气体（标准状态）的产率，m^3/kg。

4. 碳转化率

碳转化率 η_C 为单位质量的生物质气化后，气化气体所含的碳与原料中所含的碳之比。采用空气为气化剂时，假设生物质气化气体由 CO、CO_2、H_2、CH_4、C_nH_m、N_2 以及少量的 O_2 组成，则 η_C 可按下式进行计算

$$\eta_C=\frac{\varphi_{CO}+12\varphi_{CO_2}+\varphi_{CH_4}+2.5\varphi_{C_nH_m}}{12/W_{CH_xO_y}}G_p \tag{8-25}$$

式中 φ_{CO}、φ_{CO_2}、φ_{CH_4}、$\varphi_{C_nH_m}$——相应的气体在气化气体中所占的体积分数，%；

$W_{CH_xO_y}$——生物质特征分子式的分子量。

5. 气化强度

气化强度 P 是指单位横截面积的气化反应器在单位时间内气化生物质原料的能力，其值等于生物质进料速率除以气化炉横截面积［$kg/(m^2\cdot h)$］，即

$$P=\frac{W_b}{A} \tag{8-26}$$

式中 W_b——生物质进料速率，kg/h；

A——气化器横截面积，m^2。

6. 气体组分

生物质气化气体可以分成两大部分：一部分是可燃气体，它们是 CO、H_2、CH_4 和 C_nH_m；另一部分是不可燃气体，它们是 CO_2、N_2 和 O_2。可燃气体所占的比例越大，气化气体的热值就越高，但可燃气体中的一氧化碳含量又不能随意增加，因为一氧化碳气体具有毒性。我国规定民用燃气中一氧化碳的含量不能超过 15%。

二、气化过程质量和能量衡算

生物质气化是一个非常复杂的质量和能量转化过程，该过程不仅与气化原料和气化剂有关，而且与气化工艺参数如温度、压力和气相滞留时间等有关。为了使生物质原料所含的化学能最大限度地转化为气化气体的化学能，则必须要从物理的和化学的角度对其进行认真分析，通过对反应条件的控制人为地促进或抑制某些反应的进行，以期尽可能多地得到所需要的气体成分，从而实现选择性的生物质气化。

气体反应所需热能有两种提供方式：一是直接由气化过程中的一部分生物质的氧化反应放出的热量来提供，二是采用电加热等间接加热方式来提供。由于前者最为常见，故本章只对这种自热式的气化系统来讨论它的质量和能量衡算。

表 8-9 和表 8-10 分别为生物质气化过程质量和能量衡算表，其中质量衡算中的质量构成比较容易理解，故下面仅就能量衡算中的能量构成加以简要说明。

表 8-9 质量平衡计算

输入质量 M_{in}	生物质携带质量、气化剂携带质量
输出质量 M_{out}	气体携带质量、焦油携带质量、水溶性物质携带质量、灰渣携带质量
输入输出质量之差 ΔM	$\Delta M=M_{in}-M_{out}$

表 8-10 能量平衡计算

输入能量 Q_{in}	生物质携带能量、气化剂携带能量、气化过程中的工艺能耗
输出能量 Q_{out}	气体携带能量、焦油和水溶物携带能量、灰渣携带能量、系统向外界散热
输入输出能量之差 ΔQ	$\Delta Q=Q_{in}-Q_{out}$

生物质携带的能量由三部分组成：一是生物质原料所含的化学能，只要知道了生物质的热值，这部分能量即可计算获得；二是气化剂携带的能量；三是气化过程中的工艺能耗，如生物质进料、气体冷却与净化所耗电能等，鉴于电能的品位比生

物质能高，故这部分能量输入应乘以一个放大倍数，其值可约取为4.0。

常用的气化剂有两种：一种气化剂是空气，如果空气进入气化炉之前没有经过预热，则它所携带的能量可以忽略不计；另一种气化剂是高温水蒸气，它的热焓是重要的一种输入能量。

气化生成气和焦油携带的能量都是由两部分组成，一是它们所含的化学能，另一是它们所含的显热。

水溶性物质和灰渣携带的能量也都由两部分组成，一是它们所含的化学能，另一是它们所含的显热。因为水溶性物质和灰渣都含有一定的可燃物。

三、气化炉设计计算

（一）气化机组的构成

生物质气化机组一般应包括原料预处理设备（如破碎和烘干用等）、进料装置、气化炉、气固分离装置、气体冷却装置与净化装置、燃气输送设备等。但由于原料预处理用的破碎和烘干设备有定型产品可以购买，且许多原料如稻壳和玉米芯等，气化时不需要这些预处理设备。所以，本书所指的生物质气化机组只包括进料装置、气化炉、气固分离装置、气体冷却与净化装置、燃气输送设备等。

图 8-19　固定床式小型生物质气化机组

图 8-19 所示为中国科技大学生物质洁净能源实验室于 1999 年研制的一套固定床式小型生物质气化机组。图中自右至左的设备分别是：固定床下吸式气化炉、喷淋冷却装置、旋风分离器、燃气输送泵和气水分离器等。图 8-20 为该气化炉的工作原理示意图。理论和经验表明，生物质气化机组中的所有设备均对燃气质量（如热值和纯净度等）都有重要影响，但相比之下气化炉的影响最为关键。因此，本节以固定床下吸式气化炉为例讨论气化炉的设计计算。

（二）气化炉设计计算举例

图 8-21 为笔者近期为某烟草公司设计的烘烤烟叶用的固定床下吸式气化炉的结构示意图。现以此为例来叙述固定床下吸式生物质气化炉的设计计算。

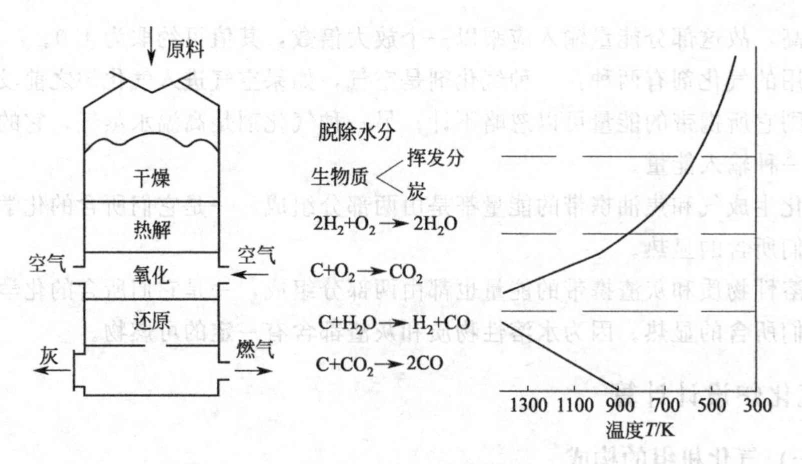

图 8-20　固定床下吸式气化炉示意图

1. 烤烟炕房改造的目的

烘烤烟叶用的传统燃料是煤或薪材，现在由于煤价上涨和植被保护等原因，广大烟农迫切希望能用秸秆特别是烟茎为原料进行气化，然后燃用气化获得的燃气来烘烤烟叶，既能节约燃料费用，又能废物利用和保护环境。

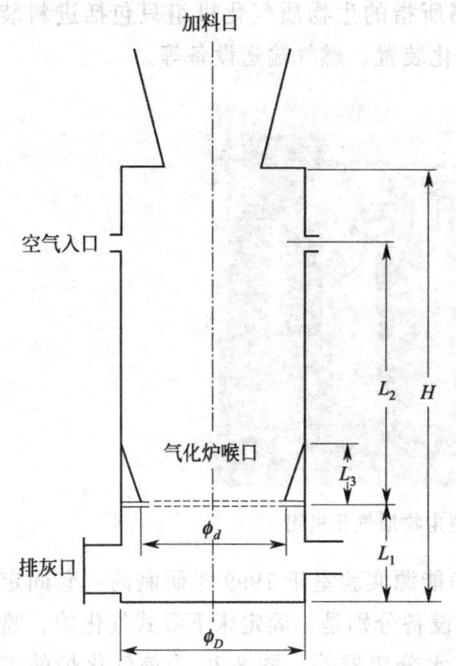

图 8-21　烘烤用固定床下吸式气化炉

2. 气化炉的气化能力

根据炕房以前燃煤烘烤烟叶的经验，对照煤和烟茎的热值，并考虑到炕房烘烤系统改造后热效率的变化，以及还要留有一定的余力，确定气化炉以烟茎为原料时的气化能力 Q 为 30kg/h。

3. 气化炉的气化强度

考虑到烟茎的堆密度较低，确定气化炉的气化强度 P 为 150kg/(m^2·h)。

4. 气化炉的喉口底部直径

考虑到烟茎的堆密度较低，气化炉在炉排上部采用喉口式的结构。根据上述气化能力和气化强度进行计算，其喉口底部直径确定为 500mm。

5. 气化炉筒体内径

根据设计经验和上述计算获得的气化炉喉口底部直径，气化炉筒体内径确定为 700mm。

6. 气化炉筒体高度

根据设计经验和上述计算获得的气化炉筒体内部直径，气化炉筒体高度 H 确定为1600mm。

7. 气化炉灰室高度

根据烟茎灰分和排灰时间间隔最大为10h的要求，气化炉灰室高度 L_1 确定为350mm。

8. 气化炉进气口高度

根据设计经验和炉内热解层、氧化层和还原层厚度的需要，气化炉进气口距离炉排的高度 L_2 确定为850mm。

9. 气化炉喉口高度

根据设计经验和烟茎半焦顺利下滑的要求，气化炉喉口高度 L_3 确定为250mm。

10. 气化生成气流量估算

假设气化当量比 ER 为0.3、每千克烟茎完全燃烧需要 $5m^3$ 空气、气化时烟茎质量转化率为80%（注：另有20%假设转化为水蒸气、焦油和灰分），则气化能力 Q 为30kg/h时，气化生成气在标准状态下的流量大约可估算为 $70m^3/h$。据此，可进一步根据气化系统的压力降和不同类型风机的特性曲线选配合适的风机。

根据上述计算结果设计的固定床下吸式气化炉，实际使用时每小时大约气化24kg烟茎，气化气体（标准状态）热值为 $4.9MJ/m^3$，完全可以满足烤烟炕房的使用要求。

第四节　生物质气化焦油的处理

直接从气化炉产出的燃气通常还含有焦油、灰分和水分，需要进一步净化后才能使用。

在固定床气化炉中，大部分灰分由炉栅落入灰室；在流化床气化炉中，夹带在气体中的灰分首先由旋风分离器进行分离。经过重力沉降或者旋风分离的气体中一般还含有一部分小颗粒的灰分，这部分灰分可以通过袋式分离器进行分离，余下的细小灰尘可在处理焦油的过程中被除掉。将收集到的灰分作进一步处理，可加工成耐热、保温材料，或提取高纯度的 SiO_2，也可用作肥料。

水分的去除方法一般是在一个特制的容器中装有多个叶片，形成曲折的流道（气水分离器），燃气流经过程中多次冲击叶片，形成水滴，沿板流下。有的在燃气管道中安装高速旋转的风机，用离心力将水分分离出来。在干式过滤焦油和灰尘时，干燥的过滤材料也会吸收一些燃气中的水分。

应该说，对水分和灰分的处理是比较容易的，生物质气化技术应用的最大难题是燃气中焦油的处理。下面重点介绍这方面内容。

一、燃气中焦油的特点及其危害

焦油的成分十分复杂，大部分是苯的衍生物。可以分析出的成分有200多种，主要成分不少于 20 种，其中含量大于 5%的一般有 7 种，它们是苯、萘、甲苯、二甲苯、苯乙烯、酚和茚。焦油的含量随反应温度升高而减少。生物质气化产生的焦油的数量与反应温度、加热速率和气化过程的滞留期长短有关，通常反应温度在 500～550℃时焦油产量最高。延长气化气体在高温区的滞留时间，焦油因裂解充分，其数量也随之减少。图 8-22 所示为在不同反应温度下燃气中焦油含量（质量分数）的变化情况。

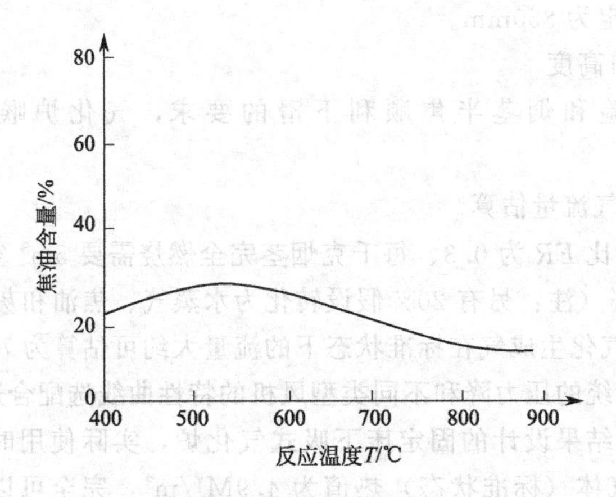

图 8-22　不同反应温度下燃气中焦油的含量

气化燃气中含有焦油的不利影响主要在于：①焦油占可燃气能量的 5%～10%，在低温下难以与可燃气一道被燃烧利用，因此大部分焦油的能量被浪费掉；②焦油在低温下冷凝成黏稠状液体，容易和水、炭粒等结合在一起，堵塞输气管道，卡住阀门和风机的转子，腐蚀金属；③焦油难以完全燃烧，并产生炭黑等颗粒，对燃气利用设备如内燃机、燃气轮机等损害相当严重；④焦油及其燃烧产生的气体对人体有害。

二、传统的焦油去除方法

由于焦油具有相当大的危害性，在使用燃气前，必须尽量将其清除干净。常用的焦油处理方法有：喷淋法、鼓泡水浴法、干式过滤法以及几种方法适当的组合。

1. 喷淋法除焦油和灰尘

图 8-23 所示是利用喷淋方法去除燃气中的焦油和灰尘。为了提高去除效果，有的气化站在容器中装入玉米芯填充物，它能起到过滤的效果。玉米芯应定期更换，并将其晒干，加入气化炉的原料中燃掉；同时也要防止喷淋水的二次污染。也有研究单位将喷淋装置作了改进，如图 8-24 所示。燃气由颈管一侧吹入，水雾化后形成水滴向下流动，上升的燃气与向下流动的水滴充分混合，提高了清除焦油和灰尘的效果。

2. 鼓泡水浴法除焦油和灰尘

这种方法如图 8-25 所示，燃气气体被导入液罐后以鼓泡的方式溢出液面。实践表明，水中加一定量的 NaOH，成为稀碱溶液，对去除燃气中的有机酸、焦油及其他杂物有较好的效果。这种去杂的方法也要防止处理水的二次污染。

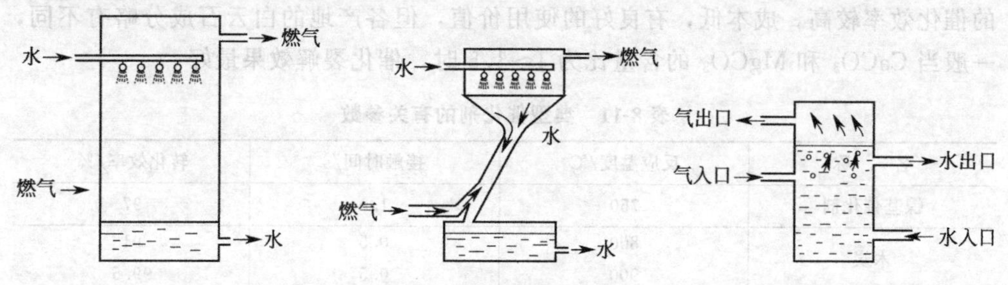

图 8-23　喷淋法除焦油和灰尘　　图 8-24　改进后的喷淋装置　　图 8-25　鼓泡水浴法示意图

3. 干式过滤去除焦油和灰尘

用干式过滤去除燃气中的焦油与灰尘的方式较多，如在容器内填放粉碎的玉米芯、木屑、谷壳或炭粒，让燃气从中穿过；或让燃气通过陶瓷过滤芯；当燃气用于内燃机时，燃气在进入汽缸前，让它通过汽车发动机用的纸质空气滤清器等。有的气化站在居民室内安装小型高效的过滤器，内装有吸附性很强的活性炭，在灶前进一步清除燃气中的焦油，效果较好，但成本较高。这里还要强调指出，用过的过滤材料一定要烧掉（可作气化原料），以防污染环境。

三、催化裂解去除焦油方法

用催化裂解法降低燃气中焦油的含量，是最有效、最先进的方法，在中、大型气化装置中逐渐被采用。

1. 焦油催化裂解基本原理

焦油催化裂解是在高温和存在或不存在催化剂的条件下，将大分子的焦油裂解成各种小分子气体（如 H_2、CO、CO_2、CH_4 等）的过程。焦油裂解后的气体产物与燃气成分相似，可直接燃用。在不使用催化剂的条件下要实现焦油的完全裂解，需要很高的反应温度（如 1000～1200℃），如果在裂解过程中引入催化剂，裂解温度可大大降低（如 750～900℃）。

水蒸气在焦油裂解过程中也有重要作用，它和焦油中某些成分反应生成 CO、H_2 及 CH_4 等，既可减少炭黑的形成，又提高了燃气的质量。例如在裂解过程中萘与水蒸气可以发生下列反应：

$$C_{10}H_8+10H_2O \longrightarrow 10CO+14H_2$$

$$C_{10}H_8+20H_2O \longrightarrow 10CO_2+24H_2$$

$$C_{10}H_8+10H_2O \longrightarrow 2CO+4CO_2+6H_2+4CH_4$$

2. 催化剂的选择

很多材料特别是一些稀有金属的氧化物，对焦油裂解都有催化作用。目前使用最多的典型材料有三种：镍基催化剂、木炭和白云石，其有关参数如表 8-11 所示。

镍基催化剂的催化效果最好，在750℃时就有很高的裂解率，但昂贵、成本高，一般仅在气体需要精制时使用；木炭在裂解过程中会同时参加反应，耗量大；白云石的催化效率较高，成本低，有良好的使用价值，但各产地的白云石成分略有不同，一般当 $CaCO_3$ 和 $MgCO_3$ 的含量比为1～1.5时，催化裂解效果最好。

表 8-11　典型催化剂的有关参数

名　称	反应温度/℃	接触时间/s	转化效率/%
镍基催化剂	750	1.0	97
木炭	800	0.5	91
	900	0.5	99.5
白云石	800	0.5	95
	900	0.5	99.5

图8-26所示为生物质在700℃反应条件下产出的燃气，经白云石在800～900℃温度下对焦油裂解后，燃气中焦油含量随裂解温度变化的情况。图中设未用白云石裂解前的焦油含量为100%。

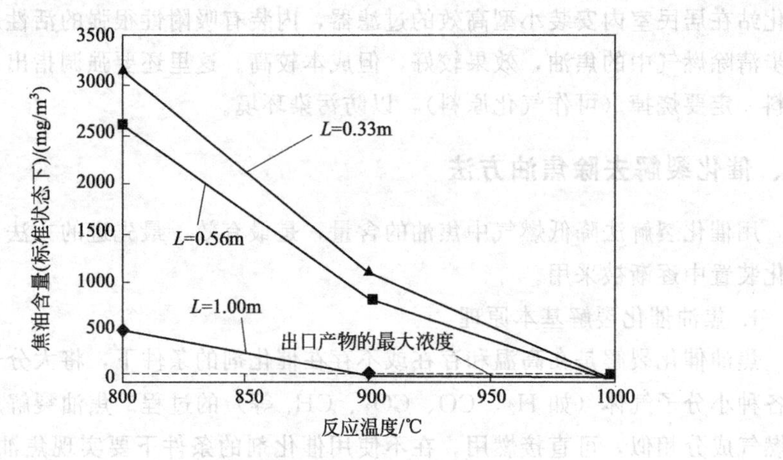

图 8-26　在不同温度下白云石对焦油的裂解作用

L—催化剂床层的有效高度

3. 焦油催化裂解工艺条件

(1) 裂解温度　采用白云石对焦油进行裂解，在800℃以上就有一定的裂解效率，而在900℃就可以达到理想的裂解效果。

(2) 催化剂粒径和催化裂解滞留时间　除了裂解温度以外，焦油催化裂解的程度还受到催化剂粒径和裂解滞留时间的影响，催化剂粒径越小，滞留时间越长，裂解效果就越好。采用白云石为催化剂时，在800℃的反应条件下，当催化剂粒径 $d=5\text{mm}$，裂解滞留时间 $t=0.5\text{s}$ 或 $d=1.5\text{mm}$，$t=0.1\sim0.25\text{s}$ 时，即可获得较高的裂解效率。进一步降低催化剂的颗粒，对固定床来说，会导致气流阻力增大；对流化床来说，会导致飞灰损失严重。常用的催化剂粒径为 $d=2\sim7\text{mm}$，催化滞留

时间为 $t=0.2\sim0.5$s。

4. 焦油催化裂解工艺路线

完成焦油催化裂解的工艺路线主要有两条：一是焦油催化裂解和生物质气化在气化炉内同时完成；二是在气化炉后设置一个专门的焦油催化裂解反应器，气化和焦油裂解分开进行。在第一种方法中，催化剂直接和生物质混合送入气化炉内，催化条件和气化条件相同，工艺较为简单，但是这种工艺存在两大问题：①催化剂回收困难，因此一般只能使用廉价的白云石等催化剂；②焦油脱除不彻底，气化炉内焦油浓度最高的地方是加料口附近，然而实际气化过程中很难保证此处的温度和催化剂浓度，导致焦油脱除不彻底。

将生物质气化和焦油催化裂解分开进行，可以不受气化条件的限制进行催化操作，从而达到更高的焦油脱除效率。但这种工艺需要解决的最大问题是如何供给热源：燃气离开气化炉后温度已经降到600℃左右，经过气固分离装置后，温度会进一步下降，而催化裂解需要高于800℃的反应温度，这就需要源源不断地向裂解反应器提供热量，以维持裂解所需的温度。下面分别对三种焦油催化裂解脱除的工业应用工艺进行介绍。

① 大型循环流化床式生物质气化系统可采用如图 8-27 所示的焦油脱除工艺。焦油催化裂解也采用循环流化床工艺，在工作过程中白云石磨损严重，需要不断地补充。该工艺的优点是生产效率高，焦油裂解效率高；缺点是设备结构复杂，主要在于复杂的除尘循环系统，以及连续白云石补充装置，整套装置初始投资大，而且操作管理需要较高的技术水平。

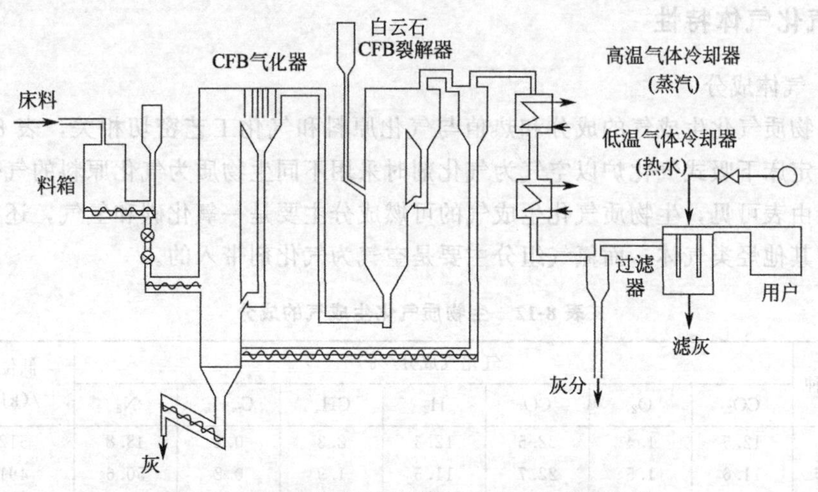

图 8-27　典型的循环流化床气化和焦油裂解系统

② 中小型固定床生物质气化装置可采用如图 8-28 所示的焦油脱除工艺。焦油裂解反应器采用绝热的填充床，填充床中间为煅烧后的白云石，上、下两端充满惰性铝土矿。首先，将反应床预热到理想温度，然后将从气化炉出来的含焦油的燃气通入反应器。每隔一段时间将燃气流向切换一次。由于反应器内发生的吸热反应，

消耗部分热量，所以应通过少量空气与部分燃气燃烧放热。通过控制空气流量，保证床温。该工艺的优点是装置结构简单，裂解温度可达1000℃，燃气出口温度较低，因而可以减少热损失；缺点是生产效率偏低，换向阀（必须具有耐热、耐磨损的性能）容易损坏。

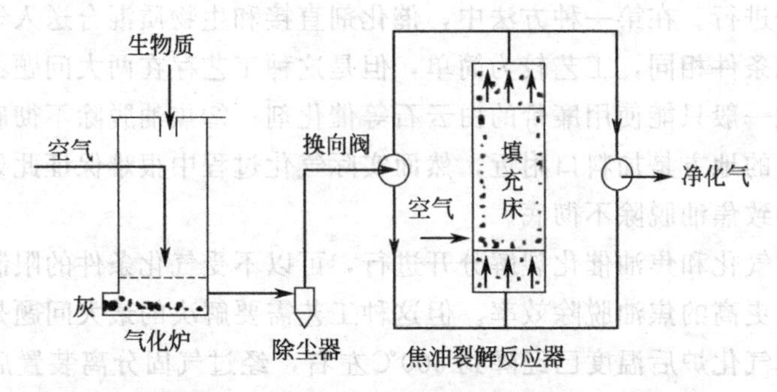

图 8-28　具有双向操作焦油裂解反应器的气化系统

③ 对燃气洁净要求很高的场合，可以采用两步净化系统。首先将气化燃气输入以白云石为催化剂的固定床焦油裂解器，经过初步脱除焦油后，再将燃气输入装有镍基催化剂的催化裂解器，彻底清除焦油。

第五节　生物质气化技术的应用

一、气化气体特性

1. 气体成分

生物质气化生成气的成分和热值与气化原料和气化工艺密切相关，表 8-12 所列为固定床下吸式气化炉以空气为气化剂时采用不同生物质为气化原料的气化试验结果。由表可见，生物质气化生成气的可燃成分主要是一氧化碳和氢气，还有少量甲烷和其他烃类气体，而氮气组分主要是空气为气化剂带入的。

表 8-12　生物质气化生成气的成分

原料品种	气化气成分/%							低位热值/(kJ/m³)
	CO_2	O_2	CO	H_2	CH_4	C_mH_n	N_2	
玉米芯	12.5	1.4	22.5	12.3	2.3	0.2	48.8	5120.0
玉米秸	11.6	1.5	22.7	11.5	1.9	0.2	50.6	4915.5
棉柴	13.0	1.6	21.4	12.2	1.9	0.2	49.7	4808.8
稻草	13.5	1.7	15.0	12.0	2.1	0.1	55.6	4001.8
麦秸	14.0	1.7	17.6	8.5	1.4	0.1	56.7	3663.5

2. 相对分子质量

单质或化合物的相对分子质量等于组成这个分子的所有相对原子质量的总和。

由多种气体混合组成的生物质气化生成气的相对分子质量可按下式计算

$$M = x_i m_i / 100 \tag{8-27}$$

式中　M——气化生成气相对分子质量，无量纲；

x_i——气化生成气组分气体的体积分数，%；

m_i——气化生成气各组分气体的相对分子质量，其值见表 8-13。

表 8-13　一些单质气体的相对分子量和密度

气体名称	分子式	相对分子质量	密度/(kg/m³)	气体名称	分子式	相对分子质量	密度/(kg/m³)
氢气	H_2	2.016	0.090	二氧化碳	CO_2	44.010	1.977
氮气	N_2	28.013	1.250	甲烷	CH_4	16.043	0.717
氧气	O_2	31.999	1.429	乙烯	C_2H_4	28.054	1.261
一氧化碳	CO	28.019	1.251	水蒸气	H_2O	18.015	1.293

3. 气体密度

由多种气体混合组成的生物质气化生成气在标准状态下的密度可按下式计算

$$\rho = x_i \rho_i / 100 \tag{8-28}$$

式中　ρ——气化生成气在标准状态下的密度，kg/m³；

x_i——气化生成气中各组分气体的体积分数，%；

ρ_i——气化生成气中各组分气体在标准状态下的密度（见表 8-13），kg/m³。

工程中经常用相对密度来表示气体的特性。生物质气化气的相对密度是其密度与干空气的密度之比，即

$$S = \rho / 1.293 \tag{8-29}$$

式中　S——气化气的相对密度，无量纲；

1.293——干空气在标准状态下的密度，kg/m³。

根据表 8-13 中给出的实验结果，采用式(8-27)～式(8-28) 可计算获得生物质(如玉米秸等) 气化生成气的相对分子质量和密度分别为 26.465 和 1.183kg/m³。

4. 气体热值

单位体积的气体燃料完全燃烧时所放出的热量称为气体燃料的热值，它有高位热值和低位热值之分，两者差值是完全燃烧后烟气中水蒸气凝结放出的汽化潜热。一些单质气体的高位和低位热值列于表 8-14。

表 8-14　一些单质气体的低位热值

气体名称	分子式	高位热值 /(kJ/m³)	低位热值 /(kJ/m³)	气体名称	分子式	高位热值 /(kJ/m³)	低位热值 /(kJ/m³)
氢气	H_2	12745	10785	乙烷	C_2H_6	70304	64355
一氧化碳	CO	12636	12636	乙烯	C_2H_4	63397	59440
甲烷	CH_4	39816	35881	丙烯	C_3H_6	93671	87667

气化生成气的热值除可实验测定外，还可根据其组分计算获得，即

$$Q = x_i Q_i / 100 \tag{8-30}$$

式中　Q——气化生成气的低位热值，kJ/m³；

x_i——气化生成气中各组分气体的体积分数，%；

Q_i——气化生成气中各组分气体的低位热值，kJ/m³。

5. 华白指数

华白指数是一个热负荷指标，它从燃气性质的角度全面反映了燃气向燃烧器提供热量的能力，是保证已有燃烧器在燃气性质发生变化时仍能正常使用的重要指标，它可按下式进行计算：

$$W_S = Q_G / \sqrt{S} \tag{8-31}$$

式中 W_S——气化生成气的华白指数；

Q_G——气化生成气的热值，kJ/m³；

S——气化生成气的相对密度。

6. 化学当量比

每标准立方米燃气完全燃烧所需的最少空气量称为化学当量比。如果生物质气化生成气的组分已知，则其化学当量比可以计算获得。表 8-15 所列是一些单质气体燃料的化学当量比。

表 8-15　一些单质气体燃料的化学当量比

气体名称	分子式	化学当量比/(m³/m³)	气体名称	分子式	化学当量比/(m³/m³)
氢气	H_2	2.38	乙烷	C_2H_6	
一氧化碳	CO	2.38	乙烯	C_2H_4	14.28
甲烷	CH_4	9.52	丙烯	C_3H_6	

7. 着火极限

燃气燃烧必须要满足两个条件：一是要与空气或氧气混合，二是要有点火源。但只有燃气和空气混合物中的燃气浓度处于一定范围内时，火焰才能在其中传播，否则燃气就不能着火。燃气在可燃混合物中能够正常着火的最小和最大浓度分别称为着火浓度下限和着火浓度上限。当密闭空间内的可燃气体处于着火极限范围内时，引入点火源，可燃混合物几乎在瞬间完成燃烧而形成爆炸。因此，着火极限也称为爆炸极限。

一些单质气体燃料的着火极限列于表 8-16。玉米秸气化生成气的着火浓度下限为 16.9%、上限为 80.4%。由此可见，生物质气化生成气的着火浓度范围比较宽，储运和使用时必须要十分注意用火安全。

表 8-16　一些单质气体燃料的着火极限

气体名称	分子式	着火极限/%	气体名称	分子式	着火极限/%
氢气	H_2	4.0～75.9	甲烷	CH_4	5.0～15.0
一氧化碳	CO	12.5～74.2	乙烯	C_2H_4	2.7～34.0

二、生物质气化供热

生物质气化供热是指生物质经过气化炉气化后，生成的燃气送入下一级燃烧器中燃烧，产生的高温烟气在燃气炉内与被加热介质（水或风等）进行间接热交换，烟气通过引风机由烟囱排向室外，而被加热介质则通过循环装置送往用热系统释放热量后回到燃气炉内再次加热，从而可连续为终端用户提供取暖或烘干用的热能。

如图 8-29 所示，生物质气化供热系统包括气化炉、滤清器、燃烧器、换热器及其他终端装置等。系统相对简单，通常不需要高质量的气体净化和冷却系统，但热利用率较高。气化炉常以固定床上吸式为主，燃料适应性较广。

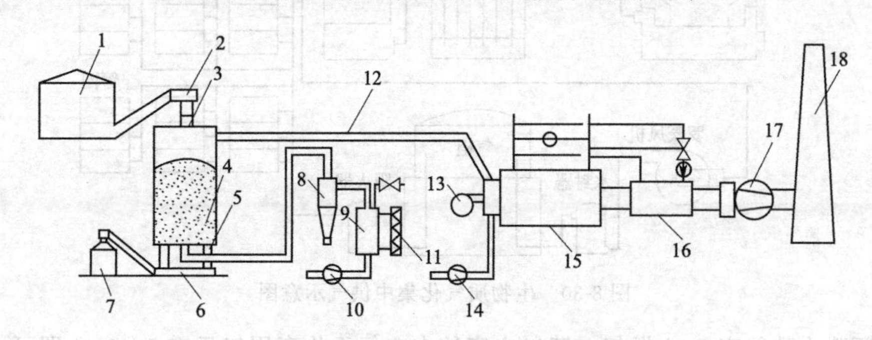

图 8-29　生物质气化供热示意图

1—燃料仓；2—燃料输送机；3—燃料喂入器；4—气化炉；5—灰分清除器；6—灰分输送机；7—灰分储箱；8—沉降分离器；9—加湿器；10—气化进气风机；11—盘管式热交换器；12—烟气管道；13—可燃气燃烧器；14—燃烧进气风机；15—燃气锅炉；16—省煤器；17—排气风机；18—烟筒

生物质气化供热技术可应用于农村小城镇集中供热和木材、谷物、烟草等农林产品的烘干等。

三、生物质气化集中供气

生物质气化集中供气是我国于 20 世纪 90 年代发展起来的一项生物质气化应用技术，它是以自然村为单位的小型燃气发生和供应系统，该系统将以各种秸秆为主的生物质原料气化转换成可燃气，然后通过管网输送农村居民家中用作炊事燃料。整个系统由燃气发生、燃气输配和燃气使用三个系统组成，如图 8-30 所示。

燃气发生系统的作用是将固体生物质原料转变成可燃气。该系统包括气化器、燃气净化器和燃气输送设备和必要的原料预处理设备如铡草机等，其中气化器、燃气净化器和燃气输送设备组成了生物质气化机组，是整个系统的核心部分。

燃气输配系统包括储气柜、输气管网和必要的管路附属设备如阻火器和集水器等。储气柜的作用是以恒定压力储存一定量的燃气，当外界燃气负荷发生变化时仍能保持稳定供气，从而使得用户燃气灶具能够稳定燃烧。

用户燃气系统包括室内燃气管道、阀门、燃气计量表和燃气灶。用户打开阀门，将燃气引入燃气灶并点燃，就可以方便地获得炊事能源。燃气灶的燃烧将燃气的化学能转换成热能，最终完成对生物质能的转换和利用。

生物质气化集中供气技术具有以下显著优点。

（1）能源转换效率高　固定床下吸式气化器的气化效率在 70%以上，每千克

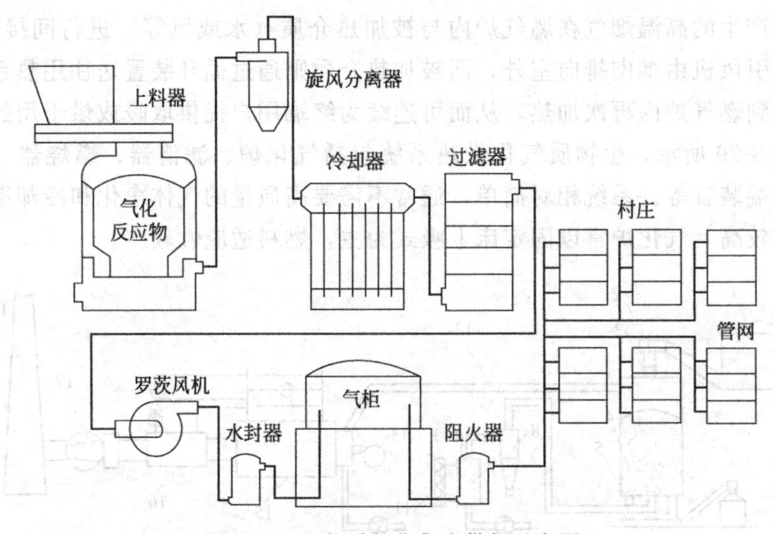

图 8-30　生物质气化集中供气示意图

秸秆原料大致能产 $2m^3$ 燃气。四口之家的农户每天炊事用气只需 $5\sim6m^3$ 即可，能源利用率较传统的直接燃用秸秆提高了一倍以上。

(2) 原料适应性好　几乎所有的固体生物质都可用作气化原料，既包括木质生物质如薪柴、木块、树枝和木屑等，也包括各类农作物秸秆和农产品加工残余物如稻草、麦秸、玉米秸、玉米芯、甘蔗渣、稻壳等。

(3) 燃气用途广泛　既可以用作炊事燃料，也可用作发电和供暖用燃料等。

四、生物质气化发电

生物质气化发电的基本原理是把生物质转化为可燃气，然后再利用可燃气来推动燃气发电设备进行发电。生物质气化发电过程包括三个方面：一是生物质气化，把固体生物质转化为气体燃料；二是气体净化，气化出来的燃气都带有一定的杂质，包括灰分、焦炭和焦油等，需经过净化系统把杂质除去，以保证燃气发电设备的正常运行；三是燃气发电，利用燃气轮机或燃气内燃机进行发电，有的工艺为了提高发电效率，发电过程可以增加余热锅炉和蒸汽轮机。

根据采用气化技术和燃气发电技术的不同，生物质气化发电系统的构成和工艺过程有很大差别。从气化过程来看，生物质气化发电可以分为固定床气化发电和流化床气化发电两大类。从燃气发电过程来看，生物质气化发电又可以分为内燃机发电、燃气轮机发电和蒸汽轮机发电等多种形式，如图 8-31 所示。

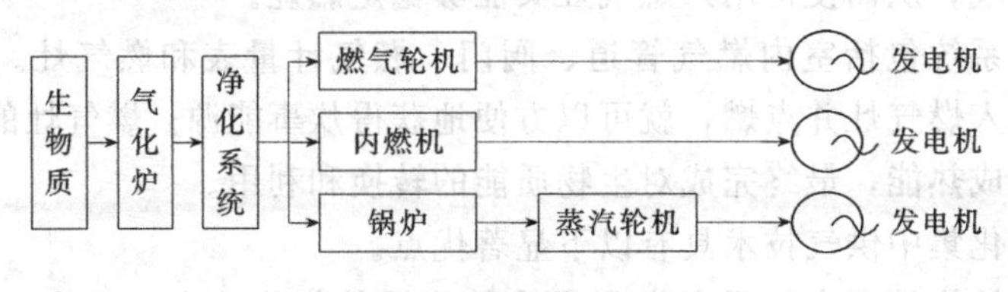

图 8-31　生物质气化发电

生物质气化发电按照发电规模又可分为小型、中型和大型三种。小型发电系统的发电功率不大于200kW，简单灵活，特别适宜缺电地区作为分布式电站使用，或作为中小企业的自备发电机组；中型发电系统的发电功率一般在500～3000kW，适用性强，是当前生物质气化发电的主要方式，可用作为大中型企业的自备电站或小型上网电站；大型发电系统的发电功率一般在5000kW以上，虽然与常规能源相比仍显得非常小，但在能源与环保双重压力的作用下，将是今后替代化石燃料发电的主要方式之一。

各种类型生物质气化发电的技术特点列于表8-17。总而言之，生物质气化发电是所有可再生能源技术中最经济的一种发电技术，综合发电成本已接近小型常规能源的发电水平，是一种很有前途的现代生物质能利用技术。

表8-17　生物质气化发电技术特点及应用

规　模	气化设备	发电设备	主要应用
小型系统 功率≤200kW	固定床气化 流化床气化	内燃机	分布式用电 中小企业用电
中型系统 功率500～3000kW	常压流化床气化 循环流化床气化	内燃机组 微型燃气轮机	大中企业自备电站 小型上网电站
大型系统 功率≥5000kW	循环流化床气化 高压流化床气化 双流化床气化	燃气轮机 蒸汽轮机 燃气轮机＋蒸汽轮机	大型企业自备电站 上网电站 独立能源系统

第九章　生物质压缩成型技术

第一节　概　述

农林废弃物经粉碎后用机械加压的方法压缩成具有一定形状、密度较大的固体成型燃料，便于运输和储存，能提高燃烧效率，且使用方便、卫生，可以形成商品能源。生物质成型燃料能替代煤炭，用作工业锅炉的燃料，也可广泛应用于农村区域采暖、热水供应、蒸汽供应、大棚种植和养殖供热及各种农副产品烘干场所，也可以进一步炭化处理，得到木炭和活性炭，用于冶金、化工、环保和餐饮烧烤燃料。

随着全球性大气污染的进一步加剧，减少 CO_2 等温室气体净排放量已成为世界各国解决能源与环境问题的焦点。由于生物质资源的可降解和可再生性，可以认为，生物质成型燃料燃烧 CO_2 的净排放量基本为 0，NO 排放量仅为燃煤的 1/5，SO_2 的排放量仅为燃煤的 1/10。可见，生物质成型燃料直接燃用是世界范围内进行生物质高效、洁净化利用的一个有效途径。推广应用生物质成型燃料，对发展循环经济和实施节能减排具有重要的现实意义，这已经引起人们的高度重视。

早在 20 世纪 30 年代，美国就开始研究生物质压缩成型燃料技术，并研制了螺旋成型机。在温度 80～350℃和压力 100MPa 的条件下，能把木屑和刨花压缩成固体成型燃料，密度为 1.0～1.2g/cm³，含水率为 10%～12%，含硫量为 0～0.1%，灰分为 1%～3%，低位发热量 18MJ/kg。美国最早开发了木质颗粒的成型技术，当初是从加工家畜颗粒饲料技术转化过来的。1976 年，该技术被应用于木屑的成型，并以“Woodex”这一商标开始销售。1978 年，美国太阳能公司投资 1.2 亿美元建造了一座日产 300t 的生物质成型燃料工厂。20 世纪 80 年代中期，随着自动化程度较高的家用生物质成型燃料采暖炉的开发，生物质成型燃料产业逐步建立起来。由于世界上两度发生石油危机，木质颗粒燃料技术几乎扩展到整个欧洲和北美洲。

日本于 20 世纪 50 年代从国外引进生物质成型技术后进行了改进。从 80 年代开始，日本学者对生物质致密成型的机理进行了探讨，对压缩过程中的动力消耗、压模的结构与尺寸、原料的含水率、压缩时的温度、压力以及原料的颗粒大小等进行了实验研究，进一步改进了成型燃料技术，使其更为实用化。1984～1985 年，日本全国有 26 家工厂从事木质颗粒燃料的生产和运作。同时，日本还研制了一种用煤和木粉混合的压块燃料，称之为“生物煤”。此种燃料兼顾了煤和木材燃料的优点，具有易着火、烟量少、燃烧速度快、灰分少和升温快等特点，是一种适合家庭使用的理想燃料。通过添加脱硫剂，还能够抑制亚硫酸气体的生成，成为一种清洁煤炭技术。

20世纪70年代后期，由于出现世界能源危机，石油价格上涨，许多欧洲国家如芬兰、比利时、瑞典、法国、丹麦、德国和意大利等也开始重视生物质成型燃料技术的研发。由比利时研制成功的“T117”螺旋挤压成型机，其主要性能为：棒状燃料的模压温度为180℃，轴向压缩力大于686kN，燃料棒移动速度1700～2500mm/min，能耗45～55kW·h/t。棒状燃料的直径为28～100mm，密度1.2～1.3g/cm^3，低位热值18～19.7MJ/kg。芬兰许多科研和生产单位的专家认为，经压缩成型后，生物质颗粒的有效热效率可达70%。颗粒燃料可在固定的生产厂生产，也可在移动式的生产设备中生产。由于移动式生产可以将设备运到秸秆的产地进行，可使生产成本大大降低。原联邦德国研制的KAHL系列颗粒成型机可生产直径为3～40mm系列的压缩粒，所用电机的功率为20～400kW，能耗为15～40kW·h/t。目前，生物质能已成为欧洲许多国家冬季采暖最主要的燃料，大部分都使用压缩成型的颗粒燃料，瑞典拥有世界上最大的生物质颗粒燃料市场。瑞典、芬兰和德国主要用于热电联产、小型区域供暖和家庭采暖，提供工业生产能源。

此外，一些国家还在生物质成型燃料技术方面开展国际合作，如由荷兰政府资助的“生物质致密化项目”便是由荷兰、印度、泰国、菲律宾、马来西亚、尼泊尔、斯里兰卡7个国家共同参与的一个国际合作项目，推动了东南亚国家生物质成型燃料技术的发展。

20世纪60年代，中国开展了一些生物质压缩成型方面的工作，但未引起各方面的重视。“七五”末，“八五”初，林业部林产化工研究所、西北农业大学、江苏连云港市车站粮食机械厂等单位对螺杆轴热压成型技术进行研究。“八五”期间，中国农机院能源动力所、辽宁省能源研究所、中国农业工程规划设计院、浙江农业大学农村能源研究所等单位对生物质冲压式、螺杆挤压式成型技术和设备以及配套炉具、炭化技术进行研究开发，推动了生物质成型技术的发展。但开发的热压成型设备，大多存在机组可靠性差、关键零件运行寿命短、动力消耗大、原料预处理设备不配套等问题，影响了设备的推广和成型燃料的规模化生产。90年代初，内地的一部分企业和省农村能源办公室从日本、中国台湾地区、比利时、美国引进了近20条生物质压缩成型生产线，基本上都采用螺杆挤压式成型原理，以锯木屑为原料，生产“炭化”燃料。

进入21世纪，国家中长期科学和技术发展规划纲要（2006～2020年）将“农林生物质综合开发利用”列入农业优先主题，燃料乙醇、生物柴油、生物质成型燃料、工业化沼气等在内的生物能源产品的产业化加快发展。国家加大了对以秸秆、农林业废弃物等为原料压缩成型生产生物质成型燃料的科技创新支持力度。近年来，由于国内外对节能减排的重视，生物质成型燃料作为一个产业又开始活跃起来，表现在制造设备技术逐步成熟，规模生产成型燃料的厂家正在发展，生物质成型燃料锅炉等应用终端设备加紧开发。一些地方政府，如沈阳、哈尔滨、保定等城市制订相关政策，限期治理超标燃煤工业锅炉排放，推广生物质燃料锅炉。这些都有力地推动了生物质成型燃料作为一个行业、一个产业的发展。截至2007年，我国生物质致密成型燃料生产厂已建54处，计划2010年建400处，生产能力达100万吨/年，到2015年，生产能力将达到2000万吨/年。中科院石元春院士2008年12月撰文力推生物质成型燃料，认为应该利用农林固体有机废弃物压制成型为“生物煤”，除农民自用外，应打通中小城镇的中小锅炉燃料市场，每替代1t化石煤可减排3.3t二氧化碳。此举的关键在于实现商业化和建立流通体系，技术不再是障碍，露地焚烧秸秆这个久治不愈的顽症，有望得到解决。

第二节　生物质致密成型原理

1962年德国学者Rumpf针对不同材料的压缩成型，将成型物内部的黏合力类型和黏合方式分成5类：①固体颗粒桥接或架桥（solid bridge）；②非自由移动黏合剂作用的黏合力；③自由移动液体的表面张力和毛细压力；④粒子间的分子吸引力（范德华力）或静电引力；⑤固体粒子间的充填或嵌合。

一般情况，成型燃料的黏结强度随着成型压力增加而增大。在不添加黏结剂的成型过程中，秸秆颗粒在外部压缩力的作用下相互滑动，颗粒间的孔隙减小，颗粒在压力作用下发生塑性变形，并达到黏结成型的目的。对大颗粒而言，颗粒之间交错黏结为主；对于很小的颗粒而言（粉粒状），颗粒之间以吸引力（分子间的范德华力或静电力）黏结为主。温度可以使秸秆内在的黏结剂熔化，从而发挥出黏结作用。秸秆能在不用黏结剂的条件下热压成型，主要是因为有木质素存在。植物细胞中都含有纤维素、半纤维素、木质素，它们互为伴生物。木材中木质素含量约27%～32%（绝干原料），禾草类植物木质素含量14%～25%。由X射线衍射知道木质素属非晶体，没有熔点，但有软化点，当温度在70～110℃时其黏合力开始增加，温度在200～300℃时可以熔融，在植物组织中有增强细胞壁、黏合纤维素的作用。此时施压即可使粉碎的秸秆颗粒互相胶接，冷却后即固化成型。用木质素充当成型时的黏结剂（不外加任何黏结剂），其过程类似压塑粉的热压成型过程。

除此之外，增加黏结剂也可以明显提高成型块的黏结强度，提高颗粒之间的聚合力，从而可以对压力进行一定的补偿。总之，压力、温度、切碎物料的粒度和黏结剂都是影响秸秆等成型燃料物理、力学性能的主要因素。虽然成型燃料的密度和强度受温度、含水率、压力、黏结剂等诸多因素影响，但实质上，都可以用Rumpf所述的一种或一种以上的黏合类型和黏合力来解释生物质成型物内部的成型机制。图9-1表示4种粒子间的黏结机理。

一、生物质压缩成型过程的颗粒特征

生物质原料经过粉碎处理后，主要形态特征为颗粒的粒径不同，生物质颗粒在

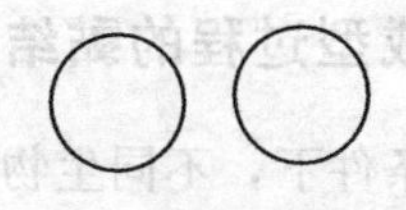

(a) 胶黏剂固化形成的吸附力　　(b) 分子引力(范德华力)

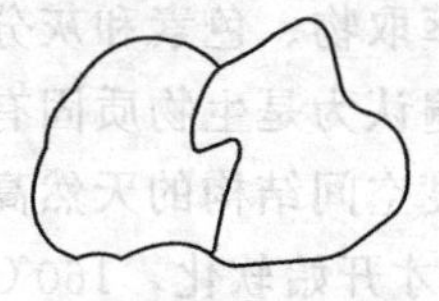
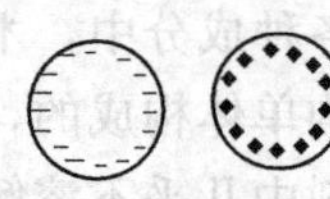

(c) 粒子间的嵌合力　　(d) 静电力

图 9-1　生物质粒子黏结机理

压缩过程表现出流动特性、充填特性和压缩特性。通常生物质压缩成型分为两个阶段，第一阶段，在压缩初期，较低的压力传递至生物质颗粒中，使原先松散堆积的固体颗粒排列结构开始改变，生物质内部空隙率减少；第二阶段，当压力逐渐增大时，生物质大颗粒在压力作用下破裂，变成更加细小的粒子，并发生变形或塑性流动，粒子开始充填空隙，粒子间更加紧密地接触而互相嵌合，一部分残余应力储存于成型块内部，使粒子间结合更牢固。压力、含水量及粒径是影响粒子在压缩过程中发生变化的主要因素。在生物机体内存在的适量的结合水和自由水是一种润滑剂，使粒子间的内摩擦变小，流动性增强，从而促进粒子在压力作用下滑动而嵌合。构成成型块的粒子越细小，粒子间充填程度就越高，接触越紧密；当粒子的粒度小到一定程度（几百微米至几微米）后，成型块内部的结合力方式和主次甚至也会发生变化，粒子间的分子引力、静电引力和液相附着力（毛细管力）开始上升为主导地位。

在对植物材料压缩成型时颗粒变形和结合形式的研究中，郭康权等（1995）对成型块内部粒子进行了显微镜观察和对粒子的平均直径进行了测量，并建立了粒子微观结合模型，研究认为，在垂直于最大主应力的方向上，粒子向四周延展，粒子间以相互嵌合的形式结合；在沿着最大主应力的方向上，粒子变薄，成为薄片状，粒子层之间以相互贴合的形式结合。生物质原料的颗粒越软，粒子平均直径越易变大，生物质越易压缩成型。当植物材料中的含水量过低时，粒子得不到充分延展，与四周的粒子结合不够紧密，所以不能成型；当含水量过高时，粒子尽管在垂直于最大主应力方向上充分延展，粒子间能够啮合，但由于原料中较多的水分被挤出后，分布于粒子层之间，使得粒子层间不能紧密贴合，因而不能成型。

生物质成型燃料的物理性能指标（抗渗水性和吸湿性）都与颗粒的粒径有密切关系，粒径小的粒子比表面积大，成型块容易吸湿回潮；但与之相反的是，由于粒子的粒径变小，粒子间空隙易于充填，可压缩性变大，使得成型块内部残存的内应力变小，从而削弱了成型块的亲水性，提高了抗渗水性。

二、生物质压缩成型过程的黏结作用

在相同的压缩条件下，不同生物质成型块的物理品质却表现出较大差异，这与生物质原料本身的生物特性有一定关系，即生物质的组织结构和组成成分不同而造成的。通常各种生物质材料的主要组成成分都是由纤维素、半纤维素、木质素构成，此外还含有水和少量的单宁、果胶质、萃取物、色素和灰分等。

在构成生物质的各种成分中，木质素普遍认为是生物质固有的最好的内在黏结剂。它是由苯丙烷结构单体构成的，具有三度空间结构的天然高分子化合物，在水中以及通常的有机溶剂中几乎不溶解，100℃才开始软化，160℃开始熔融形成胶体物质。因此，木质素含量高的农作物秸秆和林业废弃物适合热压成型。在压缩成型过程中，木质素在温度与压力的共同作用下发挥黏结剂功能，黏附和聚合生物质颗粒，提高了成型物的结合强度和耐久性。

生物质体内的水分作为一种必不可少的自由基，流动于生物质团粒间，在压力作用下，与果胶质或糖类混合形成胶体，起黏合剂的作用，因此过于干燥的生物质材料通常情况下难以压缩成型。Päivi Lehtikangas（2001）指出，生物质体内的水分还有降低木质素的玻变（熔融）温度的作用，使生物质在较低加热温度下成型。

生物质中的半纤维素由多聚糖组成，在一定时间的储藏和水解作用下可以转化为木质素，也可达到黏结剂的作用。生物质中的纤维素是由大量葡萄糖基构成的天然高分子化合物，即不溶于水的多糖。纤维素分子连接形成的纤丝，在以黏结剂为主要结合作用的黏聚体内发挥了类似于混凝土中“钢筋”的加强作用，成为提高成型块强度的“骨架”。此外生物质所含的腐殖质、树脂、蜡质等萃取物也是固有的天然黏结剂，它们对压力和温度比较敏感，当采用适宜的温度和压力时，也有助于在压缩成型过程中发挥有效的黏结作用。

生物质中的纤维素、半纤维素和木质素在不同的高温下，均能受热分解转化为液态、固态和部分气态产物。将生物质热解技术与压缩成型工艺相结合，通过改变成型物料的化学成分，即利用热解反应产生的液态热解油（或焦油）作为压缩成型的黏结剂，有利于提高粒子间的黏聚作用，并提高成型燃料的品质和热值。Demirbas（1999）将榛子壳在327℃热解产生的热解油作为压缩成型的黏结剂，结果显著提高成型燃料的松弛密度和耐久性等品质指标值。

根据电学原理，Yuyi Lin 等（2001）认为，由于在生物质物料体内存在液体介质，固体和液体吸附电荷的能力不同，在接触区产生了一个电荷扩散层，该层存在的电位叫ζ电势，它对生物质的压缩成型起排斥作用。因此，只要中和生物质体内的ζ电势，就可以在不添加黏结剂的情况下，提高成型块的强度。针对生物质物料的这种电学特性，Yuyi Lin 等人研究寻找影响ζ电势的因素，发现不同生物质原料的ζ电势大小是不尽相同的，而且还受生物质接触水的时间、外界温度等因素影响，有效地控制这些因素条件，可以显著降低ζ电势；此外，一些有机化合物，如聚环氧乙烷（polyethylene oxide）也可以作为一种添加剂，起到中和ζ电势、减小压缩成型的排斥力的作用。试验表明，通过降低生物质体内的ζ电势，成型块的强度、抗跌碎性和抗滚碎性等力学性能均得到明显的改善。如，将聚环氧乙烷的水溶液（按1g/L配比）加入到松木屑（含水率9.2%）中，与松木屑的配比从1/10000增加到3/10000，在内径为48mm圆筒模，最大压力为138MPa条件下进行压缩成型试验，结果显示成型块的松弛密度由1025kg/m^{3}提高了1%；抗破碎强度增加了36%；跌碎试验质量损失减少了25%。

第三节　生物质压缩特性及影响因素

关于生物质的压缩成型，特别是秸秆的压缩成型，国内外都进行了大量的试验研究。自德国学者Skalweit（1938）首次研究农业纤维物料的压缩特性以来，国内外学者相继开展农业纤维物料压缩成型的研究，但侧重点有所不同，其中德国、原苏联、波兰学者主要针对农业纤维物料的压捆过程进行研究，英国、美国和加拿大学者主要对物料压块、压粒和压饼过程进行研究，日本学者主要是对粉粒体物料的模压成型进行研究。我国对农业纤维物料的研究起步较晚，20世纪90年代以来，国内一些农林院校相继开展这方面的研究工作，如西北农林科技大学郭康权、王民等研究玉米秸秆的热压成型和粉粒体的模压成型，内蒙古农业大学杨明韶、王春光等研究草料的压捆特性，河南农业大学张百良等研究稻秸等农作物秸秆成型特性，浙江大学盛奎川、石河子大学吴杰等研究棉秆粉碎后的高密度压缩成型特性，等等。

一、秸秆的物理特性

秸秆在压缩成型或打捆之前，需采用不同的机械处理方式，如切断、粉碎等。秸秆本身的物理性质和化学成分决定了它的力学特性，是影响压缩成型的主要因素之一。通常用于描述秸秆力学特性的参数有拉伸强度、剪切强度、弹性模量和抗压强度等，通过对这些参数的实验研究，可为秸秆收集和压缩等机械的优化设计提供基本依据。

实际上，秸秆是一种非均匀、多相、各向异性的植物纤维材料，因此，完全利用理论分析和计算进行研究是比较困难的。从国内外目前的资料来看，基本上是基于理想弹性体，对秸秆的力学特性参数采用试验和经验结合的方法进行测定和计算。

O'Dogherty等在1995年得出小麦秸秆的拉伸强度受秸秆节间位置和含水量影响，平均值为21.2～31.2MPa；剪切强度受秸秆成熟阶段、节间位置、含水量和保存条件多种因素影响，平均值为4.91～7.26MPa；弹性模量受秸秆成熟阶段和节间位置影响，刚度模量受秸秆节间位置、含水量和保存条件影响，其平均值分别为4.76～6.58GPa和267～547GPa。

除了上述力学参数以外，秸秆的泊松比也是描述物料性质的一个重要参数。

Mewes 通过测量压缩室内的横向压力，研究含水量为 35%时小麦秸秆和禾草的泊松比变化，结果表明，泊松比的值随锤体的压力升高而升高，当压力达到最大值 177kPa 时，泊松比的值几乎等于 0.5；当压力继续升高时，泊松比的值反而下降，压力值为 1.4MPa 时，泊松比值小于 0.1。研究表明，当含水量在一个较大范围时，密度从 $400kg/m^3$ 升高到 $800kg/m^3$，泊松比的值从 0.25 升高到 0.48；但是当密度高达 $1400kg/m^3$ 时，泊松比的值变为 0.35～0.5。

关于秸秆类物料与金属表面摩擦系数的问题，国外学者研究得出，禾草和切碎秸秆的动摩擦系数为 0.28～0.33，静摩擦系数为 0.17～0.42，与接触的金属表面的光滑度有密切关系，但受速度和压力影响很小。

二、秸秆的压缩特性

1. 秸秆压缩过程

对秸秆在模子内压缩过程的分析有助于了解秸秆成型的内部机理，为探讨压缩过程中压力、密度和变形的变化规律奠定基础。传统研究都认为，秸秆在压缩过程中，是在一定压力或温度下，通过秸秆的塑性变形和其本身的木质素软化固化成型的，但对成型过程的压力和变形的变化规律需作深入分析。

秸秆物料在闭模内的压缩过程分为两个阶段。一个阶段为疏松阶段，物料在压缩过程排出空气，惯性力占优势；另一个阶段为致密阶段，物料发生弹性变形，弹性力占优势。在开模内物料连续压缩中，物料在一个压缩循环中经历了预压紧→弹性变形→塑性变形→保型→应力松弛→弹性恢复这样一个成型周期。可以认为，开模内物料的压缩过程存在明显的三个阶段：第一阶段压力和变形最大；第二阶段变形最小，发生应力松弛；第三阶段弹性恢复变形又逐渐增大。

2. 压力和密度的关系

在压力和密度关系的研究中，通常所说的密度都是指压块或压捆在模内的压缩密度。在对秸秆类物料压缩中，所建立的压力-密度关系的形式主要有 3 种，即线性关系、指数关系和幂律关系。Skalweit 最早建立了闭模内秸秆压缩且适于 1～2MPa 低压时压力-密度的幂律关系：$p=c\gamma^m$，后来经 Mewes 修正，又得到了 3 种幂律关系的基本方程：

$$p=(p_0/\gamma_0)\gamma^m \tag{9-1}$$

$$p=c(\gamma^m-\gamma_0^m) \tag{9-2}$$

$$p=c(\gamma-\gamma_0)^m \tag{9-3}$$

式中 p——压缩力；

p_0——初始压缩力；

γ_0——初始压缩密度；

γ——压缩密度；

c，m——常数。

从国内外研究来看，许多学者虽然采用的压缩方式不同、采用秸秆或牧草类型不同，但都基本上认为满足高压压缩成型条件的压力与密度的关系为指数关系，其典型的表达式为

$$\frac{\mathrm{d}p}{\mathrm{d}\gamma}=A\mathrm{e}^{br}=A\mathrm{e}^{b(\gamma/\gamma_0)} \tag{9-4}$$

式中 p——压缩力；

γ_0——初始压缩密度；

γ——压缩密度；

A，b——常数；

r——压缩比，为压缩过程任意阶段的压缩密度与初始密度的比值，反映了物料压缩的相对程度。

由于物料在模内压缩过程中密度的变化是不连续的，因此 O'Dogherty 和 Wheeler 认为，压力-密度关系可以用两个相互独立的方程来表达，即

$$p=c_1\gamma^m \quad (\gamma<400\mathrm{kg/m^3}) \tag{9-5}$$

$$p=c_2(\ln\gamma)^n \quad (\gamma>400\mathrm{kg/m^3}) \tag{9-6}$$

式中 p——压缩力；

γ——压缩密度；

c_1，c_2，m，n——经验常数，与物料特性，如秸秆类型、含水率有关，需通过试验确定其取值范围。

该方程实验证明可以满足压力在 100MPa 条件的物料压缩。

3. 应力与应变的关系

秸秆类物料与金属材料不同，在压缩成型过程中，其应力与应变的变化是非线性的，属于流变学的范畴。研究植物材料压缩时应力与应变的关系，完善其流变特性理论，可为秸秆压缩工艺的模拟设计提供必要的依据。

江崎春雄等对稻壳压缩成型特性研究中，进行了压应力的松弛试验和蠕变试验，认为稻壳的压缩呈黏弹性特征，稻壳的松弛弹性率是线性的。为了便于研究秸秆物料的流变特性，多数研究者都把秸秆当作理想的线性黏弹体，采用开尔文模型、麦克斯韦模型或更完善的伯格斯模型、广义麦克斯韦模型来描述压缩秸秆的蠕变和应力松弛，建立了与时间有关的应力和应变的模型方程。

模内秸秆物料的应力与应变受压力、压缩频率、压缩室长度、温度、填料量和含水率等多种因素影响，既包含了与时间有关的应力和应变，也包含了与时间无关的永久变形。因此，上述模型与实际压缩情况还有较大脱节，甚至在试验研究中也很难实现。Faborode 和 O'Callaghan 认为，压缩物料可理解为黏塑体，其变形由可恢复性变形和不可恢复性变形两部分组成。不可恢复变形都与时间无关，如果压缩温度高于环境温度，则部分不可恢复性变形由温度变化引起。通过对大麦秸秆压缩的试验得出结论，可恢复变形是压缩过程中的主要部分，占总应力松弛的 42%～73%。

在对粉粒体模压过程的压力与应变关系的研究中，郭康权认为压力与应变服从日本的川北模型，其表达式为$\varepsilon=abp/(1+bp)$，p为压缩力，ε为压缩应变，a，b为常数。由于秸秆粉粒体在加载开始过程就表现出非线性特性，没有明显的弹性阶段和初始屈服点，赵东（1998）认为，该模型方程不能描述压缩过程中粉粒体内部的变形特征和流变规律，因此将密闭圆筒容器内的秸秆粉粒体压缩成型看作是轴对称全量塑性压缩。对采用有限元的方法来分析秸秆粉粒体压缩成型时应力与应变的关系，采用计算机模拟分析替代秸秆物料压缩过程的经验分析进行了有益的尝试。

三、压缩过程的影响因素

1. 压块（压捆）的松弛密度

压块（压捆）出模后最终稳定的密度为松弛密度。由于压块出模后发生弹性变形和应力松弛，压缩密度随时间而变化，所以松弛密度比模内压缩密度小。通常采用无量纲参数——松弛比（压缩密度和松弛密度的比值）描述成型块的松弛程度。

压块的松弛密度受秸秆物理特性和成型工艺有关的诸多因素影响。增大填料量可使松弛密度以指数级升高，而秸秆的含水率增加会使松弛密度呈指数级下降，直径较小的模子内压缩长秸秆可以提高松弛密度。此外，柱塞振动加载尽管可以增大松弛密度，但对压缩过程弊大于利。也有学者认为，填料量与秸秆长度对松弛密度影响不大，但含水率对松弛密度有明显的影响。

国内外学者普遍认为，成型物出模后瞬时会有膨胀（弹性变形），然后有一段较长时间的应力松弛，密度减小到应力松弛结束。但是对于出模后应力松弛时间的确定，由于情况比较复杂，还没有一致的结论。除了成型块出模后的弹性变形和应力松弛对松弛密度影响很大以外，不少研究者认为控制成型块在模内的变形，保证成型块在模内的滞留时间，是提高松弛密度的重要途径之一。

2. 成型所需压力

对生物质物料施加压力的主要目的是：①使物料原来的物相结构破坏，组成新的物相结构；②加固分子间的凝聚力，使物料变得致密均实，以增强成型燃料的强度；③为物料在模内成型及推进提供动力。

在物理条件下，秸秆模压成型的一个压缩循环被认为是由两个阶段组成的，第一个阶段为惯性阶段，即秸秆压缩处于松散的状态；第二个阶段为弹性阶段，即压缩块开始含有黏聚体的状态。通过一个压缩循环，植物茎秆和叶子粒子交错、嵌合在一起。此外，在整个压缩过程中，物料对模壁的侧向压力产生摩擦力，通过柱塞的作用力来克服摩擦力。

在最大压力给定时，秸秆在模内压缩时的密度随模子直径的减小而降低。O'Dogherty 和 Wheeler 的研究表明，随着模子直径从 75mm 减小到 25mm，在模内压缩的秸秆密度降低了 6%。原因是，在尺寸较小的模子内，由于模子直径太小而导致秸秆形成较大程度的交错和折叠现象，从而使压缩秸秆获得一个较大的体积模量，结果使压缩阻力增大，而进一步导致压缩秸秆的密度降低。此外，随着模子直径减小，模壁上的摩擦力将成比例增大，结果使压块所受的平均压力变小。

在容许的松弛密度范围内（250～300kg/m³），秸秆成型所需的压力取决于模子直径，为11～34MPa。当加压到150MPa时，含水率14%～16%的秸秆（湿基）松弛密度约为600kg/m³。采用矩形模研究表明，当成型块松弛密度达到700kg/m³时，必须有约95MPa的压力，此时的密度比为0.25～0.33。研究发现，秸秆与禾草达到特定的松弛密度所需的压力情况大体类似。但是，当模子较大时，在某种情况下秸秆所需的压力还是比禾草压缩所需的压力高得多。

3. 成型模具的几何特征

当模内压缩密度预定时，随着模子直径增大，压缩所需的比能呈指数级下降。有效体积模量的变化、孔隙度指数的变化、模壁摩擦力的相对影响都与模子直径变化有关；当模子直径减小时，这些因素的变化都将导致比能随之减小。

O'Dogherty 和 Wheeler 认为，在压块松弛密度给定时，所需比能不受模子直径影响。因为模子的填料量与其横截面积成一定比例变化，所以在给定的最大压力时，处于压缩状态下压块的长度和直径的比值反而随模子直径增大而减小。因此，秸秆在模内出现较大程度的挤压和交叠，产生不可恢复的较大变形，从而能够更好地阻止压缩块出模后的膨胀现象。当模子直径较小时，随着模子直径的减小，压块的表面积与体积的比值增大，从而造成压块在这块压缩区域膨胀变小。

对于成型燃料，国内目前主要采用圆筒模进行压缩试验。锥模和矩形模压缩方面的研究很少，尤其是矩形模。为了减小锥模压缩过程的摩擦力和消耗的压缩能，锥模的锥度、长度、入口直径是关键参数。

4. 填料量

模子的填料量决定了压缩秸秆的初始密度，增大模子尺寸可以提高填料量。对于粉碎后的秸秆，秸秆的粒度大小也影响填料量大小。当模子直径恒定，填料量超过4∶1范围后，最大压力一旦达到一特定值，模内物料的压缩密度就不再受填料量的影响。在实际情况下，模子填料量增大时，成型块出模后的松弛密度增大值是比较低的。O'Dogherty 和 Wheeler 在对小麦秸秆压缩成型的研究中，采用模内压块的长度与直径的比值（L/D）求解密度比，即：

$$d=0.648(L/D)^{0.214} \quad (9\text{-}7)$$

从上式可以看出，就不同直径时 L/D 比值的变化对松弛密度的影响而言，虽然压块的长度和表面积都相对于其直径增大，但由于压缩比增大较小而使压块的松弛增大也较小。Bulter 和 McColly 在对草饼的试验中，通过提高模子的填料量，来增大成型块的长度和表面积，也得到了类似的结果：当模子的填料量为4∶1时，松弛密度仅增大了23%。然而，在 O'Dogherty 和 Wheeler 的试验中发现松弛密度的增大值较大，为32%。此外，在模子直径给定的情况下，最大恒定压力下的压缩比能是不受模子填料量的影响的。体积模量和孔隙度指数取决于模子填料量，为初始密度的函数。

5. 压缩方式

秸秆压缩所采用的加载方式对压缩物料的松弛特性是有影响的，也就是说对物料的最终密度值是有影响的。加载速度、施加的最大压力及其保压时间是与压缩方式有关的重要参数。

关于压缩速度对秸秆在模内成型的影响方面的报道较少。江崎春雄等人在对稻壳以 10～500mm/min 的 6 阶段变化的低速压缩试验中，发现速度的变化没有对压缩应变等特性产生明显的差异。

Mewes 研究了速度在超过 1～3m/s 时对秸秆成型的影响。在达到相同的密度条件下，压缩速度越高，秸秆所需的压力也越高，即所需的压缩能也越高。Vinogradov 和 Dimitriev 研究了压缩速度对物料压缩成型的影响，推算出当压缩能提高 4 倍来克服摩擦力时，压缩速度将提高到 3m/s，速度升幅最高时达到 0.1～1m/s。其他还有一些研究采用冲锤试验，或采用压缩汽缸柱塞驱动方式，通过惯性推压来分析冲击载荷对物料成型的影响。Chancellor 指出，在达到预定密度条件下，采用冲击载荷所需的能量要比低速压缩加载所需的能量多。当冲击载荷在 24～30MJ/t 以上，继续增加压缩能耗不会对成型物的密度有明显提高。在冲击载荷达到 53MJ/t 时，压缩密度达到了 650kg/m^3 这个最高限度。这一结果说明，此时即使压缩能再增大，密度也不会有改变了。

在压缩循环中，关于柱塞振动对物料成型影响的研究还很少。O'Dogherty 和 Wheeler 采用频率 0.8～6.7Hz，相应振幅为 4～1.5mm 时的正弦波动试验研究振动对物料成型的影响，发现振动在压缩过程中对压缩比能是没有影响的。在保压时间为 30s 时，柱塞分别采用 2mm 和 4mm 振幅，虽然使成型块的松弛密度有所增大，但是压缩比能却各自相应增大了 6 倍和 12 倍。

江崎春雄等人在对稻壳反复压缩试验的结果说明，反复压缩使压缩应变增加，在相同的压缩力下，反复 10 次压缩所引起的压缩应变基本上是最大的。另外，除载荷后的松弛率，随着压缩次数的增加而减少。此外，当活塞行程一定时，随着反复压缩次数的增多，压缩力将减少，约反复 10 次压缩后的压缩力基本上为一定值。

O'Dogherty 和 Wheeler 采用重复载荷对物料成型进行试验，在试验中，使柱塞加到最大压力、然后放松，再施加，这样重复 8 次，在每次消耗了增加大致一样的压缩比能后，成型块的密度只增大了一点（4%）。Chancellor 对含水量 10%的苜蓿重复加载 4 次，发现重复载荷对苜蓿的成型块的密度没有明显的影响。

6. 物料的破碎程度

一般，秸秆在模内压缩成型前，需要切断或粉碎。秸秆切断通常有一定的标称长度。美国农业工程师协会标准，关于秸秆粉碎，以细度模量和均匀指数来衡量其粒度大小（粗、半粗、细）。

秸秆切断长度对压缩能无明显影响，但却影响成型块的耐久性。Faborode 和 O'Callaghan 对粉碎秸秆、切断秸秆和长秸秆的压缩成型进行了试验对比，结果表明在低压条件下，切断秸秆和粉碎秸秆不易形成牢固的压块，其中切断秸秆在压缩成型中，消耗的压缩能最高，而形成的压块松弛密度最低。

郭康权等在粉粒体压缩成型的研究中认为，在相同的压力下，原料粒度越细，流动性越好，物料变形越大，成型物结合越紧密，成型密度越大；但原料粒度也不宜太小，否则会降低成型块的强度。盛奎川等对粉碎棉秆压缩成型的试验表明，物料粉碎的粒度虽然对成型物的抗跌碎性影响不明显，但对抗变形性影响较大，粒度较小的成型块破裂所需的压力就越大。

7. 物料的含水率

秸秆压缩成型中，合适的水分对成型效果影响显著，过高或过低都将不利于秸秆压缩成型。秸秆的热压成型中，含水率太高影响热量传递，并增大了物料与模子的摩擦力；在高温时由于蒸汽量大，甚至会发生气堵或"放炮"现象；含水量太低，影响木质素的软化，秸秆内摩擦和抗压强度加大，造成太多的压缩能消耗。

研究表明，当压力不变且含水率在一定范围时，随着含水率升高，压缩密度可达到最大值。而松弛密度一定时，随着含水率升高，所需压力变大，最大压力值正好对应着含水率的上限。秸秆含水率较高时（≥35%），出模后的松弛比太高而不能形成压块。在建立的恒定压力下松弛密度与含水率的指数关系式中，O'Dogherty 认为压块的松弛密度随含水量的升高以指数级下降［见式(9-8)］

$$\gamma_r = a e^{(-c m_w)} \tag{9-8}$$

式中 m_w——含水率；

γ_r——松弛密度；

a，c——常数。

根据国内外文献报道，确定的含水率范围存在较大的差别，这是因为秸秆压缩方式、成型模具、成型手段、秸秆的处理方式等有较大的差异。例如，活塞挤压就比螺杆挤压对含水率要求的范围宽。

8. 成型温度

对于高密度压缩成型，温度是一个重要因素。因为物料加热到木质素软化温度（70～110℃）或熔融温度（200～300℃），可以增强秸秆的黏结作用，提高成型物的耐久性和松弛密度。

温度不仅可以加速木质素软化，而且还可以加速应力松弛，温度可以引起永久的黏塑性变形。温度可以增强物料的塑性和流动性，使粒子更易嵌合。此外，提高温度可以减小压力和能量，并能缩短保压时间。

实际上，物料在连续压缩过程中，模子温度不经外界加热就会提高。尤其是在螺杆挤压和压辊式挤压时，由于摩擦生热，模子升温很快。在热压成型机中大多在模子外部设置一段加热装置，以提高物料压缩成型速度及成型物的密度和耐久性，减小压缩力和能耗。

第四节 生物质压缩成型工艺及流程

一、生物质压缩成型工艺

生物质压缩成型工艺可以分为加黏结剂和不加黏结剂的成型工艺，根据对物料热处理方式(加温热解程度) 不同，生物质压缩成型工艺又可划分为常温压缩成型(不加温)、热压成型（原料在被加热升温的同时被压缩成型)、预热成型（原料被预热之后被压缩成型）和炭化成型（原料经热解炭化后再压缩成型）4 种主要工艺。

1. 常温压缩成型工艺

纤维类原料在常温下，浸泡数日水解处理后，纤维变得柔软、湿润皱裂并部分降解，其压缩成型特性明显改善，易于压缩成型。因此，该成型技术被广泛用于纤维板的生产，同样，利用简单的杠杆和模具，将部分降解后的农林废弃物中的水分挤出，即可形成低密度的成型燃料块。这一技术在泰国、菲律宾等国得到一定程度的发展，在燃料市场上具有一定的竞争能力。

北京林业大学工学院俞国胜等对秸秆类生物质采用常温高压致密成型（闭模压缩）工艺生产块状成型燃料，成型压力 15～35MPa，最高达 40MPa，秸秆含水率 5%～15%，不超过 22%。成型块燃料的密度达到 1.0～1.2g/cm^3。

2. 热压成型工艺

热压成型是国内外普遍采用的成型工艺，其工艺流程为：原料粉碎→干燥→挤压成型→冷却→包装等几个环节。热压成型的主要工艺参数有温度、压力和物料在成型模具内的滞留时间等。此外，原料的种类、粒度、含水率、成型方式、成型模具的形状和尺寸等因素对成型工艺过程和成型燃料的性能都有一定的影响。

该工艺的主要特点是物料在模具内被挤压的同时，需对模具进行外部加热，将热量传递给物料，使物料受热而提高温度。加热的主要作用是：①使生物质中的木质素软化、熔融而成为黏结剂。由于植物细胞中的木质素是具有芳香族特性、结构单位为苯丙烷型的立体结构高分子化合物，当温度为 70～110℃时软化，黏合力增加；达到 140～180℃时就会塑化而富有黏性；在 200～300℃时可熔融。因此，对生物质加热的主要目的，就是将生物质中木质素加热后起到黏结剂的作用。②使成型块燃料的外表层炭化，使其通过模具时能顺利滑出而不会粘连，减少挤压动力消耗。③提供物料分子结构变化的能量。根据试验，木屑、秸秆和果壳等生物质热压成型，靠模具边界处温度为 230～470℃，成型物料内部为 140～170℃。

由于不同种类的生物质中木质素和纤维素含量及物料的形状等都不相同。因此成型时对温度和压力参数值的要求也不一样。即使同一种生物质，形态相似而含水率和颗粒度不同，则成型时所需温度和压力等也不相同。实践证明，温度和压力选得过高和过低都会导致成型失败。温度选得过低，则生物质中的木质素未能塑化变黏，物料不能黏结成型；反之，如温度选得过高，则成型燃料的表面出现裂纹，严重时成型块一出口就变成了“散花”。此外，若施加压力过小，则会使成型燃料无法黏结，而且也无法克服摩擦阻力，因而无法成型；若施加压力过大，则会使成型燃料在模具内滞留时间缩短，使生物质物料加温不足而无法成型。

成型物料在模具内所受的压应力随时间的增加而逐渐减小，因此，必须有一定的滞留时间，以保证成型物料中的应力充分松弛，防止挤压出模后产生过大的膨胀。另外，也使物料有足够的时间进行热传递。一般，滞留时间应不少于 40～50s。为了避免成型过程中原料水分的快速汽化造成成型块的开裂和“放炮”现象发生，一般要将原料含水率控制在 8%～12%之间。

3. 预热成型工艺

与上述热压成型工艺不同之处在于，该工艺采用在原料进入成型机压缩之前，对其进行了预热处理，即将原料加热到一定温度，使其所含的木质素软化，起到黏结剂的作用，并且在后续压缩过程中能减少原料与成型模具间的摩擦作用，降低成型所需的压力，从而提高成型部件的使用寿命，降低单位产品的能耗。印度学者利用螺杆成型机，将预热（见图 9-2）和非预热成型工艺做了一个对比试验，结果表明，整个系统能耗下降了 40.2%，成型部件寿命提高了 2.5 倍。

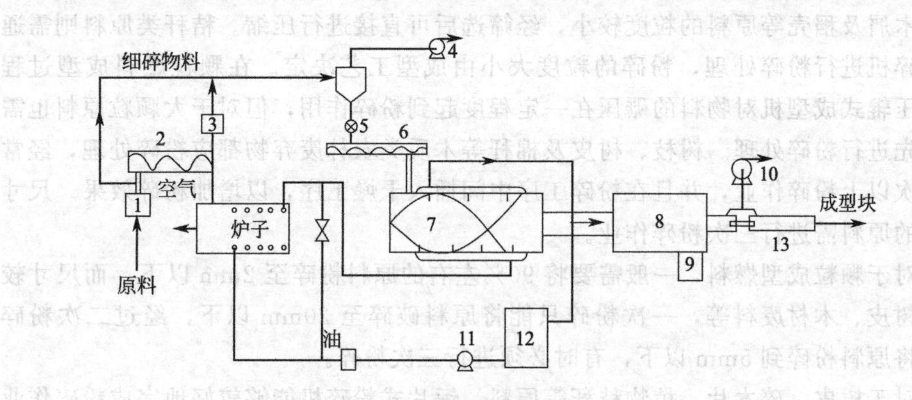

图 9-2　生物质预热成型工艺流程

1—切碎机；2—螺旋喂料器；3—原料粉碎器；4—风机；5—气阀；6—螺旋输送器；7—预热器；8—压缩成型机；9—预压器；10—排气罩；11—油泵；12—油罐；13—冷却输送器

图 9-2 中，物料先由切碎机 1 初切碎，经振动筛分选，细碎物料直接输送到预热器 7 预热，而粒度较粗部分，由螺旋喂料器 2 输送到原料粉碎器 3 进行二次粉碎，然后将粒度符合要求的物料输送到预热器 7，采用油加热方法预热物料，当温度达到设定值后，物料被送入压缩成型机 8 压缩成型，经冷却输送器 13 冷却后输出。

4. 炭化成型工艺

炭化成型工艺的基本特征是，首先将生物质原料炭化或部分炭化，然后再加入一定量的黏结剂压缩成型。生物质原料高温下热裂解转换成炭，并释放出挥发分

(包括可燃气体、木醋液和焦油等)，因而其压缩性能得到改善，成型部件的机械磨损和压缩过程中的功率消耗明显降低。但是，炭化后的原料在压缩成型后的力学强度较差，储存、运输和使用时容易开裂或破碎，所以采用炭化成型工艺时，一般都要加入一定量的黏结剂。如果成型过程中不使用黏结剂，要提高成型块的耐久性，保证其储存和使用性能，则需要较高的成型压力。

二、生物质压缩成型生产流程

生物质成型燃料生产的一般工艺流程包含生物质原料的收集、粉碎、干燥、压缩成型、成型燃料切断、冷却和除烟尘等主要环节。

(一) 生物质原料收集

生物质收集是十分重要的工序。在工厂化加工的条件下要考虑三个问题：一是加工厂的服务半径；二是农户供给加工厂原料的形式，是整体式还是初加工包装式；三是秸秆等原料在田间经风吹、日晒、自然风干的程度。另外，要特别注意原料收集过程中尽可能少夹带泥土，因夹带泥土容易加速压缩成型时模具的磨损。一般，农作物秸秆的机械化收割、打捆，可避免这一问题。

(二) 生物质原料粉碎

木屑及稻壳等原料的粒度较小，经筛选后可直接进行压缩。秸秆类原料则需通过粉碎机进行粉碎处理，粉碎的粒度大小由成型工艺决定。在颗粒燃料成型过程中，压辊式成型机对物料的碾压在一定程度起到粉碎作用，但对于大颗粒原料也需要预先进行粉碎处理。树枝、树皮及棉秆等木质类农林废弃物都应粉碎处理，经常需两次以上粉碎作业，并且在粉碎工序中间插入干燥工序，以增加粉碎效果。尺寸较大的原料需进行三次粉碎作业。

对于颗粒成型燃料，一般需要将90%左右的原料粉碎至2mm以下，而尺寸较大的树皮、木材废料等，一次粉碎只能将原料破碎至20mm以下，经过二次粉碎才能将原料粉碎到5mm以下，有时必须进行三次粉碎。

对于树皮、碎木片、植物秸秆等原料，锤片式粉碎机能够较好地完成粉碎作业(见图9-3)。其工作原理是利用高速旋转的锤片来击碎生物质原料，同时，物料受到锤片和筛面的搓擦、摩擦作用而进一步粉碎。留在筛面上的较大颗粒，将同新加入的物料一起，受到上述作用粉碎，直到从筛孔中漏出为止。可选用不同孔径的筛板来改变粉碎物料的粒度大小。对于较粗大的木材废料，一般先用木材切片机切成小片，再用锤片式粉碎机将其粉碎。图9-3中，进气调节孔用于调节不同粒度物料的气流输送，箭头表示排气方向。

(三) 生物质原料干燥

通过干燥作业，使原料的含水率减少到成型所要求的范围内。与热压成型机配套使用的干燥机主要有回转圆筒式干燥机、立式气流干燥机等。

1. 回转圆筒式干燥机

如图9-4所示，回转圆筒式干燥机由热风发生炉、干燥筒、进料装置、出料装

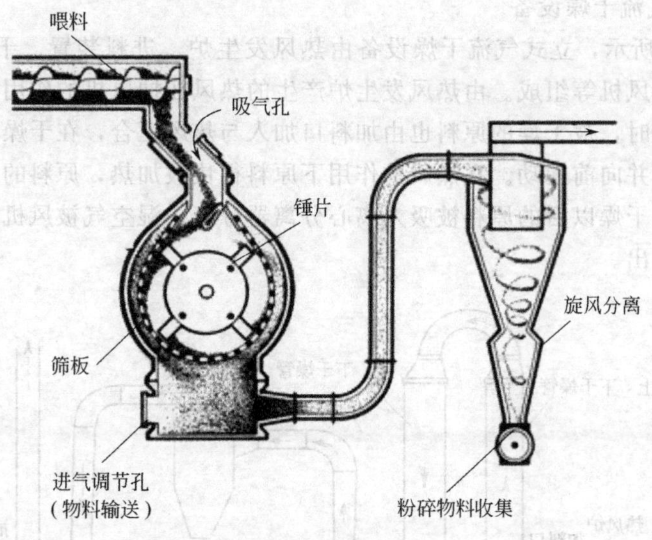

图 9-3　锤片式粉碎机示意图

置和回转驱动机构等组成。原料从进料口进入干燥筒，干燥筒在驱动机构作用下作低速回转运动。干燥筒向出口方向下倾 2°～10°，并在筒内安装有搅动物料的抄板。物料在随干燥筒回转时被抄起后落下，由热风发生炉产生的热风对物料进行加热干燥，同时由于干燥筒的倾斜及回转作用，原料被移送到出料口然后排出机外。

回转圆筒干燥机按干燥筒内物料与气流的流动方向可分为逆流操作和顺流操作。根据被干燥物料的特性和最终要求的含水率，选择物料的流向和设备的组装。逆流操作时，物料和加热气流相向流动，干燥器内传热与传质推动力比较均匀，适用于不允许快速干燥的热敏性物料，逆流操作被干燥物料的含水率较低。顺流操作适用于原料含水率较高、允许干燥速度快、在干燥过程中不分解，能耐高温的非热敏性物料。对于压缩成型的植物材料，一般采用顺流操作。

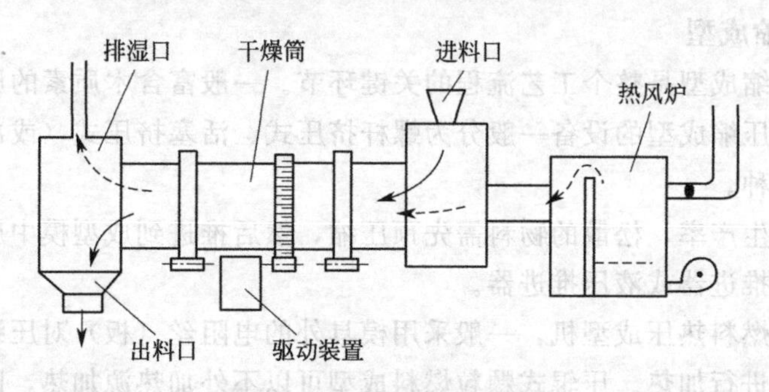

图 9-4　回转圆筒式干燥机

回转圆筒干燥机具有生产能力大，运行可靠，操作容易，适应性强，流体阻力小，动力消耗小等一系列优点。其缺点是设备复杂，体积庞大，一次性投资多，占地面积大。

2. 立式气流干燥设备

如图 9-5 所示，立式气流干燥设备由热风发生炉、进料装置、干燥输送管道、离心分离器及风机等组成。由热风发生炉产生的热风在抽风机的作用下，被吸入干燥管道内。同时，被干燥的原料也由加料口加入与热风汇合，在干燥管内，热风和原料充分混合并向前运动。在热风的作用下原料很快被加热，原料的水分散发，最后完成干燥。干燥以后的原料被吸入离心分离器分离，湿空气被风机抽出排放，原料经出料口排出。

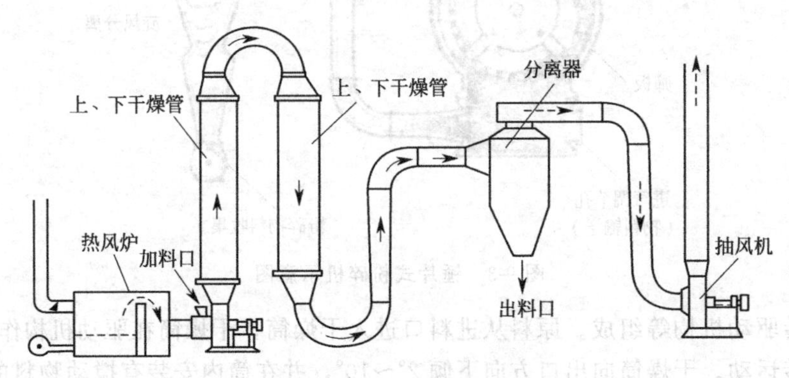

图 9-5　立式气流干燥设备

气流干燥机由于原料在气流中的分散性好，干燥的有效面积大，干燥强度大，生产能力大，所以干燥时间可以大大减少。在干燥过程中，采用顺流操作，入口处气温高，但原料的湿度大，能充分利用气体的热能，所以热效率高。另外，气流干燥还具有设备简单、占地面积小、一次性投资少等优点，并且可以同时完成输送作业，能够简化工艺流程，便于实现自动作业。

此外，对于压辊式颗粒燃料成型机，含水率过低的原料反而不利于成型，需进行调湿处理，一般将含水率控制在 10%～15%左右。

(四) 压缩成型

生物质压缩成型是整个工艺流程的关键环节。一般富含木质素的原料不使用黏结剂。生物质压缩成型的设备一般分为螺杆挤压式、活塞挤压式（或冲压式）和压辊成型机等几种。

为了提高生产率，松散的物料需先预压缩，然后推进到成型模中压缩成型。预压多采用螺旋推进器或液压推进器。

对于棒状燃料热压成型机，一般采用模具外的电阻丝（板）对压缩成型过程中的生物质物料进行加热。压辊式颗粒燃料成型可以不外加热源加热，因在成型过程中，原料和机器工作部件之间的摩擦作用可以将原料加热到 100℃左右，同样可使原料所含的木质素软化，起到黏结作用。

(五) 成型燃料切断

为了将生物质棒状成型燃料切割成所需要的长度，有两个技术方案。一种是设计一个旋转刀片切断机，将运到冷却传送带上的生物质棒状燃料切割成整齐匀称的长度，其切断面是很平整光滑的。如果生物质燃料棒按小捆包装（一捆 6～10 个）出售，这样的切断方法是必要的。这样包装好的成型燃料通过超市和零售渠道销售在欧洲已经实行多年了。

另一种技术方案是让挤出的棒状燃料触碰到平滑而且倾斜的阻碍物，靠弯曲应力来使其断裂。这种方法切断的燃料，虽然长度是匀称的，但一般在断裂面处是不光滑的。如需要光滑的边缘，一捆大约 8～10 个的燃料棒可用两个锯刀将两个端面同时切割平整，但会产生废料，这些小块状的燃料可用于锅炉中的燃料。

当生物质棒状或者块状燃料是用作锅炉燃料，上述任何一种采用切割机平整燃料断面的方法都是不必要的。

(六) 成型过程的冷却和除烟尘

从热压成型机中挤出的生物质成型燃料表面温度相当高，有的超过 200℃。从压辊式颗粒燃料成型机挤出的燃料温度大约也有 100℃。它们必须经过冷却然后传送到储存区域，以提高燃料的耐久性。直接将挤出后高温的成型燃料堆放在成型机边上是很危险的，因为有可能发生自燃现象。

对于热压成型机，需要一个长度合适的开放式钢辊轴输送带。输送带的长度应至少有 5m，如条件许可，应尽量在成型机与燃料包装和储存区的间距采用更长的输送带。对于规模化生产的颗粒燃料的冷却，可采用逆流式空气冷却器，使燃料出机温度与周围环境温度一致。

生物质在成型设备中成型时，螺杆挤压的成型燃料棒的表面部分裂解了，从而具有疏水特性以提高其耐久性。但加热过程中也会释放烟气，也会产生刺激性气

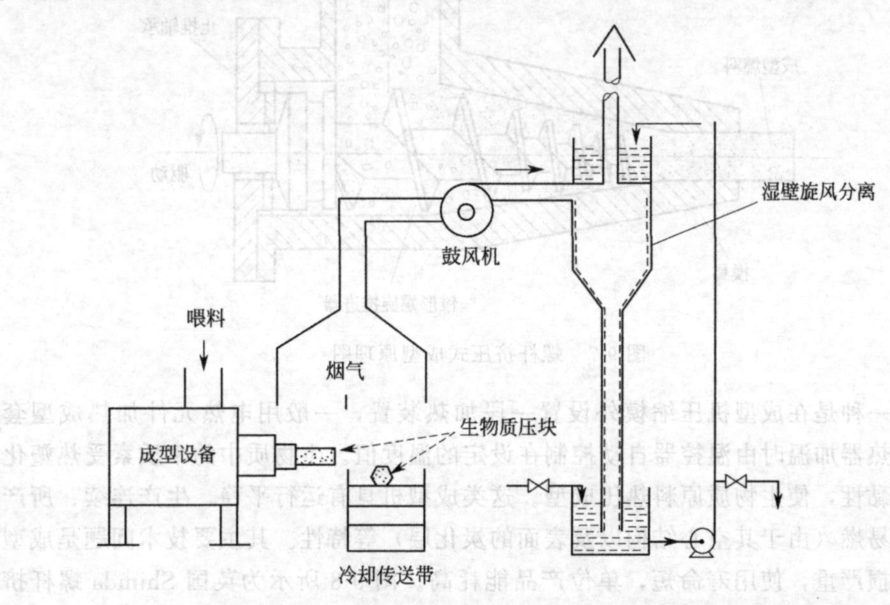

图 9-6 生物质热压成型烟雾排除系统示意图

味。为了让工人拥有适宜的工作环境，一个烟气罩被放置在燃料出口附近和部分冷却输送机上，使这些烟雾通过排气管并通过湿壁旋风分离器排到大气中。这些气体的量很小，但由于温度较高，其体积仍然很大。通过水循环系统吸收掉烟雾中的有害物质（见图 9-6）。

第五节　生物质压缩成型设备

国内外常见的生物质压缩成型设备主要有螺杆挤压式、柱塞挤压（或冲压式）和压辊式成型机等几种。

一、螺杆挤压式成型机

螺杆挤压式热压成型机是最早研制生产的热压成型机，其原理是利用螺杆输送推进和挤压生物质。

根据不同成型工艺，螺杆挤压式成型机又可分为加热和不加热两种。一种是在物料预处理过程中加入黏结剂（如原料本身具有黏合作用的则可不加），然后在螺旋输送器的压送下压力逐渐增大，到达模具压缩喉口时物料所受压力达到最大值。物料在高压下密度增大，并在黏结剂的作用下成型。棒状燃料从成型机的出口处被连续挤出（见图 9-7）。

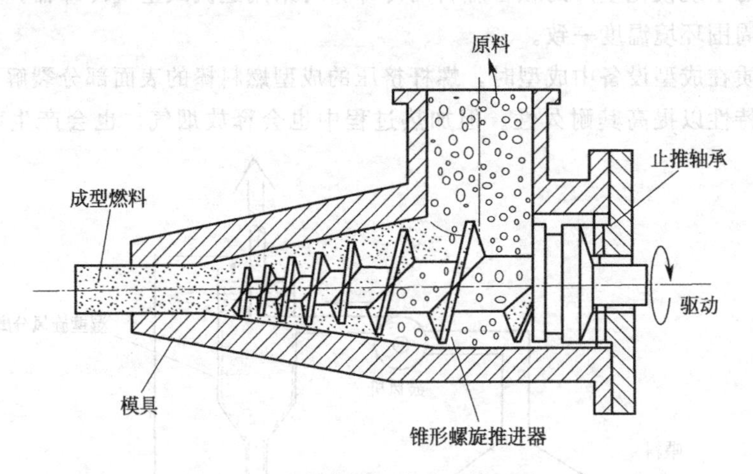

图 9-7　螺杆挤压式成型原理图

另一种是在成型机压缩模外设置一段加热装置，一般用电热元件加热成型套筒，加热器加温时由温控器自动控制在设定的温度值。生物质中的木质素受热塑化后具有黏性，使生物质原料热压成型。这类成型机具有运行平稳、生产连续、所产成型棒易燃（由于其空心结构以及表面的炭化层）等特性。其主要技术问题是成型部件磨损严重，使用寿命短，单位产品能耗高。图 9-8 所示为英国 Shimda 螺杆挤压式热压成型系统示意图。

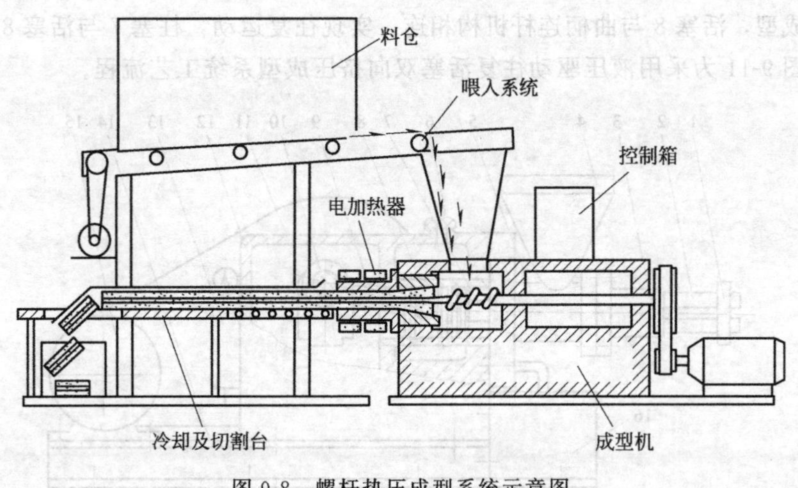

图 9-8　螺杆热压成型系统示意图

二、活塞挤压式成型机

活塞挤压式成型机中原料的成型是靠柱塞的往复运动实现的，其原理如图 9-9 所示。根据动力来源的不同，可分为机械驱动活塞式成型机和液压驱动活塞式成型机。机械式成型机是利用飞轮储存的能量，通过曲柄连杆机构，带动柱塞，将松散的生物质挤压或者冲压成生物质成型块。液压式成型机是利用液压油缸所提供的压力，带动活塞使生物质挤压成型。活塞式成型机通常用于生产实心燃料棒或燃料块，其中液压式成型机对原料的含水率要求不高，允许原料含水率高达 20%左右。

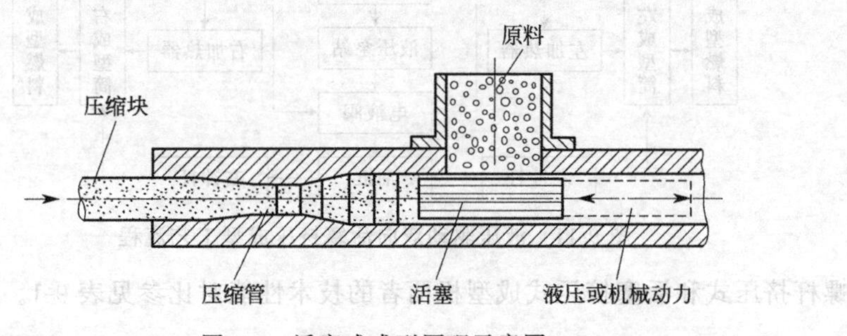

图 9-9　活塞式成型原理示意图

活塞式成型机与螺杆挤压式成型机相比，由于改变了成型部件与原料的作用方式，改善了成型部件磨损严重的现象，其使用寿命有所提高，单位产品能耗也有下降，但由于机械驱动活塞式成型机存在较大的振动负荷，易造成机器运行稳定性差，噪声较大。机械驱动活塞式成型机典型的机型有河南农业大学的 PB-Ⅰ型，中国农机院的 CYJ-35 型，瑞典 Bogma 公司生产的 M75 型等。液压驱动活塞式成型机由于采用液压驱动，活塞的运动速度较机械驱动时低很多，所以其产量受到一定程度的影响。典型的机型有河南农业大学的 HPB-Ⅰ型，HOLZMAG 公司生产的 Elan100 型等。图 9-10 为机械驱动活塞式成型机结构简图，其中，柱塞 7 用于物料的挤压成型，活塞 8 与曲柄连杆机构相连，实现往复运动，柱塞 7 与活塞 8 用螺栓连接。图 9-11 为采用液压驱动往复活塞双向挤压成型系统工艺流程。

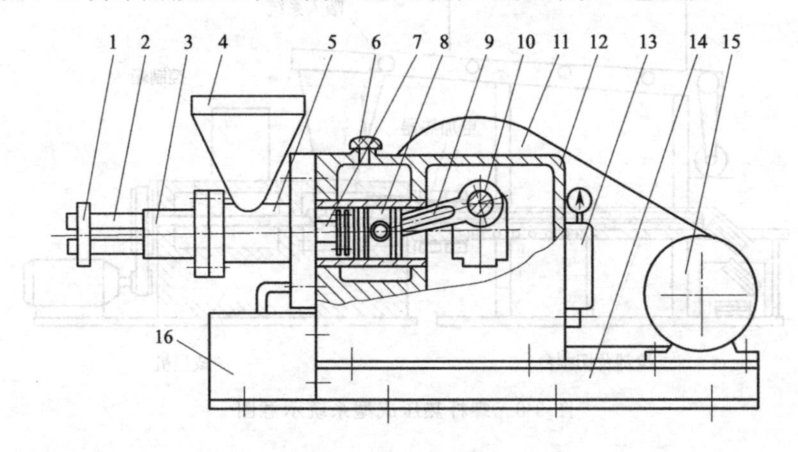

图 9-10　机械驱动活塞式成型机

1—夹紧套；2—成型筒；3—加热圈；4—喂料斗；5—柱塞套；6—冷却系统；7—柱塞；8—活塞；9—连杆；10—曲轴；11—飞轮；12—曲轴箱；13—润滑系统；14—机座；15—电机；16—储气筒

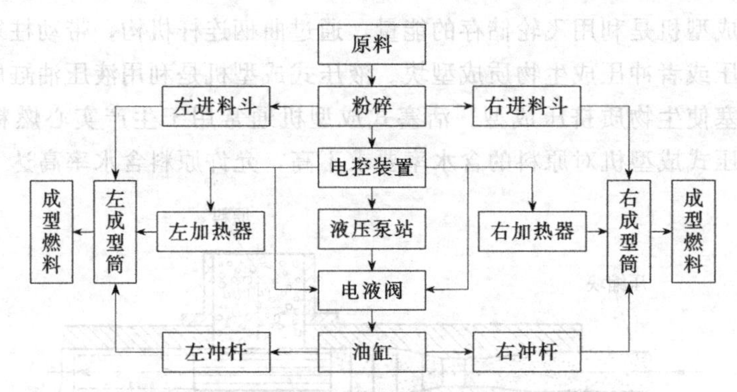

图 9-11　液压驱动双向活塞挤压成型工艺流程

螺杆挤压式和活塞挤压式成型机两者的技术性能对比参见表 9-1。

表 9-1　螺杆挤压和活塞挤压成型机比较

参数	螺杆挤压式	活塞挤压式	参数	螺杆挤压式	活塞挤压式
原料最佳含水率/%	8～9	10～15	密度/(t/m³)	1.0～1.4	1.0～1.2
接触部位磨损	在螺杆处有较大的磨损	活塞和模具有轻度磨损	维护费	低	高
			燃烧性能	很好	一般
工作方式	连续	间断	炭化	适宜	不适宜
动力消耗	较大	较低	燃料力学品质	较好	较低

三、压辊式成型机

压辊式成型机主要用于生产颗粒状成型燃料，具体分为平板模颗粒成型机（见

图 9-12，图 9-13）和环板模颗粒成型机（图 9-14，图 9-15），其中环板模颗粒机又可分为卧式和立式两种机型，也有内环模成型和外环模成型之分。压辊式成型机的基本工作部件由压辊和压模组成。其中压辊可以绕自己的轴转动。压辊的外周加工有齿或槽，用于压紧原料而不致打滑。压模上加工有成型孔，原料进入压辊和压模之间，在压辊的作用下被压入成型孔内。从成型孔内压出的原料就变成圆柱形或棱柱形，最后用切断刀切成颗粒状成型燃料。图 9-15 中调节器的作用是通过加入水蒸气调节过干物料的含水率。

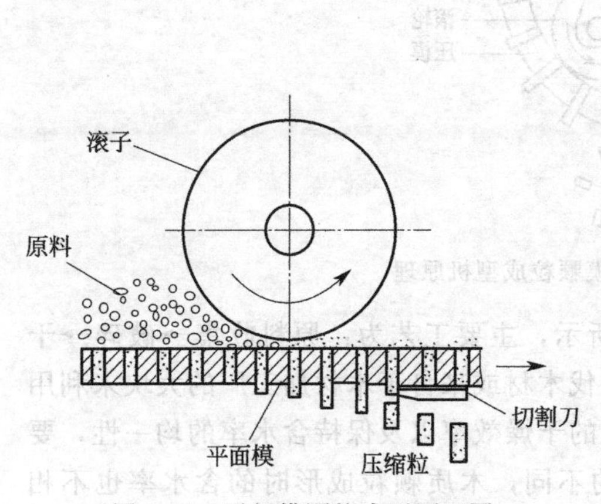

图 9-12　平板模颗粒成型原理图

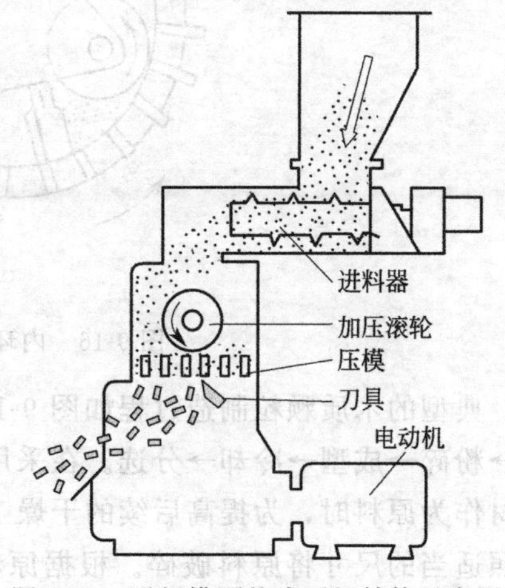

图 9-13　平板模颗粒成型机结构示意图

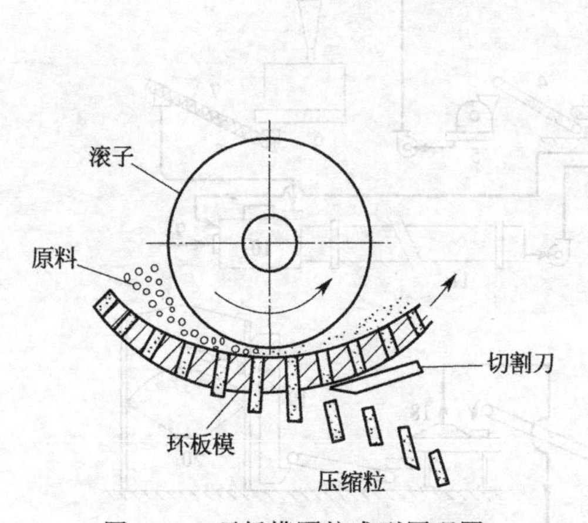

图 9-14　环板模颗粒成型原理图

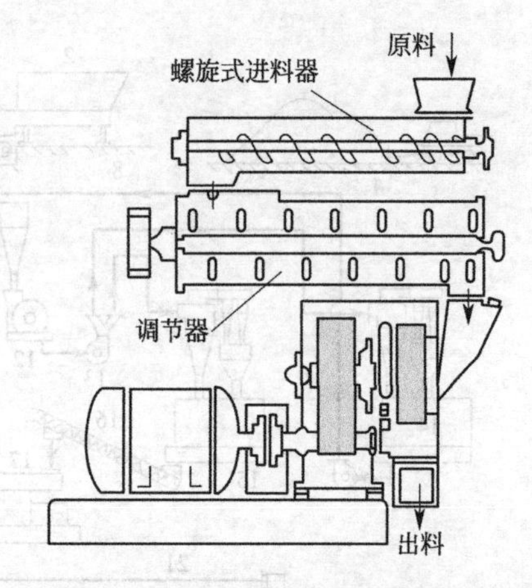

图 9-15　环板模颗粒成型机结构示意图

目前，国内外绝大多数采用内环板模颗粒成型技术，或称为环式轮毂型的滚轮碾压成形技术，如图 9-16 所示。滚轮碾压成形中，定量地向轮毂内部提供原料，原料在轮毂和内部压轮间得到压缩。压缩后的原料通过许多设置在轮毂上的圆柱状小孔向轮毂外挤出，轮毂外设有切断刀具，可以根据所需要的长度将燃料切断，制成颗粒状的产品。据报道，上述压缩条件下的压力为 70MPa 左右，轮毂温度在

100～150℃。与压缩成型条件相关的主要因素包括：压力、温度、加压时间、原料的粒径、含水率和化学成分。如何选择和确定最佳的成型条件还没有形成系统化，成型条件的确定一般主要取决于成型机生产企业或制造者的经验。

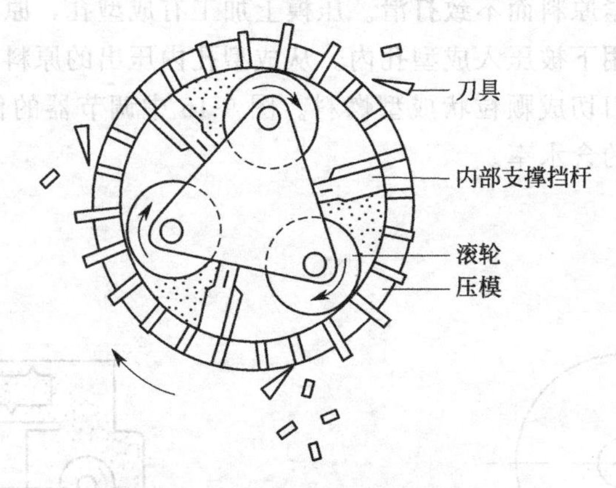

图 9-16　内环板模颗粒成型机原理

典型的木质颗粒制造过程如图 9-17 所示，主要工艺为：原料收集→破碎→干燥→粉碎→成型→冷却→分选。在采用间伐木材或来自于木材加工厂的大块未利用木材作为原料时，为提高后续的干燥工段的干燥效率以及保持含水率的均一性，要按照适当的尺寸将原料破碎。根据原料的不同，木质颗粒成形时的含水率也不相

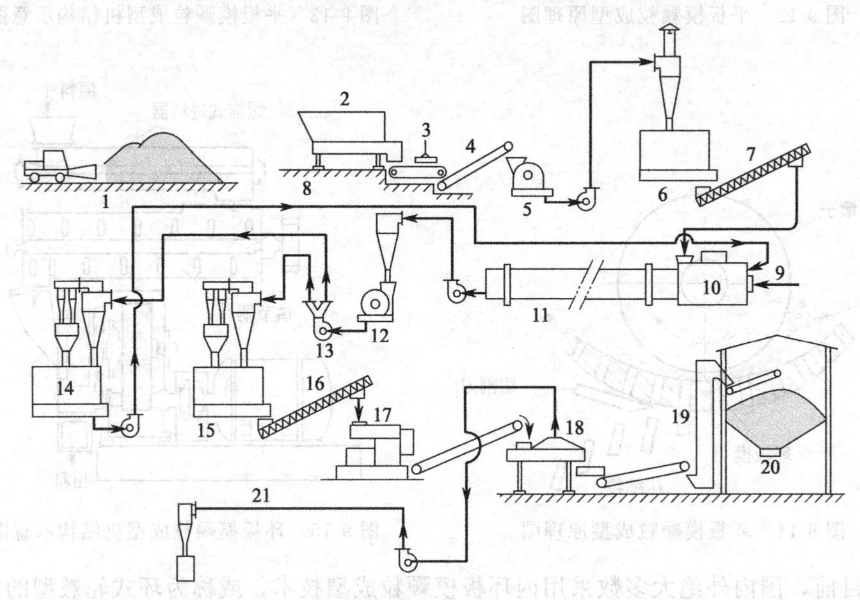

图 9-17　木质颗粒燃料生产工艺流程

1—原料堆放场；2—定量供给料斗；3—磁选机；4—皮带式输送带；5—一次粉碎机；6—第一储料仓；7—螺旋式输送带；8—助燃燃料；9—燃料；10—燃烧炉；11—回转式干燥器；12—二次粉碎机；13—切换式翻斗装置；14—燃料罐；15—第二储料仓；16—螺旋式输送带；17—成型机；18—冷却器；19—斗式输送带；20—产品储仓；21—粉料

同，一般在10%～20%。一般来说，间伐木材等未利用木材的含水率比上述含水率要高，原木通常可以达到50%以上。因此，必须进行干燥处理。与前所述，连续干燥破碎后的木片，有回转炉和气流干燥两种干燥方式。

第六节 生物质成型燃料的特性

一、生物质成型燃料的物理特性

(一) 形状和密度

不同形状的成型燃料与加工工艺和设备有关，生物质成型燃料可分为棒状燃料、块状燃料（或饼状燃料）和颗粒燃料。棒状燃料或颗粒燃料，通常用直径和最大长度值反映外形和燃料规格级别。常见不同形状的生物质成型燃料如图9-18所示。

图9-18 常见不同形状的生物质成型燃料

密度是成型燃料的一个重要参数，单位kg/m^3或者g/cm^3、t/m^3。生物质成型燃料在出模后，由于弹性变形和应力松弛，其压缩密度逐渐减小，一定时间后密度趋于稳定，此时成型燃料的密度又称为松弛密度。密度越大，能量/体积比就越高。因此，从运输、储存和携带的角度来看，人们则青睐高密度产品。

按照成型后的密度大小，生物质成型燃料可分为高、中、低3种密度。一般，密度在$1100kg/m^3$以上的为高密度成型燃料，更适于进一步加工成炭化制品；密度在$700kg/m^3$以下的为低密度成型燃料；密度介于$700～1100kg/m^3$之间的为中密度成型燃料。

成型燃料的密度通常被认为是衡量燃料力学性能的一个参数，密度大则燃料的力学性能高。成型燃料的密度与生物质的种类及压缩成型的工艺条件有密切关系，不同生物质由于含水率不同、化学成分不同，在相同压缩条件下所达到的密度值存在明显的差异。

(二) 耐久性

成型燃料的耐久性作为反映其物理力学品质的一个重要特性，主要体现在不同使用性能和贮藏性能方面，具体细化为抗变形性（resistance to deformation)、抗跌碎性（shatter resistance)、抗滚碎性（tumbler resistance)、抗渗水性（water resistance）和抗吸湿性（hydroscopity）等几项性能指标。

1. 抗变形性

成型燃料的抗变形性，亦称抗压强度（抗碾性或硬度）是指成型燃料在破裂之前所能承受的最大断裂载荷，主要反映成型燃料在承受外界压力作用条件下抗破裂的能力，决定了成型燃料的使用及堆放要求。由于在储藏过程中，上层燃料的重力对底层燃料产生压力，因此必须考虑成型燃料的抗压强度。这一性能的测试通过万能材料试验机上的压缩试验实现。将成型燃料样品置于万能材料试验机的平台上，测定样品在连续加载受压下，变形破裂的最大压力，该压力能反映成型燃料的抗变形性。

2．抗冲击性

由于成型燃料搬运时从货车倒出或装箱过程中从输送道滑入箱体的途中会遇到冲击力，抗冲击（跌摔）试验就是建立在这种假设上。翻滚试验（tumbler test）和跌落试验（drop test）分别用来检验成型燃料的抗跌碎性和抗滚碎性，并用失重率反映成型块的抗碎性能。美国、瑞典等国分别形成了各自的试验技术标准和评估标准，专门用于生物质成型物的耐久性评估。其中翻滚试验被美国农业生物工程师学会（ASABE）认可，作为用来评价颗粒燃料耐久性的一种标准方法，其评价指标为颗粒燃料耐用指数（PDI）。这两种方法的试验装置如图 9-19 所示。

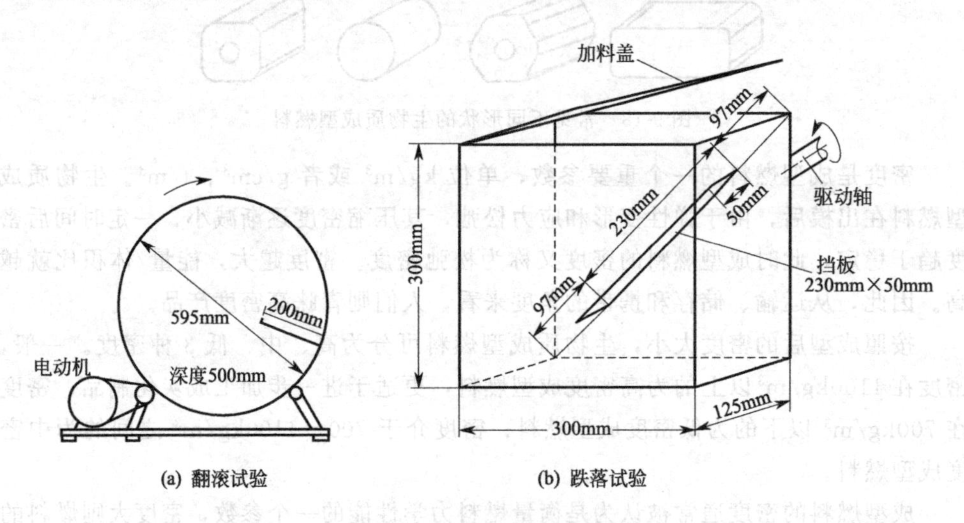

图 9-19　抗冲击性试验装置原理图

3．抗渗水性和抗吸湿性

在运输和储藏过程中成型燃料难免暴露在雨水中或高湿度的环境中，对成型燃料会造成不利影响，因此对成型燃料的抗渗水性有一定的要求。成型燃料在吸收水分后会发生体积膨胀，抗渗水性、抗吸湿性分别反映成型燃料的渗水能力和吸收空气中水分的能力，决定了成型燃料储藏的实际环境条件。

在抗渗水性能评价中，在试验方法和量化方式上略有不同，一种是计算成型块一定时间内在水中的吸水率，另一种是记录成型燃料在水中完全剥落分解的时间。对于抗吸湿性，一般都采用成型块在环境湿度和温度条件下的平衡含水量作为评价指标。

二、生物质成型燃料的燃烧特性

1. 生物质成型燃料的化学特性

化学特性包括热值、含水率、灰分、灰分熔点以及Cl、N、S、K和重金属含量。生物质成型燃料特性及其影响见表9-2。

表 9-2 生物质成型燃料特性及其影响

参数	影响因素
含水率	可存储性、热值、损失、自燃
热值	可利用性、工程的设计
Cl	HCl、二噁英和呋喃①的排放，对过热器的腐蚀作用
N	NO_x、HCN 和 N_2O 的排放
S	S_xO 的排放
K	对过热器的腐蚀作用，降低灰分熔点
Mg、Ca 和 P	提高灰分熔点，影响灰分的使用
重金属	污染环境，影响灰分的使用和处理
灰分含量	含尘量，灰分的处理费用
灰分熔点	使用的安全性
堆积密度	运输和存储的成本、配送方案的设计
实际密度	燃烧特性(包括传热率和气化特性)
颗粒燃料尺寸	可流动性、搭桥的趋势

① 二噁英和呋喃：多氯代二苯并二噁英（PCDDs）和多氯代二苯并呋喃（PCDFs）是两个系列的三环化合物。此类化合物中有一些种类具有极毒的特性，其化学性质稳定，而且在本质上又是亲脂的，因此容易在食物链中发生生物累积，从而对人类和环境构成威胁。PCDDs 和 PCDFs 在技术上是没有用途的，自然界中也不存在。但是在生产某些杀菌剂和除草剂时，以及在焚烧城市固体废物和工业废物时，均有少量二噁英和呋喃作为杂质产生。

针对生物质成型燃料，部分欧洲国家和美国制定了有关的质量标准，规定了成型燃料的热值、堆积密度、灰分含量、S、Cl、N等元素的含量等技术参数。欧洲标准化委员会也制定生物质燃料质量标准。欧洲木质颗粒燃料综合标准见表9-3。

表 9-3 欧洲木质颗粒燃料标准

标准名称及单位	综合指标	标准名称及单位	综合指标
直径(d)/mm	6～8	灰分/%	＜0.5
长度/mm	＜5×d	燃烧热值/(MJ/kg)	＞18
密度/(kg/dm^3)	＞1.12	硫化物/%	＜0.04
含水量/%	＜10	氮化物/%	＜0.3
粉末/%	＜2.3	氯化物/%	＜0.02
黏结剂/%	＜2		

2. 生物质成型燃料的燃烧过程及特征

由于生物质成型燃料是经过高压而形成的燃料，密度远大于原生物质，其结构与组织特征决定了挥发分的逸出速度与传热速度都大大降低。虽然点火温度有所升高，点火性能变差，但比型煤的点火性能要好。

生物质压缩成型燃料的燃烧过程近似于煤的燃烧过程，可分为干燥、挥发分析出及着火燃烧、焦炭着火燃烧等过程（见图 9-20）。燃烧开始时挥发分缓慢分解，燃烧速度适中，能够使挥发分放出的热量及时传递给受热面，使排烟热损失降低。同时挥发分燃烧所需的氧与外界扩散的氧很好地匹配，挥发分逸出后剩余的炭结构也紧密，运动气流不能将其解体，炭的燃烧可充分利用，减少了大量的气体不完全燃烧损失与排烟热损失。挥发分燃烧后，剩余的焦炭骨架结构紧密，像型煤焦炭骨架一样，运动的气流不能使骨架解体悬浮，使骨架炭能保持层状燃烧，能够形成层状燃烧核心。这时炭的燃烧所需要的氧与静态渗透扩散的氧相当，燃烧稳定持续，从而减少了固体与排烟热损失。

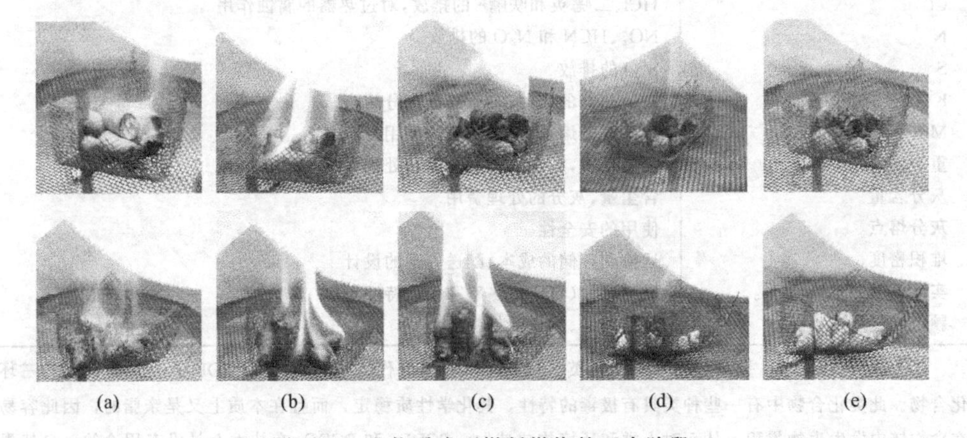

图 9-20　生物质成型燃料燃烧的五个阶段

第十章　生物质制氢技术

氢是宇宙中最为丰富的元素，在地球上广泛存在于水、甲烷、氨以及各种含氢的化合物中，氢可以通过各种一次能源得到，也可以通过可再生能源或二次能源开采。氢能是最环保的能源，清洁无污染，燃烧热值很高，便于储存，是解决目前全球能源紧缺和环境污染问题最为首选的能源。生物质制氢主要包括生物转化制氢和热化学转换制氢等方法，是当前最有发展前景的清洁的生物质能转换技术之一，且由于生物质是廉价的可再生制氢原料，每千克生物质可产生 $0.672m^3$ 的氢气，占生物质总能量的40%以上，已成为世界各国可再生能源科学技术领域的研究开发热点之一。

第一节　概　述

1. 氢的性质

(1) 氢的物理性质　氢的相对原子质量为1.008，氢元素位于化学周期表的第一位，通常状况下氢气是无色无味的气体，极难溶于水，不易液化，氢气是所有气体中最轻的，标准状态下的密度为 $0.0899kg/m^3$，只有空气密度的1/14。在所有的气体中，氢的比热容最大、导热率最高、黏度最低，是良好的冷却工质和载热体。氢的热值很高，为121061kJ/kg，约为汽油热值的3倍，高于所有的化石燃料和生物质燃料，且燃烧效率很高。

(2) 氢的化学性质　氢的化学性质比较活泼，一般不存在单原子的氢，都是以双原子构成气体氢分子或与其他元素结合的形式存在，氢分子还原性强。氢是一种易燃易爆物质，氢气在氧或空气中着火范围非常宽广，燃烧时若不含杂质可产生无色的火焰，火焰的传播速度很快，达2.7m/s；着火能很低，为0.2mJ。在大气压力及293K时氢气与空气混合物的燃烧体积分数范围是4%～75%；当混合物中氢的体积分数为18%～65%时特别容易引起爆炸。因此进行液氢操作时需要特别小心，而且应对液氢纯度进行严格的控制与检测。

2. 氢能的特点

氢能是一次能源的转换储存形式，是氢所含有的能量，因此它是一种二次能源。氢气的主要特点为：①氢是最洁净的燃料。氢作为燃料使用，其最突出的优点是与氧反应后生成的是水，可实现真正的零排放，不会像化石燃料那样产生诸如一氧化碳、二氧化碳、碳氢化合物、硫化物和粉尘颗粒等对环境有害的污染物质，因此它是最洁净的燃料。氢在空气中燃烧时可能产生少量的氮化氢，经过适当处理也不会污染环境，而通过燃料电池转换为电能则完全转化为洁净的水，而且生成的水还可继续制氢，反复循环使用，氢能的利用将使人类彻底消除对温室气体排放造成全球变暖的担忧。②氢是可储存的二次能源。二次能源可以分成两类，一类是电力、热力等基本不可储存携带的能源，另一类是汽油、柴油等可以储存携带的能源。电能可从各种一次能源中生产出来，而汽油、柴油等则几乎完全依靠石油资源。氢可以通过各种一次能源（可是化石燃料，如煤、天然气）得到，也可以通过可再生能源（太阳能、生物质、风能等）或二次能源（电）开采。氢能和电、热能最大的不同在于氢可以被大规模地储存。随着经济的发展，人们需要越来越多的旅行，物资需要越来越快的运输，快速便捷的交通工具是现代文明的象征，在这些交通工具上，只能使用可储存携带的二次能源。而目前全球的汽油、柴油日趋短缺，价格飙升，甚至引起各国的为争夺石油的激烈战争，可储存携带的二次能源中氢能清洁无污染、能量密度高、可再生、应用形式多，是一种理想的能源载体，被能源界公认为最理想的化石燃料的替代能源。③氢能的效率高。由于热力学第二定律的作用，所有将燃料的化学能转化为机械能的热机都伴随着一定比例的冷源损失，目前效率最高的火力发电厂的能源转化效率只不过在40%左右，内燃机的效率一般不超过28%。科学家们一直在寻找不受热力学第二定律限制的能源转换方式，燃料电池就是其中一种，理论上燃料电池可以使用多种气体燃料，但目前真正技术上取得突破的只有氢气，这使得氢能成为目前转换效率最高的能源。目前燃料电池的转换效率约为60%～70%，还有继续提高的潜力。

氢的资源丰富，来源多样，用途广泛，可再生，具有可储存性，燃烧热值高、效率高。氢能是最环保的能源，潜在的经济效益高，可以同时满足资源、环境及可持续发展的要求，是人类未来永恒的能源。

3. 氢的存在形式及制取途径

地球上的氢主要以其化合物，如水和碳氢化合物、石油、天然气等的形式存在。水是地球的主要资源，地球表面70%以上被水覆盖，在陆地也有丰富的地表水和地下水，一次水是氢能最主要的资源。目前制氢的方法很多，根据制氢所用原料主要制氢途径见表10-1。用水制氢，包括水电解制氢、热化学制氢、高温热解水制氢；其中，水电解制氢有普通水电解制氢、重水电解制氢、煤水浆电解制氢及压力电解制氢。水热化学制氢是指在水系统中，在不同温度下，经历一系列不同但又相互关联的化学反应，最终将水分解为氢气和氧气的过程。在这个过程中，仅仅消耗水和一定热量，参与制氢过程的添加元素或化合物均不消耗，整个过程构成一封闭循环系统。化石能源制氢，包括煤制氢、气体原料制氢、液体化石能源制氢等；其中，煤制氢主要是煤炭气化技术制氢及煤的焦化制氢，气体原料制氢包括天然气水蒸气重整制氢、部分氧化重整制氢、天然气催化热裂解制氢、天然气新型催化剂制氢等；液体化石能源制氢主要有甲醇、乙醇、石油制氢等。生物质制氢，包括微生物转化技术，热化学转化技术制氢；其中，微生物转化技术制氢包括光解微生物产氢和厌氧发酵菌有机物产氢。

目前研究的还有太阳能作为产氢的一次能源其能降低制氢成本。另外几种潜在的制氢方法包括热化学制氢、光催化作用制氢、生物质制氢等方法。生物质制氢技术具有清洁、节能和不消耗矿物资源等突出优点，生物质作为可再生资源，能进行自身的复制繁殖，又可通过光合作用进行能量和物质转换，在常温常压下通过酶的催化作用得到氢气。从长远的角度来看，利用太阳能通过生物质制氢是最有前景的制氢途径。

表 10-1　主要制氢途径及其特点

用水制氢	化石能源制氢	生物质制氢
水电解制氢：产品纯度高，操作简便，但电能消耗高	煤制氢：生产投资大，易排放温室气体，新型技术正在研发	热化学转化技术：有生物质热解制氢、气化制氢、超临界气化制氢等方法。产氢率和经济性是选择工艺的关键所在
热化学制氢：能耗低，可大规模工业化生产，可直接利用反应堆的热能，效率高，反应过程不易控制	气体原料制氢：是化石能源制氢工艺中最为经济合理的方法。主要有 4 种方法，工艺过程仍需改进	
高温热解水制氢：过程复杂，成本高	液体化石能源制氢：甲醇、乙醇、轻质油及重油制氢工艺过程各有利弊	微生物转化技术：对于光合细菌产氢，如何提高光能转化效率是关键；厌氧发酵制氢产率较低，先进的培养技术有待开发

4. 氢的储存和利用方式

氢的储存是氢经济中一个至关重要的技术，氢的输送比固态煤、液态石油、天然气更困难。一般，氢可以以气体、液体、化合物等形式储存。目前，主要的氢储存方式有常压、高压、液氢、金属氢化物、非金属氢化物 5 种。

(1) 常压储氢方法　适合大规模储存气体，使用巨大的水密封储罐。因氢气的密度太低，常压储氢方法应用不多。

(2) 高压储氢　最普通和最直接的储氢方式，压缩后的气体通过减压阀的调节就可将氢气直接放出。我国有专用高压储氢钢瓶。此法储氢钢瓶容积利用率太低，还需考虑氢气压缩的能耗、运输成本及安全问题。

(3) 液氢储氢　在标准大气压下将氢气冷冻或通过高压氢气绝热膨胀至液态作为存储状态的一种储氢方法。但氢的液化需要消耗大量能源，每千克液氢消耗 28.90MJ 的能量；在储罐中储存时存在热分层问题，下热上冷，稍有扰动两层就会翻动、爆沸，发生爆炸事故，一般加装阻止热分层的装置来防止事故发生。液氢与外界环境温度差距悬殊，易导致液氢蒸发，不经济不安全。此法存储效率高、能量密度高，但能耗大，且有自然挥发。液氢不适合间歇使用能源的场合，如汽车，但一些特殊用途的宇航运载火箭适合采用液化储氢。

(4) 金属氢化物储氢　氢可以和许多金属或合金化合形成金属氢化物而达到储氢的方法。在一定温度和压力下金属会大量吸收氢形成金属氢化物，反应具有很好的可逆性，升高温度，减小压力即可释放出氢气，是一种极其简便易行的理想储氢方法。储氢的反应原理即：$xM + yH_2 \longrightarrow M_xH_{2y}$（M 为金属元素）。金属氢化物储氢容量较大，单位体积储氢的密度是同温、同压下气态氢的 1000 倍。充放氢循环寿命长，成本低，但储氢金属或合金易粉化，微细的粉末在释氢时易混杂在氢气中，另外，金属的氧化膜及杂质气体对储氢金属性能的负面影响较大。目前研究发展中的储氢合金，主要有钛系储氢合金、锆系储氢合金、铁系储氢合金及稀土系储氢合金。

(5) 非金属氢化物储氢　主要包括碳质材料储氢和有机化合物储氢等方式，针对不同的用途，这些储氢方式各有利弊，储氢材料的性能及掺杂技术目前已有所突破。

目前，氢可以直接作为内燃机、燃料电池、热核反应等动力设备的燃料，具有清洁高效的先进能源利用方式。

① 氢主要作为内燃机的燃料而燃烧放热，也可与其他燃料混合做氢混合燃料。随着化石能源储量减少，石油资源日趋枯竭，而依赖有限化石燃料的现代交通工具汽车、飞机、轮船等又无法直接使用从发电厂输出的电能，氢能的燃烧热值很高又清洁环保，是理想的替代能源。氢内燃机与汽油内燃机相比，系统效率高，发动机寿命长，环境友好，使用经济。目前氢内燃机汽车还在示范阶段，困难在于没有强有力的车载储氢方法。氢内燃机飞机和氢燃料火箭前景美好。

② 氢用于燃料电池直接释放电能，是氢能利用的最理想方式，它是电解水制氢的逆反应。英国科学家格罗夫首次进行燃料电池的实验，消耗掉氢气和氧气产生水的同时得到电。燃料电池汽车就是将燃料电池发电机作为驱动源的电动汽车，可用作燃料电池汽车的燃料有纯氢、甲醇和汽油等。利用纯氢，系统较简化且可提高燃料电池的效率，但氢的储存量有限，因而汽车行驶距离会受限，目前科学家们正在研究合适的储氢方式。自 1999 年我国的第一辆氢燃料电池车在清华大学试验成功，紧接着其他公司及科研单位也试验成功各种用途的汽车，氢燃料电池将引发一场汽车技术革命。燃料电池除了用在交通运输方面，还可用在固定式电站，也可用作小型或微型便携电源。

③ 利用氢的热核反应释放的核能，氢及氢的同位素可用于核聚变的原料，^3He 作为核聚变燃料更清洁，操作安全，效益更高，但是 ^3He 不存在地球上，只能去月球开采，据推算，月球上的 ^3He 不过可供地球使用几百年，因此，氢的同位素还是实现核聚变可靠的原料。

第二节　生物质热化学转换法制氢

生物质热化学转换法制氢过程是化学工程过程，热化学转换可以从生物质中获得更大量的可用能源（H_2、CO 等），提高生物质在能源领域的利用比例，并可在生物质气化反应器固定床和流化床中进行大规模的生产，热化工过程易于控制。生物质气化是以生物质为原料，以氧气（空气）、水蒸气或氢气等作为气化剂，在高温条件下通过热化学反应将生物质中可以燃烧的部分转化为可燃气的过程。气化产生的气体主要有效成分有 H_2、CO、CH_4、CO_2 等，要得到纯氢还需进行气体分离。

一、生物质气化制氢

1. 基本原理

生物质气化产氢过程在生物质气化炉中发生，以流化床式生物质反应器最为常用。过程主要是生物质炭与氧的氧化反应，碳与二氧化碳、水等的还原反应和生物质的热分解反应，通常炉中的燃料可分为干燥、热解、氧化、还原四层，各层燃料在同时进行着各自不同的化学反应过程。

2. 主要工艺

生物质气化催化制氢得到的可燃气主要成分是 H_2、CO 和少量的 CO_2，然后借助水-气转化反应生成更多的氢气，最后分离提纯。此过程会产生较多的焦油，一般在气化后采用催化裂解的方法来降低焦油含量并提高燃气中氢的含量。生物质气化催化制氢工艺流程如图 10-1 所示。

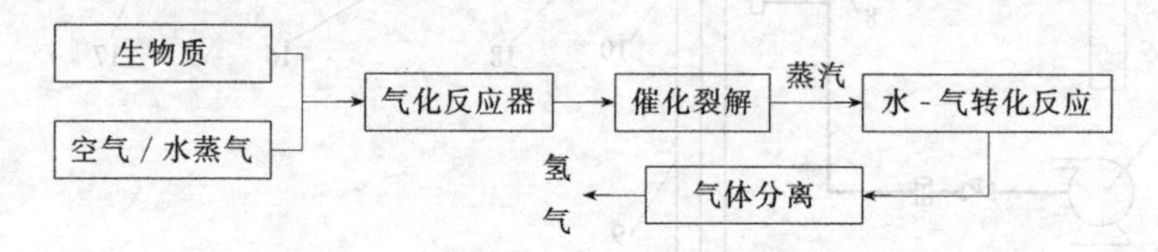

图 10-1　生物质催化气化制氢工艺流程

在气化过程中，生物质在空气或氧气及高温条件下被转化成燃料气。根据气化介质的不同或生物质气化反应器的不同，工艺流程也不相同。对于生物质气化产氢，按气化介质分，生物质气化技术主要有空气气化、纯氧气化、蒸汽-空气气化和干馏气化等多种气化工艺。

(1) 空气气化　以空气为气化介质是气化技术中较简单的一种，一般在常压和700～1000℃下进行，由于空气中氮气的存在，使产生的燃料气体热值较低。生物质气化反应器可以是上吸式气化炉、下吸式气化炉及流化床等不同形式。

(2) 纯氧气化　该工艺比较成熟，用纯氧作生物质气化介质能产生中等热值的气体，但氧气气化成本较高。

(3) 蒸汽-空气气化　比单独使用空气或蒸汽为气化剂有优势，减少了空气的供给量，克服空气气化产物热值低的缺点，可以生成更多的氢气和碳氢化合物，提高了燃气热值。

(4) 干馏气化　是指在缺氧或少量供氧的情况下生物质进行干馏的过程，产物可燃气主要成分 CO、H_2、CO_2 和 CH_4 等，另有液态有机物产生。

可见，生物质气化过程中常用的气化剂是空气、氧气、蒸汽或氧气和蒸汽的混合气，生物质气化一般得到的可燃气为混合气体。采用不同的气化剂，生成的可燃气体的成分及焦油含量不同。空气作气化剂，得到的合成气热值低，约为 4～7MJ/m^3，且燃气中含有大量的氮，导致提纯氢气较难。使用氧气和蒸汽的混合气作为气化剂得到的合成气热值较高，可达 10～18MJ/m³。实验证明，蒸汽更有利于富氢的产生。

生物质气化制氢装置以流化床式生物质反应器最为常用，包括循环流化床和鼓泡流化床。生物质催化气化制氢在流化床反应器的气化段经催化气化反应生成含氢的燃气，燃气中的CO、焦油及少量固态炭在流化床的另外一区段与水蒸气分别进行催化反应，来提高转化率和氢气产率，之后产物气进入固体床焦油裂解器，在高活性催化剂上完成焦油裂解反应，再经变压吸附得到高纯度氢气。生物质气化催化制氢工艺的典型流程如图 10-2 所示。

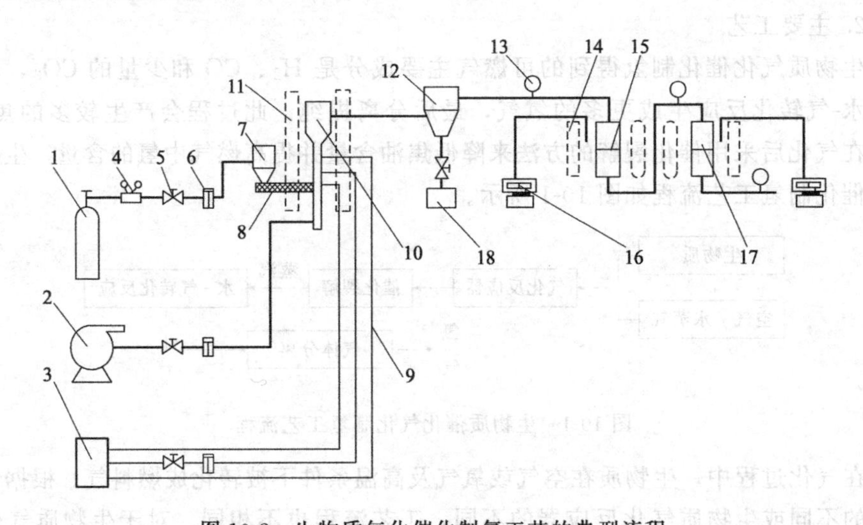

图 10-2 生物质气化催化制氢工艺的典型流程

1—氮气瓶；2—风机；3—蒸汽发生器；4—减压阀；5—闸阀；6—气体流量计；7—给料斗；8—螺旋给料机；9—热蒸汽管；10—流化床；11—电炉；12—旋风分离器；13—取样口；14—电炉；15—接触反应固定床反应器；16—温度自控器；17—接触反应固定床反应器；18—集灰器

二、生物质热裂解制氢

1. 基本原理和工艺流程

生物质热裂解过程是指在隔绝空气或供给少量空气的条件下使生物质受热而发生分解的过程。根据工艺的控制不同可得到不同的目标产物，一般生物质热解产物有气体、生物油和木炭。在生物质热裂解过程中有一系列复杂的化学反应，同时伴随着热量的传递。生物质热裂解制氢就是对生物质进行加热使其分解为可燃气体和烃类，为增加气体中的氢含量，然后对热解产物再进行催化裂解，使烃类物质继续裂解，再经过变换将一氧化碳也转变为氢气，最后进行气体分离。生物质热裂解反应器结构示意图如图 10-3 所示。

生物质隔绝空气的热裂解过程通过不同的反应条件可得到高品质的气体产物，为制取氢气可通过控制裂解温度和物料的停留时间等热裂解条件。由于工艺流程中

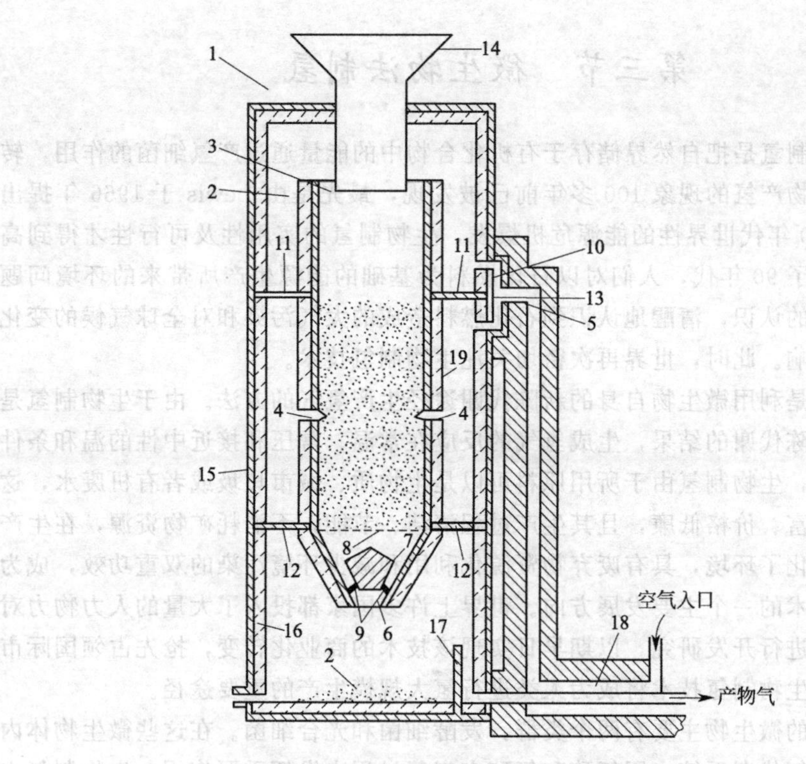

图 10-3　生物质热裂解反应器结构示意图

1—反应器；2—下吸式反应室；3,4,5—空气入口；6—气体出口；7—红外辐射收集器；
8—屏栅；9—载体；10—导管；11，12—隔板；13—空气分布阀门；
14—布料器；15—外套；16—红外辐射防护层；17—凸缘；
18—热交换器；19—木炭床

不加入空气，氮气不存在可以使气体的能流密度大为提高，并降低了气体分离的难度，生物质是在常压下进行的热解和二次裂解，工艺条件温和。

2. 研究和应用现状

生物质隔绝空气热解制氢被许多科研单位所重视，美国对煤和生物质的高温热解过程进行了长期的研究，并制取了氢气、甲醇及烃类。其他欧洲国家的能源研究机构也都进行了研究和示范。美国 NREL 实验室开发的生物质热裂解制氢工艺流程经过变压吸附（PSA）装置后的 H_2 的回收率达 70%，H_2 产量为 10.19kg/d。Chittick 设计的生物质热裂解反应器由于安装了红外辐射防护层，可大大降低热裂解过程中的热量损失，使裂解在 800～1000℃进行，且产物中基本没有木炭和焦油存在。我国对生物质热解制氢也进行了积极的研究，并积累了一定经验，开展了生物质制氢和催化裂解方法的研究，二次裂解制取富氢气体的研究，取得了较好的成果。

此外，还有其他热化学转换制氢方法，如生物质超临界转换制氢、生物质热解油的水蒸气重整制氢、甲醇和乙醇的水蒸气重整制氢及甲烷重整制氢等。

第三节　微生物法制氢

微生物法制氢是把自然界储存于有机化合物中的能量通过产氢细菌的作用，转化为氢气。生物产氢的现象100多年前已被发现，最先是由Lewis于1966年提出的，20世纪70年代世界性的能源危机爆发，生物制氢的实用性及可行性才得到高度的重视。到了90年代，人们对以石化燃料为基础的能源生产所带来的环境问题有了更为深入的认识，清醒地认识到石化燃料造成的大气污染和对全球气候的变化产生的不利影响。此时，世界再次密切关注生物制氢技术。

生物制氢是利用微生物自身的新陈代谢途径生产氢气的方法。由于生物制氢是微生物自身新陈代谢的结果，生成氢气的反应在常温、常压和接近中性的温和条件下进行，此外，生物制氢由于所用原料可以是生物质、城市垃圾或者有机废水，这些原料来源丰富、价格低廉，且其生产过程清洁、节能，不消耗矿物资源，在生产氢气的同时净化了环境，具有废弃物资源化利用和减少环境污染的双重功效，成为国内外制氢技术的一个主要发展方向。世界上许多国家都投入了大量的人力物力对生物制氢技术进行开发研究，以期早日实现该技术的商业化转变，抢先占领国际市场。可以预料生物制氢技术将成为人类进行氢大规模生产的重要途径。

能够产氢的微生物主要有两个类群：发酵细菌和光合细菌。在这些微生物体内存在着特殊的氢代谢系统，固氮酶和氢酶在产氢过程中发挥重要作用。生物制氢主要包括厌氧微生物发酵制氢、光合微生物制氢和厌氧-光合微生物联合制氢。三种不同生物制氢途径的特点见表10-2。

表10-2　不同生物制氢特点的比较

类型	优　点	缺　点
蓝细菌和绿藻	只需要水为原料；太阳能转化效率比树和作物高10倍左右；有两个光合系统	光转化效率低，最大理论转化效率为10%；复杂的光合系统产氢需要克服的自由能较高(+242kJ/mol H_2)；不能利用有机物，所以不能减少有机废弃物的污染；需要光照；需要克服氧气的抑制效应
光合细菌	能利用多种小分子有机物；利用太阳光的波谱范围较宽；只有一个光合系统，光转化效率高，理论转化效率100%；不产氧，不需要克服氧气的抑制效应；相对简单的光合系统使得产氢需要克服的自由能较小	需要光照
发酵细菌	发酵细菌的种类非常多；产氢不受光照限制；利用有机物种类广泛；不产氧，不需要克服氧气的抑制效应	对底物的分解不彻底，治污能力低，需要进一步处理；原料转化效率低

一、厌氧发酵法制氢

(一) 基本原理

厌氧发酵有机物制氢是通过厌氧微生物将有机物降解制取氢气。许多厌氧微生物在氮化酶或氢化酶的作用下能将多种底物分解而得到氢气。这些底物包括：甲酸、丙酮酸、CO和各种短链脂肪酸等有机物、硫化物、淀粉纤维素等糖类。这些物质广泛存在于工农业生产的高浓度有机废水和人畜粪便中，利用这些废弃物制取氢气，在得到能源的同时保护环境。图 10-4 是黑暗厌氧发酵产氢示意图。

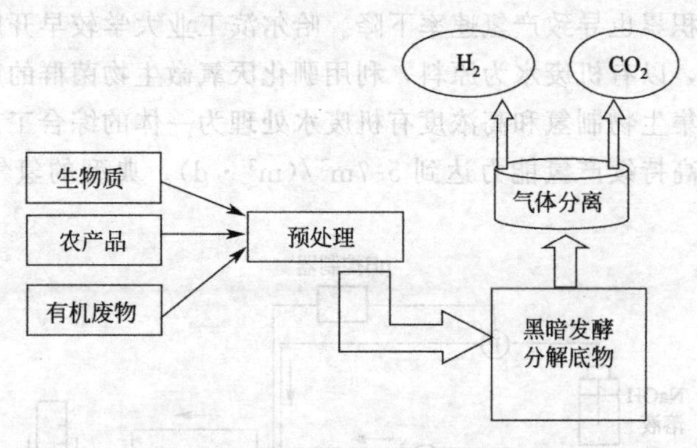

图 10-4　黑暗厌氧发酵产氢示意图

在厌氧条件下进行发酵的厌氧微生物中，存在着产氢的菌种，能够发酵有机物产氢的细菌包括专性厌氧菌和兼性厌氧菌，如丁酸梭状芽孢杆菌、大肠埃希杆菌、褐球固氮菌、根瘤菌等。制氢反应过程一种是利用氢化酶进行，另一种是利用氮化酶进行。在厌氧发酵中，主要使用氢化酶进行氢气生产的研究。总的说来，产氢过程就是发酵型细菌利用多种底物在固氮酶或氢酶的作用下分解底物制取氢气。典型的氢气发酵途径如图 10-5 所示。

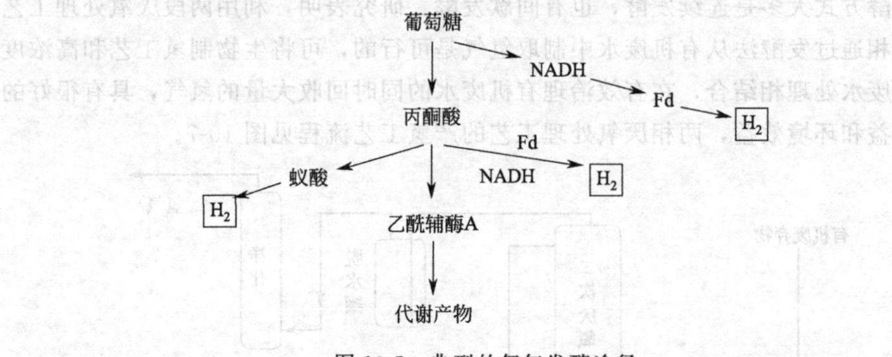

图 10-5　典型的氢气发酵途径

可见，中间代谢物质经过还原型的 NADH（烟酰胺腺嘌呤二核苷酸）以及 Fd（铁氧化还原蛋白）的共同作用或直接经 Fd 作用，或经蚁酸在氢化酶的作用下，最终生成氢气。葡萄糖到丙酮酸的途径是所有发酵的通用途径。厌氧发酵产氢有两条途径：一条是甲酸分解产氢途径，另一条是通过 NADH 的再氧化产氢，称为 NADH 途径。

(二) 工艺流程

厌氧发酵有机物制氢的研究始于20世纪60年代。其中Suzuki和我国任南琪的产氢研究最具代表性。Suzuki利用琼脂固定化菌株对糖蜜酒精废液进行了产氢试验研究，系统用带搅拌的固定化微生物厌氧产氢装置，产氢速率随着搅拌速率的提高由7mL/min增加到10mL/min，但固定化细胞颗粒易遭到破坏导致产氢速率下降，副产物的积累也导致产氢速率下降。哈尔滨工业大学较早开展了发酵法生物制氢技术的研究，以有机废水为原料，利用驯化厌氧微生物菌群的产酸发酵作用生产氢气，形成了集生物制氢和高浓度有机废水处理为一体的综合工艺，取得了阶段性研究成果，最高持续产氢能力达到5.7$m^3/(m^3 \cdot d)$。典型的氢气发酵装置如图10-6所示。

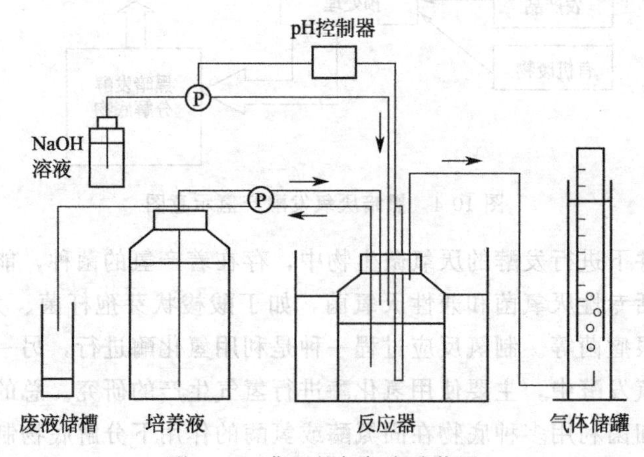

图10-6 典型的氢气发酵装置

发酵方式大多是连续发酵，也有间歇发酵。研究表明，利用两段厌氧处理工艺的产酸相通过发酵法从有机废水中制取氢气是可行的，可将生物制氢工艺和高浓度的有机废水处理相结合，在有效治理有机废水的同时回收大量的氢气，具有很好的经济效益和环境效益，两相厌氧处理工艺的产氢工艺流程见图10-7。

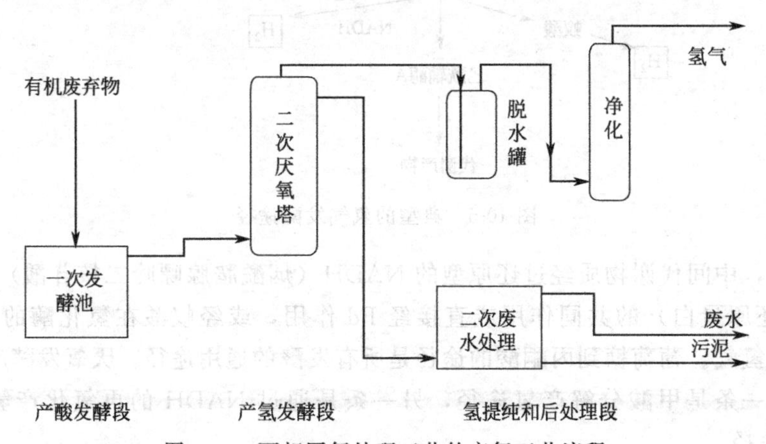

图10-7 两相厌氧处理工艺的产氢工艺流程

（三）研究和应用现状

厌氧发酵有机物制氢的研究始于 20 世纪 60 年代。厌氧发酵法制氢主要研究氢气生产菌株和变异菌株的筛选和探索、使用氮气或氩气进行气体抽提以及提高氢气发酵生产速率的途径等方面。

许多国家的科学家对厌氧发酵有机物制氢的过程在菌种选育、驯化和反应器结构方面进行了较多的工作。Bagai 等研究了三株厌氧发酵细菌混合连续产氢时氮源对氢气产量的影响，结果发现向产氢基质间歇性地添加氮源是保证细胞活性的必要条件，定期添加氮源延长了氢气产量。Zhu 等用琼脂固定 *Rhodobacter spharoides* 利用豆腐加工厂废水产氢，得出最大产氢速率为 2.1L/(h·min)。Singh 等进行了高温产氢光合细菌的筛选，从三种水生植物中分离到 4 株光合细菌，根据细胞形态和染色分析，鉴定为 *Rhodopseudomonas* Sp. 分别记为 BHU1～4，研究表明其中 BH1 和 BH4 两株菌在印度赤道高温天气下具有较好的产氢效果。Tanisho 等研究了 *Enterobacter aerogenes* 产氢的工艺条件，发现不断排出液相中的 CO_2 对产氢有促进作用，产氢基质的 pH 值对产氢量有显著影响，pH 值为 7 时该菌生长最快。Kumar 等研究了用木屑固定 *Enterobacter cloacae* 进行产氢实验，稀释速率为 $0.93h^{-1}$时的产氢速率为 44mmol/h［稀释速率（D）是连续产氢过程的主要操作参数，其定义为进料流量（mL/h）与反应器内料液体积（mL）之比，单位为 h^{-1}。即每 $1/D$ 小时内使反应器内培养液更换一次。稀释速率是影响连续产氢系统稳定性的重要参数。有的文献也称“稀释率”］。Sasikala 等研究了红球菌利用乳酸发酵厂废水间歇和连续产氢，结果发现乳酸废液是很好的产氢基质。Rousset 等研究发现当将 *Plectinema boryanum* 从含氮有氧培养基转入微氧或厌氧的无氮培养基中时有氢气产生。Banerjee 等研究表明 NH_4Cl 和 KNO_3 的混合氮源能促进 *Azolla anabaena* 产氢。

在这类异养微生物群体中，由于缺乏典型的细胞色素系统和氧化磷酸化途径，厌氧生长环境中的细胞面临着产能氧化反应造成电子积累的特殊问题，当细胞生理活动所需要的还原力仅依赖于一种有机物的相对大量分解时，电子积累的问题尤为严重，因此，需要特殊的调控机制来调节新陈代谢中的电子流动，通过产生氢气消耗多余的电子就是调节机制中的一种。目前对于许多厌氧产氢细菌的生理学、还原剂产生途径、新陈代谢过程电子传递的分子生物学和生物化学等已经基本探明，但是对于厌氧细菌的产氢量还没有详细的研究。

研究表明，大多数厌氧细菌产氢来自各种有机物分解所产生的丙酮酸的厌氧代谢，丙酮酸分解有甲酸裂解酶催化和丙酮酸铁氧还蛋白（黄素氧还蛋白）氧化还原酶（PFOR）两种途径。

厌氧发酵产氢可广泛使用多种有机原料，包括淀粉、纤维素、木质素以及各种有机废液，但是产氢量较低，研究发现 1mol 丙酮酸产生 1～2mol 的 H_2，理论上只有将 1mol 葡萄糖中 12mol 的氢全部释放出来，厌氧发酵产氢才具有大规模应用的价值。厌氧产氢量低的原因主要有两个，第一是自然进化的结果，从细胞生存的角度看，丙酮酸酵解主要用以合成细胞自身物质，而不是用于形成氢气；第二，所产氢气的一部分在吸氢酶的催化下被重新分解利用。通过新陈代谢工程以及控制工艺条件使电子流动尽可能用于产氢是提高发酵细菌产氢的主要途径。

虽然厌氧细菌能够分解糖类产生氢气和有机酸，但对底物的分解不彻底，不能进一步分解所生成的有机酸而生产氢气，氢气产率较低。

二、光合微生物法制氢

光合微生物法制氢是指微生物（细菌或藻类）通过光合作用将底物分解产生氢气的方法。

（一）光解水产氢

1. 基本原理

蓝细菌和绿藻的产氢属于这种类型，它们在厌氧条件下，通过光合作用分解水产生氢气和氧气，所以通常也称为光分解水产氢途径。其作用机理和绿色植物光合作用机理相似，光合作用路线见图10-8。这一光合系统中，具有两个独立但协调起作用的光合作用中心：接收太阳能分解水产生 H^+、电子和 O_2 的光合系统Ⅱ（PSⅡ）以及产生还原剂用来固定 CO_2 的光合系统Ⅰ（PSⅠ）。PSⅡ产生的电子，由铁氧化还原蛋白携带经由PSⅡ和PSⅠ到达产氢酶，H^+ 在产氢酶的催化作用下在一定的条件下形成 H_2。产氢酶是所有生物产氢的关键因素，绿色植物由于没有产氢酶，所以不能产生氢气，这是藻类和绿色植物光合作用过程的重要区别所在，因此除氢气的形成外，绿色植物的光合作用规律和研究结论可以用于藻类新陈代谢

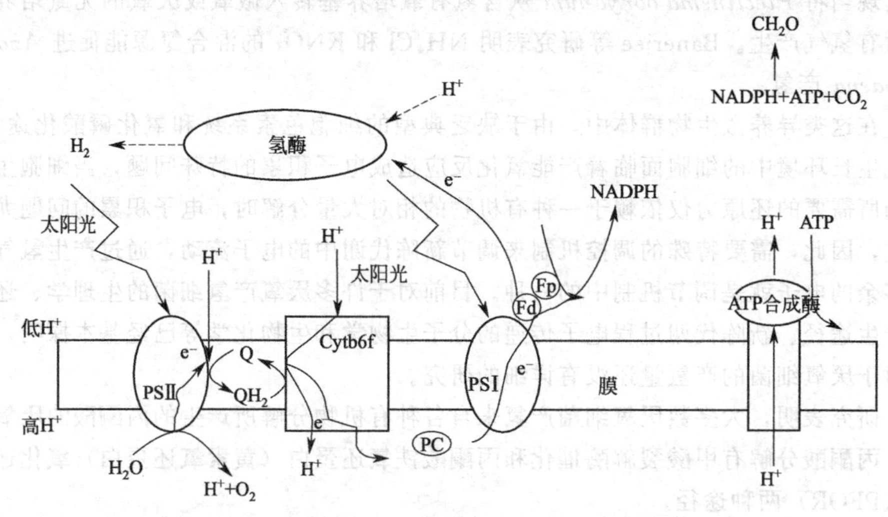

图10-8 藻类光合产氢过程电子传递示意图

PSⅡ—光合系统Ⅱ的反应中心；PSⅠ—光合系统Ⅰ的反应中心；Q—PSⅡ阶段的主要电子接受体；PC—质体蓝素；Cytb6f—细胞色素b6，细胞色素f复合体；Fd—铁氧还蛋白；Fp—氧化还原酶；NADPH—氧化还原酶

过程分析。

2. 直接光解水产氢途径

直接光分解产氢途径中，光合器官捕获光子，产生的激活能分解水产生低氧化还原电位还原剂，该还原剂进一步还原氢酶形成氢气（见图 10-9）。即：$2H_2O \rightarrow 2H_2 + O_2$。这是蓝细菌和绿藻所固有的一种很有意义的反应，使得能够用地球上充足的水资源在不产生任何污染的条件下获得 H_2 和 O_2。事实上，Greenbaum 等研究表明，在低光强度和氧气分压极低的条件下，*Chlomydomonos reinhardtii* 可以获得太阳能转化效率 10%的产氢结果。这一实验结果是在消除了光饱和效应和氧气抑制效应的条件下取得的。由于催化这一反应的产氢酶（见后面关于产氢酶的论述）对氧气极其敏感，所以必须在反应器中通入高纯度惰性气体，形成一个 H_2 和 O_2 分压极低的环境，才能实现连续产氢。Patrick 等认为，维持直接光解水系统连续产氢的氧气分压必须小于 0.1%，实际操作上不可能维持如此小的分压，因为这将需要大量的惰性气体，将惰性气体通入反应器需要消耗很高的能量，实际生产只有在氧气分压接近 1 个大气压的条件下才能实现，这相当于所允许的氧气分压的 1000 倍，显然这一条件下产氢酶无法起催化作用。

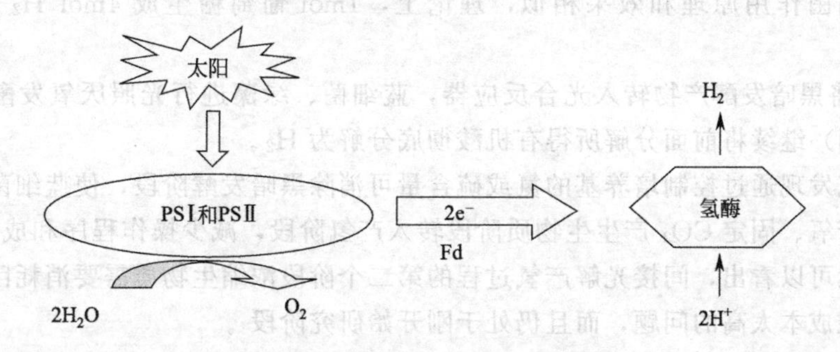

图 10-9　直接光解水产氢示意图

PSⅠ—光合系统Ⅰ；PSⅡ—光合系统Ⅱ；Fd—铁氧还蛋白

从以上的分析可以看出，直接光解水生物制氢技术的应用，必须解决氧气对产氢酶的抑制问题，目前所研究的几种方法都不能很好地解决这一问题，虽然目前美国、日本等国家的一些研究人员仍在进行深入研究，尤其是对上述后两种方法，但是从他们所制定的研究规划看，要取得合适的耐氧菌株需要几十年的努力。既使氧对产氢酶的抑制问题在将来某一天得到了解决，在工业化应用中大量处理氢气和氧气的混合气体也是非常困难的。所以直接光解水产氢途径存在严重的障碍。

3. 间接光解有机物产氢途径

为了克服氧气对产氢酶的抑制效应，使蓝细菌和绿藻产氢连续进行，发展出这种使氢气和氧气在不同阶段和（或）不同空间进行的光分解蓝细菌、绿藻生物质产氢的间接产氢途径，其具体产氢途径见图 10-10。间接光解有机物产氢途径由以下几个阶段组成：

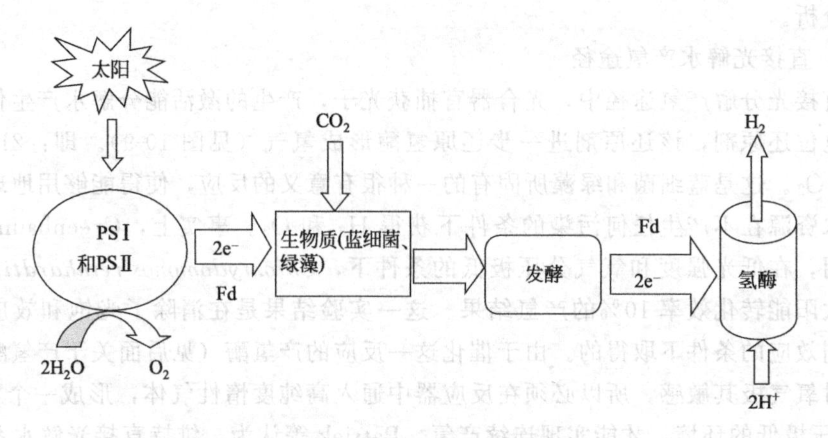

图 10-10　间接光解水产氢示意图

① 在一敞口池子中培养蓝细菌、绿藻，储存碳水化合物；

② 将所获得的碳水化合物（蓝细菌、绿藻细胞）浓缩，转入另一池子中；

③ 蓝细菌、绿藻进行黑暗厌氧发酵，产生少量 H_2 和小分子有机酸，该阶段与发酵细菌作用原理和效果相似，理论上，1mol 葡萄糖生成 4mol H_2 和 2mol 乙酸；

④ 将黑暗发酵产物转入光合反应器，蓝细菌、绿藻进行光照厌氧发酵（类似光合细菌）继续将前面分解所得有机酸彻底分解为 H_2。

研究发现通过控制培养基的氮或硫含量可消除黑暗发酵阶段，使蓝细菌、绿藻直接由产氧、固定 CO_2 产生生物质阶段转入产氢阶段，减少操作程序和成本投入，但是仍然可以看出，间接光解产氢过程的第二个阶段浓缩生物质需要消耗巨大的能量，存在成本太高的问题，而且仍处于刚开始研究阶段 。

（二）光合细菌产氢

光合细菌简称 PSB（photosynthetic bacteria），是一群能在厌氧光照或好氧黑暗条件下利用有机物作供氢体兼碳源，进行光合作用的细菌，而且具有随环境条件变化而改变代谢类型的特性。它们是地球上最早（约 20 亿年以前）出现的，具有原始光能合成体系的原核生物，广泛分布于水田、湖沼、江河、海洋、活性污泥和土壤中。1937 年 Nakamura 观察到 PSB 在黑暗中释放氢气的现象。1949 年，Gest 和 Kamen 则报道了深红螺菌（*Odospirilum rubrum*）光照条件下的产氢现象，同时还发现了深红螺菌的光合固氮作用。这以后的许多研究表明，光照条件下的产氢和固氮在 PSB 中是普遍存在的。

1. 产氢机理

与蓝细菌和绿藻相比，其厌氧光合放氢过程不产氧，只产氢，且产氢纯度和产氢效率较高。光合细菌产氢示意图见图 10-11。

光合细菌产氢和蓝细菌、绿藻一样都是太阳能驱动下光合作用的结果，但是光合细菌只有一个光合作用中心（相当于蓝细菌、绿藻的光合系统Ⅰ），由于缺少藻

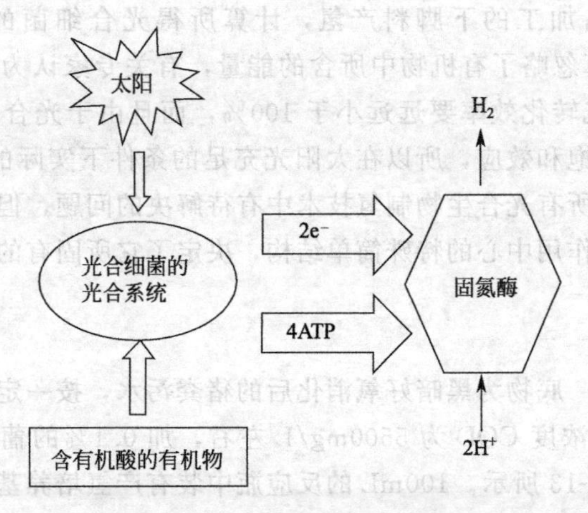

图 10-11　光合细菌产氢原理示意图

类中起光解水作用的光合系统Ⅱ，所以只进行以有机物作为电子供体的不产氧光合作用，光合细菌光合作用及电子传递的主要过程见图 10-12。

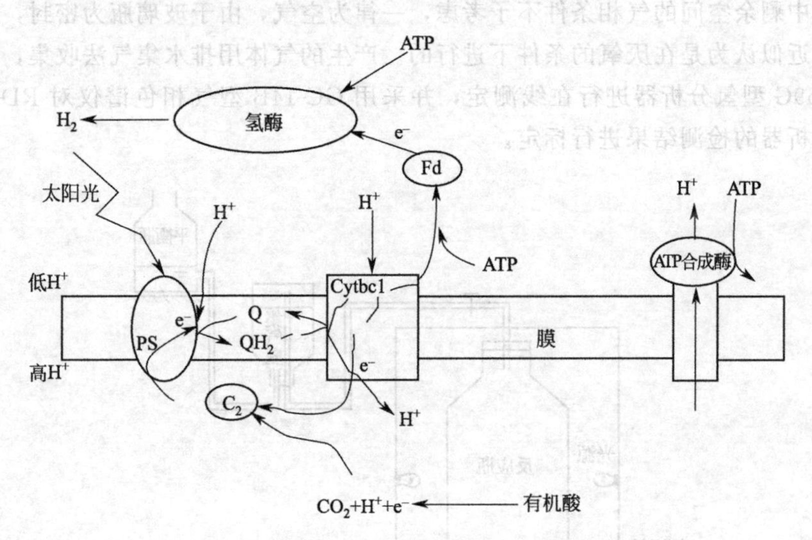

图 10-12　光合细菌光合产氢过程电子传递示意图

光合细菌光分解有机物产生氢气的生化途径为：$(CH_2O)_n \rightarrow Fd \rightarrow$氢酶$\rightarrow H_2$，以乳酸为例，光合细菌产氢的化学方程式可以表示如下：

$$C_3H_6O_3 + 3H_2O \xrightarrow{\text{光照}} 6H_2 + 3CO_2$$

该反应的自由能为$+8.5$kJ/mol H_2，此外，研究发现光合细菌还能够利用 CO 产生氢气，反应式如下：

$$CO + H_2O \xrightarrow{\text{光照}} CO_2 + H_2$$

目前认为光合细菌产氢由固氮酶催化，已经证明光合细菌可利用多种有机酸、食品加工和农产品加工的下脚料产氢，计算所得光合细菌的光转化效率接近100%，但这一计算忽略了有机物中所含的能量，有关专家认为，在理想光照度下（低光照度）实际光转化效率要远远小于100%，而且由于光合细菌的光合系统和藻类一样存在着光饱和效应，所以在太阳光充足的条件下实际的光转化效率更低。提高光转化效率是所有光合生物制氢技术中有待解决的问题，但是，光合细菌所固有的只有一个光合作用中心的特殊简单结构，决定了它所固有的相对较高的光转化效率。

2. 工艺流程

（1）分批实验　底物为黑暗好氧消化后的猪粪污水，按一定比例稀释到接近猪场二级沉淀池污水浓度COD为5500mg/L左右，加0.1%的葡萄糖。本工艺流程的实验装置如图10-13所示。100mL的反应瓶中装有产氢培养基，待接种高效产氢光合菌群后用胶塞密封，将导气管插入到反应瓶上部余留空间，导气管上有一阀门。为控制一定的温度，反应瓶置于光照生化培养箱内，恒温。为保证光合细菌受光的均匀性，在反应瓶的周围均匀地布置四个白炽灯。为考虑实际应用时的方便，反应瓶中剩余空间的气相条件不予考虑，一律为空气，由于玻璃瓶为密封，所以产氢仍可近似认为是在厌氧的条件下进行的。产生的气体用排水集气法收集，定时用RD-2059G型氢分析器进行在线测定，并采用GC-14B型气相色谱仪对RD-2059G型氢分析器的检测结果进行标定。

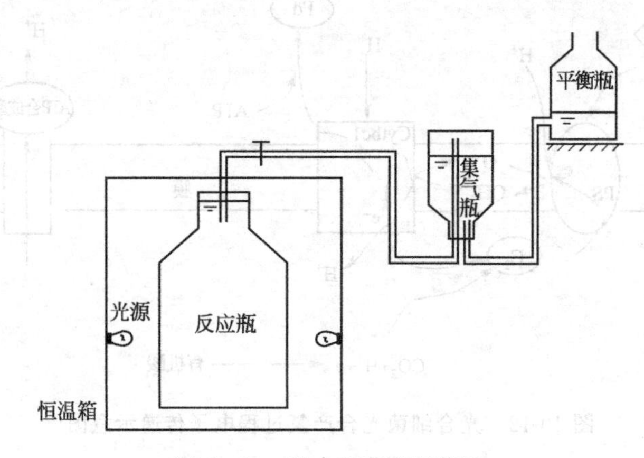

图10-13　光合细菌产氢装置

（2）连续产氢装置　河南农业大学农业部可再生能源重点开放实验室研制的太阳能光合生物连续产氢试验装置如图10-14所示，有效反应容积5.18m^3，有效采光面积2.7m^2，太阳能电池功率150W，太阳能集热器面积4.2m^2，辅助加热功率4.5kW。主要由部分循环折流型光合微生物反应器本体、太阳能聚光传输装置、光热转换及换热器、光伏转换和照明装置、氢气收集储存装置5部分组成。采用太阳能聚集、传输与光合生物制氢等技术，使光合细菌在密闭光照条件下利用畜禽粪便有机物作供氢体兼碳源，连续完成高效率的规模化代谢放氢过程，实现可再生的氢能源生产和工农业有机废弃物的清洁化利用。

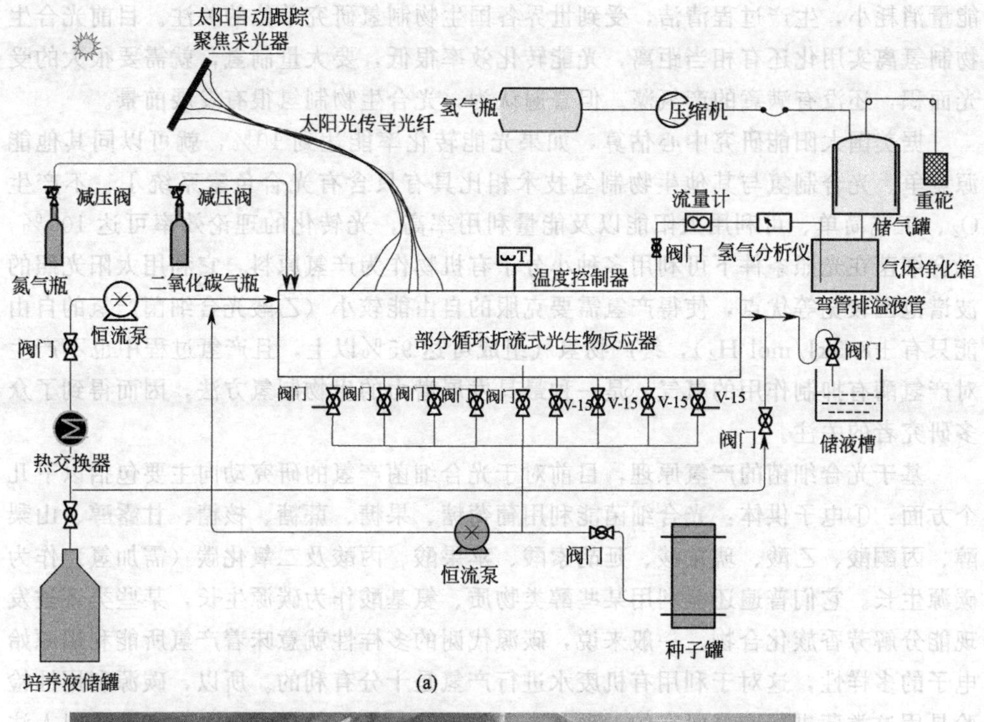

(a)

(b)

图 10-14　太阳能光合生物连续产氢工艺流程（a）与试验装置（b）

3. 研究和应用现状

光合生物制氢是在一定光照条件下，通过光合微生物分解底物产生氢气。主要的研究集中于光合细菌和藻类。微藻太阳光水解制氢是通过微藻光合作用系统及其特有的产氢酶系把水分解为氢气和氧气，这种方法以太阳能为能源、以水为原料，能量消耗小，生产过程清洁，受到世界各国生物制氢研究单位的关注。目前光合生物制氢离实用化还有相当距离，光能转化效率很低，要大量制氢，就需要很大的受光面积，还没有满意的产氢藻。但普遍认为，光合生物制氢很有发展前景。

据美国太阳能研究中心估算，如果光能转化率能达到10%，就可以同其他能源竞争。光合制氢与其他生物制氢技术相比具有只含有光合色素系统Ⅰ、不产生O_2、工艺简单、可利用太阳能以及能量利用率高，光转化的理论效率可达100%，光合细菌在光照条件下可利用多种小分子有机物作为产氢原料，它利用太阳光照的波谱范围较宽等优点，使得产氢需要克服的自由能较小（乙酸光合细菌产氢的自由能只有+8.5kJ/mol H_2），终产物氢气组成可达95%以上，且产氢过程中也不产生对产氢酶有抑制作用的氧气，是一种最具发展潜力的生物制氢方法，因而得到了众多研究者的关注。

基于光合细菌的产氢原理，目前对于光合细菌产氢的研究动向主要包括以下几个方面：①电子供体：光合细菌能利用葡萄糖、果糖、蔗糖、核糖、甘露醇、山梨醇、丙酮酸、乙酸、琥珀酸、延胡索酸、苹果酸、丙酸及二氧化碳（需加氢）作为碳源生长。它们普遍还能利用某些醇类物质、氨基酸作为碳源生长，某些类还被发现能分解芳香族化合物。一般来说，碳源代谢的多样性就意味着产氢所能利用原始电子的多样性，这对于利用有机废水进行产氢是十分有利的。所以，碳源利用性检验是用这类菌进行产氢研究的一项基本工作。②与光能的耦联：光合细菌最引人注目的特性就是它们能在细菌叶绿素的作用下进行厌氧光合作用，它的产氢是和光能利用相耦联的，从光照条件转换到黑暗条件，产氢很快停止或在很低的速率上，记录到的光能转换效率已达到了7.9%。③氨的抑制：铵离子的抑制作用及其浓度的控制。④基因操作：Vasilyeva等从*Rhodobacter sphaeroides*分离到了光捕捉收集系统重新排列的变异株，其能量转化效率大大提高。目前已经分离到去吸氢酶活性的变异株和去铵离子抑制的变异株。加拿大蒙特利尔大学的Hellenbeck正在分离不能向胞内传输NH_4^+的变异株。⑤实用系统的开发：细胞的固定化对产氢的研究，光生物反应器的开发。

近几年已有少数学者从提高光合细菌的光转化效率方面着手对光合生物制氢进行了实验研究，河南农业大学农业部可再生能源重点开放实验室张全国等在光合细菌利用猪粪污水作为原料的高效产氢菌群的筛选与培养、产氢工艺条件、固定化方法、太阳能光合产氢细菌光谱耦合特性、微生物生长热动力学以及太阳能光合生物连续产氢工艺与装置等方面进行了较系统的深入研究，并取得了一些重要进展。

三、厌氧细菌和光合细菌联合产氢

（一）基本原理

黑暗厌氧发酵产氢和光合细菌产氢联合起来组成的产氢系统称为混合产氢途径。图10-15给出了混合产氢系统中发酵细菌和光合细菌利用葡萄糖产氢的生物化学途径和自由能变化。厌氧细菌可以将各种有机物分解成有机酸获得它们维持自身生长所需的能量和还原力，为消除电子积累产生出部分氢气。

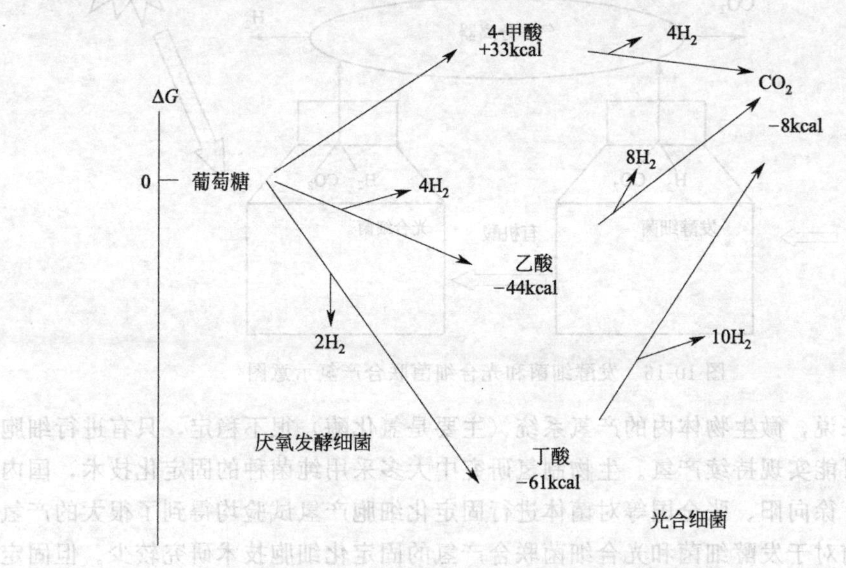

图 10-15　发酵细菌和光合细菌联合产氢途径

从图 10-15 中所示自由能可以看出，由于反应只能向自由能降低的方向进行，在分解所得有机酸中，除甲酸可进一步分解出 H_2 和 CO_2 外，其他有机酸不能继续分解，这是发酵细菌产氢效率很低的原因所在，产氢效率低是发酵细菌产氢实际应用面临的主要障碍。然而光合细菌可以利用太阳能来克服有机酸进一步分解所面临的正自由能势垒，使有机酸得以彻底分解，释放出有机酸中所含的全部氢。另一方面由于光合细菌不能直接利用淀粉和纤维素等复杂的有机物，只能利用葡萄糖和小分子有机酸，所以光合细菌直接利用废弃的有机资源产氢效率同样很低，甚至得不到氢气。利用发酵细菌可以分解几乎所有的有机物为小分子有机酸的特点，将原料利用发酵细菌进行预处理，接着用光合细菌进行氢气的生产，正好做到两者优势互补。

（二）工艺流程

由于不同菌体利用底物的高度特异性，其所能分解的底物成分是不同的，光合微生物与发酵型细菌可利用城市中的大量工业有机废水和垃圾为底物，要实现底物的彻底分解并制取大量的氢气，应考虑不同菌种的共同培养。图 10-16 为发酵细菌和光合细菌联合产氢工艺流程示意图。

Miyake 等人验证了混合产氢途径的可行性，同时发现发酵细菌和光合细菌联合不仅提高了氢气产量，而且降低了光合细菌产氢所需的能量。李白昆等直接采用厌氧活性污泥处理高浓度有机废水制取氢气，并与从其中分离的纯菌发酵制氢对比，指出厌氧活性污泥发酵制氢具有产氢量高、持续时间长、反应条件温和等优点。可见，将多种菌混合使用可使系统更稳定，提高产氢量。

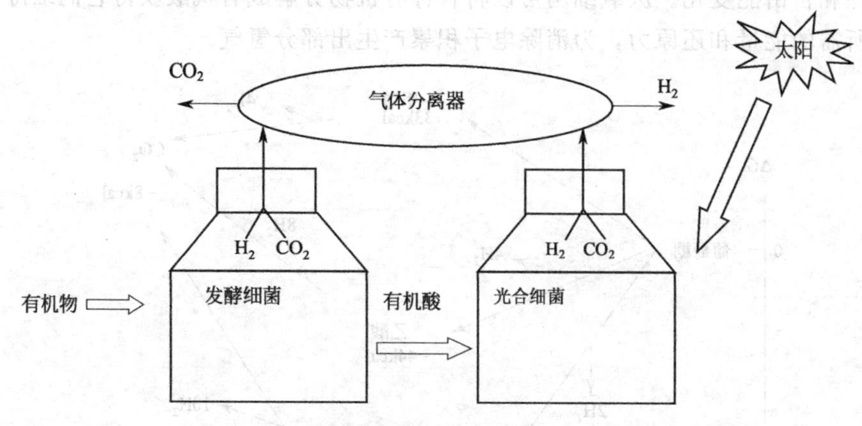

图 10-16　发酵细菌和光合细菌联合产氢示意图

一般来说，微生物体内的产氢系统（主要是氢化酶）很不稳定，只有进行细胞固定化才可能实现持续产氢。生物制氢研究中大多采用纯菌种的固定化技术，国内的李建政、徐向阳、张全国等对菌体进行固定化细胞产氢试验均得到了很大的产氢能力，目前对于发酵细菌和光合细菌联合产氢的固定化细胞技术研究较少。但固定化细胞技术会使颗粒内部传质阻力增大、有反馈抑制、占据空间及使制氢成本增高，固定化细胞技术无论是对实验室内小型批式试验还是连续培养产氢还有待深入研究。

第十一章　生物柴油技术

第一节　名　词　解　释

(1) 生物柴油 (biodiesel)　以动物和植物油脂、微生物油脂为原料与烷基醇通过酯交换反应和酯化反应生成的长链脂肪酸单烷基酯（通常为脂肪酸甲酯和脂肪酸乙酯）。其分子链长 14～20 个碳原子，与石化柴油链长相仿，性质与石化柴油类似，可以直接应用于内燃机。生物柴油具有可再生、污染小、易降解等优点，是一种发展潜力巨大的可再生清洁能源。

(2) FAME (fatty acid methanol ester)　脂肪酸甲酯，一种生物柴油。结构式见图 11-1。

(3) 酯化反应 (esterification)　醇跟羧酸或含氧无机酸生成酯和水的反应。羧酸跟醇的酯化反应是可逆的，并且一般反应极缓慢，故常用浓硫酸作催化剂。生物柴油生产中，一般进行酯化预处理，即使用酸催化剂催化油脂中游离脂肪酸和甲醇反应生成脂肪酸甲酯（生物柴油），为后续酯交换反应除去游离脂肪酸。

(4) 酯交换 (transesterification)　酯与醇作用生成一个新的酯和一个新的醇的反应。反应需要在酸、碱、烷氧负离子等催化剂的催化作用下进行。这是一个可逆的反应，通常采用将生成物从反应体系中取走的方法使反应向需要的方向进行。生物柴油生产中使用甘油三酸酯（油脂主要成分）和甲醇进行酯交换反应，生成甘油和脂肪酸甲酯（生物柴油）。反应式见图 11-1。

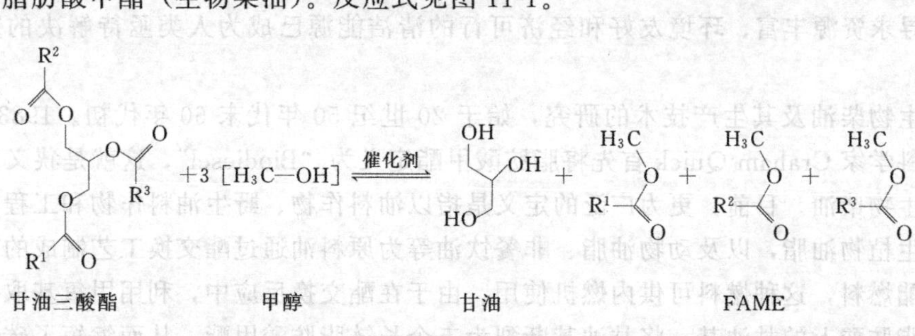

甘油三酸酯 $+3\,[H_3C—OH] \xrightleftharpoons{催化剂}$ 甘油 + FAME

甘油三酸酯　　甲醇　　甘油　　FAME

图 11-1　酯交换反应

(5) 超临界法 (supercritical process)　使反应物温度与压力处于临界点以上，形成超临界流体，在此状态下进行反应。在生物柴油超临界法生产工艺中，通过高温高压使甲醇形成超临界流体，然后与油脂反应制取生物柴油。该法不需要催化剂，反应快，后处理简单，缺点是需要高温高压。

(6) 脂肪酶（lipase） 即三酰基甘油酰基水解酶，它催化天然底物油脂水解，生成脂肪酸、甘油和甘油单酯或二酯。脂肪酶是一种重要的工业酶制剂，可以催化酯水解、酯交换、酯合成等反应，广泛应用于油脂加工、食品、医药、日化等工业。生物柴油酶法生产工艺中，采用脂肪酶作为催化剂，具有反应条件温和、污染小、催化剂分离简单等优点。

(7) 固定化细胞/酶（immobilized cell/enzyme） 利用物理或化学的手段将游离的细胞或酶固定在某种载体上并使其保持活性。生物柴油的生产中采用固定化细胞/酶做催化剂，可以提高催化活性，简化催化剂分离工艺，固定化细胞/酶可以重复利用，降低了催化剂成本。

第二节 生物柴油概述

生物柴油，即从动植物、微生物油脂通过酯交换反应制备的脂肪酸单烷基酯，通常为脂肪酸甲酯（FAME）。生物柴油可以直接替换石化柴油应用于内燃机，并具有可再生、污染小、易降解等优点，是一种优质可再生清洁能源。

与生物柴油容易混淆的有：通过纤维素生物质经过高温裂解液化制备的生物油；通过油脂加氢制备的烷基柴油；通过纤维素生物质气化制备合成气再通过FT合成制备的BTL燃料。

一、生物柴油发展历史

近年来，随着世界工业与全球经济的快速发展，能源消耗的需求急剧增加，导致了严峻的能源危机和安全问题。同时，随着现代社会环境保护意识的不断增强，人们还逐渐认识到，化石燃料大量使用所产生的有害物质会严重污染环境，导致全球气候变暖、物种多样性退化等诸多生态问题，严重影响和威胁着人类的生存。因此，寻求资源丰富、环境友好和经济可行的清洁能源已成为人类亟待解决的重大问题。

生物柴油及其生产技术的研究，始于20世纪50年代末60年代初。1983年，美国科学家Craham Quick首先将脂肪酸甲酯定义为“Biodiesel”，这就是狭义上所说的生物柴油。目前，更为广泛的定义是指以油料作物、野生油料作物和工程微藻等水生植物油脂，以及动物油脂、非餐饮油等为原料油通过酯交换工艺制成的甲酯或乙酯燃料，这种燃料可供内燃机使用。由于在酯交换反应中，利用甲氧基取代了长链脂肪酸上的甘油基，将甘油基断裂为三个长链脂肪酸甲酯，从而缩短了碳链的长度，降低了油料的黏度，改善了油料的流动性和汽化性能，达到作为燃料使用的要求。同时，生物柴油所具有的优良特性使得采用生物柴油的发动机废气排放指标不仅能满足目前的欧洲Ⅱ号标准，甚至能满足即将颁布实施的更加严格的欧洲Ⅲ号排放标准。而且，由于生物柴油燃烧时所排放的二氧化碳远低于该植物生长过程中所吸收的二氧化碳，从而可以改善由于二氧化碳的排放而导致的全球变暖这一有害于人类的重大环境问题，因而生物柴油是一种真正的绿色柴油。

二、生物柴油研究和利用现状

国内外各国生物柴油在近十几年发展很快，尽管其发展历史还不长，但是由于其优越的性能，对环境的友好性和可再生性，已得到世界各国的重视。美国、法国、意大利等相继成立了专门的研究机构，投入了大量的人力物力，见表 11-1。

表 11-1 国外生物柴油发展与应用现状

国家	生物柴油比例①	原 料	现 状
美国	B10～B20	大豆	推广使用中
德国	B5～B20，B100	油菜籽、豆油、动物脂肪	广泛使用中
法国	B5～B30	各种植物油	推广使用中
意大利	B20～B100	各种植物油	广泛使用中
奥地利	B100	油菜籽、废油脂	广泛使用中
保加利亚	B100	向日葵、大豆	推广使用中
巴西		蓖麻油	行车试验中
澳大利亚	B100	动物脂肪	研究推广中
瑞典	B2～B100	各种植物油	广泛使用中
比利时	B5～B20	各种植物油	广泛使用中
阿根廷	B20	大豆	推广使用中
加拿大	B2～B100	桐油、动物脂肪	推广使用中
韩国	B5～B20	米糠、回收食物油、豆油	推广使用中
马来西亚	B10～B20	棕榈油	研究推广中

① 生物柴油比例是指使用过程中，燃料中含生物柴油的体积分数，B10 表示燃料中含生物柴油的体积分数为 10%。

我国生物柴油的研究与开发虽起步较晚，但发展速度很快，一部分科研成果已达到国际先进水平。研究内容涉及油脂植物的分布、选择、培育、遗传改良及其加工工艺和设备。清华大学研制成功生物酶法转化可再生油脂原料制备生物柴油新工艺，突破了传统酶法工艺瓶颈，产品产率达到 90%以上；中国农科院油料所采用共沸蒸馏甘油酯化——甲酯化技术，用废弃油脂生产生物柴油，实现废弃油脂游离脂肪酸酯化和油脂酯交换的高效反应，开辟了废弃油脂转化为生物柴油的新途径。目前国内正在开发的新工艺包括高压醇解成套新工艺、双溶剂多相催化酯交换工艺、超声波酯交换工艺、固体碱催化酯交换工艺等，各方面的研究都取得了阶段性成果，这无疑将有助于我国生物柴油的进一步研究与开发。

此外，我国生物柴油在产业化方面也已取得重大突破，海南正和、四川古杉和福建卓越等公司相继建成了规模超过年产万吨的生产厂，产品已经达到国外同类产品的质量标准，各项性能与 0# 轻柴油相当，标志着生物柴油产业在我国的诞生。

国内企业生物柴油开发力度加快，2006～2007 年中石油、中粮油、中海油等企业已经完成了生物柴油的中试，开始进行大规模的生产建设。预计到 2010 年中国生物柴油产量将达到200万吨/年。表11-2为我国部分在建、拟建生物柴油项目。

表11-2 中国部分在建、拟建生物柴油项目情况介绍

地区	建设规模/(万吨/年)	建设单位	建设周期
内蒙	25	天宏(通辽)生物能源科技发展有限公司	2007～2008年
广西	20	广西柳州明惠生物燃料有限公司	2008～2009年
河南	10	洛阳天昌生物工程有限公司	2006～2008年
上海	15	上海中生化能源科技有限公司	2007～2008年
河北	10	河北中天明生物燃油有限公司	2006～2007年
河南	10	济源市中亿石油实业有限公司	2006～2008年
河南	10	罗山县金鼎化工有限公司	2006～2010年

三、生物柴油原料和生产工艺

生物柴油原料主要为动植物和微生物油脂，包括草本植物油、木本植物油、动物油、废弃油脂（如地沟油）、微藻油脂等。

生物柴油的生产工艺主要包括化学法和生物法，主要区别是催化剂的选择，化学法有酸/碱催化法、超临界法等，生物法有酶催化和细胞催化法。目前工业生产生物柴油主要采用酸/碱催化，超临界法和生物法是研究的热点，尚未得到工业化应用。

四、生物柴油的优缺点

1. 优点

① 具有优良的环保特性。主要表现在由于生物柴油中硫含量低，使得二氧化硫和硫化物的排放低，可减少约30%（有催化剂时为70%）；生物柴油中不含对环境会造成污染的芳香族烃类，因而废气对人体损害低于柴油。检测表明，与普通柴油相比，使用生物柴油可降低90%的空气毒性，降低94%的患癌率；由于生物柴油含氧量高，使其燃烧时排烟少，一氧化碳的排放与柴油相比减少约10%（有催化剂时为95%）；生物柴油的生物降解性高。

② 具有较好的低温发动机启动性能。无添加剂冷滤点达－20℃。

③ 具有较好的润滑性能。使喷油泵、发动机缸体和连杆的磨损率低，使用寿命长。

④ 具有较好的安全性能。由于闪点高，生物柴油不属于危险品。因此，在运输、储存、使用方面的安全性又是显而易见的。

⑤ 具有良好的燃料性能。十六烷值高，使其燃烧性好于柴油，燃烧残留物呈微酸性，使催化剂和发动机机油的使用寿命加长。

⑥ 具有可再生性能。作为可再生能源，与石油储量不同，通过农业和生物科学家的努力，生物柴油可供应量不会枯竭。

⑦ 无需改动柴油机，可直接添加使用，同时无需另添设加油设备、储存设备

及人员的特殊技术训练。

⑧ 生物柴油以一定比例与石化柴油调和使用，可以降低油耗、提高动力性，并降低尾气污染。

2. 缺点

① 生物柴油热值略低于石化柴油。

② 由于生物柴油具有弱酸性，因此对柴油机及其附件具有一定的腐蚀性，对未升级输油管路的较老旧车辆，使用时可能存在安全隐患。

③ 闪点高造成点火性能不好。

④ 可再生性具有一定限制，原料在一定历史时期内可能无法“按需供应”，只能在有限的市场中供应。

第三节　生物柴油标准

生物柴油的飞速发展要求建立相应的标准来指导生产、保证质量和规范市场。1992 年奥地利制定了世界上第一个生物柴油标准，它是以菜子油甲酯为基准。随后美国、德国、法国等国家相继颁布了本国的生物柴油标准。由于各个国家生物柴油的原料、生产工艺、使用范围等有所不同，各个国家的标准也存在着差异。

一、各国生物柴油标准

以下标准是截止到 2008 年 7 月的最新标准。

1. 中国标准

GB/T 20828—2007：柴油机燃料调和用生物柴油（BD100），实施时间 2007 年 5 月 1 日，借鉴了国际标准 ASTM D6751-03a，NEQ［馏分燃料调和用生物柴油（B100）标准］；

SH/T 0796—2007：B-100 生物柴油脂肪酸甲酯中游离甘油和总甘油含量测定法（气相色谱法），实施时间 2008 年 1 月 1 日，借鉴了国际标准 ASTM D6584-00，MOD（通过气相色谱测定 B 100 生物柴油甲基酯中自由基和总丙三醇的试验方法）。

2. 美国标准

ASTM D7321—08：通过实验室过滤测定用于燃油混合原料的生物柴油 B100 中微粒污染物的标准方法；

ASTM D7398—07：通过气相色谱法测定沸点 100～615℃ 内脂肪酸甲酯（FAME）沸点范围分布的标准方法；

ASTM D7371—07：通过中红外光谱法（FTIR-ATR-PLS 法）测量柴油中生物柴油（脂肪酸甲酯）的标准方法；

ASTM D6920—07：通过氧化燃烧和电化学探测法测量石脑油、馏出液、重整汽油、柴油、生物柴油和发动机燃料中硫总含量的标准方法；

ASTM D6751—07be1：用于中间馏出燃油混合原料的生物柴油（B100）的标

准规范；

ASTM D6584—07：通过气相色谱法测定B 100生物柴油甲酯中游离和总甘油的标准方法。

3. 欧盟标准

EN 14213—2003：加热用油——脂肪酸甲酯（FAME）要求和测试方法；

EN 14214—2003：机动车燃料——柴油发动机用脂肪酸甲酯要求和试验方法；

EN 14078—2003：液体石油产品——中间馏出组分中脂肪酸甲酯（FAME）的测定（红外光谱法）；

EN 14331—2004：液体石油产品——中间馏出组分中脂肪酸甲酯（FAME）的分离与鉴定（液相/气相色谱法）；

EN 14538—2006：脂肪和油脂衍生物——脂肪酸甲酯（FAME）电感耦合等离子体发射光谱法测定钙、钾、镁和钠含量；

EN 14103—2003：脂肪和油脂衍生物——脂肪酸甲酯（FAME）中酯和亚麻酸甲酯含量的测定；

EN 14104—2003：脂肪和油脂衍生物——脂肪酸甲酯（FAME）酸值测定；

EN 14105—2003：脂肪和油脂衍生物——脂肪酸甲酯（FAME）中游离甘油和总甘油含量以及甘油一酸酯、甘油二酸酯、甘油三酸酯含量的测定（参考方法）；

EN 14106—2003：脂肪和油脂衍生物——脂肪酸甲酯（FAME）中游离甘油含量测定；

EN 14107—2003：脂肪和油脂衍生物——脂肪酸甲酯（FAME）电感耦合等离子体发射光谱法测定磷含量；

EN 14108—2003：脂肪和油脂衍生物——脂肪酸甲酯（FAME）原子吸收光谱法测定钠含量；

EN 14109—2003：脂肪和油脂衍生物——脂肪酸甲酯（FAME）原子吸收法测定钾含量；

EN 14110—2003：脂肪和油脂衍生物——脂肪酸甲酯（FAME）甲醇含量测定；

EN 14111—2003：脂肪和油脂衍生物——脂肪酸甲酯（FAME）碘含量测定；

EN 14112—2003：脂肪和油脂衍生物——脂肪酸甲酯（FAME）氧化安定性测定（加速氧化测试）。

4. 德国标准

DIN EN 14214 Berichtigung 2—2008：机动车燃料——柴油发动机用脂肪酸甲酯（FAME）的要求和试验方法，DIN EN 14214—2003—11勘误表；

DIN 26053—2007：对最终用户轻型燃油、柴油和生物柴油交付用槽罐车的可靠计量技术；

DIN EN 14214 Berichtigung 1—2004：对DIN EN 14214—2003的勘误；

DIN EN 14214—2003：机动车燃料——柴油发动机用脂肪酸甲酯的要求和试

验方法。

5. 奥地利标准

ONORM EN 14214—2004：机动车燃料——柴油发动机用脂肪酸甲酯的要求和试验方法；

ONORM EN 14213—2004：加热用油——脂肪酸甲酯（FAME）的要求和测试方法。

6. 英国标准

BS EN 14214—2004：机动车燃料——柴油发动机用脂肪酸甲酯的要求和试验方法。

7. 葡萄牙标准

NBR15344：蓖麻油为原料的生物柴油中总甘油和甘油三酸酯含量的测定；

NBR15343：生物柴油——通过气相色谱法测定脂肪酸甲酯（生物柴油）中甲醇和/或乙醇浓度；

NBR15342：通过气相色谱法测定以蓖麻油为原料的生物柴油中甘油一酸酯、甘油二酸酯和总酯含量；

NBR15341：通过气相色谱法测定蓖麻油为原料的生物柴油中游离甘油含量。

二、生物柴油标准主要质量指标分析

1. 闪点

闪点是表示油品蒸发性和着火危险性的指标。生物柴油的闪点一般高于110℃，远高于石化柴油（70℃），因此在储存、运输和使用中安全性很高。闪点和生物柴油中甲醇含量有关。由于甲醇和碱性催化剂多溶解在极性甘油中，当甘油从生物柴油中分离出来时，大多数醇和催化剂也被去除。但由于反应后残留40%，甚至更多的过量甲醇，进行甲醇蒸发分离后，柴油中仍含有2%～4%的甲醇，大多数工艺通过真空脱除回收甲醇，真空脱除后残留的甲醇可通过水洗过程除去。因此，残留在柴油中的甲醇很少。多数欧洲国家的生物柴油标准对甲醇残留量均有要求，但我国的生物柴油标准对此没有明确的指标要求。试验显示，生物柴油中，即使甲醇的质量分数仅为0.1%，但其闪点将从170℃降低到130℃。因此，我国标准中包含的闪点指标为130℃，将甲醇的质量分数限制到非常低的水平（<0.1%）。残留在生物柴油中的甲醇很少，一般不会影响到燃料的性能，但是低闪点存在潜在的安全隐患。

2. 水含量

水可以导致生物柴油氧化，和游离脂肪酸生成酸性溶液，促进燃料中微生物的生长，腐蚀金属，以及产生沉淀。生物柴油中水以两种形式存在：溶解水和悬浮液滴，其中悬浮液滴是个大问题。水在生物柴油中的溶解要比在石化柴油中容易得多，水在生物柴油中的溶解度为1500mg/L，而在石化柴油中的溶解度仅为50mg/L。我国的石化柴油标准和生物柴油标准都有限制水含量的指标，对石化柴油，允许少量的悬浮水存在，但生物柴油必须严格限制水分含量。一般要求生物柴油中水分不大于500mg/kg。

3. 灰分含量

灰分可导致喷射器、燃油泵、活塞的磨损以及滤网堵塞和发动机沉积。灰分含量和生物柴油中残留催化剂有关：大多数残余的催化剂会在水洗过程中被去除。我国标准中没有残余催化剂指标要求，但标准通过灰分含量（硫酸盐）指标加以限制。欧洲和美国标准中都要求灰分含量不超过0.02%。

4. 甘油含量

甘油含量过高可导致喷射器沉积，阻塞供油系统，引起黑烟生成。在德国和多数欧洲国家标准中，对甘油单酸酯、甘油二酸酯、甘油三酸酯都有明确的指标给以限制。根据我国标准，使用气相色谱检测（ASTM D6584）最终的生物柴油产品总甘油的质量分数不能高于0.24%。最初产出的生物柴油原始油中，总甘油的质量分数通常为10.5%，这一水平对应的反应完全性为97.7%。

甘油本身不能溶解于生物柴油中，因此，绝大多数甘油通过沉淀或离心很容易被分离出来，只有很少量的游离甘油以悬浮液滴或微溶态的形式残留在生物柴油中。这些少量甘油的存在是由于反应结束后，反应体系中有多余的甲醇存在，这些甲醇充当助溶剂，促进甘油在生物柴油中的溶解。通过蒸馏获得生物柴油，在蒸馏过程中甘油分子往往被携带蒸出，因而存在较大的问题。为进一步降低游离甘油的含量，必须进行水洗，水洗后的燃料，特别是使用热水洗涤后，一般仅含有很少量的游离甘油。

5. 氧化安定性

生物柴油的氧化会生成不溶性聚合物，导致发动机滤网堵塞，喷射泵结焦，排烟增加，启动困难。生物柴油被氧化，是因为含有未饱和的脂肪酸（亚油酸、亚麻酸）。这些变化可能是在某些金属（包括那些制作储存罐）和光催化下发生的，如果有水存在，水解过程中也可能发生这些变化。与氧化过程相关联的这些燃料中的化学变化通常产生过氧化物，在一定条件下，过氧化物会聚合，进而产生短链脂肪酸、醛和酮。因此，是否发生氧化作用，可以通过检测燃料的酸值和黏度的增量来判断。通常，发生氧化过程时，生物柴油的颜色会变暗，由黄色变成褐色，并有“油漆”的气味产生。当有水存在时，酯被水解为长链游离脂肪酸，导致生物柴油酸值进一步增加。欧盟和中国标准要求生物柴油在110℃下诱导期不小于6h。

第四节 生物柴油测试方法

在生物柴油生产中经常要用到各种测试方法来确定其各项指标，从而指导生产和保证产品质量符合国家标准。

1. 脂肪酸甲酯含量测定

欧盟推荐的分析标准 EN 14078 采用红外光谱法测定脂肪酸甲酯含量，EN 14331 使用液相/气相色谱法，美国 ASTM D7371 使用中红外光谱法（FTIR-ATR-PLS）。生产过程中可以采用气相色谱和动态光散射液相色谱来监视反应混合物中脂肪酸甲酯的含量。

2. 甘油含量测定

美国测定甘油含量的标准是 ASTM D6584，采用气相色谱法测定生物柴油中游离和总甘油含量。欧盟推荐检测游离甘油含量的标准是 EN 14106。它首先对生物柴油进行萃取，把甘油从甲酯中分离出来，然后进行色谱分析。在萃取过程中，采用乙醇和正己烷为分相剂，把甘油萃取到底层的醇相中。分析底层的醇相采用气相色谱，可以使用毛细管柱也可用填充柱，以 1,4-丁二醇为内标物，采用氢火焰离子化检测器。这个分析方法适合于游离甘油介于 0.005%～0.070%（质量分数）的样品。除此之外，也可采用欧盟的另一个分析标准 EN 14105 来测试游离甘油的含量。这种方法采用毛细管柱，且需要对游离甘油、甘油单酯、甘油二酯、甘油三酯进行衍生化处理。Hodl 和 Schindlbauer 对这个方法进行了改进，采用水为萃取剂，乙二醇为内标物。这个分析方法具有一定的优越性，因为在进行气相色谱分析之前不需要对样品进行衍生化处理。

到目前为止，有以下几种气相色谱分析方法。Bondioli 采用 1,4-丁二醇为内标物、不用对游离甘油进行衍生化处理的直接测试方法。但他们也承认这种方法只对游离甘油含量超过 0.02%（质量分数）的样品才有良好的重复性。因为这个含量是目前生物柴油国际标准中的最大含量，因此由于灵敏度太低，这种方法不适合对油品质量进行确切评估。Mittelbach 把测试皂中甘油含量的方法进行了改良，开发出一种测试生物柴油中游离甘油含量的方法，具有很高的灵敏度，检测的下限为 0.0001%（质量分数）。在分析之前样品的游离羟基先用 BSTFA［双（三甲基硅烷基）氟乙酰胺，一种衍生化试剂］进行硅烷化。色谱分析采用涂甲基硅酮的毛细管柱，FID 或 MS 检测器，以 1,4-丁二醇为内标物。除了灵敏度比较高外，这种方法还有一个优点即不需要萃取分离步骤。后来 Mittelbach 对此法进行了改进，分别采用乙醇和 1,4-丁二醇为内标物，检测甲醇和游离甘油的含量。Lozano 等（1996）用带有脉冲安培检测器的高效液相色谱来检测从甲酯或乙酯中萃取出来的甘油溶液。他们报道的检测极限是 1μg/g，并且宣称这种方法将进一步被改良，可以同时检测游离甘油和残余醇的含量。除了上述明确说明测试游离甘油含量的方法外，有些色谱方法可以同时检测游离甘油及生物柴油中其他物质的含量，比如甲酯、甘油单酯、甘油二酯和甘油三酯的含量。

除了上述方法之外，其他的检测游离甘油含量的非色谱测试方法也有人使用过。Bailer 和 de Hueber 把商业测量装置用在 NADH（烟酰胺腺嘌呤二核苷酸，一种生物酶）等价物的光度检测上。NADH 等价物是把从样品中提取的游离甘油进行多步酶转化后得到的。当用大量的 KOH 进行彻底皂化后，这种方法也可以用来检测样品的总甘油含量（也就是游离甘油和甘油单酯、甘油二酯、甘油三酯中缔合的甘油量之和）。但是此种方法不能区分不同甘油酯的类型。Greenhill 建议了一种酶法测试的替代方法，用来检测生物柴油中游离甘油和总甘油含量。在这个方法中，甘油经过酶转化后生成的 H_2O_2 用作形成醌亚胺色素的转化物，而色素的浓度可以通过光谱法进行检测。

生产过程中可采用过碘酸钠法来测定反应混合物中甘油含量。在强酸溶液中，甘油被过碘酸氧化，然后加入碘化钾，以淀粉为指示剂，使用硫代硫酸钠滴定析出的碘，从而测定甘油含量。总甘油含量的测定可以通过皂化、酸化等化学方法将甘油酯形式存在的甘油转化为游离甘油再测量。

3. 甲醇含量测定

欧盟推荐的测定甲醇含量的分析标准是 EN 14110，采用毛细管气相色谱，配有极性毛细管柱和氢火焰离子化检测器。这个方法对甲醇含量在 0.01%～0.5%（质量分数）之间的样品有效。为了把挥发性醇从难挥发性醇母体中分离出来，在分析之前样品需要先在密封的容器中加热到 80℃。当达到气液平衡后，抽取一定量的气相打入色谱进行分析。根据可选的分析装置，有两种方法可以选择。如果色谱有顶空系统，采用外部校正就已经足够了。把不含甲醇的甲酯标准物与一定量的甲醇混合，用色谱分析甲醇含量，并作标准校正曲线。在这儿甲醇是色谱上唯一出峰的化合物。但是，如果色谱没有顶空系统，样品必须人工注射，这时推荐使用内标物。这种方法是把定量的异丁醇加入到含甲醇的标准溶液中，然后分析计算校正因子。通过校正因子及样品中异丁醇的浓度、甲醇和异丁醇的峰面积，就可以计算出甲醇的浓度。

P. Bondioli 和 M. Mittelbach 的实验小组也提出了其他的气相色谱分析方法。都是对他们各自测游离甘油的方法进行了改进，以乙醇为内标物来测残余甲醇的含量。由于对游离羟基进行了硅烷化，Mittelbach 等开发出的方法灵敏度能达到 0.001%（质量分数）。除此之外，还可选择采用甲基乙基酮为内标物。Knothe 用来测甲酯含量的近红外（NIR）方法，也被用来粗略测量生物柴油样品中残余甲醇的含量。

生产过程中可采用紫外分光光度计法来测量反应混合物中甲醇的含量。用水萃取甲醇，在酸性溶液中，甲醇被高锰酸钾氧化成甲醛，再加入硫酸和变色酸，然后测定吸光度，与标准曲线比较即可得到甲醇含量。

4. 酸值测定

欧盟推荐测定酸值的标准为 EN 14104，我国采用 SH/T 0246 标准。此标准采用沸腾乙醇抽出试样中酸性组分，以碱性蓝 6B 或甲酚红为指示剂，使用氢氧化钾乙醇溶液进行滴定。

5. 硫含量测量

美国测定生物柴油中硫含量的标准为 ASTM D6920。我国标准为 SH/T 0689。此标准先将样品高温燃烧，将生成的 SO_2 除去水分，然后采用紫外荧光法测定硫含量。

第五节　生物柴油生产工艺

目前，制备生物柴油的方法主要有酸/碱催化法、超临界法、酶/细胞法等（见表 11-3）。工业生产上主要应用酸、碱催化法。

表 11-3　生物柴油生产方法对比

方法	酶/细胞催化	酸、碱催化	超临界法
温度/℃	30～50	70	300～400
压力/MPa	0	0	40～60
反应时间	10h 左右	40min 左右	数分钟
醇油摩尔比	3～4	6～10	40
催化剂分离	不需要	需要	不需要
污染	无	大	小

一、酸/碱催化法

酸/碱催化法是采用液体酸、碱作为催化剂，目前已在工业上大规模应用。该法常压操作，所需温度不高，反应速度中等。缺点是催化剂分离困难、污染大。固体酸/碱催化剂可以克服这个缺点，但是尚处于研究阶段。

常用碱催化剂包括无机碱类，如氢氧化钠、氢氧化钾、甲醇钠、碳酸钾和碳酸钠等。这些催化剂作为强亲核试剂，攻击脂肪酸-甘油酯键的羰基，形成四面体中间体，释放出脂肪酸甲酯和甘油盐阴离子。甘油盐阴离子成为下一步的亲核试剂，构成了羰基加合机制，它的反应机理如图 11-2 所示。

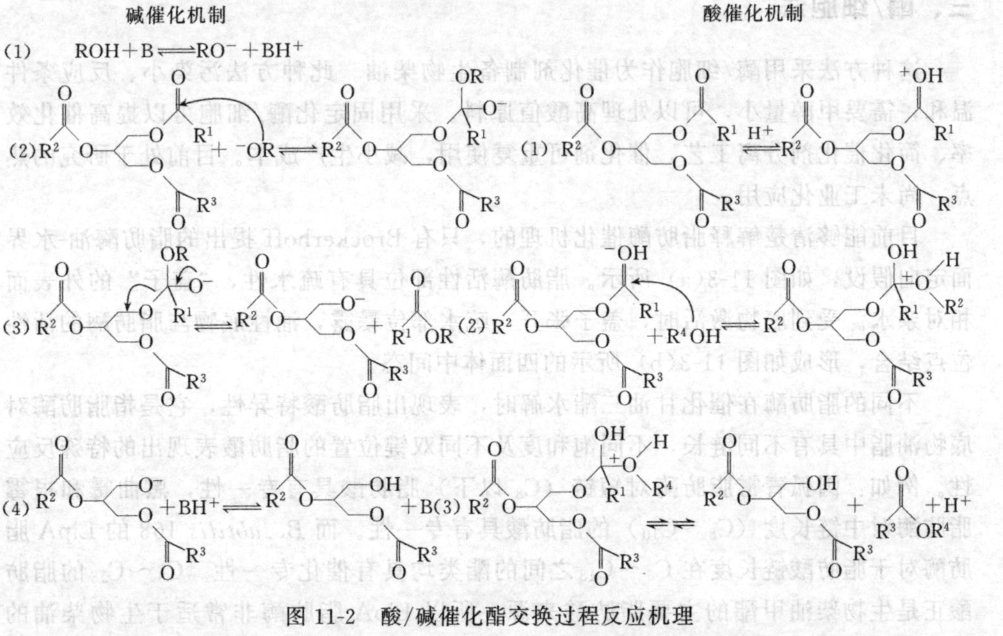

碱催化机制

(1)　$ROH + B \rightleftharpoons RO^- + BH^+$

(2)

(3)

(4)

酸催化机制

(1)

(2)

(3)

图 11-2　酸/碱催化酯交换过程反应机理

B—碱催化剂碱中心；R^1、R^2、R^3—游离脂肪酸中的烷基链；R^4—醇中的烷基链

酸性催化剂一般为布朗斯特酸，常用的催化剂有浓硫酸、苯磺酸和磷酸等，酸催化反应速率比碱催化慢4000多倍，但是酸催化剂对原料油的要求较低，适用于游离脂肪酸含量较高的廉价原料，尤其是餐饮废油。酸催化的反应机理如图11-2所示。对比酸、碱催化酯交换反应，使用无机碱催化，对原料纯度要求很高。原料中游离脂肪酸和水的含量，会因为皂化而严重影响生物柴油的产率。而酸催化对原料油的要求较低，虽然在酸催化中，较高的含水量，会使得酯产物水解，但与碱催化过程相比，水对酸催化体系产率的影响微弱得多。不过，酸催化工艺条件比碱催化要求高，醇油比＞30∶1，反应温度超过100℃。所以，在处理组分复杂的油脂时，在酯交换反应之前先用酸对原料进行预酯化。首先将游离脂肪酸转化为甲酯，再用碱催化进一步完成反应。

二、超临界法

超临界法是通过高温高压使甲醇处于超临界状态，然后与油脂反应生产生物柴油。这种方法反应快、工艺简单高效，不需要催化剂、后处理简单、污染小，但是需要高温高压，需要甲醇量大。目前处于研究阶段，尚未得到工业化应用。

超临界法反应机理与酸碱催化法类似。在高压下，甲醇分子直接轰击甘油三酯的羰基。由于在高温、高压的超临界状态下，氢键被显著削弱，这使得甲醇可以作为自由单体而存在，最终酯交换反应通过甲醇盐的转移来完成。同样，甘油二酯转化生成脂肪酸甲酯和甘油一酸酯，甘油一酸酯进一步反应生成脂肪酸甲酯和甘油。

三、酶/细胞法

这种方法采用酶/细胞作为催化剂制备生物柴油。此种方法污染小、反应条件温和，需要甲醇量小，可以处理高酸值原料。采用固定化酶/细胞可以提高催化效率、简化催化剂分离工艺，催化剂可重复使用，减小生产成本。目前处于研究的热点，尚未工业化应用。

目前能够清楚解释脂肪酶催化机理的，只有Brockerhoff提出的脂肪酶油-水界面定向假设，如图11-3(a) 所示。脂肪酶活性部位具有疏水性，“盖子”的外表面相对亲水。受到底物激活时，盖子张开，疏水部位暴露，油性底物与脂肪酶的活性位点结合，形成如图11-3(b) 所示的四面体中间态。

不同的脂肪酶在催化甘油三酯水解时，表现出脂肪酸特异性，它是指脂肪酶对底物油脂中具有不同链长，不同饱和度及不同双键位置的脂肪酸表现出的特殊反应性。例如：圆弧青霉脂肪酶对短链（C_8以下）脂肪酸具有专一性，黑曲霉和根霉脂肪酶对中链长度（$C_8 \sim C_{10}$）的脂肪酸具有专一性。而*B. subtilis* 168的LipA脂肪酶对于脂肪酸链长度在$C_6 \sim C_{18}$之间的酯类均具有催化专一性。$C_6 \sim C_{18}$的脂肪酸正是生物柴油甲酯的主要脂肪酸来源，所以LipA脂肪酶非常适于生物柴油的制备。

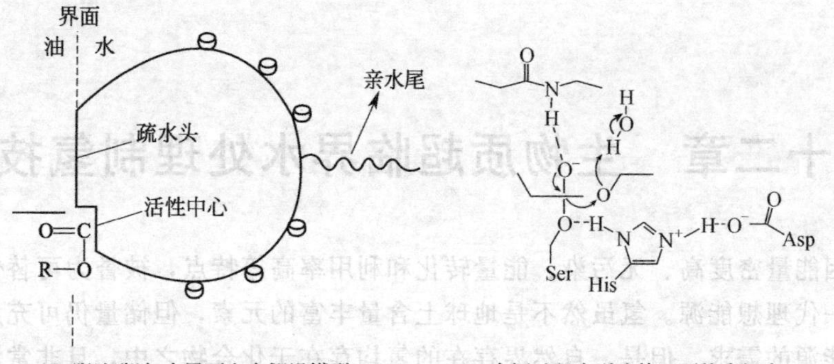

(a) 脂肪酶油-水界面定向假设模型　　(b) 水解过程中形成的四面体中间态

图 11-3　酶催化酯交换反应机理

采用细胞法实际上利用的是细胞膜上的脂肪酶的催化能力，但是使用细胞比纯酶具有以下优点：细胞法适应的反应温度、pH 值等范围宽，增强了适用范围；细胞法去掉了提取纯酶的成本；细胞可以在反应后再生，可重复使用。

第六节　生物柴油案例

生物柴油发展迅速，目前国内外已有多家公司致力于生物柴油生产，国外有德国的 Verbio 公司（年产 40 万吨生物柴油），加拿大 Quebec 公司（年产 3 万吨生物柴油），澳大利亚 ABG 公司（年产 15 万吨生物柴油）等，国内有福建卓越、四川古杉、海南正和等年产万吨以上生物柴油公司。

天津益生能生物能源技术有限公司是以天津大学为主要技术支持，以内地、香港和台湾三方投资的高科技联合体，致力于生物柴油的开发、研究与生产。目前在天津市大港建有年产 2 万吨的生物柴油工厂（图 11-4）。该公司采用酸碱两步催化工艺连续化生产，能够处理地沟油、酸化油以及动植物废弃油脂等各种物料。年产 5 万吨生物柴油扩建项目正在规划中。

图 11-4　益生能公司生物柴油工厂

第十二章　生物质超临界水处理制氢技术

氢因能量密度高、无污染、能量转化和利用率高等特点，被誉为可替代传统能源的新一代理想能源。氢虽然不是地球上含量丰富的元素，但储量仍可充足供应人类对于能源的需求。但是，自然界存在的氢均存在于化合物之中，且非常活泼；另外，氢作为质量最小的原子，常温常压下体积巨大，需冷却至－253℃才能液化，且需维持低温，才能保持其液体状态。因此，制备、储存和使用安全构成了氢能实用化的技术关键。对于氢制备，人们已开发出天然气重整化、煤气化、电解、光催化、热化学循环等技术途径。实际上，现有技术中，具有工业价值的制氢技术，只有煤气化和天然气重整化。当热的水蒸气通过800℃的灼热焦炭时，可将煤转化为 H_2 和 CO 的混合物，即水煤气。作为天然气的主要成分，甲烷是目前氢气的主要来源。甲烷和水蒸气在高温下可反应，生成 H_2 和 CO_2。但是，煤气化的高温和甲烷重整化的效率仍是制约其制氢的技术关键之一。

生物质作为可再生资源，其主要成分为纤维素、半纤维素和木质素等，是富含碳、氢元素的主要资源之一。生物质的可再生性，氢氧燃料电池的高效率和环境友好特征，使生物质制氢技术逐渐成为人们关注的焦点。

第一节　生物质超临界水处理制氢技术概述

1974 年，HNEI 首次提出生物质经水蒸气重整制氢途径，直至 10 年后，美国麻省理工学院的 Modell 将超临界水引入之后，生物质制氢技术才得到了迅速发展，并渴望成为最廉价的制氢技术。该技术利用超临界水不同于常态水的特殊性，将生物质分解成 H_2、CO_2、CO 等简单主要产品，以实现氢制备。作为一种极具潜力的新型、高效制氢技术，与传统制氢技术相比，生物质超临界水制氢技术具有环境友好、原料丰富及能量转化效率高等特点。

一、超临界水体系的特征

1. 超临界水的性质

在超临界状态（水临界点参数：$T_c = 374.15$℃，$p_c = 22.12$MPa，$V_c = 3.28\text{cm}^3/\text{g}$）下，水具有完全不同于标准状态下的性质。例如，在550℃，25MPa 下，水的密度、静介电常数、电离常数和黏度分别为 0.15g/cm^3，2，10^{-23} $(\text{kmol/kg})^2$ 和 0.03cP，而标准状态下，则分别为 1.0g/cm^3，80，10^{-14} $(\text{kmol/kg})^2$ 和 1cP。因此，超临界水是一种非协同、非极性溶剂，可溶解多种有机物，如

聚氯化联苯等非极性有机物可完全溶解于超临界水中。

物理化学中，临界点是指物质的液态和气态差别不复存在的温度与压力。因此，超临界水具有均匀、高扩散和高传输特性，且可通过温度和压力改变，将其密度控制在气相值和液相值之间。超临界水的黏度、介电常数、溶解能力等均随密度增加而增大；扩散系数则随密度增加而减小。超临界水的流体性质，如热容、热导率、扩散、偏摩尔体积等在临界点附近亦会发生很大变化。

超临界现象是物质的共性，许多均已被用于超临界技术，除水外，CO_2 是应用最为广泛的超临界体系。CO_2 的临界点参数为：$T_c=31℃$，$p_c=7.4MPa$，更容易达到，且廉价、无毒，易于从产物中分离出去。但是，水是一种常用溶剂，且其极性可通过温度和压力调节，使其在生物质制氢技术方面，优于非极性物质溶解能力相对较差的 CO_2 超临界体系。

2. 超临界水溶液

物质在水中的溶解度与水的密度有关，因超临界水的密度足够高，离子型化合物的溶解度相对较低，而非极性物质则可完全溶解，表现为非水性流体。此外，共存溶剂和共存溶质，对物质在超临界水体系中的溶解度亦将产生重要影响。

(1) 共存溶剂的影响　当与其他溶剂共存时，物质在超临界水体系中的溶解度将发生较大变化。另一方面，常规溶剂中，如酒精等极性有机溶剂往往与水形成恒沸混合物，可降低超临界溶剂体系的温度和压力，有助于在较为温和的条件下，实现生物质的分解制氢反应。

对于复合溶剂体系超临界状态下，物质溶解度的研究表明，可能出现三种不同的状况：溶解度高于简单超临界体系、溶解度基本不变和溶解度低于简单超临界体系。虽然，复合溶剂体系超临界状态下的溶解能力的文献数据尚十分有限，但可能对生物质制氢技术产生重要影响，故此，简要介绍可能的研究方法。

物质的溶解度变化通常可由体系的温度、压力和组分三维相图说明。通过相图，可以确定各组分的存在形式。这对确定反应条件和理解反应机理有着重要意义。对于超临界体系，物质溶解度可采用 Macnaughton 提出的溶解度测定技术：将两个平衡槽联结起来，分别盛入不同物质。超临界水通过第一个槽时，则被共存溶剂所饱和，然后再通过第二个槽。如使第二个槽中物质充分与复合溶剂接触，则可测得其在复合溶剂中的溶解度。

(2) 共存溶质的影响　为提高溶质溶解度和选择性，可加入少量助溶剂，以改变初始超临界体系的极性和溶剂化作用。助溶剂大多选择极性或非极性有机物。助溶剂的加入，常可使超临界体系中，固体的溶解度增加几个数量级。Neil Foster 和 Johnson 等发现，如溶剂分子间存在较强的氢键或路易斯酸碱作用，溶质的溶解度可增加 10～100 倍。共存溶质的影响对于设计超临界流体的流程具有重要的实用价值，助溶剂的使用可望使超临界水的苛刻操作条件得到显著改善。但是，超临界条件下，物质溶解度的数据十分有限，且大部分数据是在低于临界温度获得的。

对于溶剂的纯度对溶质的影响亦有共存溶质的类似影响。

3. 超临界水体系中化学反应的特点

如上所述，超临界水体系具有以下特点：①可完全溶解有机物；②可完全溶解空气和氧气；③可完全溶解反应的气相产物；④对无机物的溶解度不高。Hawail大学的Michael Antal研究小组在超临界水对化学反应的影响研究中，发现超临界水体系中，化学反应可能具有某种潜在的选择性特点，而超临界水的流体状态主要提供了一种密闭环境。

Sandia国家实验室的Carl F Melius研究小组在水、气转换反应研究中发现：

$$CO+(n+1)H_2O \longrightarrow HCOOH+nH_2O \longrightarrow CO_2+H_2+nH_2O \quad (12\text{-}1)$$

如无额外的水分子参加反应（$n=0$），则第一步反应 $E_a=275.9$kJ/mol，第二步反应 $E_a=273.3$kJ/mol。有一个额外的水分子参与反应（$n=1$），则反应活化能降低近一半，$E_a=148.8$kJ/mol；有两个额外水分子参与反应，则活化能进一步降低为 $E_a=80.6$kJ/mol。在此，水作为催化剂，不仅改变了反应路线，也显著降低了反应的活化能。在超临界水体系中，水将更容易参与上述反应。因为，超临界水在高压下，很容易形成溶质-溶剂团簇。

二、生物质超临界水处理制氢的反应装置

生物质超临界水制氢反应装置主要有间歇式和连续式两种。间歇式反应装置具有构造简单、不需要高压流体泵送样装置，对固体残渣及无机盐黏附等问题具有较强的适应性。但不能连续生产，且易导致温度、压力和物料的不均匀等现象。连续式反应装置虽可弥补间歇式反应装置的缺陷，并可实现连续化生产，但仍存在着温度较难均一、固体物料的堵塞等问题。更为重要的是，超临界水体系中，无机物的溶解常形成盐垢附着于反应器壁。反应条件下，无机盐垢往往很黏，不仅易导致反应器堵塞，亦明显影响反应过程中的热传递。

1. PNL间歇式反应装置

PNL(Pacific Northwest Lab.)间歇式反应装置如图12-1所示，为1L的Inconel高压反应釜。装置最高可达450℃，41MPa。带轮驱动搅拌器，采用1.7kW电加热器，将液态原料和催化剂加热到350℃，约需60min。使用氮气吹扫和检漏。反应结束前，由冷却水实施快速冷却。高压釜上装有取样口，反应过程中可随时对反应釜内顶部和底部取样。

日本可再生能源与环境研究所（NIRE）在纤维素和日本橡木的超临界水反应中，使用了带有磁力搅拌的不锈钢（SUS-F316L）高压反应釜，基本结构与PNL反应装置相近。

德国卡尔斯鲁厄研究中心（Forschungszentrum Karlsruhe）使用了两种间歇式反应装置。其一为100mL的Nimonic反应釜，设计温度和压力分别为700℃和100MPa，磁力搅拌。投料方式：在高压釜内的水达到反应温度后，将反应物料注射入反应釜内。另一台为1000mL的Inconel 625高压釜，设计温度和压力分别为500℃和50MPa，采用翻滚式搅拌。

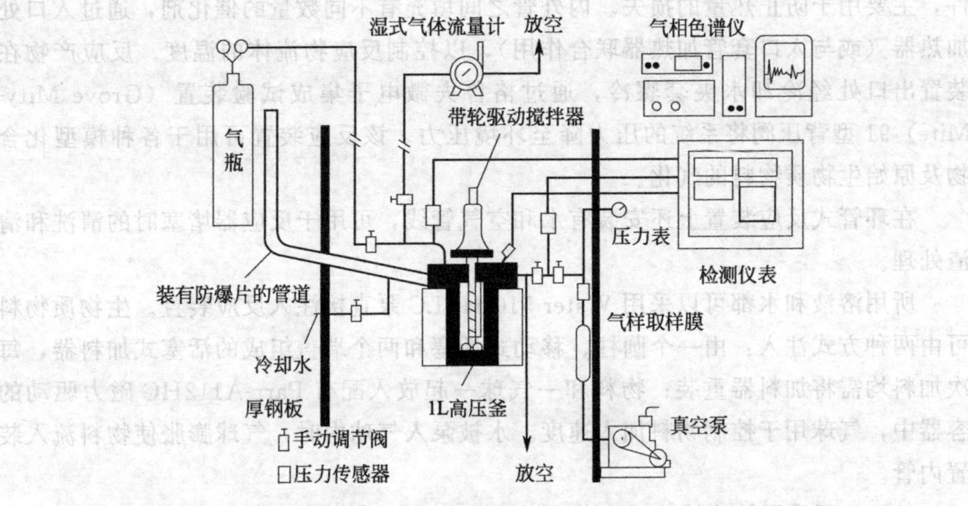

图 12-1 PNL 间歇式反应装置

2. 连续式反应装置

(1) HNEI 连续式反应装置 夏威夷自然能源研究所（HNEI）采用的连续式反应装置有螺旋管式和环管式两种，都由 Hastelloy 合金 C-276 或 Inconel 625 制成。螺旋管式装置（SCCFR）管长 6.1m，外径 3.15mm，内径 1.44mm，采用浸没式加热器和沙浴加热，用于葡萄糖液的超临界水汽化。

如图 12-2 所示。环管式反应装置（SCAFR）外管为外径 9.53mm、内径 6.22mm、长 1.016m 的圆管，可在外管内安装不同长度和直径的内管，可实现反应管内停留时间的大范围改变，内管可制成热电偶井或由电加热器（外径 3.18mm、长 152mm）替代。入口加热器下游反应器的温度由加热炉保持等温条

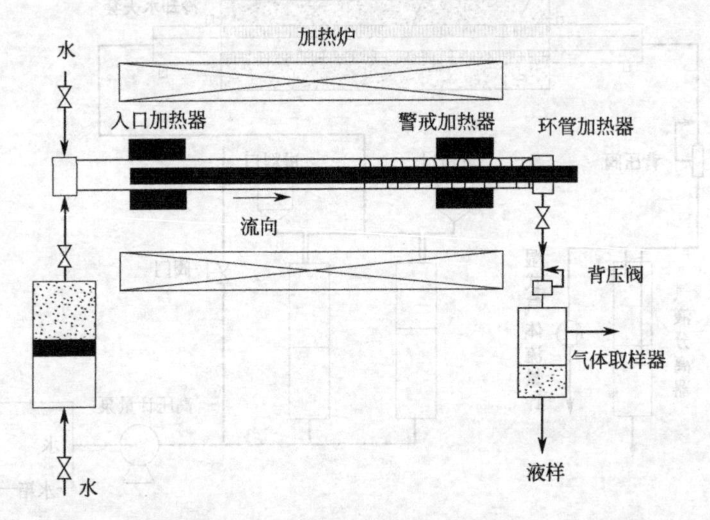

图 12-2 HNEI 连续式反应装置

件，主要用于防止热量的损失。内外管之间填充有不同数量的催化剂，通过入口处加热器（或与入口套管加热器联合作用），以控制反应物流体的温度。反应产物在装置出口处经冷却水夹套骤冷，通过格鲁夫微电子集成试验装置（Grove Mity-Mite）91 型背压阀将系统的压力降至环境压力。该反应装置可用于各种模型化合物及原始生物质物料的气化。

在环管式反应装置上还安装有水和空气管线，可用于反应器堵塞时的清洗和清渣处理。

所用溶液和水都可以采用 Water 510 HPLC 泵直接注入反应装置。生物质物料可由两种方式注入：由一个圆柱、移动式活塞和两个端盖组成的活塞式加料器，每次加料均需将加料器重装；物料和一气球一起放入配有 Parr-A112HC 磁力驱动的容器中，气球用于控制物料加入速度。水被泵入气球内时，气球膨胀使物料流入装置内管。

HNEI 所采用的连续式反应装置的主要问题是材料的腐蚀，而且 Hastelloy 管比 Inconel 管的催化作用更为明显。碳催化反应床上沉积有 Ni 等金属。对反应器进行电镜扫描分析，发现有明显的腐蚀现象。

（2）SKLMF 连续式反应装置　西安交通大学动力工程多相流国家重点实验室近年亦研制出一套连续式生物质超临界水制氢反应装置，如图 12-3 所示。装置的连续系统由两个并联的加料器组成，可用一个加料器常压进料，另一个加料器则用于维持超临界条件下的反应，由切换实现总体上的连续反应。因高压计量泵只能注入清洁均一的流体，在加料器中装入可移动活塞，将反应物料与泵送水隔离。反应器最大操作压力可达 35MPa，温度 650℃。反应器有三种尺寸，内径分别为 3mm、

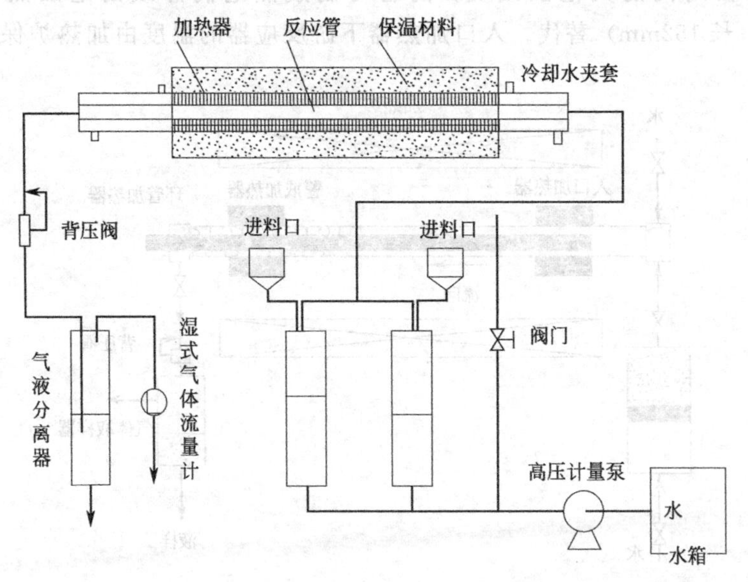

图 12-3　SKLMF 连续式反应装置

6mm 和 9mm，均采用电加热方式。这一装置上已成功应用于不同压力、温度和保留时间条件下的葡萄糖液模型化合物的气化反应，以及对锯屑及羧甲基纤维素钠 (CMC) 混合液的气化实验。

这一连续式反应装置可实现总体的连续反应，且操作简便，可达到较高的温度和压力范围及较大的流速范围。现有装置存在的主要问题是如何有效防止反应器的阻塞和结渣。

现有文献报道的反应装置虽均各具优缺点，但生物质超临界水制氢反应装置的共性问题可概括如下：①超临界水体系必需的高温高压条件及其极强的腐蚀性；②为防止在较低温度下，原料生成更难以转化的中间产物，反应体系的快速升温通常是必需的；③对污泥、木屑等含固体颗粒的生物质原料的高压混输；④催化剂在反应物料内的均匀分布等问题。

三、生物质超临界水处理制氢技术的影响因素

生物质的多样性和复杂性决定了生物质超临界水处理制氢反应的复杂性。生物质除富含纤维素、半纤维素外，还含有木质素、灰分、蛋白质等其他物质。在超临界水中，生物质可发生热解、水解、重整化、水气转换、甲烷化及其他反应。生物质超临界水处理制氢过程是由催化剂、反应物、反应环境、过程参数和反应器形式等诸多因素构成的统一体。目前，研究工作尚停留在实验室阶段，且对于超临界水条件下生物质气化反应机制知之甚少。因此，反应的主要影响因素研究仍旧是生物质超临界水处理制氢技术研究的重要方面，不仅可增进对反应规律的理性认识，亦可为制氢技术的工业化提供必要的基础数据。

1. 生物质原料种类的影响

生物质的主要成分是纤维素、半纤维素和木质素。纤维素在水临界点附近即可迅速分解成以葡萄糖为主的液态产物。木本或草本生物质中，100%的半纤维素均可在超临界水条件下完全溶解，近 90%均可转变为单糖。以葡萄糖或纤维素为模型化合物，动力学分析结果表明，高于 300℃的反应温度下，两者的产物分布基本相同，故葡萄糖和纤维素在超临界水条件下的气化反应结果具有可比性。

PNL 以纳米比尔草、高粱、向日葵、稻秆作为陆生草本生物质，以水风信子和海藻为水生生物质，以过期的谷物、葡萄糖渣、消化后污泥、黑液为生物质废料，在 350～450℃、13.8～34.5MPa 条件下，超临界水处理的结果表明，陆生草本生物质具有较高的反应活性，而纤维素的反应活性最高，水生生物质的反应活性较低，但高于生物质废料。

木质素是生物质中最难气化的组分，以邻苯二酚、香兰素及纤维素-木聚糖-木质素混合物为生物质模型化合物的生物质超临界水处理制氢研究已有报道。西安交通大学动力工程多相流国家重点实验室以木质素试剂为原料，超临界水处理制氢结果表明，纯木质素的高效气化制氢，反应器壁面温度应在 700℃以上。但在 Ru 等催化剂存在时，即便在 400℃的较低温度下，亦可实现木质素的有效气化。

2. 催化剂的影响

催化剂是生物质超临界水处理制氢反应中的重要影响因素，适当加入催化剂，不仅可增加反应速率，亦可为反应提供一条活化能较低的反应途径。生物质超临界水处理制氢反应催化剂种类繁多，不同催化剂可产生不同的气化效果和产氢率，且有些催化剂仅在较高温度下才可表现出催化性能。因此，不同催化剂的比较和筛选具有重要意义。

目前，生物质超临界水处理制氢反应催化剂主要有：碳类、金属类和碱类催化剂三大类。

(1) 碳类催化剂　Maria 等曾指出，生物质超临界水制氢反应中，生成的灰和木炭对甲烷形成和水-气转换反应具有一定的催化作用。在加入碳催化剂和不加入催化剂的对比实验中，HNEI 对比了 1.2mol/L 葡萄糖液的气化和氢气量，结果两者差异很大。说明碳催化剂在高浓度生物质气化过程中起着很重要作用。

现有文献报道显示，碳催化剂的制备原料对其催化活性和产氢率具有一定影响，且对不同生物质原料及其浓度，碳催化剂可能表现出不同的催化活性。但通常碳催化剂的比表面积对催化效果没有很大影响。

(2) 金属类催化剂　生物质超临界水制氢反应可被部分贵金属及过渡金属催化，如 Ru、Rh、Ni 等具有稳定的催化作用。金属催化剂的用量对气化反应的终产物已有显著影响，如以镍为催化剂，NIRE 的气体产物以 H_2 为主，而 PNL 则以 CH_4 为主，其主要差别在于 PNL 所用催化剂量［1.2g 催化剂/1g 干固体（干固体质量分数 8%～12%的原料）］，远高于 NIRE(0.2g 催化剂/1g 干燥后原料)，而镍催化剂对 H_2 与 CO_2 反应生成 CH_4 具有催化作用。

已有报道证明，部分镍合金亦可用于催化生物质超临界水处理制氢反应。在 HNEI 的实验中，反应器管壁为镍铬铁合金时，碳转化率可达 93%，H_2 产量亦较高，CO 含量仅有 3%；当采用镍基合金管壁时，碳转化率仅达到 77%，CO 含量却高达 39%。由此可见，镍铬铁合金可催化水气转换反应，有利于生成 H_2 和 CO_2，而镍基合金则可催化蒸汽重整化，利于生成 CO。虽然，Cu 在超临界水条件下的催化作用尚未见报道，但在镍催化剂中加入铜，可在常压、300℃下，催化乙醇蒸气重整制氢反应。［Cu/Ni | K | γ-Al_2O_3］催化剂具有较好的催化活性、稳定性和对氢气的选择性。铜作为活性剂，镍增加了 C—C 键断裂概率和对氢气的选择性，钾则可中和 γ-Al_2O_3 的酸性位，从而提高了催化剂的总体性能。

除以含镍合金为反应器管壁的情况之外，金属催化剂的使用多采用负载型催化剂。催化剂载体的选择，需考虑载体在超临界水条件下的可能反应。文献结果表明，α-Al_2O_3、ZrO_2 及 C 是稳定的载体。

(3) 碱类催化剂　碱类催化剂主要有 KOH 和 K_2CO_3，对于减少产物气体中 CO 含量具有显著作用。有报道表明，相同条件下，加入碱催化剂后，葡萄糖原料的反应产物中，CO 体积分数由 20%下降至 0.6%，香兰素原料则由 36%下降至 1.5%。在 HNEI 加入 KOH 对 0.1mol/L 葡萄糖液的催化作用研究中，气体产物

中的 H_2 含量增加，而 CO 含量减少，但尚缺乏更高浓度生物质物料的实验数据结果及进一步的验证。

现有文献工作虽已证明，上述催化剂对于生物质超临界水处理气化反应具有显著作用，但仍不能满足实用化的需要。因此，新型催化剂的筛选、催化剂与载体的协同作用、复合催化剂开发等尚有待进一步展开和深入研究。

3. 反应参数的影响

(1) 温度　温度是影响化学反应最主要的因素之一，对于提高生物质气化效率具有重要作用。现有工作显示，无论模型化合物还是原始生物质原料，温度改变对生物质超临界催化气化过程的影响均十分显著。如 110mol/L 葡萄糖液在活性炭催化剂作用下，500℃和 600℃的气化率分别为 51%和 98%，H_2 产量分别为每摩尔原料生成 0.46mol 和 1.97mol。由此可见，随着温度升高，气化效果明显增强。对于不同生物质物料的实验结果，温度的影响趋势基本一致。

温度升高虽可加速化学反应，提高生物质气化效率，但这种作用仅在反应的温度敏感区才较为明显，且温度过高将会导致生产成本的大幅度提高。因此，最适宜的反应温度，才是反应参数研究的重要方面。

(2) 压力　在生物质超临界水处理制氢反应中，超临界水通常约占反应总体积的 85%～90%，不仅作为溶剂，也是重要的反应物。因此，超临界水不仅影响生物质的热解气化，亦对催化剂的稳定性和催化过程产生重要影响。前已述及，超临界水的性质可通过压力进行调节，因此，生物质超临界水处理反应对压力非常敏感。通过调节压力，不仅可以改变超临界体系特性，以控制相数和平衡位置，也可对反应速率施加影响，进而影响产物气体种类及分布。在近临界区，压力影响显著，但随温度升高，压力影响将下降。

(3) 滞留时间　滞留时间是生物质超临界水处理制氢反应的又一重要参数。生物质在超临界水中能迅速分解，甚至仅需几十秒，即可完全气化。在 34.5MPa，600℃条件下，0.1mol/L 葡萄糖液的气化研究表明，反应滞留时间存在一个最佳值，但生物质超临界水处理气化所需滞留时间与温度相关，在不同温度下的最佳值可能不同。反应物及热量传输、化学反应平衡均需一定时间，随时间延长，反应越接近平衡状态，化学反应就越完全。某些情况下，超过一定滞留时间，生物质气化率可能超过 100%。这是因为超临界水不仅作为溶剂，且参与了反应，水中的部分氢元素亦可被释放出来。

此外，现有工作表明，滞留时间不仅影响反应平衡，对于产物种类亦有一定的控制作用。如 NIRE 的实验数据表明，滞留时间延长，气相产物生成量反而降低，且气态产物中 CH_4 含量增加，CO_2 和 H_2 含量减少。

4. 无机成分溶解度的影响

除有机成分外，生物质中尚含有少量无机成分。因超临界水的特殊性质，无机物在超临界水中的溶解与常温常压下不同。超临界水条件下，水的密度随着温度升高和压力减小而减小，而介电常数亦随密度减小而减小。这是无机物在超临界水中溶解度减小的重要因素。在实现临界状态的升温过程中，大多数无机物的溶解度增大。超临界状态下，无机沉淀是导致管路堵塞、系统热传导不畅及容器腐蚀等的重要原因。生物质中的无机成分含量虽少，对生物质超临界水处理制氢技术的实用化却有着重要影响。因此，了解无机物在超临界水中的溶解性是非常必要的。

因文献数据匮乏，超临界水性质极为复杂，试验测定无机物溶解度仍是研究的主要手段。随着生物质超临界水处理制氢研究的深入，无机物溶解度的影响必将成为该领域不可缺少的研究方向。

超临界水状态下，无机物溶解度的测定方法介绍如下。

钠盐广泛存在于生物质中，为此，向波涛等采用图 12-4 装置，在 400～500℃、22.5～30MPa 条件下，测定了 Na_2SO_4 在超临界水中的溶解度。高浓度的 Na_2SO_4 溶液经由高压泵注入预热器中，加热到一定温度后，再流入固液分离器里继续加热，并停留足够长时间，使固体盐在固液分离器底部沉积，流出的盐溶液经过滤器除去沉淀物，再经冷凝器冷却。

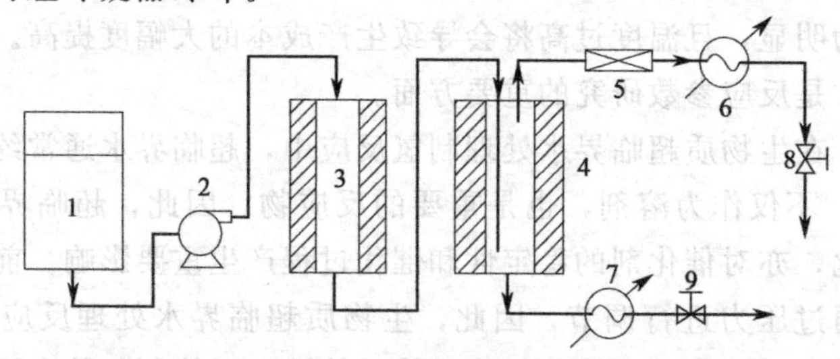

图 12-4 超临界水中硫酸钠溶解度测定流程图

1—硫酸钠溶液储罐；2—高压计量泵；3—预热器；4—固液分离器；5—过滤器；6—冷凝器；7—冷却器；8—背压阀；9—出口阀

对于高熔点无机盐，盐床方法测量其溶解度是非常有效的。对于低熔点无机盐及氢氧化物等，因熔融物质易随超临界水蒸气传输，既污染流出样品，亦可能造成超临界水的简短迂回或溶解器堵塞。William 等利用直径为 0.56cm 的 α-Al_2O_3 陶珠（测定 KOH 溶解度）或直径为 0.035cm、长度为 0.14cm 的镍金属丝（测定磷酸盐溶解度）填充于分离器底部，提供一个较大的比表面积，以促进熔融物的成核和析出，并成功测定了 KOH 和 K_2HPO_4 等的溶解度。装置如图 12-5 所示。

生物质中，金属氧化物较为少见。但是，生物质中的金属离子往往可能在超临界水中水解而形成金属氧化物，如过渡金属和 Pb 等离子。另一方面，有机废弃物和污染物是超临界水制氢技术又一主要原料来源，其中，金属离子及金属氧化物往往是十分常见的。溶解的金属氧化物在冷却过程中的可能重结晶过程，给金属氧化物溶解度测定造成一定困难。

Kiwamu 等采用图 12-6 装置，成功测定了 CuO 和 PbO 在超临界水中的溶解度。测定装置中，用钛合金构成平衡电池，氧化铜或氧化铅疏松地填充在平衡电池中。加热和加压状态下的蒸馏水，以 0.19～1.12g/min 的速度流入平衡电池，溶解金属氧化物后从平衡电池末端流出。在溶液流出端，加热和加压状态下的硝酸溶

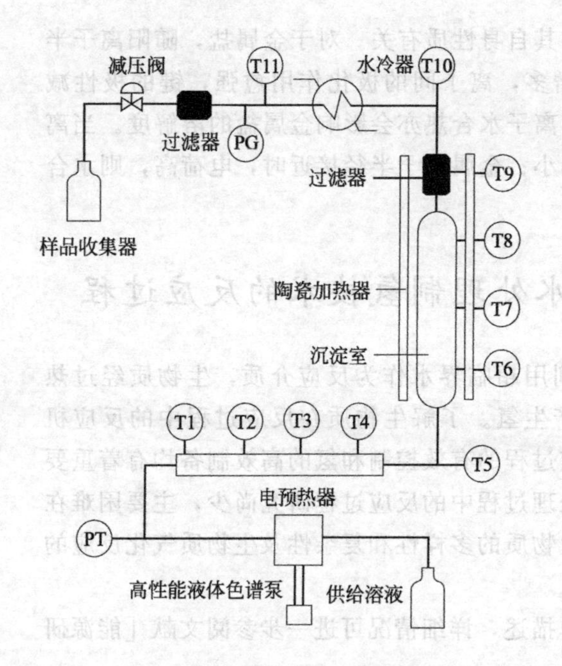

图 12-5 硫酸钾在超临界状态下溶解度的实验装置

T—热电偶；PT—压力转换器；PG—压力阀

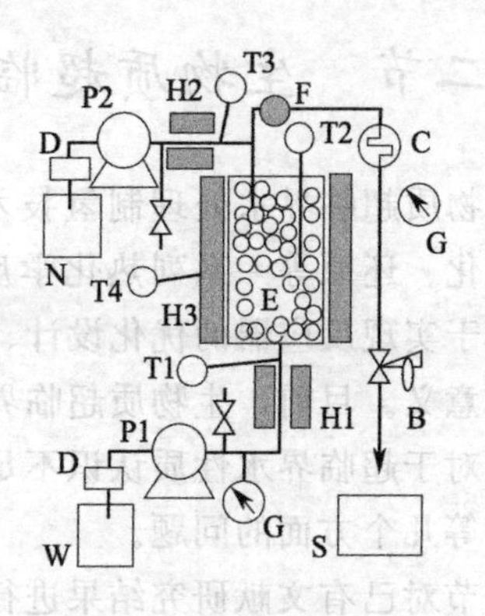

图 12-6 试验装置示意图

B—背压调整仪；C—冷却器；D—除气剂；E—平衡电池；F—过滤器；G—压力表；H—加热器；N—硝酸溶液；P—泵；S—样本；T—热电偶；W—蒸馏水

液与流出溶液混合，以避免金属氧化物的重结晶过程。选择硝酸是因为硝酸可溶解众多的金属离子，且具有很高的溶解度。

无机物溶解度的部分文献结果详见表 12-1。由表可知，NaCl 的溶解度相对较大，金属硫化物的溶解度相对较小；氧化铜的溶解度远小于氧化铅；金属硫化物中，硫化铜受温度的影响最大，硫化铁的变化相对较平缓。在亚临界状态下，随温度升高，溶解度逐渐增大；在超临界状态下，溶解度则随温度升高而减小。无机物的溶解度随压力减小而减小，且无论在亚临界内还是在超临界范围内，压力的影响远大于温度。

表 12-1 部分无机组分在超临界水中的溶解度

无机组分	温度/℃	压力/MPa	溶解度/(mg/kg)
Na_2SO_4	400～500	22.5～30	0.65～33.4
NaCl	500～550	20～25	31.4～101
KOH	450～535	22.1～30.4	61～594
K_3PO_4	400～450	26.8～27.1	2～416
CuO	324.9～449.8	27.9～28.01	0.104～0.64
PdO	350.3～424.9	25.9～30.2	103.2～1295.4
CuS	360～470	24	0.99～5.34
MnS	360～425	24	1.79～2.75
FeS	360～440	24	0.95～1.92

注：选自曾娜，张军，张永春. 能源研究与利用，2007，(3)：9。

无机物在超临界水中的溶解度亦与其自身性质有关。对于金属盐，随阳离子半径减小、阴离子半径增大和离子电荷增多，离子间的极化作用愈强，键的极性减弱，则其在水中的溶解度减小。此外，离子水合热亦会影响金属盐的溶解度。当离子电荷相同时，离子半径大，则水合热小；金属离子半径接近时，电荷高，则水合热大。

第二节　生物质超临界水处理制氢技术的反应过程

生物质超临界水处理制氢技术是利用超临界水作为反应介质，生物质经过热解、氧化、还原等一系列热化学反应产生氢。了解生物质在反应过程中的反应机制，对于实现反应器的优化设计、反应过程的有效控制和氢的高效制备均有着重要的指导意义。目前，生物质超临界水处理过程中的反应过程研究尚少，主要困难在于人们对于超临界水性质认识不足、生物质的多样性和复杂性及生物质气化反应的复杂性等几个方面的问题。

本节对已有文献研究结果进行简单描述，详细情况可进一步参阅文献[能源研究与利用，2007，(2)：1]。

1. 葡萄糖的反应途径

纤维素是生物质的主要成分，已知其分解首先生成葡萄糖。因此，人们多以葡萄糖为模型化合物，研究生物质在超临界水中的气化过程，并认为葡萄糖超临界水分解的总反应途径为：水蒸气重整反应式(12-2)和水气转换反应式(12-3)。

$$C_6H_{12}O_6+6H_2O \longrightarrow 6CO_2+12H_2 \tag{12-2}$$

$$CO+H_2O \rightleftharpoons CO_2+H_2 \tag{12-3}$$

葡萄糖分子较大，在超临界水中的气化过程十分复杂。Kabyemela 等不加催化剂，在临界点附近（300～400℃、25～40MPa）和较短反应时间（0.02～2s）条件下，对葡萄糖的反应过程进行了研究。结果发现，分解过程中有果糖、赤藓糖、1,6-葡萄糖酐、甘油醛、二羟基丙酮、丙酮醛等中间产物生成，并通过对果糖、赤藓糖和1,6-葡萄糖酐的进一步研究，提出了葡萄糖在亚临界和超临界水中气化分解的反应路径（图12-7）。反应路径为：葡萄糖环经过 LA（Lobryde bruyn-alberda van ekenstein）转移生成了葡萄糖的同分异构体 2（己醛糖）、3（1,2-己烯醇）、4（己酮糖）和 7（2,3-己烯醇）；中间产物 2 由逆转烃基缩聚反应打断碳 2-3 键生成了赤藓糖和乙醇醛；中间产物 3 的碳 1-2 键是双键，削弱了碳 3-4 键，使其更容易断裂生成甘油醛，甘油醛通过异构化反应生成同素异构体二羟基丙酮，这是一个可逆反应，两者脱水都可以生成丙酮醛，丙酮醛进一步分解生成酸；中间产物 7 的碳 2-3 键为双键，容易断裂而形成赤藓糖和乙醇醛，进一步分解，则生成酸；1,6-葡萄糖酐由葡萄糖脱去一分子水而生成，进一步分解亦生成酸；5-羟甲基糠醛（5-HMF）可以由果糖分解生成，但在该实验条件下，由于反应时间很短，这个反应对于整体反应过程而言并不是很重要。由这一分解路径可知，水是否处于临界状态对中间产物没有影响，即大分子的气化转换主要是通过键断裂等方式实现的，因而不受水性质变化的影响。

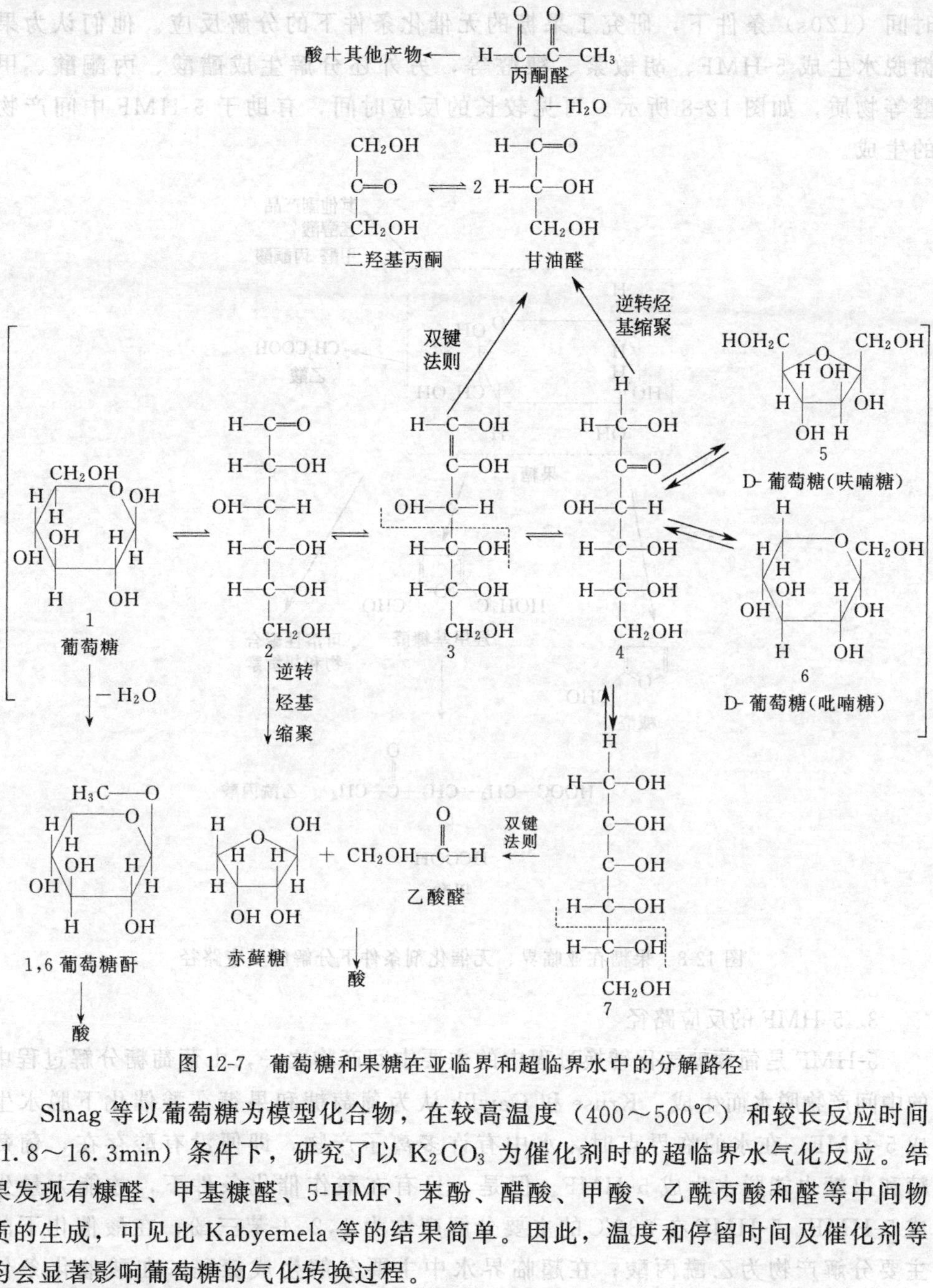

图 12-7　葡萄糖和果糖在亚临界和超临界水中的分解路径

Slnag 等以葡萄糖为模型化合物，在较高温度（400～500℃）和较长反应时间（1.8～16.3min）条件下，研究了以 K_2CO_3 为催化剂时的超临界水气化反应。结果发现有糠醛、甲基糠醛、5-HMF、苯酚、醋酸、甲酸、乙酰丙酸和醛等中间物质的生成，可见比 Kabyemela 等的结果简单。因此，温度和停留时间及催化剂等均会显著影响葡萄糖的气化转换过程。

2. 果糖的反应路径

果糖是葡萄糖气化分解初始阶段的产物。Kabyemela 等的研究发现，果糖进一步分解的中间产物和葡萄糖分解的中间产物基本相同，只是没有1,6-葡萄糖酐的生成，并由此提出了与图12-7相同的反应路径。Asghari和Yoshida则在更低的温度（473～593K）和压力（1.55～11.28MPa）及较长的反应时间（120s）条件下，研究了果糖的无催化条件下的分解反应。他们认为果糖脱水生成5-HMF、胡敏素、糠醛等，另外还分解生成醋酸、丙酮酸、甲醛等物质，如图12-8所示。可见较长的反应时间，有助于5-HMF中间产物的生成。

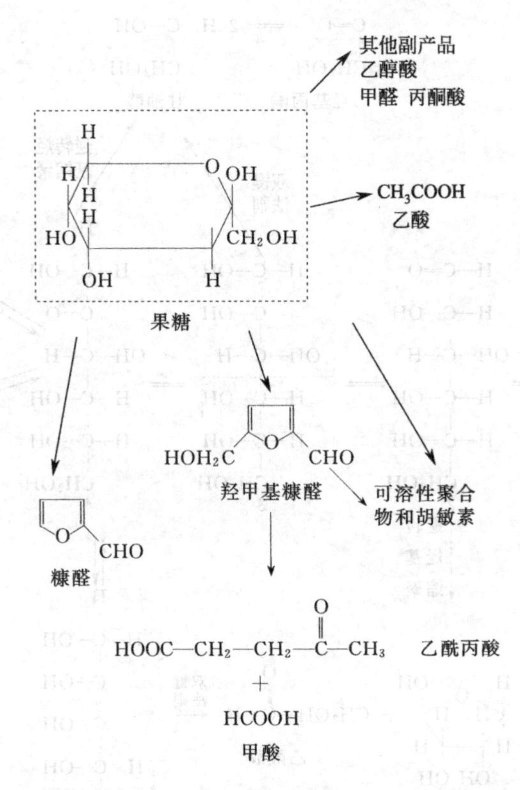

图12-8 果糖在亚临界、无催化剂条件下分解的反应路径

3. 5-HMF的反应路径

5-HMF是葡萄糖气化转换过程中的主要中间产物之一，由葡萄糖分解过程中的中间产物脱水而生成。Kruse和Gawlik认为葡萄糖和果糖在酸催化下脱水生成5-HMF。在水的临界点时，水中有许多离子产物，即便没有酸存在，葡萄糖和果糖也能脱水生成5-HMF。但是，只有在酸作催化条件下，才能大量生成5-HMF。5-HMF在330℃的主要分解产物为1,2,4-苯三酚；在酸催化下的主要分解产物为乙酰丙酸；在超临界水中主要分解生成糠醛。在酸催化条件下，5-HMF又可分解生成乙酰丙酸和甲酸（见图12-9)，乙酰丙酸的分解产物则主要是CO_2。

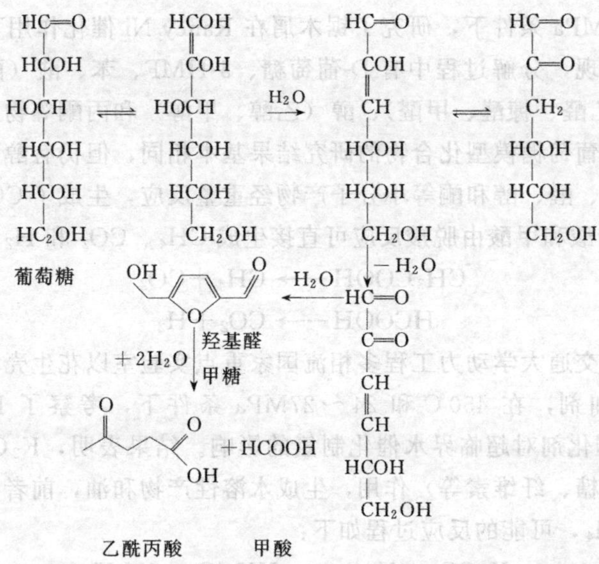

图 12-9 葡萄糖分解生成 5-HMF 及由 5-HMF 生成甲酸和乙酰丙酸的反应路径

4. 其他中间产物的反应路径

Osada 等在 400℃，反应时间为 3～28min 的条件下，对中间产物甲醛在超临界水中的分解过程进行了研究。结果表明，甲醛的主要分解产物为甲醇、甲酸、H_2、CO 和 CO_2。基于这一结果，他们推测出相关的一系列化学反应方程式：

$$HCHO \longrightarrow CO + H_2 \quad (12\text{-}4)$$

$$CO + H_2O \longrightarrow CO_2 + H_2 \quad (12\text{-}5)$$

$$2HCHO + H_2O \longrightarrow CH_3OH + HCOOH \quad (12\text{-}6)$$

$$HCOOH \longrightarrow CO_2 + H_2 \quad (12\text{-}7)$$

$$HCOOH \longrightarrow CO + H_2O \quad (12\text{-}8)$$

$$HCHO + HCOOH \longrightarrow CH_3OH + CO_2 \quad (12\text{-}9)$$

$$HCHO + H_2 \longrightarrow CH_3OH \quad (12\text{-}10)$$

$$CO + 2H_2 \longrightarrow CH_3OH \quad (12\text{-}11)$$

但上述反应过程尚缺少理论和实验的进一步验证。Yoshida 等在 240～260℃下，利用核磁共振研究了甲酸在热水中的分解。他们发现了甲酸脱羰［式(12-12)］和脱羧反应［式(12-13)］，且两个反应都是可逆的，可合并表示为反应［式(12-14)］。由此可见，葡萄糖超临界水分解过程中，甲酸的生成至少有两条路径：较大的中间产物分子分解和水气转换反应。

$$HCOOH \rightleftharpoons CO + H_2O \quad (12\text{-}12)$$

$$HCOOH \rightleftharpoons CO_2 + H_2 \quad (12\text{-}13)$$

$$CO + H_2O \rightleftharpoons HCOOH \rightleftharpoons CO_2 + H_2 \quad (12\text{-}14)$$

5. 生物质的实际反应路径

生物质与葡萄糖的组成仍有一定差别，为此，Waldner 和 Vogel 在 300～

410℃和12～34MPa条件下，研究了锯木屑在Raney-Ni催化作用下的超临界水分解反应。结果发现，分解过程中有D-葡萄糖、5-HMF、苯、酸（醋酸、甲酸、乙酰丙酸）、醛（乙醛、糠醛、甲醛）、醇（乙醇、甲醇）和丙酮等物质的生成。虽然主要中间产物与葡萄糖模型化合物的研究结果基本相同，但仍有醇等小分子产物的生成等差异。酸、醛、醇和酮等小分子产物经重整反应，生成了CO_2、CO、H_2和CH_4等，其中醋酸和甲酸由脱羧反应可直接生成CH_4、CO_2和H_2：

$$CH_3COOH \longrightarrow CH_4 + CO_2 \tag{12-15}$$

$$HCOOH \longrightarrow CO_2 + H_2 \tag{12-16}$$

近年，西安交通大学动力工程多相流国家重点实验室以花生壳为原料，羧甲基纤维素钠为添加剂，在450℃和24～27MPa条件下，考察了K_2CO_3、$ZnCl_2$、Raney-Ni三种催化剂对超临界水催化制氢的影响。结果表明，K_2CO_3与生物质水解产物（如葡萄糖、纤维素等）作用，生成水溶性产物和油，前者可气化生成H_2、CO、CO_2和CH_4，可能的反应过程如下：

$$K_2CO_3 + H_2O \longrightarrow KHCO_3 + KOH \tag{12-17}$$

$$KOH + CO \longrightarrow HCOOK \tag{12-18}$$

$$HCOOK + H_2O \longrightarrow KHCO_3 + H_2 \tag{12-19}$$

$$2KHCO_3 \longrightarrow CO_2 + K_2CO_3 + H_2O \tag{12-20}$$

$$H_2O + CO \longrightarrow H_2 + CO_2 \tag{12-21}$$

从已有研究结果来看，葡萄糖模型化合物在超临界水中，气化分解过程中主要分为：分解成分子较大的中间产物，如5-HMF和甘油醛等；中间产物进一步分解成分子较小的成分，如甲醛、甲醇、甲酸等；小分子成分再直接分解或与水反应最终产生气体。中间产物与反应温度、反应时间和催化剂有着密切关系。要得到生物质在超临界水中气化制氢反应的确切路径和反应机理，还需要做大量的研究工作。

第十三章 能源生态模式与生物质能项目技术经济评价

第一节 能源生态模式及其特点

农村地区的能源供应和消费是发展中国家的特有问题。中国是世界上最大的发展中国家，农村地区人口众多，各地社会、经济发展水平差异较大，其能源供应和消费方式是农村经济发展、社会进步、生活水平提高的一个重要保障，也是中国可持续发展中的一个重要组成部分。

狭义的农村能源即农村地区的能源。由于在农村地区既有能源消费（主要包括农业生产、乡镇企业和农村家庭能源消费），也有能源（主要是当地的可再生能源）生产，因此农村地区的能源既包括外界输入的商品能源，也包括当地的可再生能源。广义的农村能源是针对第三世界国家农村地区的经济基础的不发达，很少得到商品能源的供应，主要依靠当地可获取可再生资源作为能源，从而严重制约农村社会经济的发展和生态环境的改善而提出的一个概念，这个意义上的农村能源实质上是指农村地区能源问题。因此对农村能源问题的研究实际上是对农村范围内的各种能源从开发（或输入）至最终消费过程中的技术、经济及管理问题的研究，以获取最大的经济、社会、生态效益，保持农村的可持续发展。中国农村能源建设一直与农村的生态环境建设和农村可持续发展相联系的。可持续发展系指满足当前需要而又不削弱子孙后代满足其需要之能力的发展。可持续发展还意味着维护、合理使用并且提高自然资源基础，这种基础支撑着生态抗压力及经济的增长。因此，中国的农村能源建设取得了很大的成绩。

能源生态工程系指在农村地区，利用当地可以获取的可再生能源资源，运用生态学原理，在促进良性循环的前提下，充分开发能源资源的潜力，促进分层多级利用物质、防止环境污染的生产工艺系统，以达到经济与生态效益同步发展。所谓农村能源生态模式是在农村能源生态工程建设的成功经验基础上形成的一般意义上的可以作为模范、榜样加以仿效的范例。目前在我国农村已经形成的模式主要有“四位一体”北方能源生态模式，是指在日光温室内将沼气技术、养殖技术、种植技术、厕所有机结合起来，实现种植、养殖和能源利用相结合，形成能流、物流良性循环综合利用的能源、生态循环系统模式。“猪、沼、果”南方能源生态模式，是由畜禽养殖、沼气和果树种植等几种技术组合而成的一种能源生态模式，该模式是以山林、大田和庭院为依托，以沼气为纽带，以农业主导产业为载体，联动生猪、果业等产业协同发展的一种农业生产经营模式。

这些模式的主要特点有：

① 充分利用当地可以获取的可再生能源；

② 以生态学原理为指导，实现资源配置的优化，多层次利用；

③ 项目与保护农村生态环境密切联系；

④ 规模往往比较小，但与提高农村经济发展和农民生活水平紧密相关。

第二节　技术经济评价指标

一、静态投资回收期（PB）

静态投资回收期（PB）如式（13-1）所示。

$$PB = T - 1 + \frac{K - \sum_{j=1}^{T-1} M_j}{M_T} \tag{13-1}$$

式中　PB——静态投资回收期；

T——累计净收益开始大于初始投资的年份；

K——初始投资；

M_j——第 j 年的净收益；

M_T——第 T 年的净收益。

二、动态投资回收期

运用上述静态投资回收期公式，首先将每年的净收益按式（13-2）换算为现值：

$$M'_j = \frac{M_j}{(1+i)^j} \tag{13-2}$$

式中　M'_j——第 j 年的净收益现值；

M_j——第 j 年的净收益；

i——贴现率。

然后以 M'_j 作为每年的净收益，按静态计算公式（13-1）可以计算出动态投资回收期。

三、成本效益分析

成本效益分析是评估一个项目或方案经济效益和费用的一种系统方法。它是一种考虑了资金时间价值的动态分析的方法。一个项目的效益是该项目可能得到的商品和劳务产出增值的价值，包括环境劳务；而成本则是该项目使用实际资源增值的价值，为了使其具有可比性，无论是成本，还是效益都要折成现值。

成本效益分析主要评价指标如下。

(1) 净现值 (NPV) 效益现值减去成本现值。如果净现值大于零，那么项目可行。

$$NPV=\sum_{n=1}^{N} b_n(1+i)^{-n}-\sum_{n=1}^{N} c_n(1+i)^{-n} \tag{13-3}$$

式中 NPV——净现值；

b_n——第 n 年效益；

c_n——第 n 年成本；

i——折现率；

N——经济寿命期。

(2) 益本比 (B/C) 效益现值除以成本现值。如效益成本比大于1，则项目可行。

$$B/C=\sum_{n=1}^{N} b_n(1+i)^{-n}/\sum_{n=1}^{N} c_n(1+i)^{-n} \tag{13-4}$$

(3) 内部收益率 (IRR) 内部收益率是指使净现值为零时的贴现率。如内部收益率超过投资机会成本或基准收益率，则在该项目上的投资比投资其他的替代项目使用资金更好，项目经济上可行。

$$\sum_{n=1}^{N} b_n(1+i^*)^{-n}-\sum_{n=1}^{N} c_n(1+i^*)^{-n}=0 \tag{13-5}$$

$$IRR=i^* \tag{13-6}$$

在运用成本效益分析法对各种能源生态工程进行评价时，应分别从农户和社会的角度来分析拟建项目的成本和效益。

第三节 “猪、沼、果”南方能源生态模式

一、模式构成及其作用

“猪、沼、果”南方能源生态模式是由畜禽养殖、沼气和果树种植等几种技术组合而成的一种能源生态农业模式（见图 13-1)。该模式以山林、大田和庭院为依托，以沼气为纽带，以农业主导产业为载体，联动生猪、果业等产业协同发展，实现了资源的多层次利用，废弃物资源化和再循环利用，提高了生物能转化率，把传统农业生产技术转变为农业生产，生态环境治理与保护以至农村经济发展融合在一起的一种新型的生态农业体系。

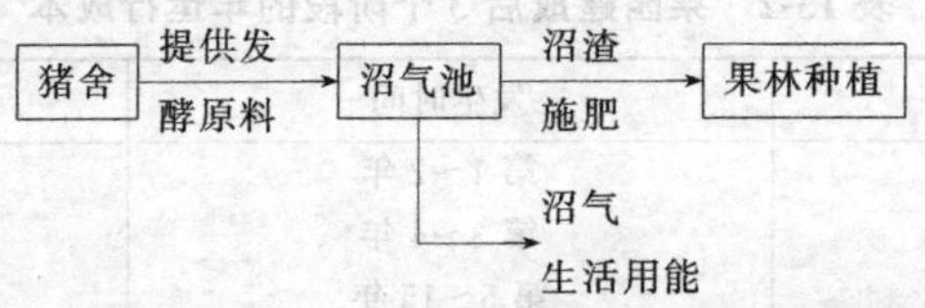

图 13-1 “猪、沼、果”生态能源模式的组成

各组成部分的作用如下。

(1) 沼气池　用于把农业废弃物，如人、畜粪便和秸秆在一定温度和厌氧条件下，通过微生物作用转换成沼气和优质有机废料。

(2) 猪舍　用于养猪，养猪除了带来养殖收入外，还可为沼气池提供充足的发酵原料。猪舍与沼气池配套，实现生物质的循环利用。

(3) 果园　沼肥施于果园可增加果园的收益。实践证明，沼渣作积肥，果树的定期萌发期提早 3～5d，成活率提高 5%，春梢抽出整齐，长势旺盛，比对照增长 5～10cm，增长 15%～20%。幼龄果树秋梢增多，植树增长 7～9.5cm，平均增长 41.5%。沼液喷施叶面追肥，可以明显增强果树长势，减少落果和病虫危害，对调节树势有良好作用，为后期果实膨大提供充足养分，将提高果树产果率 10%以上，并提高果树品质。

二、经济评价

1. 初始投资

以我国“猪、沼、果”南方能源生态模式为案例，对“猪、沼、果”南方能源生态模式的经济效益进行评价。某典型家庭的“猪、沼、果”模式包括 2 个 $8m^2$ 沼气系统、1 个 $100m^2$ 的农户房舍、1 个 $40m^2$ 的猪圈和 1 公顷果园等 4 个部分。“猪、沼、果”能源生态模式的初始投资如表 13-1 所示。“猪、沼、果”总的初始投资为 39518 元，其中，果园和农户房舍分别占 47%和 40%；而沼气系统和猪圈仅占 8%和 5%。

表 13-1　“猪沼果”能源生态模式的初始投资

项　目	投资额/元	投资额比重/%
沼气系统	2955	8
农户房舍	16000	40
猪圈	2000	5
果园	18563	47
合计	39518	100

2. 果园运行成本

因为果树成长具有阶段性，在不同成长阶段对肥料、农药和劳动力的需求是不同的。为此，把建园后果树成长分成 3 个阶段：成长期 2 年、初产果期 2 年和正常产果期 11 年。表 13-2 给出了果园 3 个阶段运行成本。

表 13-2　果园建成后 3 个阶段的年运行成本

阶　段	发生时间	数量/元
成长期	第 1～2 年	4793
初产果期	第 3～4 年	14783
正常产果期	第 5～15 年	17685

3. 收益

“猪、沼、果”的收益包括果园、沼气系统和养猪 3 部分，如表 13-3 所示。因为果树在不同阶段的产量不同，因而其收益也分为成长期收益、初产果期收益和正常产果期收益。沼气系统产出包括沼肥和沼气，但在整个“猪、沼、果”模式中，沼肥仅用于果园并不出售，属于中间产品，其经济效果已在果园的投入和收益中体现。因此，沼气系统收益只计算沼气收益。而在该模式中，沼气为农户自用，其收益主要体现在替代炊事燃料和照明用电两个方面的价值。

表 13-3　“猪、沼、果”能源生态模式建成后年收益

项　　目	发　生　时　间		
	第 1～2 年	第 3～4 年	第 5～15 年
果园/元		34802	60904
沼气系统/元	455	455	455
养猪/元	2400	2400	2400
合计/元	2855	37657	63759

注：1. 果园收益＝果品的销售收入-农林特产税。

2. 养猪收益＝年出栏量×每头出栏猪纯利。

3. 沼气收益＝节约的薪柴费用＋节约的电费。

4. 评价指标计算

表 13-4 为该模式总的投入收益表。据此，可以计算出“猪、沼、果”的主要经济效益评价指标：投资回收期 *PB*、净现值 *NPV* 和内部收益率 *IRR*。“猪、沼、果”能源生态模式经济效益评价结果如表 13-5 所示。

表 13-4　“猪、沼、果”能源生态模式投入收益表

项　　目	发　生　时　间			
	建设期	第 1～2 年	第 3～4 年	第 5～15 年
初始投资/元	39518			
运行成本/元		4793	14783	17685
模式总收益/元		2855	37657	63759
净收益/元		－1938	22875	46074

表 13-5　“猪、沼、果”能源生态模式经济效益评价结果

评价指标	*NPV*/元	*IRR*/%	*PB*/年	
			静态	动态
数值	194322	41	3.9	4.35

注：1. 果园正常产果期过后，仍可维持 3 年，本计算没有计入。

2. 没有考虑残值。

3. 贴现率取为 10%。

第四节　四位一体北方能源生态模式

一、模式构成、作用及特点

“四位一体”是将暖棚猪舍、厕所和蔬菜地都建在一个塑膜日光温室内的一种能源生态模式，适合于我国北方农村地区应用（模式的构成见图 13-2）。由于把猪舍、厕所、沼气池和日光温室组合成“四位一体”，使有限的土地资源和太阳能资源得到了充分的开发；农业废弃物实现了资源和再生利用；种植、养殖和副业有机结合，形成了能源、物流良性循环的能源生态系统工程，成为一种具有明显能源、生态和经济效益的组合农业生产技术。它的推广和发展，促进了我国北方农村地区能源、农业生产和保护环境的协调发展。

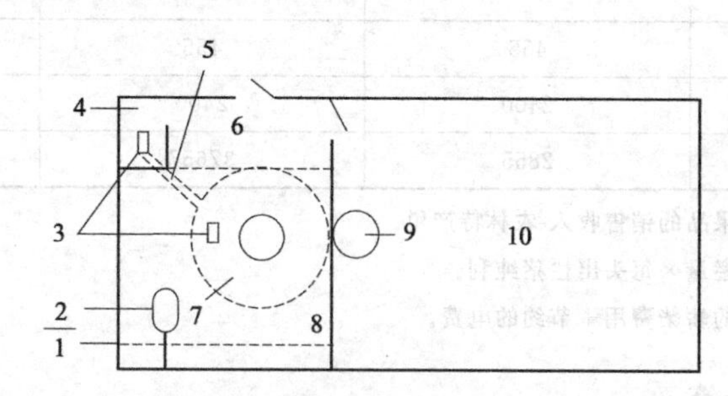

图 13-2　四位一体能源生态模式的系统布局

1—栅栏；2—溢水槽；3—进料口；4—厕所；5—进料管；6—过廊；7—沼气池；8—猪舍；9—出料口；10—日光温室

各部分的作用介绍如下。

1. 暖棚下的猪舍

“四位一体”的猪舍置于日光温室大棚下面，它是模式的重要组成部分。除了养猪带来收入，猪舍的一个重要任务是为沼气池提供充足的发酵原料，因此，猪舍是资源循环利用不可缺少的设施。较之于普通的猪舍，“四位一体”的优势在于，猪舍建于日光温室之中，温室大棚提供了太阳热能，因而在冬季猪舍温度不低于5℃，这就为猪、鸡等畜禽提供了适宜的生长条件。猪生长期从 10～12 个月下降到4～5 个月，存栏猪量保持在 6～8 头时，年出栏量可增加 4 头以上，而且每增重1kg 猪肉可节约 1kg 饲料。因此“四位一体”中猪舍的经济效益将大大提高。同时，由于大棚猪舍饲养量的增加，也为沼气池提供了更充足的原料。

2. 沼气池

沼气池是把各种农业废弃物，如人畜禽粪便、秸秆等在湿的和厌氧条件下，通过微生物作用转换成沼气和优质有机废料的一种厌氧消化装置。沼气池消化的是人畜禽等废弃物，而转换成的沼气可用于生产、生活燃料，同时它的剩余物沼肥又可为大棚内的蔬菜和水果的生长发育提供优质的有机肥料。因此，沼气池在能源生态模式中是一个枢纽环节，起着核心的作用。“四位一体”中的沼气池建在暖猪舍的下面，保持了产气温度，因而解决了沼气池在北方寒冷地区冬季产气的技术难题。一个 8m^3 池容年平均产气率可达到 0.15m^3/（m^3·d），年平均产气量为 410～450m^3，比常规沼气池产气提高了约 30%。由于猪出栏量增加，原料供应充足，因此，沼肥也增加了 30%～40%，8m^3 沼气池一年至少可提供 16m^3 的优质沼肥。

3. 日光温室

日光薄膜温室是该模式的整体结构和框架。它的主要作用就是为覆盖在其内的沼气池、猪舍及蔬菜地提供良好的温度、湿度条件。利用薄膜的透光和阻散性能，将太阳光能转化为热能，同时保护、阻止热量和水分散失，从而达到增温、保温和保湿的目的。温度的提高有利于温室大棚内蔬菜的生长。然而与一般日光温室相比，它又在更深层次上利用了太阳能和生物质资源。由于猪舍与日光温室内的蔬菜地相连通，猪呼出的 CO_2 使温室内 CO_2 含量从 200ppm 增加到 800～1100ppm，大大改善了温室内作物的生长条件。而且又由于使用优质的沼肥，其综合结果使蔬菜产量比一般温室大棚提高了 10%～15%，质量也有明显提高，成为无公害蔬菜。

二、经济评价

以我国北方某地区农村的“四位一体”模式为案例，对“四位一体”的经济效益进行评价。选择评价的“四位一体”占地面积 1 亩（667m^2），面积 494m^2 的蔬菜塑料日光温室 1 个，池容 8m^3 的沼气池 1 个，存栏量 5 头（年出栏量 9 头）的 20m^2 猪舍 1 个；15m^2 看护小房 1 座。

1. 初始投资

初始投资包括沼气系统、看护房、猪圈和日光温室 4 个部分，如表 13-6 所示。该“四位一体”总的初始投资为 23874 元，其中，日光温室投资为 1.89 万元，占了 79.1%，而其余 3 个部分加起来仅有 20.9%。

表 13-6 “四位一体”能源生态模式初始投资

项　目	投资额/元	比重/%
沼气系统	1748	7.3
看护房	2250	9.4
猪圈	1000	4.2
日光温室	18876	79.1
合计	23874	100

2. 运行成本

运行成本主要由蔬菜的生产成本、日光温室的维护费用和沼气池维护成本组成（注：养猪的成本已经在出栏猪纯利中扣除），见表 13-7。蔬菜的生产成本包括种子、肥料、农药、人工等，塑料大棚的维护费用包括塑料薄膜替换费用、保温草帘替换费用等。

表 13-7 "四位一体"能源生态模式的年运行成本

项　目	数值
蔬菜生产成本(第 1～15 年)/元	8010
温室维护费用(第 1～15 年)/元	2014
沼气池维护的成本(第 1～15 年)/元	30
合计/元	10054

3. 模式收益

收益由蔬菜、沼气系统和养猪 3 部分组成，如表 13-8 所示。需要说明的是，沼气系统产出包括沼肥和沼气，但在整个能源生态模式中，沼肥用于日光温室中的蔬菜种植，它并不出售，属于中间产品，其经济效果体现在蔬菜种植投入和蔬菜种植收益中。因此，计算的沼气系统收益，只包括了沼气收益。而沼气为农户自用，因而其收益主要体现在替代炊事燃料和照明用电两个方面。

表 13-8 "四位一体"能源生态模式的年收益

项　目	数值
蔬菜种植/元	18508
沼气系统/元	430
养猪/元	1170
合计	20108

注：1. 蔬菜收益＝蔬菜的销售收入－农林特产税。

2. 养猪收益＝年出栏量×每头出栏猪纯利。

3. 沼气收益＝节约的薪柴费用＋节约的电费。

4. 评价指标计算

把以上初始投资、运行成本和效益的数据汇总于表 13-9。据此来计算模式的主要经济效益评价指标：净现值 *NPV*、内部收益率 *IRR* 和投资回收期 *PB*，结果如表 13-10 所示。

表 13-9 "四位一体"能源生态模式投入收益表

项　目	发生时间	
	第 0 年	第 1～15 年
初始投资/元	23874	
运行成本/元		10054
模式总收益/元		20108
净收益(利润)/元		10054
投资利润率/%		42.1

表 13-10 “四位一体”能源生态模式经济效益评价结果

评价指标	*NPV*/元	*IRR*/%	*PB*/年
数值	52597	42	2.84

注：1. 没有考虑残值。

2. 贴现率取为 10%。

在贴现率取 10%时，其财务净现值和财务内部收益分别为 6.02 万元和 72.7%，其动态投资回收期仅为 2 年。这说明“四位一体”有很好的盈利能力和较快的投资回收能力。

参考文献

[1] 刘荣厚. 新能源工程 [M]. 北京：中国农业出版社，2006.

[2] 刘荣厚，梅晓岩，颜涌捷. 燃料乙醇的制取工艺与实例 [M]. 北京：化学工业出版社，2007.

[3] 刘荣厚，牛卫生，张大雷. 生物质热化学转换技术 [M]. 北京：化学工业出版社，2005.

[4] 刘德昌. 流化床燃烧技术的工业应用 [M]. 北京：中国电力出版社，1999.

[5] GB 4363—84，民用柴灶、炉灶热性能测试方法. 北京：中国标准出版社，1984.

[6] 王革华，李俊峰. 农村能源项目经济评价 [M]. 北京：科学技术出版社，1994.

[7] 姚向君，田宜水. 生物质能资源清洁转化利用技术 [M]. 北京：化学工业出版社，2005.

[8] 任南琪，王爱杰. 厌氧生物技术原理与应用 [M]. 北京：化学工业出版社，2004.

[9] 张全国. 沼气技术及其应用 [M]. 北京：化学工业出版社，2005.

[10] 林聪. 沼气技术理论与工程 [M]. 北京：化学工业出版社，2007.

[11] 袁振宏，吴创之，马隆龙. 生物质能利用原理与技术 [M]. 北京：化学工业出版社，2005.

[12] 张百良. 农村能源技术经济及管理 [M]. 北京：中国农业出版社，1995.

[13] 周孟津，张榕林，蔺金印. 沼气实用技术 [M]. 北京：化学工业出版社，2004.

[14] 农业部人事劳动司. 沼气生产工：上册 [M]. 北京：中国农业出版社，2004.

[15] 农业部人事劳动司. 沼气生产工：下册 [M]. 北京：中国农业出版社，2004.

[16] 傅家骥，仝允桓. 工业技术经济学 [M]. 北京：清华大学出版社，1996.

[17] 肖进新，赵振国. 表面活性剂应用原理 [M]. 北京：化学工业出版社，2003.

[18] 李昌珠，蒋丽娟，程树棋. 生物柴油——绿色能源 [M]. 北京：化学工业出版社，2005.

[19] 陈洪章. 纤维素生物技术 [M]. 北京：化学工业出版社，2005.

[20] 陈洪章. 秸秆资源生态高值化理论与应用 [M]. 北京：化学工业出版社，2006.

[21] 陈洪章，徐建. 现代固态发酵原理及应用 [M]. 北京：化学工业出版社，2004.

[22] 黎大爵，廖馥荪. 甜高粱及其利用 [M]. 北京：科学出版社，1992.

[23] 李绳坤. 植物栽培 [M]. 桂林：广西师范大学出版社，1996.

[24] 李锡奎. 抗御低温冷害 [M]. 沈阳：辽宁人民出版社，1978.

[25] 李扬汉. 禾本科作物的形态与解剖 [M]. 上海：上海科学技术出版社，1979.

[26] 李振武. 高粱栽培技术 [M]. 北京：中国农业出版社，1981.

[27] 章克昌. 酒精与蒸馏酒工艺学 [M]. 北京：中国轻工业出版社，1995.

[28] 贾树彪，李盛贤，吴国峰. 新编酒精工艺学 [M]. 北京：化学工业出版社，2004.

[29] 马赞华. 酒精高效清洁生产新工艺 [M]. 北京：化学工业出版社，2003.

[30] 章克昌. 酒精工业手册 [M]. 北京：中国轻工业出版社，1989.

[31] 华南工学院. 酒精与白酒工艺学 [M]. 北京：中国轻工业出版社，1982.

[32] 张代芬，康云川. 甘蔗糖蜜酒精工艺学 [M]. 昆明：云南教育出版社，1993.

[33] 姚汝华，赵继伦. 酒精发酵工艺学 [M]. 广州：华南理工大学出版社，1999.

[34] 蒋挺大. 木质素 [M]. 北京：化学工业出版社，2001.

[35] 刘一星. 木质废弃物再生循环利用技术 [M]. 北京：化学工业出版社，2005.
[36] 朱清时. 生物质洁净能源 [M]. 北京：化学工业出版社，2002.
[37] 许开天. 酒精蒸馏技术 [M]. 北京：中国轻工业出版社，1998.
[38] 郑裕国，薛亚平，金利群. 生物加工过程与设备 [M]. 北京：化学工业出版社，2004.
[39] 朱锡锋. 生物质热解原理与技术 [M]. 安徽：中国科学技术大学出版社，2006.
[40] 吴创之，马隆龙. 生物质能现代利用技术 [M]. 北京：化学工业出版社，2003.
[41] 马隆龙，吴创之. 生物质气化技术及其应用 [M]. 北京：化学工业出版社，2003.
[42] 鲁楠. 新能源概论 [M]. 北京：中国农业出版社，1995.
[43] 岑可法. 循环流化床锅炉理论设计与运行 [M]. 北京：中国电力出版社，1997.
[44] 李峰，朱铨寿. 甲醇及下游产品 [M]. 北京：化学工业出版社，2008.
[45] 张雷著. 能源生态系统：西部地区能源开发战略研究 [M]. 北京：科学出版社，2007.
[46] 周大地. 可持续发展与经济结构 [M]. 北京：科学出版社，1999.
[47] 黄元森，杨虚杰. 光合作用机理的寻觅者 [M]. 济南：山东科学技术出版社，2004.
[48] 王革华，艾德生. 新能源概论 [M]. 北京：化学工业出版社，2006.
[49] 毛宗强. 氢能——21 世纪的绿色能源 [M]. 北京：化学工业出版社，2005.
[50] 翟秀静，刘奎仁，韩静. 新能源技术 [M]. 北京：化学工业出版社，2005.
[51] [英] C. W. 琼斯著. 细菌的呼吸和光合作用 [M]. 陆卫平译. 北京：科学出版社，1986.
[52] 日本能源学会编. 生物质和生物能源手册 [M]. 史仲平，华兆哲译. 北京：化学工业出版社，2007.
[53] 张全国，雷廷宙. 农业废弃物气化技术 [M]. 北京：化学工业出版社，2007.
[54] 朱章玉，俞吉安，林志新. 光合细菌的研究及其应用 [M]. 上海：上海交通大学出版社，1991.
[55] 李燕城. 水处理实验技术 [M]. 北京：中国建筑工业出版社，2000.
[56] 吴创之，周肇秋，阴秀丽. 我国生物质能源发展现状与思考 [J]. 农业机械学报，2009，40 (1)：91-99.
[57] 王久臣，戴林，田宜水. 中国生物质能产业发展现状及趋势分析 [J]. 农业工程学报，2007，23 (9)：276-282.
[58] 蒋剑春，沈兆邦. 生物质热解动力学的研究 [J]. 林业化学与工业，2003，23 (4)：1-6.
[59] 王树荣，廖艳芬，谭洪. 纤维素快速热裂解机理实验研究 [J]. 燃料化学学报，2003，31 (4)：317-321.
[60] 修双宁，易维明，李保明. 秸秆类生物质闪速热解规律的实验研究 [J]. 太阳能学报，2005，26 (4)：538-542.
[61] 刘荣厚，张春梅. 我国生物质热解液化技术的现状 [J]. 可再生能源，2004，3：11-14.
[62] 易维明，柏雪源，李志合. 玉米秸秆粉末闪速加热挥发特性的研究 [J]. 农业工程学报，2004，20 (6)：246-250.
[63] 毛宗强. 无限的氢能 [J]. 自然杂志，2008，28 (1)：14.
[64] 王树荣，寥艳芬，骆仲泱. 生物质热裂解制油的动力学及技术研究 [J]. 燃料科学与技术，2002，8 (2)：176-180.
[65] 易维明，柏雪源，修双宁. 生物质在闪速加热条件下的挥发特性研究 [J]. 工程热物理学报，2006，27 (增 2)：135-138.

[66] 朱锡锋，郑冀鲁，陆强. 生物质热解液化装置研制与实验研究 [J]. 中国工程科学，2006，8 (10)：89-93.

[67] 王倩，李光明，王华，超临界水条件下生物质气化制氢. 化工进展，2006，25 (11)：1284.

[68] 蒋亚平，蔡金枝，杨宝玉. 耐高温酵母 WVHY8 的生物学特性及其应用 [J]. 微生物学通报，1992，19 (6)：328-331.

[69] 刘燕，赵海，戚天胜. 运动单细胞菌发酵生产乙醇研究进展 [J]. 酿酒科技，2006，(3)：92-94.

[70] 颜涌捷，任铮伟. 纤维素连续催化水解研究 [J]. 太阳能学报，1999，20：55-58.

[71] 庄新姝，王树荣，骆仲泱. 纤维素低浓度酸水解制取液体燃料的试验研究 [J]. 浙江大学学报 (工学版)，2006，40 (6)：59-63.

[72] 刘荣厚，李金霞，沈飞. 甜高粱茎秆汁液固定化酵母酒精发酵的研究 [J]. 农业工程学报，2005，21 (9)：137-140.

[73] 肖明松，杨家象. 甜高粱茎秆固体发酵制取乙醇产业化示范工程 [J]. 农业工程学报，2006，22 (增 1)：207-210.

[74] 肖明松，封俊. 甜高粱茎秆液态发酵制取乙醇工艺技术 [J]. 农业工程学报，2006，22 (增1)：217-220.

[75] 赖艳华，吕明新，马春元. 两段气化对降低生物质气化过程焦油生成量的影响 [J]. 燃烧科学与技术，2002，8 (5)：478-481.

[76] 张全国，杨群发. 生物质气化副产物 (焦油) 的能源特性实验研究 [J]. 太阳能学报，2002，23 (3)：392-397.

[77] 吕鹏梅，常杰. 生物质在流化床中的空气-水蒸气气化研究 [J]. 燃料化学学报，2003，31 (4)：305-310.

[78] 王智微，唐松涛. 流化床中生物质热解气化的模型研究 [J]. 燃料化学学报，2002，30 (4)：342-346.

[79] 朱锡锋，王俊三. 燃料理论空燃比与高位热值之间的关系 [J]. 中国科技大学学报，2004，34 (1)：111-115.

[80] 郭康权，赵东，查养社. 植物材料压缩成型时粒子的变形及结合形式 [J]. 农业工程学报，1995，11 (1)：138-143.

[81] 郭康权，佐竹隆显，吉崎繁. 农林废弃物植物粉碎后的压缩特性 [J]. 农业工程学报，1995，10 (增刊)：140-145.

[82] 何晓峰，雷廷宙，李在峰. 生物质颗粒燃料冷成型技术试验研究 [J]. 太阳能学报，2006，27 (9)：937-941.

[83] 康德孚，孟庆兰. 生物质物料热压成型工艺参数的探讨 [J]. 农业工程学报，1994，10 (3)：121-126.

[84] 李保谦，张百亮，夏祖璋. PB-Ⅰ型活塞式生物质成型机的研制 [J]. 河南农业大学学报，1997，31 (2)：112-116.

[85] 吕江南，龙超海，何宏彬. 红麻料片的压缩特性及压力与压缩密度的数学模型 [J]. 农业机械学报，1998，29 (2)：83-86.

[86] 盛奎川，Ahmed El-Behery，Hassan Gomaa. 棉秆切碎及压缩成型的试验研究 [J]. 农业

工程学报，1999，15（4）：221-225.
[87] 盛奎川，吴杰. 生物质成型燃料的物理品质和成型机理的研究进展［J］. 农业工程学报，2004，20（2）：242-245.
[88] 王春光，杨明韶，高焕文. 牧草在高密度压捆时的应力松弛研究［J］. 农业工程学报，1997，(3)：48-52.
[89] 王春光，杨明韶，高焕文. 农业纤维物料压缩流变研究现状［J］. 农业机械学报，1998，29（1）：141-144.
[90] 王春光，杨明韶，童淑敏. 高密度压捆时牧草在压缩室内的受力与变形研究［J］. 农业工程学报，1999，15（4）：55-59.
[91] 王民，郭康权，朱文荣. 秸秆制作成型燃料的试验研究［J］. 农业工程学报，1993，9（1）：99-103.
[92] 杨明韶. 粗纤维物料压缩过程的一般流变规律的探讨［J］. 农业工程学报，2002，18（1）：136-137.
[93] 杨明韶，李旭英，杨红蕾. 牧草压缩过程的研究［J］. 农业工程学报，1996，12（1）：60-64.
[94] 杨明韶，王春光. 牧草压缩工程中几个主要问题分析［J］. 农业工程学报，1997，13（增刊）：134-138.
[95] 杨中平，阎晓莉，朱新华. 秸秆碎料凸向模压成型流变特性的实验研究［J］. 农业工程学报，2000，16（6）：15-17.
[96] 杨军太，朱柏林，刘汉武. 柱塞式压块机压块成型理论分析与试验研究［J］. 农业机械学报，1995，26（3）：51-57.
[97] 张百良，李保谦，赵朝会. HPB-Ⅰ型生物质成型机的实验研究［J］. 农业工程学报，1999，15（3）：133-136.
[98] 朱核光，赵琦琳，史家梁. 光合细菌 Rhodopseudomonas 产氢的影响因子实验研究［J］. 应用生态学报，1997，8（2）：194-198.
[99] 刘双江，杨惠芳，周培瑾. 固定化光合细菌处理豆制品厂废水产氢研究［J］. 环境科学，2002，16（1）：42-44.
[100] 王素兰. 光合产氢菌群生长动力学与系统温度场特性研究［D］. 河南：河南农业大学，2007.
[101] 师玉忠. 光合细菌连续产氢工艺及其相关机理［D］. 河南：河南农业大学，2008.
[102] 张全国，雷廷宙，尤希凤. 影响天然混合红螺菌产氢因素的实验研究［J］. 太阳能学报，2005，26（2）：248-252.
[103] 尤希凤，张全国，杨群发. 天然混合产氢红螺菌培养条件［J］. 太阳能学报，2006，27（4）：331-334.
[104] 王素兰，张全国，周雪花. 光合生物制氢过程中系统温度变化实验研究［J］. 太阳能学报，2007，28（11）：1253-1255.
[105] 张全国，周汝雁，尤希凤. 猪粪预处理方法对光合菌群生物产氢的影响［J］. 太阳能学报，2007，28（1）：81-85.
[106] 张梅凤，邵诚，张全国. 基于神经网络和遗传算法的光合细菌制氢发酵技术研究［J］. 太阳能学报，2006，27（9）：942-945.
[107] 张梅凤，邵诚，张全国. 基于人工鱼群算法的生物制氢工艺优化研究［J］. 太阳能学报，2007，28（7）：793-797.

[108] 张军合，张全国，杨群发. 光照度对猪粪污水条件下红假单胞菌光合产氢的影响 [J]. 农业工程学报，2005，21 (9)：134-136.
[109] 张全国，王素兰，尤希凤. 光合菌群产氢量影响因素的研究 [J]. 农业工程学报，2006，22 (10)：182-185.
[110] 张全国，荆艳艳，李鹏鹏. 包埋法固定光合细菌技术对光合产氢能力的影响 [J]. 农业工程学报，2008，24 (4)：190-193.
[111] 师玉忠，张全国，王毅. 生物质制氢的光合细菌连续培养技术实验研究 [J]. 农业工程学报，2008，24 (6)：184-187.
[112] 刘荣厚. 生物质热裂解特性及闪速热裂解试验研究 [D]. 沈阳：沈阳农业大学，1997.
[113] 李永军. 下降管式生物质热解液化实验装置的研究 [D]. 北京：中国农业大学，2003.
[114] 李鹏鹏. 光合生物制氢过程中的固定化细胞技术实验研究 [D]. 河南：河南农业大学，2006.
[115] 尤希凤. 光合产氢菌群的筛选及其利用猪粪污水产氢因素的研究 [D]. 河南：河南农业大学，2005.
[116] 罗东山，王迪珍. 使木质素成为橡胶补强剂的生产工艺 [P]. 中国，CN 8910109494，1992-07-08.
[117] 江崎春雄，佐竹隆顕，郭康権. バイオマスのペレット成形に関する研究（第 1 報）[J]. 農業機械学会誌，1985，47 (3)：279-284.
[118] 江崎春雄，佐竹隆顕，郭康権. バイオマスのペレット成形に関する研究（第 2 報）——ペレットおよびウエ-ハ成形時の圧縮特性 [J]. 農業機械学会誌，1986，48 (1)：83-90.
[119] 江崎春雄，佐竹隆顕，郭康権. バイオマスのペレツト成形に関する研究（第 3 報）——ペレツトの成形時メカニズム— [J]. 農業機械学会誌，1986，48 (3、4)：335-342.
[120] Klass D L. Biomass for renewable energy，fuels，and chemicals [M]. San Diego：Academic Press，1998.
[121] Knowles Don. Alternate Automotive Fuels [M]. Reston Virginia，1984.
[122] Ronghou Liu，Yongjian Li. Practical Technologies of Integrated Energy [M]. Shenyang：Liaoning Science and Technology Press，1999.
[123] Clayton A May. Epoxyresins (chemistry and technology) [M]. New York and Basel：Mareel Dekker Inc，1988.
[124] Becher P，Emulsions. Theory and Practice [M]. New York：Reinhold，1965.
[125] IUPAC Manual of Symbols and Terminology [M]. Pure Appl Chem，1972，31：578-579.
[126] Larson E D，Karofsky R E. Advances in Thermochemical Biomass Conversion. London：Balckie Academic and Proferrsional Prees，1994：495-510.
[127] Bridgwater A V，Peacocke G V C. Fast pyrolysis processes for biomass [J]. Renewable and Sustainable Energy Reviews，2000，4 (1)：1-73.
[128] Bridgwater A V，Meier D，Radlein D. An overview of fast pyrolysis of biomass [J]. Organic Geochemistry，1999，30 (12)：1479-1493.
[129] Wagenaar B M. The rotating cone reactor for rapid solids processing [Ph. D thesis]. University of Twente，The Netherlands，1994.

[130] Peter McKendry. Energy production from biomass (part 1): overview of biomass [J]. Bioresource Technology, 2002, 83: 37-46.
[131] Peter McKendry. Energy production from biomass (part 2): conversion technologies [J]. Bioresource Technology, 2002, 83: 47-54.
[132] Peter M. Energy production from biomass (part 3): gasification technologies [J]. Bioresource Technology, 2002, 83: 55-63.
[133] WILLIAMS P T, BESLER S. The pyrolysis of rice husks in a thermogravimetric analyzer and static batch reactor [J]. Fuel, 1993, (72): 151-159.
[134] BIAGINI E, CIONI M, et al. Development and characterization of a lab-scale entrained flow reactor for testing biomass fuel [J]. Fuel, 2005, (84): 1524-1534.
[135] BADZIOCH S, PETER G, et al. Kinetics of thermal decomposition of Pulverized Coal Particles [J]. Ind Eng Process Des Develop, 1970, (9): 521-530.
[136] ERSAHAN H, SARA O N, et al. Desulphrization of two Turkish lignites in an entrained flow reactor [J]. Journal of Analytical and Applied pyrolysis, 1997, (44): 65-74.
[137] BROWN A L, DAYTON D C, et al. A study of Cellulose Pyrolysis Chemistry and Global Kinetics at High Heating Rates [J]. Energy & Fuels, 2001, (15): 1286-1294.
[138] Sricharoenchaikul V, Hicks A L. Carbon and char residue yields from rapid pyrolysis of kraft black liquor [J]. Bioresource Technology, 2001, 77: 131-138.
[139] Westerhout R W, Kuipers J, et al. Development, modeling and evaluation of a (laminar) entrained flow reactor for the determination of the pyrolysis kinetics of polymers [J]. Chemical Engineering Science, 1996, 51 (10): 2221-2230.
[140] Hindmarsh C J, Thomas K M, et al. A comparision of the pyrolysis of coal in wire-mish and entrained-flow reactors [J]. Fuel, 1995, 74 (8): 1185-1190.
[141] Drummond, Ana-Rita F, et al. Pyrolysis of sugar cane bagasse in a wire-mesh reactor [J]. Industrial & Engineering Chemistry Research, 1996, 35 (4): 1263-1268.
[142] Hajaligol M R, Howard J B, et al. Product composition and kinetics for rapid pyrolysis of cellulose [J]. Ind Eng Chem Process Des Dev, 1982, 21: 457-465.
[143] Stubington J F, Aiman S. Pyrolysis kinetics of bagasse at high heating rates [J]. Energy & Fuels, 1994, 8: 194-203.
[144] Reinhard C, Messenböck, Denis R. Dugwell. Coal gasification in CO_2 and stream: Development of a Steam Injection Facility for High-Pressure Wire-Mesh Reactors [J]. Energy &Fuels, 1999, 13 (1): 122-129.
[145] Antal M J, Hofmann L. Design and operation of a solar fired biomass flash pyrolysis reator [J]. Solar Energy, 1983, 30 (4): 299-312.
[146] Boutin O, Ferrer M. Radiant flash pyrolysis of cellulose-evidence for the formation of short life time intermediate liquid species [J]. Journal of Analytical and Applied pyrolysis, 1998, 47 (1): 13-31.
[147] MA X Y, Hiroshi Nagaishi. Kinetics of rapid coal devolatilization measured using a spot heater apparatus [J]. Fuel Processing Technology, 2003, 85: 43-49.
[148] Colomba D B, Carmen B. Weight loss dynamics of wood chips under fast radiative heating

[J]. Journal of analytical and applied pyrolysis, 2001, 57: 77-90.
[149] John G R, Alan K B. Pyrolysis decomposition kinetics of cellulose-based material by constant heating rate micropyrolysis [J]. Energy & fuels, 1997, 11: 88-97.
[150] Mette S, Anker J. Investigation of biomass pyrolysis by thermogravimetric analysis and differential scanning calorimetry [J]. Journal of Analytical and Applied Pyrolysis, 2001, 78: 765-780.
[151] Svenson J, Pettersson J B C. Fast pyrolysis of the main components of birch wood [J]. Combustion Science and Technology, 2004, 176: 977-990.
[152] Morio L, Colomba D B. Pyrolysis kinetics of wheat and corn straw [J]. Journal of Analytica & Pyrolysis, 1998, 14: 181-192.
[153] GUO J, LUA A C. Kinetic study on pyrolytic of oil-palm solid waste using two-step consecutive reaction model [J]. Biomass and Bioenergy, 2001, (20): 223-233.
[154] Miller R S, Bellan J A. Generalized biomass pyrolysis model based on superimposed cellulose, hemicellulose and lignin kinetics [J]. Combustion Science and Technology, 1997, 126: 97-137.
[155] Janse A M C, Westerhout R W J. Modelling of flash pyrolysis of a single particle [J]. Chemical Engineering and Processing, 2000, 39: 239-252.
[156] Janse A M C, Westerhout R W J, Prins W Modelling of flash pyrolysis of a single particle [J]. Chemical Engineering and Processing, 2000, 39 (3): 239-252.
[157] Jalan R K, Srivastava V K. Studies on pyrolysis of a single biomass cylindrical pellet-kinetic and heat transfer effects [J]. Energy Conversion & Management, 1999, 40 (5): 467-494.
[158] Sharma A, Rao T R. Analysis of an annular finned pyrolyser [J]. Energy Conversion & Management, 1998, 39 (10): 985-997.
[159] Liliedahl T, Sjostrom K. Heat transfer controlled pyrolysis kinetics of biomass slab, rod or sphere [J]. Biomass and Bioenergy, 1998, 15 (6): 503-509.
[160] Raveendran K, Ganesh A, Kartic C Khilart. Heating value of biomass and biomass pyrolysis products [J]. Fuel, 1996, 75 (15): 1715-1720.
[161] Miller R S, Bellan J. A generalized biomass pyrolysis model based on superimposed cellulose, hemicellulose and lignin kinetics [J]. Combust Sci and Tech, 1997, 126 (1): 97-137.
[162] Stenseng M, Jensen A, Dam-Johansen K. Investigation of biomass pyrolysis by thermogravimetric analysis and differential scanning calorimetry [J]. Journal of Analytical and Applied Pyrolysis, 2001, 58-59 (April 1): 765-780.
[163] Rath J, Wolfinger M G, Steiner G, et al. Heat of wood pyrolysis [J]. Fuel, 2003, 82 (1): 81-91.
[164] Liao Cuiping, Wu Chuangzhi, Yan Yongjie, et al. Chemical elemental characteristics of biomass fuels in China [J]. Biomass and Bioenergy, 2004, 27 (2): 119-130.
[165] He F, Yi W M, Bai X Y. Investigation on Caloric Requirement of Biomass Pyrolysis Using TG-DSC Analyzer [J]. Energy Conversion and Management, 2006, 47: 2461-2469.
[166] Belafi-Bako K, Koutinas A, Nemestothy N, et al. Continuous enzymatic cellulose hy-

drolysis in a tubular membrane bioreactor [J]. Enzyme and Microbial Technology, 2006, 38: 155-161.

[167] Converse A O. Simulation of a cross-flow shrinking-bed reactor for the hydrolysis of lignocellulosics [J]. Bioresource Technology, 2002, 81: 109-116.

[168] Demain A L, Newcomb M, Wu J H D. Cellulase, Clostridia, and Ethanol [J]. Microbiol Mol Biol Rev, 2005, 69 (1): 124-154.

[169] Hahn-Hagerdal B, Galbe M, Gorwa-Grauslund M F, et al. Bio-ethanol-the fuel of tomorrow from the residues of today [J]. Trends in Biotechnology, 2006, 24: 549-556.

[170] Hamelinck C N, Van Hooijdonk G, Faaij A PC. Ethanol from lignocellulosic biomass: techno-economic performance in short-, middle- and long-term [J]. Biomass and Bioenergy, 2005, 28: 384-410.

[171] Kim T H, Lee Y Y. Pretreatment and fractionation of corn stover by ammonia recycle percolation process [J]. Bioresource Technology, 2005, 96: 2007-2013.

[172] Kim S, Holtzapple M T. Lime pretreatment and enzymatic hydrolysis of corn stover [J]. Bioresource Technology, 2005, 96: 1994-2006.

[173] Kim S J, Lee Y Y, Torget R W. Cellulose hydrolysis under extremely low sulfuric acid and high-temperature conditions [J]. Applied Biochemistry and Biotechnology, 2001, 91-93: 331-340.

[174] Lynd L R, Van Zyl W H, McBride J E, et al.. Consolidated bioprocessing of cellulosic biomass: an update [J]. Curr Opini Biotechnol, 2005, 16: 577-583.

[175] Mosier N, Wyman C, Dale B, et al. Features of promising technologies for pretreatment of lignocellulosic biomass [J]. Bioresource Technology, 2005, 96: 673-686.

[176] Papinutti V L, Forchia F. Lignocellulolytic enzymes from Fomes sclerodermeus growing in solid-state fermentation [J]. Journal of Food Engineering, 2007, 8: 54-59.

[177] Yang S, Enyong Ding W Y, Chen H Z. Enzymatic hydrolysis of rice straw in a tubular reactor coupled with UF membrane [J]. Process Biochemistry, 2006, 41: 721-725.

[178] Le Van Mao R, Nguyen T M, Mclarugh Lin G P. The bioethanol to ethylene process [J]. Applied Catalysis, 1989, 48: 265-277.

[179] Nguyen T M. Conversion of ethanol in aqueous solution over ZSW-5 zeolites [J]. Applied Catalysis, 1990, 58: 119-129.

[180] Mao R, Nguyen T M, Yao J. Conversion of ethanol in aqueous solution over ZSW-5 zeolites: Influence of reaction parameters and catalysis acidic properties as studied by ammonia TPD technique [J]. Applied Catalysis, 1990, 61 (1): 161-173.

[181] Sawane B, Satoru N, Shigeru T. Ethanol conversion over ion-exchanged ZSW-5 zeolites [J]. Applied Catalysis, 1990, 59 (1): 13-29.

[182] Juergen S. Conversion of ethanol over zeolite H-ZSW-5 [J]. Chemical Engineering & Technology, 1994, 17 (3): 179-186.

[183] Phillips C B, Datta R. Production of ethylene from hydrous ethanol on H-ZSW-5 under mild conditions [J]. Industrial & Engineering Chemistry Research, 1997, 36 (11): 4466-4475.

[184] Pramod Chaudhari. Expanding an Ethanol Plant to use Multiple Feedstocks [J]. Proceedings of World Fuel Ethanol Congress, 2001, 16

[185] Jiang H, Zhu X F, Guo Q X, Zhu Q S. Gasification of rice husk in a fluidized-bed gasifier without inert additives [J]. Ind Eng Chem Res, 2003, 42: 5745-5750.

[186] Michiel J. Groeneveld, The co-current moving bed gasifier [M]. The Netherlands: Twente University, Enschede, 1984.

[187] Robert Manurung. Design and modeling of a novel continuous open core downdraft rice husk gasifier [D]. The Netherlands: Groningen University, Groningen, 1994.

[188] JOAN J. Manyà, ENRIQUE Velo, et al. Kinetics of Biomass pyrolysis: a reformulated three-parallel-reactions model [J]. Ind Eng Chem Res, 2003, 42 (3): 434-441.

[189] Bilanski W K, Graham V A, Hanusiak J A. Mechanics of bulk forage deformation with application to wafering [J]. Trans ASAE, 1985, 28 (3): 697-702.

[190] Demirbas A. Physical properties of briquettes from waste paper and wheat straw mixtures [J]. Energy Conversion & Management, 1999, 40: 437-445.

[191] Demirbas A. Properties of charcoal derived from hazelnut shell and the production of briquettes using pyrolytic oil [J]. Energy, 1999, 24 (2): 141-150.

[192] O'Dogherty M J. A Review of the mechanical behaviour of straw when compressed to high densities [J]. J agric Engng Res, 1989, 44: 241-265.

[193] O'Dogherty M J, Hubert J A, Dyson J, et al. A study of physical and mechanical properties of wheat straw [J]. Agric Engng Res, 1995, 62: 133-142.

[194] Päivi Lehtikangas. Quality properties of pelletised sawdust, logging residues and bark [J]. Biomass and Bioenergy, 2001, 20 (5): 351-360.

[195] Viswanathan R, Gothandapani L. Pressure density relationships and stress relaxation characteristics of coir pith [J]. J agric Engng Res, 1999, 73 (3): 217-225.

[196] Yuyi Lin, Shanfu Mao. ζ Potential and its effect on compaction of biomass fuel logs [J]. Biomass and Bioenergy, 2001, 20 (3): 217-222.

[197] M Yetis, U Gunduz, I Eroglu, et al. Photoproduction of hydrogen from sugar refinery wastewater by rhodobacter sphaeroids O. U. 001 [J]. Int J of Hydrogen Energy. 2000, 25: 1053-1041.

[198] vLadimir V . Yurkov, J. Thomas Beatty. Aerobic anoxygenic phototrophic bacteria [J]. Arch Microbiol, 2003, 147: 406-410.

[199] F G van den Aarsen. Fludised bed wood gasifier performance and modeling [D]. The Netherlands: Twente University, Enschede, 1985.

[200] Diebold J, Scanhill J. Ablative fast pyrolysis of biomass in the entrained-flow cyclone reactor at SERI [R]. Solar energy research institute. June 1982. Address: 1617 Cole Boulevard, Golden. Colorado 8040. U. S..

[201] Morris K, BioTherm T M. A system for continuious quality, fast pyrolysis biooil [C]. 4th Biomass Conference of the Americas. Oakland, CA. September 1, 1999.

[202] Zhuang, J Economic. Analysis of Cellulase Production by Clostridium thermocellum in Solid State and Submerged Fermentation [D]. University of Kentucky, 2004.